数据库技术丛书

MySQL 内核设计与实现

Design and Implementation of MySQL Kernel

赵景波 著

机械工业出版社
CHINA MACHINE PRESS

图书在版编目（CIP）数据

MySQL 内核设计与实现 / 赵景波著 . -- 北京：机械工业出版社，2025.7. --（数据库技术丛书）. -- ISBN 978-7-111-78565-1

I. TP311.132.3

中国国家版本馆 CIP 数据核字第 2025NK7093 号

机械工业出版社（北京市百万庄大街 22 号　邮政编码 100037）
策划编辑：刘　锋　　　　　　　责任编辑：刘　锋　章承林
责任校对：李　霞　杨　霞　景　飞　责任印制：刘　媛
三河市宏达印刷有限公司印刷
2025 年 7 月第 1 版第 1 次印刷
186mm×240mm・22 印张・474 千字
标准书号：ISBN 978-7-111-78565-1
定价：109.00 元

电话服务　　　　　　　　　　网络服务
客服电话：010-88361066　　　机　工　官　网：www.cmpbook.com
　　　　　010-88379833　　　机　工　官　博：weibo.com/cmp1952
　　　　　010-68326294　　　金　书　网：www.golden-book.com
封底无防伪标均为盗版　　机工教育服务网：www.cmpedu.com

本书赞誉

本书是深入探索 MySQL 内核的权威指南。景波凭借自身丰富的实践经验，从源码层面详细解读了 MySQL 的各个核心模块，包括其发展历程、架构设计、数据字典、存储引擎以及索引实现等核心内容。无论是对于开发者深入理解 MySQL 的内部工作机制，还是数据库管理员（DBA）优化数据库的性能，都具有极高的参考价值。本书将带你走进 MySQL 的内核世界，帮助你在数据库领域的专业技能得到进阶。

——祝海强　腾讯云数据库副总经理

在信息技术的海洋中，数据库管理系统是航海者们不可或缺的罗盘，而 MySQL 作为其中的明星产品，以其卓越的性能、灵活性和开源特性，赢得了全球开发者的广泛青睐。本书是一部深入探索 MySQL 内部机制的精品之作，它为我们揭开了 MySQL 这一开源数据库管理系统的神秘面纱，让我们能够更深入地理解其设计理念和实现原理。

对于 DBA、开发者、系统架构师，以及任何对数据库技术充满热情的读者来说，本书都是一本不可多得的好书。它不仅能够帮助你提高对 MySQL 的理解，还能够指导你在实际工作中做出更加明智的技术决策。在这个数据驱动的时代，掌握数据库的核心技术意味着拥有了开启未来之门的钥匙。

我强烈推荐本书给所有对 MySQL 内核感兴趣的读者，希望本书能够成为你探索 MySQL 内核世界的指南，为你在数据库领域的学习和实践之路提供有力支持。愿你在阅读中享受收获知识的乐趣，不断拓宽自己的技术视野。

——王伟　甲骨文（中国）MySQL 首席架构师

本书为读者全面解析 MySQL 的内核设计与实现细节，涵盖了 InnoDB 存储引擎、并发控制、事务管理等所有核心模块，帮助读者深入理解 MySQL 的运行机制。无论是数据库新手还是资深开发者，都能从本书中获得宝贵的知识和深刻的洞见，提升对 MySQL 内部工作机制的理解、用好数据库、管好数据库。强烈推荐给所有希望深入掌握 MySQL 的读者。

——张友东　StarRocks TSC Member，镜舟科技 CTO

在数据时代，深入理解数据库管理系统的内部工作原理可以让技术人员在使用和维护数据库的过程中变得游刃有余。本书恰如其分地满足了这一需求，它犹如一把打开 MySQL 黑盒的钥匙，通过描述 MySQL 的启动流程和一条 SQL 语句的执行流程，为读者展现了数据库管理系统的精妙设计与高效实现。从底层存储结构到高级查询优化，从锁机制到事务处理，作者以其渊博的知识和清晰的表达，将复杂的概念转化为易于理解的内容。通过阅读本书，你将能够洞察 MySQL 的核心细节，理解每一个设计决策背后的原因，从而在实际工作中做出更明智的选择。无论是优化数据库查询语句，还是维护 MySQL，本书所提供的见解都将成为你的强大后盾。

——张晋涛　Microsoft MVP，CNCF Ambassador

本书是作者根据自身多年的 MySQL 实践和开发经验所著，包含大量 MySQL 原理解析和实践经验，对希望实现 MySQL 进阶的读者非常有帮助。

——付磊　《Redis 开发与运维》作者

Foreword 推荐序一

MySQL 改变了世界。

1995 年，MySQL 诞生，恰逢互联网迅猛发展的黄金时代。MySQL 以其开源的基因迅速崛起，成为构筑互联网数据世界的坚实基石。

在同一时期，Oracle 于 1992 年发布了其旗舰数据库版本 Oracle 7，该版本在随后几年几乎统治了商业数据库市场。然而互联网的风起云涌让所有人措手不及，直至 1998 年，Oracle 才在其数据库命名中加入了 i（代表 internet），正式发布了面向互联网的 Oracle 8i 版本。

正是在商业数据库的空档期，MySQL 借助互联网的浪潮实现普及，到 1998 年 MySQL 3.22 版本发布时，LAMP（Linux+Apache+MySQL+PHP）体系已经成为互联网架构的经典组合。

从未有任何一款产品能够在关系数据库的成熟期挑战成功、"登上王座"，而 MySQL 做到了。

我对 MySQL 之父 Monty（Michael "Monty" Widenius）制定的 15 分钟原则印象深刻。

为了让用户更顺利地使用 MySQL 数据库，Monty 希望能够让用户在下载 MySQL 后的 15 分钟内运行起数据库。正是注重用户体验、快速反馈与解决用户痛点的产品理念，让 MySQL 好评如潮。据 Monty 本人回忆，在 MySQL 发布的最初 5 年内，他回复了超过 3 万封邮件来解答用户的问题。

成功往往来自近乎痴迷的超强投入。

景波写作本书，同样源自痴迷与热爱。十年的学习积累，三年的笔耕不辍，这样的旅程乍一想就容易让人放弃，只有深陷其中的痴迷、不顾一切的热爱才能支撑这漫长的旅程，最终写成本书。

写作一本好书，最难的是构思，只有独特的构思才能让读者认识一位作者，并跟随作者的独特视角学习、收获、成长。

本书的核心部分通过一条 SQL 语句在 MySQL 中的执行流程，串联起 SQL 引擎、存储引擎和并发控制，我认为这正是作者的匠心所在。

数据库领域的图灵奖得主迈克尔·斯通布雷克先生曾说，SQL 已经成为一门星际语言，它是打开数据库大门的钥匙，这把钥匙牵一发而动全身。深入理解 SQL 的工作原理，以及由其驱动的数据库内核齿轮运作，就能够真正地洞察 MySQL 数据库的精髓。我在学习数据库的过程中，也常常通过 SQL 驱动来推演和思考数据库的工作原理。

据说尼古拉·特斯拉先生具备一项神奇的能力——他在构思或者设计一个机器时，可以在大脑中完成可视化的建模与运行推演，这个过程最终与现实别无二致。

SQL 就是数据库世界中的那根"金手指"。SQL 注入数据库的世界，这个沉寂的空间瞬时就喧闹起来，SQL 背后是优化器解析、内存访问、存储读写、并发控制……如果我们能够在脑海里驱动所有齿轮，让整个系统严丝合缝、圆转如意，那么大概我们也就精通了一个数据库产品。

而景波更进一步，基于 MySQL 的开源代码，他可以从内核角度将这个精密的数据库仪器分解开来、解读清晰，让 MySQL 的技术精髓在读者面前一览无遗。

十年积累，三年笔耕，你我读者何其幸哉！

盖国强　云和恩墨创始人

Foreword 推荐序二

在人类智慧的长河中，有一句名言如璀璨星辰般闪耀：读书的厚度，决定了读者人生的高度。这简洁而深刻的话语，道破了书籍与人生之间千丝万缕的联系。然而，我们不应忽视的是，书的厚度又何尝不是作者的渊博知识与坚韧性格的生动映照。

当我接过景波这本沉甸甸的书稿时，仿佛打开了一扇通往他内心世界的大门。在那一页页书稿之间，我清晰地看到了过去几年间他那辛勤钻研的身影，宛如一位孤独的行者在知识的广袤沙漠中艰难跋涉，却又始终坚定不移。每一个字符、每一段论述，都是他笔耕不辍的见证。那是在疫情肆虐的艰难阶段，当世界仿佛被按下暂停键，当无数人在不安与迷茫中徘徊时，景波却将自己沉浸在知识的海洋里，以坚韧不拔的毅力，用无数个日夜的努力，精心雕琢出了这份珍贵的成果。这份成果，就像一颗在黑暗中熠熠生辉的宝石，凝聚着他的心血与汗水，怎能不让人肃然起敬！

回溯近年，我们不难发现，MySQL 在信息技术的舞台上如同一颗耀眼的新星飞速发展。它的产品功能经历了翻天覆地的变化，如同化蛹成蝶一般，展现出全新的面貌。在这样的大背景下，整个行业都在翘首以盼一本能够对 MySQL 进行深度解析的书，就像在茫茫大海中渴望一座指引方向的灯塔。而景波的这本书，恰似应运而生的及时雨，它的出版可谓恰逢其时！仔细研读本书内容，我们会惊喜地发现，无论是深入 MySQL 的源码层面，还是从较为浅显易懂的操作角度入手，它都能为广大使用 MySQL 的同行提供宝贵的指导和帮助。它就像是一把万能钥匙，能够打开 MySQL 世界中一扇扇知识的大门，让更多的人在探索的道路上少走弯路，从中汲取无尽的智慧和力量，进而在自己的职业生涯中受益无穷。我们由衷地期待本书能够在行业内掀起一股学习和探索的热潮，为 MySQL 的发展和应用注入新的活力。

周彦伟 极数云舟创始人

推荐序三 Foreword

非常荣幸推荐本书，它的作者是一位曾在我们公司工作并展示出卓越潜力的年轻才俊。作为一名大学实习生加入我们公司后，他迅速适应工作并深入学习了数据库技术，尤其是在 MySQL 领域展现出了非凡的专注力和求知欲。他在职业道路上的不断攀升，正是他持续提升自身能力、深入钻研技术的结果。从初入职场时对数据库领域的探索，到后来成为 MySQL 内核专家，他始终保持着对技术的热情与求知欲。

本书反映了作者在 MySQL 内核尤其是 InnoDB 存储引擎方面的深刻理解和实战经验。它系统地讲解了 MySQL 的内核架构，不仅涵盖了数据库系统的基本操作，更深入探讨了 MySQL 的高可用性架构和数据一致性保障等高级主题。本书的最大亮点在于，它不仅对 MySQL 的源码进行了分析，还将复杂的数据库概念通过源码分析和原理图的形式逐一拆解，使读者能够快速掌握 MySQL 各模块的协作关系和内部工作机制。特别是对 InnoDB 引擎的文件组织方式、事务日志、并发控制等核心部分的详细讲解，展现了作者深厚的理论基础和丰富的实战经验。

对于那些希望深入理解 MySQL 内核设计的数据库工程师，以及从事相关研发工作的开发者，本书不仅是一本不可多得的学习指南，也是一部实用的技术参考手册。它可以帮助读者在面对复杂技术难题时，通过源码获得更为全面、深刻的洞察。我相信本书将为数据库技术领域的从业者带来重要的价值和启示。

陈栋　沃趣科技创始人 &CEO

Foreword 推荐序四

在当今的数据驱动+AI时代，数据库作为数据存储和管理的核心系统，其性能和可靠性至关重要。随着国产数据库的兴起，MySQL数据库或兼容MySQL协议的数据库在互联网、金融、政务等核心应用中被广泛使用。对于广大的开发人员和数据库管理员来说，深入理解MySQL的内核设计是提升数据库应用能力的关键。本书的推出，无疑为我们提供了一本深入探索MySQL核心原理的技术指南。

景波是一名数据库老兵，本书凝聚了他多年丰富的实践经验和深入的研究成果。本书全面而系统地介绍了MySQL的内核架构、存储引擎、并发控制、高可用实现等关键方面，在实现原理和源码分析上，内容丰富翔实，逻辑清晰严谨。对于数据库的开发人员来说，阅读本书能够"知其然亦知其所以然"。

在云计算公司，通常会遇到各种客户和业务类型，包括I/O延时敏感、大容量存储、超大事务、大批量库表等应用场景。景波当时作为研发负责人，能够对MySQL从应用层到数据库层，从优化器到存储引擎，从单体数据库到分布式数据库等维度，全面理解问题并分析其根源所在，快速解决了客户业务的痛点问题。这些有血有肉的体验和技术精华都记录在了本书中。

总的来说，这是一本具有很高实践指导意义的书，不仅适合数据库开发人员和管理员阅读，也适合对数据库原理感兴趣的读者学习。通过阅读本书，我们可以深入了解MySQL的内核设计，掌握数据库的核心技术，为开发高效、可靠的数据库应用程序提供有力支持。我相信，本书将会成为广大数据库爱好者和专业人士的必备图书。

余邵在　金山云前数据库负责人

推荐序五 Foreword

在当今的数据库领域，我们不得不关注这样一个现象：绝大多数国产数据库是在 MySQL 体系或者 PostgreSQL 体系之上研发的产品。这一现状深刻地影响着数据库从业者的学习和发展方向。在这样的大环境下，深入学习并透彻掌握 MySQL 无疑是上上之策。MySQL 作为一款开源数据库，具有广泛的应用和深远的影响力。对于我们来说，掌握好 MySQL 能够提升自身数据库技能。MySQL 就像是一座蕴藏着无尽宝藏的知识矿山，通过学习它，我们可以深入了解数据库的各种功能和特性，从基础的数据存储、查询到复杂的事务处理、性能优化等。这些知识和技能的积累，就如同为我们的职业生涯搭建了坚实的阶梯，让我们在面对日益复杂的数据库工作时能够更加从容自信。而且，这种技能的提升能够直接应用到实际工作当中。无论在小型企业的数据管理场景还是大型公司的海量数据处理场景中，MySQL 的知识都能让我们游刃有余地应对各种数据库相关的任务，如设计高效的数据库架构，优化查询语句以提高系统性能，确保数据的安全性和完整性等。

赵景波老师凭借着十年 DBA 工作经历，以及从数据库内核入手解决问题的独特经验，为我们开启了一扇深入了解 InnoDB 存储引擎的大门。他深入浅出地剖析了 InnoDB 存储引擎的方方面面，例如 InnoDB 存储引擎的技术架构、算法原理、模块调用关系、元数据存储管理机制、索引实现机制、缓冲区管理机制等，每一个环节都如同精密仪器的零部件，相互协作又各自发挥着关键作用。在讲解模块调用关系时，他清晰地阐述了各个模块是如何协同工作的，就像在描绘一幅复杂而有序的流程图，让我们能够直观地看到数据在存储引擎内部的流转路径。这些知识对于从事数据库产品研发的人员来说，是创新和优化产品的有力武器。他们可以根据这些深入的理解，设计出更高效、更稳定的数据库产品，满足市场对于数据处理能力不断增长的需求。对于数据库运维人员而言，这是解决日常问题的宝典。当遇到数据库性能下降、数据丢失等问题时，他们可以透过现象看本质，从存储引擎的底层原理出发，迅速定位并解决问题,确保数据库系统的稳定运行。对于数据库架构师来说,这些知识有助于他们更好地进行数据建模和设计数据存储架构。他们可以根据 InnoDB 的特性,构建出更符合业务需求、性能更卓越的数据架构,为企业的数据管理提供坚实的支撑。

金官丁　热璞数据库 HotDB 创始人 &CEO

前　言 Preface

自 2014 年起，我开始涉足数据库领域的工作，其间遭遇了众多的数据库问题。至 2018 年，我深刻认识到，唯有深入阅读并调试 MySQL 的源码，方能使我从容地应对这些挑战。起初，我感到不解的地方有很多，但经过一个月的不懈努力，我开始逐渐掌握了一些技巧。要深入理解 MySQL 的任何一个模块，都需要以月为单位进行长时间的学习和研究。我曾广泛搜集市面上的相关资料，发现尽管有些资料讲解得相当出色，但其覆盖范围往往有限。因此，我萌生了一个想法：深入阅读和调试 MySQL 的大部分模块，并将相关经验总结成书，供他人参考。那些阅读过 MySQL 源码的同行可能清楚，这是一项艰巨的任务，它需要投入巨大的精力。

2020 年 3 月，我与出版社取得联系，并随即开启了写作本书的征程。经过近 3 年的努力，包括工作日晚上和节假日的不懈创作，书稿终于初具规模。然而，工作的繁重一度让我萌生了放弃出版的念头。在此，我要特别感谢我的妻子，是她坚定的鼓励与督促才使得本书顺利完成。

本书主要聚焦于 MySQL 的 InnoDB 存储引擎。InnoDB 存储引擎是一个结构复杂的系统，包含数十个模块，本书对每个模块都提供了代码级别的详细解释和易于理解的原理图。此外，本书还涵盖了 MySQL 的并发控制、高可用主从架构以及强一致性等高级主题。

本书共 9 章，主要内容如下。第 1 章详细阐述了 MySQL 内核的发展历程，并指导读者如何下载 MySQL 源码包以及搭建调试环境。第 2 章系统介绍了 MySQL 内核的整体架构，从 Server 到 InnoDB 存储引擎层，几乎涉及了所有内部组件，旨在为读者提供对 MySQL 架构的初步理解。此外，第 2 章在结尾部分描述了 MySQL 的启动流程，将架构中的各个模块相互连接，使读者能够清晰地理解 MySQL 的工作机制。

接下来，本书通过一条 SQL 语句在 MySQL 中的执行流程，详细阐述了各个模块的工作原理。第 3 章探讨了客户端和服务端之间的交互协议，第 4 章分析了数据字典的结构，介绍了在MySQL中表的元数据是如何存储的,以及在执行SQL语句时数据字典信息是如何被访问的。紧接着,本书进入几个至关重要的章。第5章详细介绍了InnoDB存储引擎的架构,包括在执行SQL语句时,InnoDB存储引擎中的缓冲池、双写缓冲区、自适应哈希索引以及后台线程是如何协同工作的。第6章讨论了InnoDB的文件组织方式,解释了SQL查询的数据是如何在文件中组织的。第7章揭示了InnoDB索引的实现机制,阐述了SQL语句是如何在索引上进行数据扫描和插入操作的。

在读者对SQL执行过程有所了解之后,第8章详尽阐述MySQL的并发控制机制,深入探讨了包括事务处理、多版本并发控制(Multi-Version Concurrency Control,MVCC)、锁定机制在内的复杂主题。因此,第8章内容极为丰富,体现了MySQL内核设计的精华。

第9章介绍了MySQL的高可用性,包括MySQL不同阶段的高可用性发展及其原理,并对MySQL MGR进行了非常详细的介绍。

本书内容主要基于MySQL 5.7版本,也包含部分MySQL 8.0的相关内容。

读者对象

可以肯定的是,多数开发人员与MySQL或多或少有些交集。然而,本书并非为初学者所著,它不能即刻助你解决工作中的具体问题。尽管如此,书中所阐述的理念仍能助你提升架构设计能力,并让你领略到一个设计严谨的系统的精髓。深入理解内部机制有助于你更高效地运用MySQL,并能助你解决一些复杂的技术难题。对于那些致力于成为DBA或从事数据库研发的同人,本书可作为你工作中的参考手册,遇到相关问题时可随时查阅。

勘误和支持

必须强调,MySQL是一个极其复杂的系统。鉴于我的认知水平有限,本书难免存在疏漏或不完善之处。我诚挚地希望读者能够共同参与,进一步完善本书内容。若你在阅读过程中遇到任何问题,欢迎与我联系(zbcxy10@gmail.com)。我将在工作之余与各位探讨交流,深表感谢。

致谢

衷心感谢我的技术导师余绍在先生,长期以来,他为我提供了宝贵的机会,使我得以在数据库领域不断深入探索,从最初的运维开发逐步过渡到内核研发。同时,我也感激新浪、金山云、字节跳动等平台，让我经历了在大规模数据库场景下的一次次磨炼。对在此期间给予我帮助和支持的同事表示诚挚的谢意。

在本书的撰写过程中，众多友人给予了宝贵的协助，对此我深表感激。特别感谢张雨女士，她协助我完成了第 3 章的内容；潘友飞先生对全书进行了详尽的审阅工作；桑栎先生对 InnoDB 相关章节提出了宝贵的建议和修改意见。此外，我必须感谢我的妻子王慧玲女士，她一直给予我鼓励、支持和监督，对此我深怀感激之情。

特别感谢为本书撰写推荐的专家：盖国强先生、周彦伟先生、陈栋先生、余邵在先生、金官丁先生、祝海强先生、王伟先生、张友东先生、张晋涛先生、付磊先生。诸位前辈和朋友的认可给了我巨大的信心和勇气，让我感觉这几年的坚持非常有价值。

最后衷心感谢机械工业出版社的编辑团队对全书审校工作的倾力投入！基于工作原因，常需要在深夜及周末沟通，编辑团队总是不辞辛劳、高效严谨地回应，为成书提供了不可或缺的支持。

目 录

本书赞誉
推荐序一
推荐序二
推荐序三
推荐序四
推荐序五
前言

第1章 MySQL内核简介 ················ 1
1.1 MySQL 内核历史 ················ 1
1.2 MySQL 内核衍生 ················ 2
1.3 MySQL 内核版本 ················ 3
1.4 MySQL 内核社区 ················ 4
1.5 开始编译 MySQL ················ 4
    1.5.1 下载 MySQL 源码包 ········ 4
    1.5.2 编译 MySQL ················ 9
    1.5.3 使用 IDE 进行调试 ········ 12
    1.5.4 调试技巧 ···················· 19
1.6 总结 ······························ 26

第2章 MySQL内核整体架构 ········· 27
2.1 Server 层 ························ 28

    2.1.1 连接层 ························ 28
    2.1.2 查询优化 ···················· 30
    2.1.3 参数、状态、performance_schema ············ 31
    2.1.4 缓存 ·························· 31
    2.1.5 日志 ·························· 32
    2.1.6 锁 ···························· 33
    2.1.7 存储过程相关 ·············· 33
    2.1.8 用户自定义函数 ············ 34
    2.1.9 复制层 ······················· 34
    2.1.10 API 层 ······················ 34
2.2 存储引擎层 ······················· 35
    2.2.1 缓冲池 ······················· 36
    2.2.2 重做日志缓冲区 ············ 37
    2.2.3 双写机制 ···················· 37
    2.2.4 后台线程 ···················· 37
2.3 文件层 ···························· 39
2.4 MySQL 启动流程 ·············· 40
    2.4.1 第一阶段 ···················· 41
    2.4.2 第二阶段 ···················· 43
    2.4.3 第三阶段 ···················· 50
2.5 总结 ······························· 52

第3章 客户端和服务端交互协议 ······ 53

- 3.1 MySQL 的连接方式 ················ 53
  - 3.1.1 TCP/IP 套接字 ··············· 53
  - 3.1.2 UNIX 域套接字 ·············· 54
  - 3.1.3 命名管道和共享内存 ········ 55
- 3.2 交互过程 ····························· 55
  - 3.2.1 MySQL 通信协议 ············ 56
  - 3.2.2 连接阶段 ····················· 58
  - 3.2.3 命令执行阶段 ················ 61
- 3.3 处理连接与创建线程 ············· 65
  - 3.3.1 MySQL 监听客户端请求 ··· 66
  - 3.3.2 创建连接线程 ················ 67
  - 3.3.3 THD 类 ······················· 69
- 3.4 总结 ··································· 71

第4章 数据字典 ···························· 72

- 4.1 数据字典简介 ······················· 72
  - 4.1.1 文件层 ························ 74
  - 4.1.2 InnoDB 存储引擎层 ········· 79
  - 4.1.3 MySQL Server 层 ··········· 83
- 4.2 .frm 文件 ····························· 89
- 4.3 数据字典的使用 ···················· 93
  - 4.3.1 创建表 ························ 93
  - 4.3.2 查询表 ························ 95
  - 4.3.3 rowid ·························· 96
- 4.4 MySQL 8.0 数据字典 ············· 97
  - 4.4.1 文件存储层 ·················· 99
  - 4.4.2 数据字典缓存 ·············· 103
  - 4.4.3 数据字典的使用 ··········· 110
  - 4.4.4 SDI ··························· 115

- 4.4.5 原子 DDL ··················· 121
- 4.5 总结 ································· 124

第5章 InnoDB存储引擎 ············· 125

- 5.1 整体架构 ··························· 125
- 5.2 缓冲池 ······························ 126
  - 5.2.1 总体架构 ···················· 126
  - 5.2.2 缓冲池初始化 ·············· 128
  - 5.2.3 缓存及淘汰 ················ 130
  - 5.2.4 相关参数 ···················· 131
- 5.3 插入缓冲区 ························ 132
  - 5.3.1 插入缓冲的流程 ··········· 132
  - 5.3.2 相关参数 ···················· 136
- 5.4 自适应哈希 ························ 136
  - 5.4.1 使用自适应哈希查询 ····· 140
  - 5.4.2 自适应哈希索引的维护 ··· 140
- 5.5 重做日志缓冲区 ·················· 140
  - 5.5.1 整体架构 ···················· 141
  - 5.5.2 管理结构 ···················· 142
  - 5.5.3 更新语句的流程 ··········· 143
  - 5.5.4 重做日志刷盘 ·············· 145
- 5.6 双写机制 ··························· 146
  - 5.6.1 双写缓冲区管理 ··········· 147
  - 5.6.2 数据的可靠性保证 ········ 149
- 5.7 后台线程 ··························· 149
  - 5.7.1 master 线程 ················· 150
  - 5.7.2 I/O 线程 ····················· 151
  - 5.7.3 刷脏线程 ···················· 153
  - 5.7.4 清理线程 ···················· 154
- 5.8 总结 ································· 156

第6章　InnoDB文件组织 157
6.1　数据文件 157
6.1.1　逻辑组织结构概览 157
6.1.2　逻辑组织结构管理 160
6.1.3　物理组织结构 167
6.1.4　数据文件的更新操作 177
6.2　重做日志文件 181
6.2.1　总体架构 181
6.2.2　更新操作的重做日志 186
6.3　回滚日志文件 189
6.3.1　总体架构 189
6.3.2　回滚日志的管理 192
6.3.3　更新操作的回滚日志 195
6.4　总结 196

第7章　InnoDB索引的实现 197
7.1　索引简介 197
7.1.1　B 树和 B+ 树 198
7.1.2　全文索引 199
7.2　索引的结构 200
7.2.1　聚簇索引的结构 200
7.2.2　二级索引的结构 202
7.2.3　复合索引的结构 203
7.3　索引的管理 204
7.3.1　索引在内存中的管理 204
7.3.2　索引的加载 205
7.3.3　索引的创建 206
7.4　数据检索 209
7.4.1　聚簇索引数据检索 209
7.4.2　二级索引数据检索 209
7.4.3　插入数据 209
7.4.4　删除数据 210
7.4.5　更新数据 210
7.5　索引分裂和合并 211
7.5.1　索引页分裂 211
7.5.2　索引页合并 213
7.5.3　索引页重组 215
7.6　总结 215

第8章　MySQL并发控制 216
8.1　MySQL 事务的实现 216
8.1.1　事务的管理 216
8.1.2　事务的执行流程 218
8.1.3　事务的 ACID 实现 220
8.1.4　MVCC 229
8.1.5　崩溃恢复流程 231
8.1.6　组提交 237
8.1.7　分布式事务 238
8.2　MySQL 锁实现 242
8.2.1　简介 242
8.2.2　元数据锁 247
8.2.3　表锁 254
8.2.4　InnoDB 行锁 261
8.2.5　InnoDB 表锁 269
8.2.6　互斥锁 272
8.2.7　读写锁 275
8.2.8　锁升级和锁降级 279
8.2.9　死锁 281
8.3　总结 283

第9章　MySQL高可用实现 284
9.1　MySQL 主从复制 284

9.1.1 数据同步流程················285
9.1.2 binlog 日志详解············290
9.1.3 半同步复制················294
9.1.4 并行复制··················296
9.2 组复制························303
9.2.1 总体架构··················303
9.2.2 数据流····················307
9.2.3 MGR Paxos 协议优化········325
9.2.4 MGR 冲突检测··············328
9.2.5 MGR 流控··················330
9.3 总结···························331

第 1 章 MySQL 内核简介

本章首先带领读者了解 MySQL 内核的发展历程。随后，带领读者进行 MySQL 的下载与编译操作，并进行相应的调试。最后分享笔者在过往多年间所积累的有关调试的宝贵经验。

1.1 MySQL 内核历史

MySQL 的起源可追溯至 1979 年，当时其作者 Monty 在 TcX 公司任职。他最初开发了一个面向报表的存储引擎，并持续在该公司工作至 1990 年。1990 年，一个客户提出需求，希望该报表存储引擎支持 SQL。面对这一挑战，Monty 决定自主开发 SQL 层，尽管初期成效不佳，但他通过不懈努力，持续优化，最终在 1996 年发布了 MySQL 1.0 版本，初期主要面向内部客户。同年 10 月，MySQL 3.11 版本问世，年底则推出了首个基于 Linux 的 MySQL 版本。

此后，MySQL 迅速崛起，被移植至多个平台，并为公司带来了一定的收益。1998 年，MySQL 发布了多线程版本，并全面支持多种语言的 API（Application Program Interface，应用程序接口），标志着其在商用领域的进一步成熟。1995 年，MySQL AB 公司成立，并在 2001 年与 Sleepycat 合作开发了 Berkeley DB 引擎（后来著名的 InnoDB 存储引擎的前身），该引擎支持事务处理，使 MySQL 在 1999 年开始支持事务。

进入 21 世纪，MySQL 持续进化。2000 年，MySQL 整合了 ISAM（Indexed Sequential Access Method，索引顺序存取法）引擎，即现在的 MyISAM 引擎，使得 Server（服务器）层与 MyISAM 的耦合度显著提升。2008 年，MySQL AB 公司被 Sun 公司收购；随后在

2009 年，Sun 公司又被 Oracle 收购。值得注意的是，Oracle 对 MySQL 的收购早有预兆，早在 2005 年便收购了 InnoDB 团队。

自 2010 年起，MySQL 发布了多个重要版本。MySQL 5.5 将 InnoDB 设为默认存储引擎；MySQL 5.6 新增了在线的数据定义语言（Data Definition Language，DDL）、索引下推（Index Condition Pushdown，ICP）、多范围读取（Multi-Range Read，MRR）等功能以提升性能；MySQL 5.7 GA 则支持了 MySQL 组复制（MySQL Group Replication，MGR）和多元复制等特性。2016 年发布的 MySQL 8.0 更是进行了重大重构，包括改进数据字典、支持原子 DDL 以及引入 Hash Join 等功能。

2024 年 MySQL 发布了 9.0 版本，支持使用 JavaScript 编写存储过程，引入 VECTOR 向量类型以及移除 mysql_native_password 插件等。

注意 自 MySQL 5.7 版本以来，新增功能相对较少，而 MySQL 的主要工作重心已转向性能优化。

1.2 MySQL 内核衍生

在不断演进中，MySQL 吸引了众多用户群体。然而，鉴于用户需求的多样性、业务场景的差异性以及侧重点的不同，MySQL 无法全面覆盖所有用户的具体需求。因此，从 MySQL 中衍生出了多个分支版本，其中较为流行的如下：

- **MariaDB**：MySQL 的创始人 Monty 在离开 Sun 公司后维护的一个开源分支，其命名源自 Monty 的女儿 Maria。MariaDB 聚焦于性能优化，在性能层面相较于社区版 MySQL 有显著提升，如引入了 Hash Join 及 Semi Join 的优化措施。为防范 MariaDB 重蹈 MySQL 的覆辙，陷入过度商业化的困境，Monty 创立了一个基金组织来负责其管理。该组织严格遵循非商业原则，资金主要来源于各大公司会员的慷慨赞助，从而确保了 MariaDB 的持续开源与免费属性。
- **Percona**：由 Percona 公司推出的另一个 MySQL 开源分支。Percona 公司起初专注于咨询业务及数据库周边工具如 XtraBackup 和 Percona Toolkit 的开发。因此，Percona 分支的主要目标在于提升 MySQL 的维护与诊断能力，通过提供性能诊断工具、增加参数与命令控制选项以及针对极端场景的性能优化等手段，为用户带来更好的使用体验。此外，Percona 还独立维护了一个名为 XtraDB 的存储引擎，该引擎基于 InnoDB 进行开发，进一步增强了数据库的性能。

这两个 MySQL 分支均保持了与 MySQL 的高度兼容性，确保了业务在这些分支之间的平滑迁移。然而，值得注意的是，高版本的 MariaDB 可能存在一定程度的兼容性问题。因此，在选择分支版本时，应基于具体的产品需求进行考量。若无明显偏好，建议默认使用官方版本，因其生态系统相对完善，且商业机制的有效运作保障了其可持续发展的能力。

此外，在国内市场，一些大型企业及云服务商也根据自身业务需求，维护了各自的 MySQL 分支版本。随着近年来数据库国产化需求的日益增长，还涌现出了一批基于 MySQL 定制开发的创业公司，致力于解决特定行业场景下的数据库问题。

1.3 MySQL 内核版本

一款优秀的软件往往依赖于一个健全且可持续的版本管理体系，如同 Linux、MySQL 等经典软件所展现的那样。它们的版本管理流程虽各有特色，但核心思想一致：通过不同版本的发布来区分功能迭代，同时维护稳定版与开发版。

具体到 MySQL 内核的版本管理，其规则如下：

- 首个数字代表主版本号，这一数字的变动通常伴随着重大新特性的引入，如从 5.x 跃升至 8.x、9.x。主版本号的更迭往往间隔数年，是软件发展历程中的重要里程碑。
- 次位数字为发行级别，当软件新增功能或发生不兼容变更时，此数字随之增加。例如，MySQL 5.6 到 5.7 的过渡即反映了发行级别的提升。每个发行级别内部，通常会经历数十个小版本的迭代。
- 末位数字则代表发行系列内的具体版本号，用于标记小特性的添加与漏洞的修复。例如，MySQL 5.7.19 至 5.7.20 的更新即属于此类范畴。一般而言，此类小版本的发布周期为数月。一旦某个发行序列超出其维护期限，其版本号将不再递增。

至于如何区分 MySQL 的稳定版与开发版，关键在于理解其发行序列的不同阶段：

- **Milestone 阶段**，标志着新发行序列的初步亮相，如 MySQL 5.7.1 至 5.7.6。此阶段的版本尚不成熟，建议仅用于实验与测试，避免直接部署于生产环境。
- **Release Candidate 阶段**，预示着软件即将达到正式可用（General Availability，GA）状态。例如，MySQL 5.7.7 与 5.7.8 即处于此阶段。此时，软件内部已历经充分测试与修复，稳定性显著提升，但仍可能存在少量待解决的问题。
- **GA 阶段**，如 MySQL 5.7.9 及后续版本，即表示该发行序列已正式成为稳定可靠的版本，可供用户广泛采用。

注意　自 MySQL 8.0 起，MySQL 引入了新的版本模型，并推出了两种类型的版本：

- **MySQL 创新版**，旨在持续更新功能特性，确保用户能够及时体验到软件的最新进展。例如，MySQL 8.1.0 即被规划为首个创新版本。
- **MySQL 长期支持（Long-Term Support，LTS）版**，专注于提供必要的修复与稳定性保障，为那些追求稳定运行环境的项目与应用提供有力支持。在 MySQL 8.0 的生命周期内（预计于 2026 年 4 月结束），8.0.34 及之后的版本将专注于错误修复工作，直至最终成为 LTS 版本。此举旨在为用户从 8.0.x 迁移至 8.x LTS 版本提供充足的时间与便利。

1.4　MySQL 内核社区

如果你想加入到 MySQL 开发中,那么以下是一些有用的资源:
- MySQL 社区论坛(https://mysqlcommunity.slack.com/),在这里你可以讨论各种问题,并且可以找到很多有经验的开发者。
- MySQL 官方开发者邮件列表(mysql-dev-subscribe@lists.mysql.com),可以在这里讨论各种问题。
- MySQL 官方支持(https://support.oracle.com/portal/),可以在这里提交各种问题。
- MySQL 漏洞提交(https://bugs.mysql.com/),可以在这里提交各种问题,以及尝试向 MySQL 提交漏洞修复代码。

1.5　开始编译 MySQL

本节旨在引导读者逐步掌握 MySQL 内核的调试方法。鉴于 MySQL 内核源码规模庞大,包含上百万行代码,若无恰当的方法,初学者难以顺利入门。因此,本节将系统地介绍从源码下载、编译、初始化到调试 MySQL 内核的全过程,确保读者能够逐步深入,最终掌握相关技能。

此外,本节还将分享笔者多年在 MySQL 内核调试方面的宝贵经验,旨在帮助读者规避常见的误区和陷阱,避免在调试过程中走弯路,从而更加高效地掌握 MySQL 内核的调试技巧。

1.5.1　下载 MySQL 源码包

在调试 MySQL 之前,先下载 MySQL 源码包。可以从很多渠道下载 MySQL 源码,但是这里建议从官方网站进行下载。

1. 下载方式

具体操作流程如下:

进入 MySQL 官方网站下载页面(https://dev.mysql.com/downloads/),如图 1-1 所示。

图 1-1　MySQL 官方网站下载页面

单击 MySQL Community Server 项，进入 MySQL Server 下载页面，如图 1-2 所示。

图 1-2　MySQL Server 下载页面

单击 Archives 按钮，然后选择版本。本书的写作是以 MySQL 5.7.19 版本的源码为主的，因此这里建议大家也先选择此版本。Operating System（操作系统）选择 Source Code，最后的 OS Version（操作系统版本）选择 All Operating Systems（Generic）（Architecture Independent），Compressed TAR Archive Includes Boost Headers 进行下载，MySQL 5.7.19 版本的下载界面如图 1-3 所示。

图 1-3　MySQL 5.7.19 版本的下载界面

单击 Download 按钮开始下载。

2. 目录说明

下载完源码包之后，用解压命令进行解压：

`tar -zxvf mysql-boost-5.7.19.tar.gz`

进入 MySQL 源码目录中：

`cd mysql-5.7.19/`

可以看到 MySQL 目录中有很多目录和文件：

```
-rw-r--r--@    1 zbdba    staff    33704  6 22  2017 configure.cmake
-rw-r--r--@    1 zbdba    staff    13832  6 22  2017 config.h.cmake
-rw-r--r--@    1 zbdba    staff       88  6 22  2017 VERSION
-rw-r--r--@    1 zbdba    staff     2478  6 22  2017 README
-rw-r--r--@    1 zbdba    staff      333  6 22  2017 INSTALL
-rw-r--r--@    1 zbdba    staff    66241  6 22  2017 Doxyfile-perfschema
-rw-r--r--@    1 zbdba    staff    17987  6 22  2017 COPYING
-rw-r--r--@    1 zbdba    staff    26727  6 22  2017 CMakeLists.txt
drwxr-xr-x@   47 zbdba    staff     1504  6 22  2017 libevent
drwxr-xr-x@    4 zbdba    staff      128  6 22  2017 libbinlogstandalone
drwxr-xr-x@    9 zbdba    staff      288  6 22  2017 libbinlogevents
drwxr-xr-x@  106 zbdba    staff     3392  6 22  2017 include
drwxr-xr-x@   17 zbdba    staff      544  6 22  2017 extra
drwxr-xr-x@   17 zbdba    staff      544  6 22  2017 dbug
drwxr-xr-x@    3 zbdba    staff       96  6 22  2017 cmd-line-utils
drwxr-xr-x@   46 zbdba    staff     1472  6 22  2017 cmake
drwxr-xr-x@   34 zbdba    staff     1088  6 22  2017 client
drwxr-xr-x@   16 zbdba    staff      512  6 22  2017 BUILD
drwxr-xr-x@   18 zbdba    staff      576  6 22  2017 plugin
drwxr-xr-x@   10 zbdba    staff      320  6 22  2017 packaging
drwxr-xr-x@   17 zbdba    staff      544  6 22  2017 mysys_ssl
drwxr-xr-x@  109 zbdba    staff     3488  6 22  2017 mysys
drwxr-xr-x@   19 zbdba    staff      608  6 22  2017 mysql-test
drwxr-xr-x@   21 zbdba    staff      672  6 22  2017 libservices
drwxr-xr-x@   12 zbdba    staff      384  6 22  2017 libmysqld
drwxr-xr-x@   15 zbdba    staff      480  6 22  2017 libmysql
drwxr-xr-x@   32 zbdba    staff     1024  6 22  2017 zlib
drwxr-xr-x@    3 zbdba    staff       96  6 22  2017 win
drwxr-xr-x@   17 zbdba    staff      544  6 22  2017 vio
drwxr-xr-x@    6 zbdba    staff      192  6 22  2017 unittest
drwxr-xr-x@    6 zbdba    staff      192  6 22  2017 testclients
drwxr-xr-x@   13 zbdba    staff      416  6 22  2017 support-files
drwxr-xr-x@   58 zbdba    staff     1856  6 22  2017 strings
drwxr-xr-x@    9 zbdba    staff      288  6 22  2017 sql-common
drwxr-xr-x@  577 zbdba    staff    18464  6 22  2017 sql
drwxr-xr-x@   20 zbdba    staff      640  6 22  2017 scripts
drwxr-xr-x@   30 zbdba    staff      960  6 22  2017 regex
drwxr-xr-x@    4 zbdba    staff      128  6 22  2017 rapid
drwxr-xr-x@   77 zbdba    staff     2464  6 22  2017 man
drwxr-xr-x@    6 zbdba    staff      192  6 22  2017 Docs
```

```
drwxr-xr-x@  13 zbdba  staff    416  6 22  2017 storage
drwxr-xr-x@   3 zbdba  staff     96  6 22  2017 boost
drwxr-xr-x    7 zbdba  staff    224  6 25 13:11 cmake-build-debug
```

MySQL 的重要目录如表 1-1 所示。

表 1-1 MySQL 的重要目录

目录	作用
BUILD	主要包含一些各平台编译的脚本
boost	boost 库是一个开源的 C++ 库，提供了许多实用的功能和工具，例如字符串和文本处理、数据结构和算法、图像处理、网络编程等，MySQL 强依赖该库
client	客户端相关逻辑，例如我们使用的 MySQL 客户端，在客户端执行一条 SQL 语句最终发送到服务器进行处理
cmake	CMake 使用 CMakeLists.txt 文件来描述项目的构建配置，包括源文件、依赖项、编译选项等。通过 CMake 方便地在不同平台上进行项目的构建和部署，并且可以灵活地配置项目的属性
cmd-line-utils	客户端依赖的一些工具，例如 readline、libedit 工具
Docs	一些文档，主要是 ChangeLog
extra	包含 innodbchecksum、lz4_decompress 等工具
include	包含所有的头文件
libbinlogevents	包含 binlog 所有 event 的定义
libevent	一个用于事件驱动网络编程的库。它提供了一种高效的方式来处理网络连接、I/O 事件、定时器等
libmysql	库文件，主要供客户端使用
libmysqld	嵌入式 MySQL 服务端库，可以运行在客户端应用侧，它在 5.7.19 版本中已经被废弃，在 8.0 版本中已经被移除
libservices	定义了一些函数供动态插件加载使用
man	包含 MySQL 所有命令的使用说明，在安装完 MySQL 之后，可以使用 man mysql 来查看
mysql-test	包含 MySQL 的所有测试集，如果修改了 MySQL 内核的代码，需要运行一下该测试集以确保所有功能正常
mysys	MySQL 封装的常用系统工具方法，并且支持跨平台，例如实现的 string、字符集、内存分配等
mysys_ssl	OpenSSL、YaSSL 相关封装函数的实现
package	用于打包及 rpm 构建
plugin	包含一些插件的实现，例如半同步插件、全文本插件等
rapid	包含 MySQL Group Replication 核心逻辑，就是我们常说的 MySQL MGR 集群版
regex	包含一些正则表达式的实现
scripts	包含一些脚本，例如 mysqld_safe.sh 用来运行 mysqld_safe 以启动 MySQL 或者初始化 MySQL
sql	这里包含 MySQL Server 层的大部分实现，连接认证、交互协议、查询优化、主从复制等，MySQL 启动入口文件 mysqld.cc 也在这个目录下
sql-common	存放部分客户端和服务端都会用到的代码
storage	包含 MySQL 所有存储引擎的实现，例如 MyISAM、InnoDB、CSV、blackhole 等

(续)

目录	作用
string	包含一些字符串处理的行数
unittest	包含一些单侧文件
vio	MySQL 实现的虚拟 I/O 系统，里面封装了网络 I/O 相关的操作函数
zlib	MySQL 实现的压缩算法，用于表压缩、网络传输压缩

前面介绍了大概的目录，这里主要根据模块来介绍一些核心文件，方便大家在研究不同的模块的时候快速上手。MySQL 的重要模块及其解释如表 1-2 所示。

表 1-2 MySQL 的重要模块及其解释

模块	文件路径及作用
MySQL 启动入口	sql/mysqld.cc，MySQL 启动入口，在该文件的 `mysqld_main` 方法中
MySQL 客户端实现	client/mysql.cc，MySQL 客户端启动入口，在该文件的 `main` 方法中
	client/mysqldump.c，mysqldump 工具主要逻辑
	client/mysqlbinlog.cc，mysqlbinlog 工具主要逻辑
MySQL 服务端连接认证、协议、网络模块	sql/conn_handler/connection_handler_manager.cc，处理 MySQL 连接相关，为客户端创建一个用户线程
	sql/protocol_classic.cc，MySQL 协议相关逻辑
	sql/net_serv.cc，MySQL 网络相关逻辑
	sql/auth/sql_authentication.cc，MySQL 登录认证相关逻辑
查询优化模块	sql/sql_optimizer.cc，MySQL 优化器核心逻辑
	<br/sql/sql_parse.cc，MySQL 语法解析核心逻辑
	sql/sql_planner.cc，MySQL 执行计划核心逻辑
Server 层锁模块	sql/lock.cc，Server 层锁的实现，例如元数据锁（Metadata Lock，MDL）
日志模块	sql/log.cc，error log、general log 核心逻辑
存储过程、函数、触发器、事件	sql/events.cc，MySQL 事件相关逻辑
	sql/sp.cc，MySQL 存储过程核心逻辑
	sql/table_trigger_dispatcher.cc，触发器相关逻辑
MGR 模块	rapid/plugin/group_replication/src/plugin.cc，MGR 核心逻辑
主从复制模块	sql/rpl_slave.cc，包含主从复制核心逻辑
半同步复制模块	plugin/semisync/semisync_master.cc，半同步核心逻辑
binlog 日志模块	libbinlogevents/src/binlog_event.cpp，包含 binlog 协议核心逻辑
InnoDB 缓冲池	storage/innobase/include/buf0buf.ic，包含缓冲池核心逻辑
InnoDB 插入缓冲	storage/innobase/ibuf/ibuf0ibuf.cc，包含插入缓存核心逻辑
InnoDB 自适应哈希索引	storage/innobase/btr/btr0sea.cc，包含自适应哈希索引核心逻辑
InnoDB 双写机制	storage/innobase/buf/buf0dblwr.cc，包含双写机制核心逻辑
InnoDB 重做日志	storage/innobase/log/log0log.cc，包含重做日志读写核心逻辑
	storage/innobase/mtr/mtr0log.cc，重做日志 mgr 核心逻辑
InnoDB 回滚日志	storage/innobase/trx/trx0undo.cc，包含回滚日志核心逻辑
InnoDB 数据文件	storage/innobase/fsp/fsp0file.cc，包含数据文件核心逻辑
InnoDB 锁模块	storage/innobase/lock/lock0lock.cc，包含 InnoDB 锁核心逻辑

(续)

模块	文件路径及作用
InnoDB 事务模块	storage/innobase/include/trx0sys.ic，包含事务模块核心逻辑
InnoDB 索引模块	storage/innobase/btr/btr0btr.cc，包含索引核心逻辑
InnoDB 数据字典模块	storage/innobase/dict/dict0crea.cc，包含数据字典核心逻辑
InnoDB 多版本控制	storage/innobase/read/read0read.cc，包含 MVCC 核心逻辑
InnoDB 后台线程	storage/innobase/srv/srv0srv.cc，包含 master 线程核心逻辑
	storage/innobase/srv/srv0start.cc，包含 I/O 线程核心逻辑
	storage/innobase/buf/buf0flu.cc，包含刷脏页线程逻辑

注意，以上文件是 MySQL 5.7.19 版本的，其他版本的也基本一致，部分文件可能存在出入。

1.5.2 编译 MySQL

MySQL 的编译过程对于初学者而言确实具有一定的复杂性，因其涉及诸多参数与依赖项。本小节旨在详尽指导用户完成 MySQL 的编译过程，并深入解析其中一些至关重要的编译参数，以帮助用户更好地理解与实施。

编译环境：

```
[root@iZ0jl76srbmwqzii8km11rZ mysql-5.7.19]# uname -a
Linux iZ0jl76srbmwqzii8km11rZ 3.10.0-1160.83.1.el7.x86_64 #1 SMP Wed Jan 25
    16:41:43 UTC 2023 x86_64 x86_64 x86_64 GNU/Linux
[root@iZ0jl76srbmwqzii8km11rZ mysql-5.7.19]# cat /etc/redhat-release
CentOS Linux release 7.9.2009 (Core)
```

安装依赖包：

```
yum intall cmake
yum -y install ncurses-devel
yum install bison
yum -y install gcc-c++
```

如果你下载的 MySQL 源码不包含 boost 包，则需要下载，其下载地址为 https://sourceforge.net/projects/boost/files/boost/1.59.0/boost_1_59_0.zip/download。

安装完依赖包之后开始编译，创建一个 build 目录来存放编译后的文件：

```
[root@iZ0jl76srbmwqzii8km11rZ mysql-5.7.19]# mkdir build
[root@iZ0jl76srbmwqzii8km11rZ mysql-5.7.19]# cd build/
[root@iZ0jl76srbmwqzii8km11rZ build]#
```

先执行 cmake：

```
cmake .. -DCMAKE_INSTALL_PREFIX=/usr/local/mysql-5.7.19 \
-DMYSQL_UNIX_ADDR=/tmp/mysql.sock \
-DDEFAULT_CHARSET=utf8 \
-DDEFAULT_COLLATION=utf8_bin \
-DWITH_EXTRA_CHARSETS:STRING=all \
```

```
-DWITH_MYISAM_STORAGE_ENGINE=1 \
-DWITH_INNOBASE_STORAGE_ENGINE=1 \
-DWITH_MEMORY_STORAGE_ENGINE=1 \
-DWITH_READLINE=1 \
-DENABLED_LOCAL_INFILE=1 \
-DMYSQL_TCP_PORT=3313 \
-DMYSQL_DATADIR=/data1/mysql3313 \
-DMYSQL_USER=mysql \
-DDOWNLOAD_BOOST=1 \
-DWITH_DEBUG=1 \
-DWITH_BOOST=/data/tmp/mysql-5.7.19/boost
```

执行成功之后会有如下输出：

```
-- CMAKE_BUILD_TYPE: Debug
-- COMPILE_DEFINITIONS: _GNU_SOURCE;_FILE_OFFSET_BITS=64;HAVE_CONFIG_H;HAVE_
   LIBEVENT1
-- CMAKE_C_FLAGS:  -fPIC -Wall -Wextra -Wformat-security -Wvla -Wwrite-strings
   -Wdeclaration-after-statement -Werror
-- CMAKE_CXX_FLAGS:  -fPIC -Wall -Wextra -Wformat-security -Wvla -Woverloaded-
   virtual -Wno-unused-parameter -Werror
-- CMAKE_C_LINK_FLAGS:
-- CMAKE_CXX_LINK_FLAGS:
-- CMAKE_C_FLAGS_DEBUG: -g -fabi-version=2 -fno-omit-frame-pointer -fno-strict-
   aliasing -DENABLED_DEBUG_SYNC -DSAFE_MUTEX
-- CMAKE_CXX_FLAGS_DEBUG: -g -fabi-version=2 -fno-omit-frame-pointer -fno-
   strict-aliasing -DENABLED_DEBUG_SYNC -DSAFE_MUTEX
-- Configuring done
-- Generating done
CMake Warning:
  Manually-specified variables were not used by the project:

    MYSQL_USER
    WITH_MEMORY_STORAGE_ENGINE
    WITH_READLINE

-- Build files have been written to: /data/tmp/mysql-5.7.19/build
```

然后执行编译：

```
make
```

如果 CPU 数量充足，可以指定并行编译：

```
make -j4
```

编译会执行 10 多分钟，性能较差的计算机可能需要几十分钟，编译成功之后会有如下输出：

```
Building CXX object sql/CMakeFiles/sql.dir/sql_client.cc.o
[ 98%] [ 98%] Building CXX object sql/CMakeFiles/sql.dir/srv_session.cc.o
Building CXX object sql/CMakeFiles/sql.dir/srv_session_info_service.cc.o
[ 98%] Building CXX object sql/CMakeFiles/sql.dir/srv_session_service.cc.o
```

```
[ 98%] Building CXX object sql/CMakeFiles/sql.dir/mysqld_daemon.cc.o
Linking CXX static library libsql.a
[ 98%] Built target mysqltest_embedded
[ 98%] Built target sql
Scanning dependencies of target pfs_connect_attr-t
Scanning dependencies of target mysqld
[100%] Building CXX object sql/CMakeFiles/mysqld.dir/main.cc.o
Linking CXX executable mysqld
[100%] [100%] Building CXX object storage/perfschema/unittest/CMakeFiles/pfs_
   connect_attr-t.dir/pfs_connect_attr-t.cc.o
Building CXX object storage/perfschema/unittest/CMakeFiles/pfs_connect_attr-t.
   dir/__/__/__/sql/sql_builtin.cc.o
[100%] Building C object storage/perfschema/unittest/CMakeFiles/pfs_connect_
   attr-t.dir/__/__/__/mysys/string.c.o
Linking CXX executable pfs_connect_attr-t
[100%] Built target mysqld
Scanning dependencies of target udf_example
[100%] Building CXX object sql/CMakeFiles/udf_example.dir/udf_example.cc.o
Linking CXX shared module udf_example.so
[100%] Built target udf_example
[100%] Built target pfs_connect_attr-t
```

然后进行安装，这个过程会把编译好的二进制文件安装到指定的目录中：

```
[root@iZ0jl76srbmwqzii8km11rZ build]# make install
```

安装成功之后有如下信息输出：

```
-- Installing: /usr/local/mysql-5.7.19/mysql-test/./include/restore_strict_mode.
   inc
-- Installing: /usr/local/mysql-5.7.19/mysql-test/./include/turn_off_strict_
   mode.inc
-- Installing: /usr/local/mysql-5.7.19/mysql-test/mtr
-- Installing: /usr/local/mysql-5.7.19/mysql-test/mysql-test-run
-- Installing: /usr/local/mysql-5.7.19/mysql-test/lib/My/SafeProcess/my_safe_
   process
-- Up-to-date: /usr/local/mysql-5.7.19/mysql-test/lib/My/SafeProcess/my_safe_
   process
-- Installing: /usr/local/mysql-5.7.19/mysql-test/lib/My/SafeProcess/Base.pm
-- Installing: /usr/local/mysql-5.7.19/support-files/mysqld_multi.server
-- Installing: /usr/local/mysql-5.7.19/support-files/mysql-log-rotate
-- Installing: /usr/local/mysql-5.7.19/support-files/magic
-- Installing: /usr/local/mysql-5.7.19/share/aclocal/mysql.m4
-- Installing: /usr/local/mysql-5.7.19/support-files/mysql.server
```

然后检查一下最终安装好的二进制文件，进入 /usr/local/mysql-5.7.19/bin/ 目录中：

```
[root@iZ0jl76srbmwqzii8km11rZ bin]# cd /usr/local/mysql-5.7.19/bin/
```

可以看到 MySQL 相关的二进制文件及命令行工具都在这个目录中，执行 MySQL 客户端命令行工具：

```
[root@iZ0jl76srbmwqzii8km1lrZ bin]# ./mysql --version
./mysql  Ver 14.14 Distrib 5.7.19, for Linux (x86_64) using  EditLine wrapper
```

到此就编译结束了。下面来重点介绍 MySQL 的重要编译参数及其说明，如表 1-3 所示。

表 1-3　MySQL 的重要编译参数及其说明

编译参数	说明
CMAKE_INSTALL_PREFIX	指定 MySQL 二进制文件安装位置
MYSQL_UNIX_ADDR	指定 MySQL 默认套接字文件位置
DEFAULT_CHARSET	指定 MySQL 默认字符集
WITH_MYISAM_STORAGE_ENGINE	指定是否支持 MyISAM 存储引擎
WITH_INNOBASE_STORAGE_ENGINE	指定是否支持 InnoDB 存储引擎
MYSQL_TCP_PORT	指定 MySQL 默认端口号
MYSQL_DATADIR	指定 MySQL 默认数据文件目录
MYSQL_USER	指定 MySQL 用户
WITH_DEBUG	指定 debug 模式，注意，这里由于我们是为了调试，所以需要指定，用于生产环境的不需要指定

1.5.3　使用 IDE 进行调试

现在已经完成了 MySQL 的编译，接下来可以进行调试了。调试可以借助很多种工具，例如 GDB（GNU Debugger，GNU 调试器）和一些 IDE（Integrated Development Environment，集成开发环境）工具等。

这里推荐使用 IDE 工具，因为调试的时候更加直观。我们可以根据自己的习惯和喜好选择 IDE 工具，这里使用的是 CLion。下面会使用 CLion 来简单演示如何调试 MySQL。

1. 导入编译好的 MySQL

单击 File → New CMake Project from Sources 选项，准备导入 MySQL 项目如图 1-4 所示。

然后弹出 Select Directory to Import（选择导入目录）对话框，这里就选择我们刚刚编译完成的 build 目录，如图 1-5 所示。

选择完后单击 OK 按钮，然后弹出 Import CMake Project 对话框，如图 1-6 所示。

单击 Open Existing Project 按钮，最终导入完成。之后 CLion 会加载一段时间，加载完成后就可以准备配置 MySQL 启动参数了。单击 Edit Configurations 选项，如图 1-7 所示。

选择 mysqld 选项，在右边可以看到一些配置，从这里配置启动参数，如图 1-8 所示。

在图 1-8 中的 Program arguments 文本框中填入对应的启动参数，参数如下：

```
--defaults-file=/data/mysql3313/my.cnf
--basedir=/data/mysql3313
--datadir=/data/mysql3313/data
--plugin-dir=/usr/local/mysql-5.7.19/lib/plugin
--user=mysql
--log-error=zbdba.err
--pid-file=zbdba.pid
```

```
--socket=/var/lib/mysql/mysql_3313.sock
--port=3313
```

注意，配置好了还不能直接启动，因为还没有初始化 MySQL。

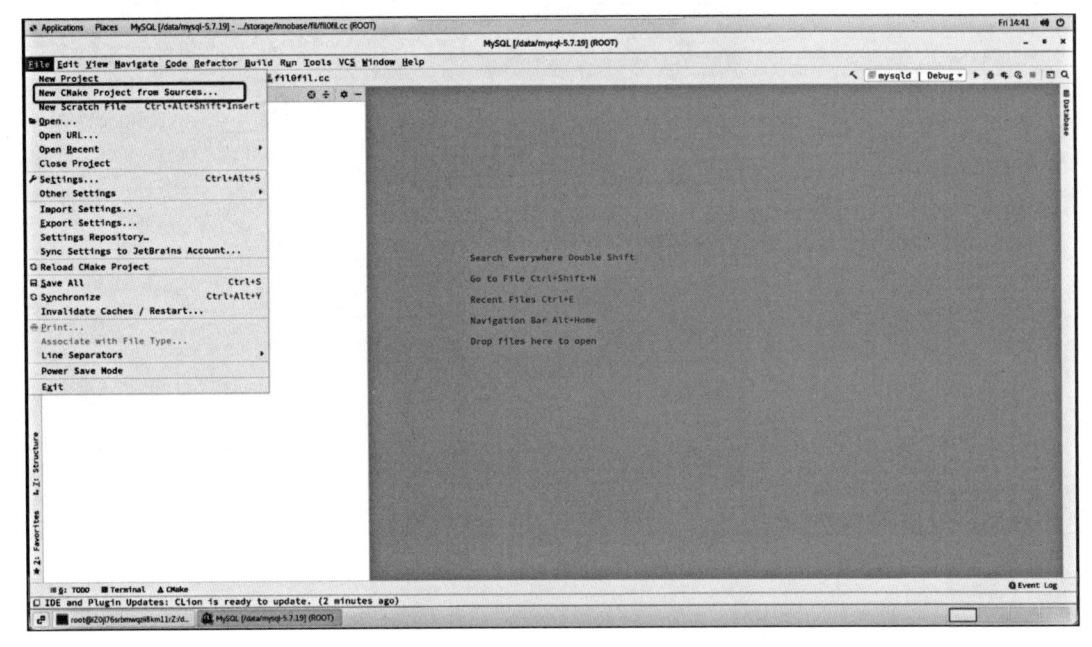

图 1-4　准备导入 MySQL 项目

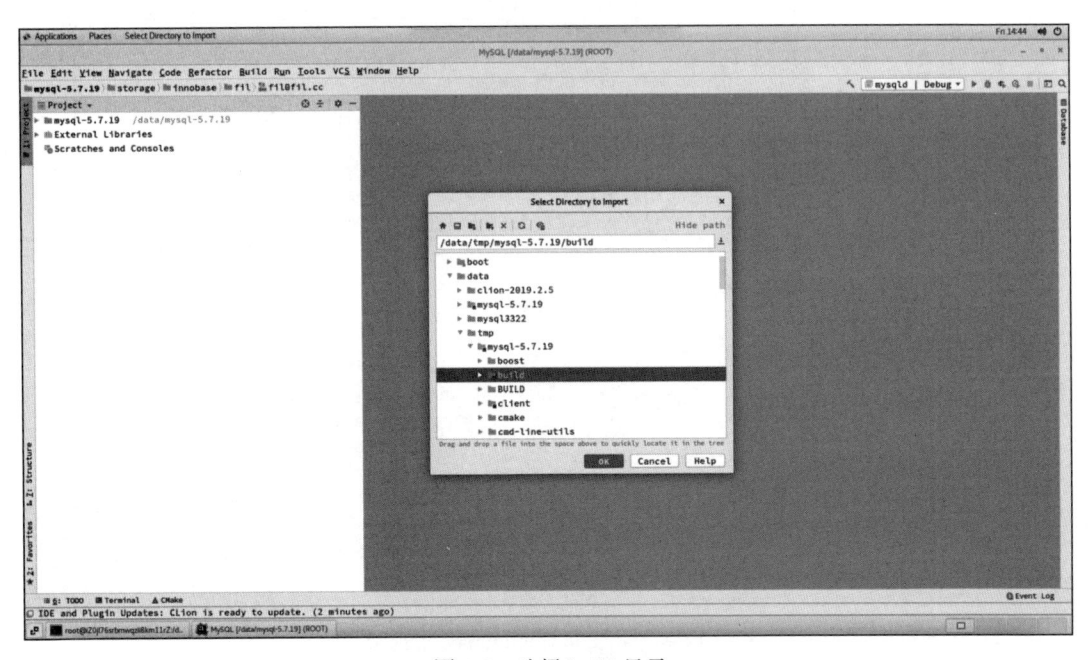

图 1-5　选择 build 目录

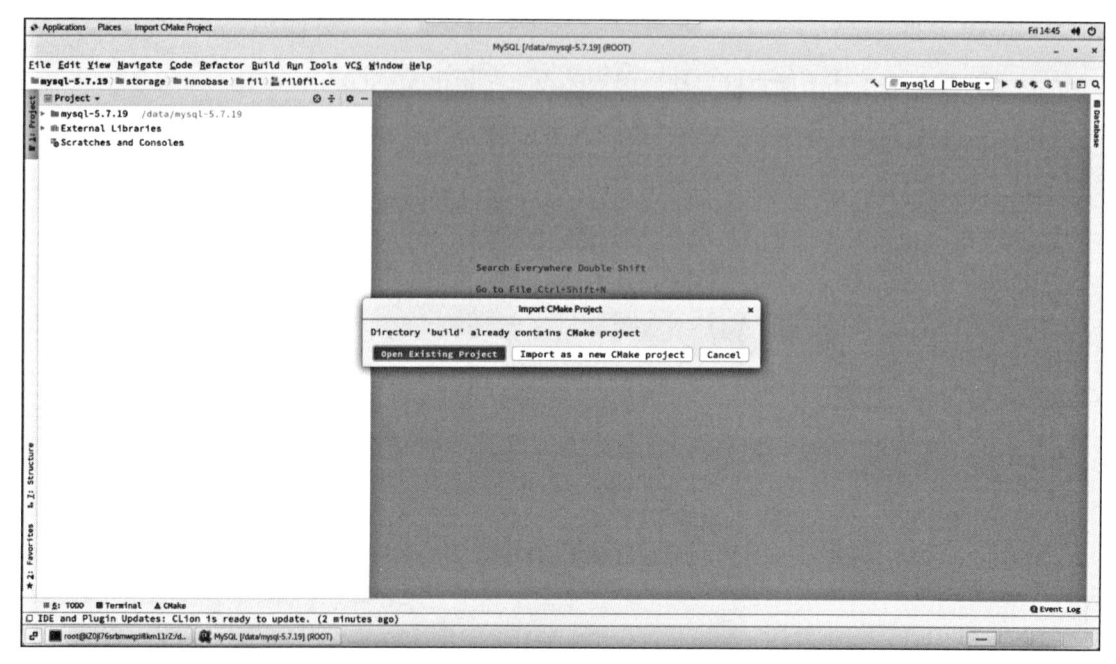

图 1-6　弹出 Import CMake Project 对话框

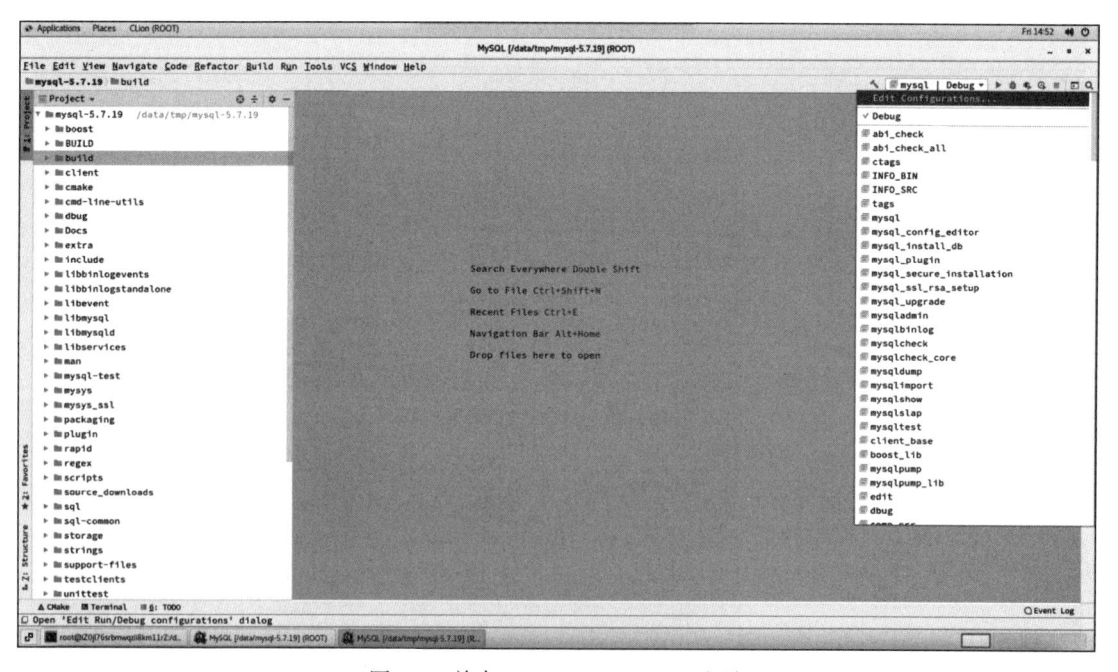

图 1-7　单击 Edit Configurations 选项

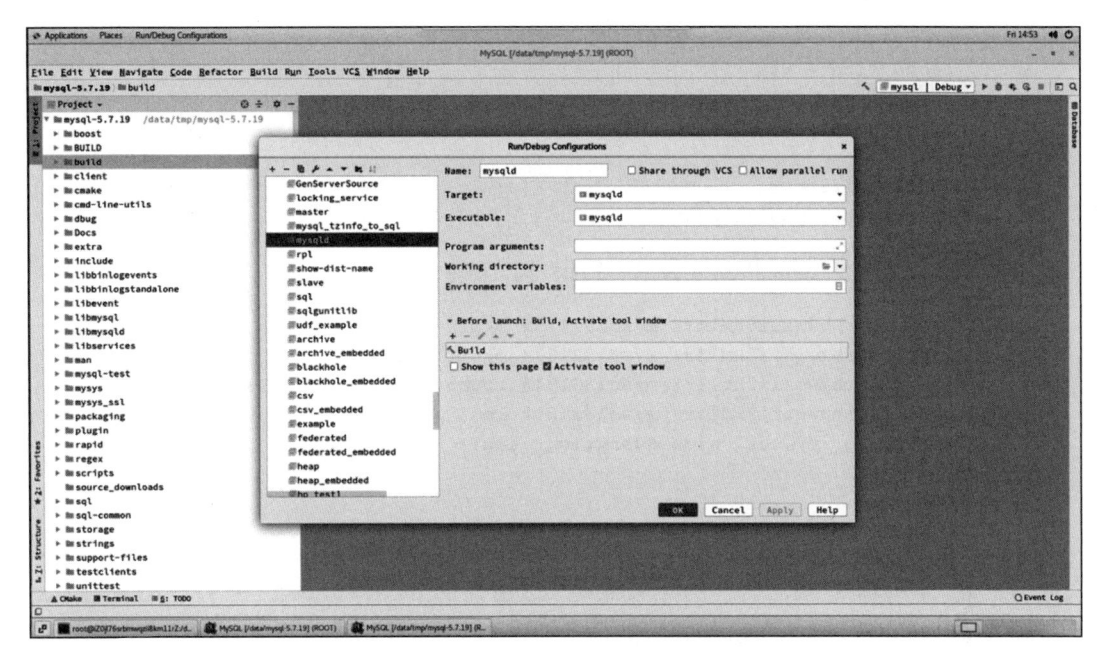

图 1-8　配置 MySQL 启动参数截图

2. 初始化 MySQL

首先创建 MySQL 目录：

```
[root@iZ0jl76srbmwqzii8km11rZ data]# mkdir mysql3313
[root@iZ0jl76srbmwqzii8km11rZ data]#
[root@iZ0jl76srbmwqzii8km11rZ data]# cd mysql3313/
```

然后创建一个简单的 MySQL 配置文件：

```
[root@iZ0jl76srbmwqzii8km11rZ mysql3313]#
[root@iZ0jl76srbmwqzii8km11rZ mysql3313]# cat my.cnf
[mysqld]
# 数据库存储路径
datadir = /data/mysql3313/data
# 端口号
port = 3313
# 最大连接数
max_connections = 100
# 连接超时时间
connect_timeout = 10
# 等待数据库连接释放的时间
wait_timeout = 600
# 日志文件
log_error = /data/mysql3313/error.log
# 慢查询日志
slow_query_log = 1
slow_query_log_file = /data/mysql3313/slow_query.log
```

```
# 查询缓存大小
query_cache_size = 64M
# 表打开缓存大小
table_open_cache = 256
# 线程缓存大小
thread_cache_size = 8
# tmpdir = /data/mysql3313/tmp
```

再创建 MySQL 的 data 和 tmp 目录、错误日志文件：

```
[root@iZ0jl76srbmwqzii8km11rZ mysql3313]# mkdir data
[root@iZ0jl76srbmwqzii8km11rZ mysql3313]# mkdir tmp
[root@iZ0jl76srbmwqzii8km11rZ mysql3313]# touch /data/mysql3313/error.log
[root@iZ0jl76srbmwqzii8km11rZ mysql3313]# ls
data  error.log  my.cnf  slow_query.log  tmp
```

创建 MySQL 用户：

```
[root@iZ0jl76srbmwqzii8km11rZ mysql3313]# useadd mysql
[root@iZ0jl76srbmwqzii8km11rZ mysql3313]# groupadd mysql -g mysql
```

授予 MySQL 目录的 mysql 用户权限：

```
[root@iZ0jl76srbmwqzii8km11rZ data]# chown -R mysql:mysql mysql3313/
[root@iZ0jl76srbmwqzii8km11rZ data]# cd mysql3313/
[root@iZ0jl76srbmwqzii8km11rZ mysql3313]# ls -lrt
-rw-r--r-- 1 mysql mysql  536 7月   5 15:02 my.cnf
drwxr-xr-x 2 mysql mysql 4096 7月   5 15:04 data
drwxr-xr-x 2 mysql mysql 4096 7月   5 15:04 tmp
```

然后进行初始化：

```
[root@iZ0jl76srbmwqzii8km11rZ mysql3313]# /usr/local/mysql-5.7.19/bin/mysqld_
  safe --defaults-file=/data/mysql3313/my.cnf --user=mysql --initialize
2024-07-05T07:11:36.586942Z mysqld_safe Logging to '/data/mysql3313/error.log'.
2024-07-05T07:11:36.612018Z mysqld_safe Starting mysqld daemon with databases
  from /data/mysql3313/data
2024-07-05T07:11:40.617190Z mysqld_safe mysqld from pid file /data/mysql3313/
  data/iZ0jl76srbmwqzii8km11rZ.pid ended
```

在初始化完成之后查看日志文件，可以看到初始化的 MySQL 密码：

```
[root@iZ0jl76srbmwqzii8km11rZ mysql3313]# cat error.log
2024-07-05T07:11:36.619494Z 0 [Warning] TIMESTAMP with implicit DEFAULT value is
  deprecated. Please use --explicit_defaults_for_timestamp server option (see
  documentation for more details).
2024-07-05T07:11:37.775855Z 0 [Warning] InnoDB: New log files created, LSN=45790
2024-07-05T07:11:38.026907Z 0 [Warning] InnoDB: Creating foreign key constraint
  system tables.
2024-07-05T07:11:38.097652Z 0 [Warning] No existing UUID has been found, so
  we assume that this is the first time that this server has been started.
  Generating a new UUID: d21a1651-3a9d-11ef-8d68-00163e03689c.
```

```
2024-07-05T07:11:38.099752Z 0 [Warning] Gtid table is not ready to be used.
   Table 'mysql.gtid_executed' cannot be opened.
2024-07-05T07:11:38.100462Z 1 [Note] A temporary password is generated for root@
   localhost: 8Uyge+Wekp30
```

这表明 MySQL 已经初始化完成，接下来可以通过 IDE 来启动。在启动之前，我们在 IDE 上设置一个断点，断点就设置在 MySQL 的入口函数中，如图 1-9 所示。

图 1-9　设置断点

断点的设置非常简单，单击代码最左侧的空白位置即可。然后单击 IDE 的调试按钮进行调试，调试按钮如图 1-10 所示。

断点调试 MySQL 如图 1-11 所示。

可以看到 MySQL 停在了断点上，这个时候就可以一步步地进行调试了。从这里调试可以看到 MySQL 的整个启动流程。如果想让 MySQL 直接启动，则单击 CLion 的继续按钮，如图 1-12 所示。

在 IDE 中启动了 MySQL 后，在终端通过 MySQL 客户端进行连接：

```
[root@iZ0jl76srbmwqzii8km11rZ build]# /usr/local/mysql-5.7.19/bin/mysql -uroot
   -p'8Uyge+Wekp30' -P3313
mysql: [Warning] Using a password on the command line interface can be insecure.
Welcome to the MySQL monitor.  Commands end with ; or \g.
Your MySQL connection id is 3
Server version: 5.7.19-debug-log

Copyright (c) 2000, 2017, Oracle and/or its affiliates. All rights reserved.
```

```
Oracle is a registered trademark of Oracle Corporation and/or its
affiliates. Other names may be trademarks of their respective
owners.
Type 'help;' or '\h' for help. Type '\c' to clear the current input statement.
mysql>
```

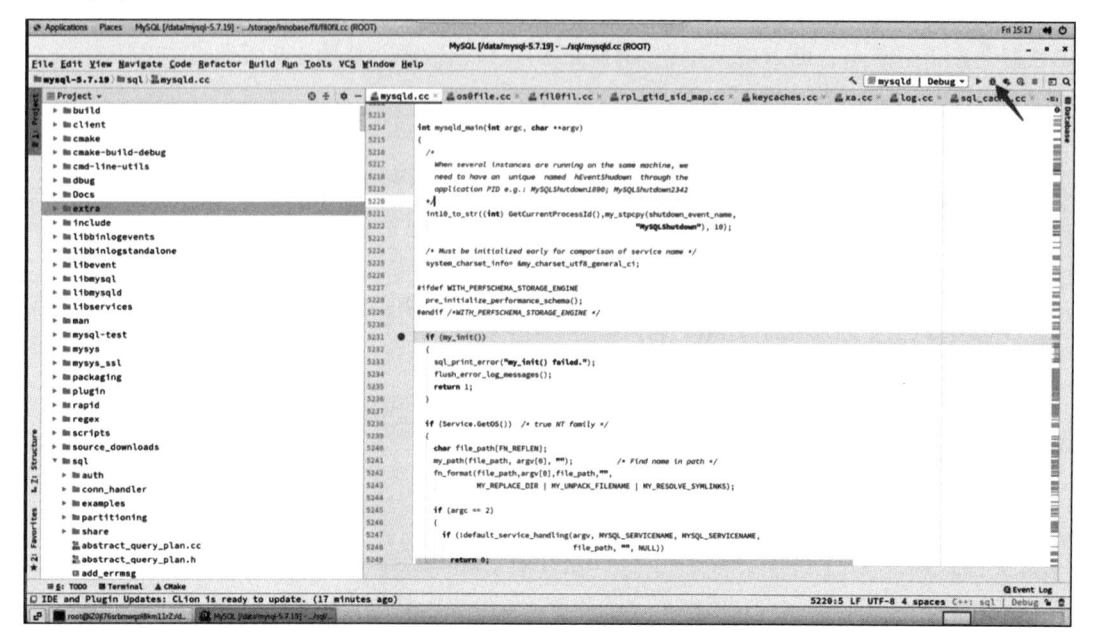

图 1-10 调试按钮

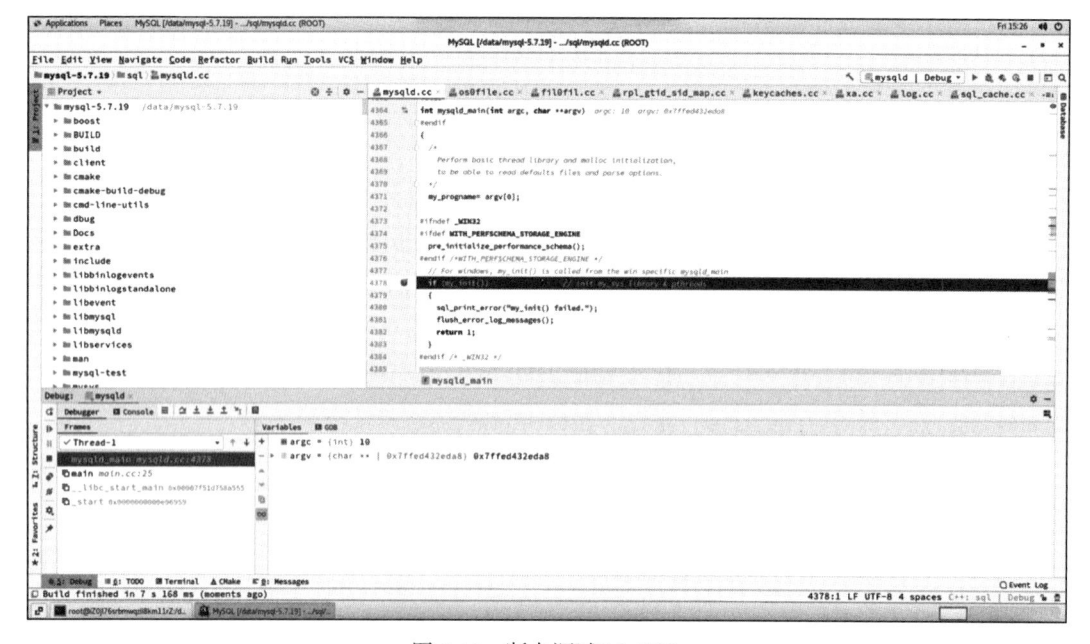

图 1-11 断点调试 MySQL

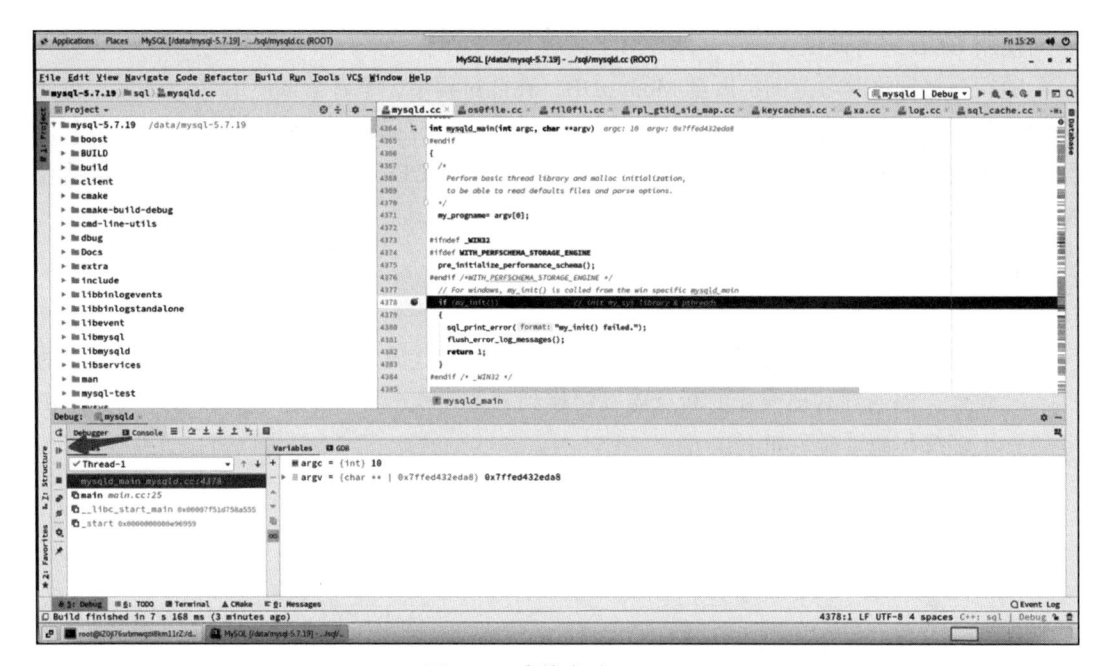

图 1-12　直接启动 MySQL

　　这里的密码就是刚刚初始化时生成的临时密码。若需调试 SQL 语句的执行流程，推荐在客户端触发 SQL 操作，随后在 IDE 中设置断点以追踪。此操作的前提是，开发者需对 SQL 执行过程中可能调用的函数有所了解。以 SELECT 语句为例，它通常会经过 row_search_mvcc 方法进行处理。因此，用户可尝试在此方法内设置断点，并执行 SQL 语句以观察执行流程。

　　关于断点的设置位置，则需要开发者逐步熟悉并深入了解源码结构。通过持续阅读和分析源码，开发者将能自然掌握在何处设置断点以获取所需的调试信息。

　　此外，对于调试的启动方式，除了直接在 IDE 中启动调试外，CLion 等 IDE 还支持 attach 模式，即允许开发者在终端启动 MySQL 服务后，通过 IDE 连接到特定的 MySQL 进程上进行调试。此模式同样支持断点的设置与调试，为开发者提供了更多的灵活性和选择。对此感兴趣的读者可进一步深入研究并实践。

1.5.4　调试技巧

　　MySQL 是一款拥有上百万行代码的复杂系统，我们掌握一定的调试技巧能够显著提升开发效率。这些技巧是笔者通过不断实践和学习逐步积累而来的，写在这里供广大开发者借鉴参考，减少在探索过程中走不必要的弯路。

　　起初，笔者主要聚焦于 Python 脚本及小型项目的编写，当时主要依赖 Vim 编辑器进行代码编辑，并借助 pdb 工具进行调试。随着技术的深入，笔者开始涉足 Redis 的阅读与开发，同样以 Vim 编辑器为核心工具，但在此基础上引入了更多插件以优化阅读体验，同时转向使用 GDB 进行调试。

随后，笔者将学习范围扩展至 MongoDB，在此过程中，笔者尝试使用 VS Code 进行代码阅读与调试，以探索新的开发工具与调试方法。最终，在深入 MySQL 源码的阅读与开发阶段，笔者进一步尝试了 Visual Studio、NetBeans 以及 CLion 等多种 IDE，以寻找最适合 MySQL 源码阅读和调试的工具组合。

1. 多线程调试

多线程调试主要分为以下两种情况：

- **多线程运行不同的代码**。针对多线程运行不同的代码，调试的时候主要跟踪自己的线程，如遇到其他线程的断点触发切换到其他线程，再将线程切换回来即可。GDB 下多线程调试命令如下：

```
# 查看所有的线程
info thread
# 切换线程
thread 3
```

在 CLion 等 IDE 下可以直接通过鼠标进行线程的查看和切换。

- **多线程运行相同的代码**。针对多线程运行相同的代码，调试起来就比较麻烦，当你设置一个断点的时候，可能有多个线程触发，这个时候就会干扰你的调试。可以通过在 GDB 中设置 set scheduler-locking on 命令来强制限定只调试当前线程。

2. 调试分布式项目

分布式项目一般会部署多个节点。在处理分布式项目的调试任务时，通常会选取某一节点作为断点调试的焦点。然而，由于分布式系统特有的协议与交互机制，该选定节点有可能面临被剔除或发生异常的风险，从而阻碍我们实施准确调试的进程。针对这一挑战，调试分布式项目主要可遵循以下两大策略：

- **Mock 或者单元调试**。有些项目是自己做好了 Mock，我们只需要调试一个节点就几乎能调试其所有的功能。如果没有 Mock，我们也可以尝试自己做 Mock，不过这需要你对该项目非常熟悉。除了 Mock，我们还可以采用单元测试来对每个函数进行调试。不过这会有逻辑不连贯、单侧覆盖不全的问题。
- **打印日志**。分布式项目最常用的方式还是打印日志。在一些重要的地方打印日志，就能知道代码的大致执行路径。在厘清整体执行路径后，再在每个方法中打印详细日志即可完成调试。

在调试 MySQL 的 MGR 时，就会遇到上述问题。

3. 编译优化机制

在调试的时候，打印对应的变量有时会报 optimized out 的错误，这是因为在编译时指定了优化选项。优化选项是通过 gcc/g++ 指定的。

- -O0（字母 O 后跟一个零），关闭所有优化选项，也是 CFLAGS 或 CXXFLAGS 中没有设置 -O 等级时的默认等级。这样就不会优化代码，通常不是我们想要的。
- -O1，这是最基本的优化等级。编译器会在不花费太多编译时间的情况下试图生成更快、更短的代码。这些优化是非常基础的，但一般这些任务肯定能顺利完成。
- -O2，-O1 的进阶。这是推荐的优化等级，除非你有特殊的需求。-O2 会比 -O1 多启用一些标记。设置了 -O2 后，编译器会试图在不增大代码体积和占用大量编译时间的前提下提高代码性能。
- -O3，这是最高、最危险的优化等级。用这个选项会延长编译代码的时间，并且在使用 gcc4.x 的系统里不应全局启用。自 3.x 版本以来，gcc 的行为已经有了极大的改变。在 3.x 版本中，-O3 生成的代码也只是比 -O2 快一点点而已，而且在 gcc4.x 中还未必更快。用 -O3 来编译所有的软件包将产生体积更大、更耗内存的二进制文件，大大增加编译失败的可能性，或出现不可预知的程序行为（包括错误）。这样做得不偿失，记住，过犹不及。在 gcc 4.x 中使用 -O3 是不推荐的。
- -Os，这个等级用来优化代码尺寸。它启用了 -O2 中不会增加磁盘空间占用的代码生成选项。这对于磁盘空间极其紧张或者 CPU 缓存较小的计算机非常有用，但也可能产生些许问题，因此软件树中的大部分 ebuild 会过滤掉这个等级的优化。使用 -Os 是不推荐的。

在 MySQL 中，将所有 Makefiles 中的 O1、O2、O3 替换成 O0，这样就关闭了优化。其他项目也是这样，这里我们直接在编译时指定 debug 即可。

4. core dump

core dump 的主要思想是在程序崩溃后，通过调试其生成的 core 文件，得知当时程序运行的状态，从而找到触发崩溃的条件。

MySQL core dump 配置如下：

1）打开 Linux 的 core 文件配置。

```
ulimit -c unlimited
```

2）添加 MySQL 的 core_file 配置（配置在 [mysqld] 下面），并重启测试实例。

```
[mysqld]
core_file
[mysqld_safe]
core-file-size=unlimited
```

3）配置 suid_dumpable（MySQL 通常会以 suid 方式启动）。

```
echo 2 >/proc/sys/fs/suid_dumpable
```

4）设置 core 文件存放的目录并设置完全控制权限。

```
mkdir /data/core && chmod 777 /data/core && echo "/data/core/core" > /proc/sys/
  kernel/core_pattern
```

5）模拟 MySQL 的 crash 场景，执行如下命令。

```
kill -SEGV `pidof mysqld`
```

kill 操作执行完成后，终于看到了久违的 core 文件。

找到 core 文件后执行：

```
gdb core.1234 /usr/local/mysql-5.7.19/bin/mysqld
```

5. pstack

pstack 是一个功能强大的工具，它具备查看运行中程序所有线程堆栈信息的能力。然而，使用该工具时需要谨慎，因为它在捕获进程堆栈的过程中，会导致进程出现短暂的阻塞现象。特别是在处理拥有大量线程的程序时，这一行为可能会对服务的正常运行产生不良影响。pstack 命令如下：

```
[root@zbdba mysql-5.7.19]# ps -ef|grep mysql
root      10620  5674  0 21:23 pts/2    00:00:00 vim sql/mysqld.cc
root      27575  3841  0 21:32 pts/1    00:00:00 /bin/sh /usr/local/mysql-5.7.19-
  online/bin/mysqld_safe --defaults-file=/data/mysql3322/my.cnf
mysql     27960 27575  0 21:32 pts/1    00:00:10 /usr/local/mysql-5.7.19-
  online/bin/mysqld --defaults-file=/data/mysql3322/my.cnf --basedir=/data/
  mysql3322 --datadir=/data/mysql3322/data --plugin-dir=/usr/local/mysql-5.7.19-
  online/lib/plugin --user=mysql --log-error=zbdba.err --pid-file=zbdba.pid
  --socket=/var/lib/mysql/mysql_3322.sock --port=3322
root      72534  3841  0 21:59 pts/1    00:00:00 grep --color=auto mysql
[root@zbdba mysql-5.7.19]#
[root@zbdba mysql-5.7.19]#
[root@zbdba mysql-5.7.19]# pstack 27960
Thread 31 (Thread 0x7fdb64948700 (LWP 27967)):
#0  0x00007fdb6d11c53a in sigwaitinfo () from /lib64/libc.so.6
#1  0x0000000000eb865b in timer_notify_thread_func (arg=arg@entry=0x7ffce7e6be50)
    at /home/zhaojingbo/online/mysql-5.7.19/mysys/posix_timers.c:77
#2  0x0000000001213131 in pfs_spawn_thread (arg=0x3cbb4b0) at /home/zhaojingbo/
  online/mysql-5.7.19/storage/perfschema/pfs.cc:2188
#3  0x00007fdb6e51ee65 in start_thread () from /lib64/libpthread.so.0
#4  0x00007fdb6d1e388d in clone () from /lib64/libc.so.6
Thread 30 (Thread 0x7fdb1382c700 (LWP 27972)):
#0  0x00007fdb6e315644 in __io_getevents_0_4 () from /lib64/libaio.so.1
#1  0x0000000000f6fee7 in LinuxAIOHandler::collect (this=this@entry=0x7fdb1382bdf0)
    at /home/zhaojingbo/online/mysql-5.7.19/storage/innobase/os/os0file.cc:2500
#2  0x0000000000f7085a in LinuxAIOHandler::poll (this=this@entry=0x7fdb1382bdf0,
  m1=m1@entry=0x7fdb1382be90, m2=m2@entry=0x7fdb1382bea0, request=request@
  entry=0x7fdb1382beb0) at /home/zhaojingbo/online/mysql-5.7.19/storage/
  innobase/os/os0file.cc:2646
#3  0x0000000000f726d8 in os_aio_linux_handler (request=0x7fdb1382beb0,
  m2=0x7fdb1382bea0, m1=0x7fdb1382be90, global_segment=0) at /home/zhaojingbo/
  online/mysql-5.7.19/storage/innobase/os/os0file.cc:2702
#4   os_aio_handler (segment=segment@entry=0, m1=m1@entry=0x7fdb1382be90,
```

```
        m2=m2@entry=0x7fdb1382bea0, request=request@entry=0x7fdb1382beb0) at /home/
        zhaojingbo/online/mysql-5.7.19/storage/innobase/os/os0file.cc:6259
#5      0x000000000112a32d in fil_aio_wait (segment=segment@entry=0) at /home/
        zhaojingbo/online/mysql-5.7.19/storage/innobase/fil/fil0fil.cc:5835
#6      0x000000000101e758 in io_handler_thread (arg=<optimized out>) at /home/zhaojingbo/
        online/mysql-5.7.19/storage/innobase/srv/srv0start.cc:311
#7      0x00007fdb6e51ee65 in start_thread () from /lib64/libpthread.so.0
#8      0x00007fdb6d1e388d in clone () from /lib64/libc.so.6
```

在 MySQL 夯住时，或者看 MySQL 的后台线程时，就会用到上述命令。实际上，通过上述命令就能找到对应的方法，如果想要调试，就可以到对应的方法中加上断点。

6. 调试及阅读代码的思路

总体策略是分层次地阅读，遵循由整体至细节的原则。首先明确调用的基本路径，随后深入核心方法的理解，从而在心中构建出一个清晰的框架体系。对于规模庞大的项目，尤为重要的是采取模块化视角进行审视，细致掌握各模块的功能定位及其实现机制，并在此基础上有针对性地提出疑问。随后，应带着这些问题深入源代码中探寻答案，以确保对项目有全面且深入的理解。

（1）熟悉目录及文件

当我们着手探索一个庞大的开源项目时，首要任务是明确其目录结构及各关键文件的基本功能，以此为基础构建初步的认知框架。这些准备工作将有助于我们在后续的代码阅读与调试过程中保持清晰的思路与方向。MySQL 的目录结构及重要文件已在前文中详尽阐述，此处不再重复说明。

（2）熟悉具体功能原理

我们应当全面且系统地收集有价值的资料，以深入理解其实现原理。在审视代码之前，务必确保已充分掌握其背后的逻辑与机制，否则在浏览代码的过程中可能会感到困惑不解。

（3）先看注释再看代码

在一些优秀的项目中，基本上每个方法都会有注释，并且会对每个入参和出参进行说明，例如 MySQL 的方法：

```
/*
  从 master 读取一个事件
    SYNOPSIS
      read_event()
      mysql                 MySQL 连接
      mi                    master 连接信息
      suppress_warnings     设置为 True 的时候，当正常的网络读取超时导致我们尝试重新连接时，
                    我们不想向错误日志中打印任何内容，因为这在空闲服务器中是正常事件。

      RETURN VALUES
      'packet_error'        错误信息
      number                包的长度
*/
```

```
static ulong read_event(MYSQL* mysql, Master_info *mi, bool* suppress_warnings)
```

在看完注释后，我们能大致知道该方法是干什么用的，可以判断要不要继续看下去，如果继续看下去就更容易理解。如果注释没有放在方法前，则可能在头文件定义中。

（4）跟着主线思路走

在代码调试过程中，我们时常会深陷于代码的执行流程，而偏离了初始的调研目标。这会浪费大量时间，尤其是在面对拥有数百万行代码的庞大项目时。然而，值得注意的是，这些项目的核心逻辑代码量往往远小于整体规模。因此，为了高效推进工作，我们需要聚焦于核心要点，并采用以下策略：

- 持续保持对调研初衷的清晰认知，时刻提醒自己此次代码审查的核心目的。
- 精准定位核心方法，对于诸如检查、校验、条件判断等辅助性方法，仅需理解其基本功用即可，无须深入探究其实现细节。
- 一旦识别出核心实现部分，务必记录相应的堆栈信息。此举旨在为后续可能的断点调试工作提供便利，确保能够迅速定位并专注于关键代码段。

（5）利用参数和返回值快速阅读代码

有时候一个方法可能有上千行，如果跟着代码的逻辑走，可能会花费大量的时间。这时就可以通过入参、出参和返回值来快速定位核心代码。

大部分方法的主要作用其实就是处理入参，然后里面可能调用其他方法再将该参数或者处理过的参数传入该方法中，最终都要么有返回值，要么写到出参中。我们只需要跟踪这些参数和返回值，即可快速找到核心逻辑。

例如 MySQL 中的 page_delete_rec_list_end：

```
/*************************************************************//**
从给定记录开始删除页面上的记录，包括该给定记录本身。但最小记录和最大记录不会被删除。*/
void
page_delete_rec_list_end(
/*=====================*/
    rec_t*          rec,        /* 指向页面上记录的指针。*/
    buf_block_t*    block,      /* 页的缓冲块。*/
    dict_index_t*   index,      /* 记录描述符。*/
    ulint           n_recs,     /*!< in: 要删除的记录数量，如果未知则为无符号长整型未定义值
                                    （ULINT_UNDEFINED）。*/
    ulint           size,       /*!< in: 要删除的链末尾记录大小的总和，如果未知则为无符号长整型
                                    未定义值（ULINT_UNDEFINED）。*/
    mtr_t*          mtr)        /*!< in: mtr */
```

上述方法是想要删除一条 MySQL 的记录，可以看到参数里面有一个 rec，也就是要删除这条记录，所以我们只需要跟踪 rec 这条记录即可快速理清楚核心逻辑。

7. 利用单元测试进行调试理解

如果遇到无法直接通过常规手段触发特定代码调试的情况，一个可行的策略是转而利

用单元测试来辅助调试过程。

> **注意** MySQL 的测试框架因其独特性，并不支持此种调试方式。而部分项目则能够采用单元测试作为调试手段。

8. 查看代码提交记录

在某些情况下，即便经过多次调试，可能仍难以理解特定的逻辑段。这可能是由于该逻辑段较为复杂或特殊，且缺乏必要的注释说明。为了应对这一难题，可以采用 git blame 命令来追溯该逻辑段的修改历史，并查找对应的提交记录。通常，提交记录会详细说明此次修改的目的和内容，为理解该逻辑段提供有价值的线索。此外，如果运气较好，我们甚至可能找到对应的 MySQL 的工作日志[⊖]，它可能包含对该逻辑段的概要说明或详细设计，从而进一步加深我们的理解。

9. 理解底层技术

在探讨基础软件时，我们常会发现它们与操作系统或网络交互紧密，且主要聚焦于内存管理与磁盘操作。因此，深入掌握操作系统的内存管理机制、文件系统架构及 CPU 工作原理等基础知识，将极有利于我们快速领悟相关开源项目的精髓。

对于 Linux 等底层操作系统的熟悉，是理解诸如 MySQL、Nginx 等上层应用不可或缺的基石。例如，对 epoll I/O 多路复用技术有了深入了解后，再研读 Redis、Nginx 的代码，会发现其高并发设计的核心正是基于这一技术。同样，对 Linux 磁盘的同步与异步读写机制有了清晰认识后，MySQL 中的同步 I/O 与异步 I/O 实现也将不再晦涩难懂。

此外，精通 TCP 及套接字编程能够使我们更加顺畅地理解数据库客户端与服务器之间的交互过程，进而洞察到各类数据库或基于 TCP 的应用在底层实现上的共通之处。

除了上述操作系统与网络知识外，我们还需熟练掌握一些常用的数据结构，如 MySQL 索引中广泛应用的 B+ 树、崩溃恢复机制中的红黑树，以及 Redis 中采用的跳跃表和基数树等。同时，了解基本的算法也至关重要，如 MySQL 在索引页中查找数据时所使用的二分查找法等。对这些知识与技能的综合运用，将为我们深入理解并优化各类软件系统提供坚实的支撑。

10. 重复阅读

对于无法理解的代码逻辑，一般调试 3～5 遍基本上就能理解，但是遇到一些晦涩难懂的代码，并且没有注释时，可能需要调试 10 遍以上才能理解。对于已经理解的代码逻辑，隔一段时间再去看，也会有一些不一样的认识。

11. 总结笔记

记录笔记是非常重要的，推荐在笔记中记录你阅读、分析、调试的过程，记录你的问

⊖ MySQL 的工作日志链接为：https://dev.mysql.com/worklog/。

题以及你收获到了什么，例如：
- 核心流程。一定要记录其实现的核心流程，这样方便后续看的时候快速理解。
- 调用关系。记录调用关系，方便后续调试定位。

另外，对一些实现细节可以添加代码注释，方便后续理解。

12. 分享和交流

自己的理解有时候不全面，或者有一些误差，跟别人交流后总能查漏补缺或者纠正错误。

1.6 总结

自 1979 年起至今，MySQL 内核拥有长达四十余年的发展历程，深远且持久。在此期间，MySQL 内核不仅孕育了众多分支版本，还经历了持续不断的迭代与优化。MySQL 内核的版本管理体系极为严谨，并辅以一套完善的版本管理流程，确保了产品的稳定性和可靠性。同时，MySQL 内核社区氛围极为活跃，非常欢迎各界人士加入到 MySQL 的开发行列中来，共同推动 MySQL 的进步与发展。

在阅读本书时，建议准备一套用于查看 MySQL 源码的环境。这将使你超越绝大多数 MySQL 用户，并为你从源码层面深入理解 MySQL 的实现原理提供强有力的支持。

本章详细阐述了从 MySQL 源码的下载、编译到使用 IDE 进行调试的全过程。读者只需遵循此流程，即可顺利启动 MySQL 的调试工作。然而，读者需要具备一定的 C/C++ 编程基础，以便更顺畅地理解和分析源码。

值得注意的是，MySQL 的许多逻辑和代码结构相当复杂，即便掌握了调试技巧，也可能难以迅速领悟其精髓。面对这种情况，我们倡导采用反复调试的策略，带着问题去深入探索，通过数十次的迭代调试，即便是最复杂的模块，其大部分内容也将逐渐变得清晰可解。

调试 MySQL 无疑是一项既复杂又耗时的任务，缺乏明确的目标或浓厚的兴趣往往难以持久。笔者之所以能持之以恒地调试 MySQL 的所有核心逻辑代码长达五年，正是源于对技术的浓厚兴趣，以及工作和写作目标的双重驱动。

第 2 章 Chapter 2

MySQL 内核整体架构

数据库系统展现出高度的复杂性，其中关系数据库的实现尤为显著。本章致力于全面且细致地解析 MySQL 的整体架构，旨在为后续的深入探讨打下坚实的理论基础。本章中提及的特定模块将在后续章节中进行独立且详尽的论述。MySQL 内核整体架构如图 2-1 所示。

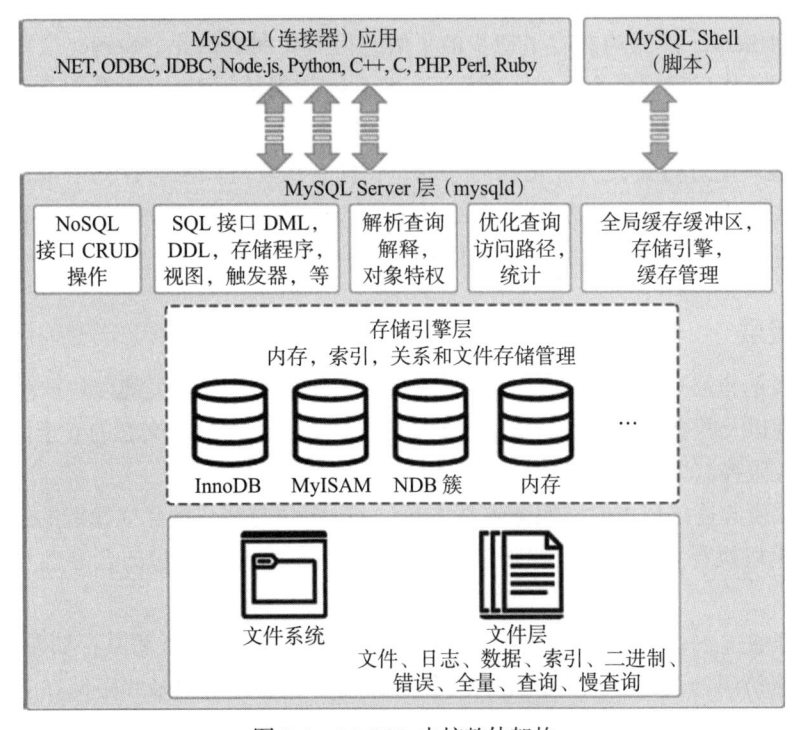

图 2-1　MySQL 内核整体架构

注：DML（Data Manipulation Language），意为数据操纵语言。

图 2-1 是直接引用的 MySQL 官方文档中的图片，从图中可以看到 MySQL 主要分为三层：
- **Server 层**。在 MySQL 的架构中，Server 层扮演着核心角色，涵盖 SQL 接口管理、SQL 语句的解析与优化、缓存管理，除此之外还有连接管理、主从复制等关键功能的实现。这些功能共同确保数据库系统的高效运行。
- **存储引擎层**。作为数据操作与管理的基石，存储引擎层专注于执行对数据库表的增、删、改、查等操作。该层将内存中的数据按照预设的数据结构组织，并高效地写入数据文件中，确保数据的持久化存储。MySQL 在 Server 层上，通过统一的接口抽象了存储引擎的功能，使得不同的存储引擎得以灵活实现，并通过插件化的方式动态加载，极大地增强了系统的可扩展性与灵活性。
- **文件层**。作为数据存储的最终归宿，文件层负责承载 MySQL 的系统数据与用户数据。值得注意的是，由于不同存储引擎的设计思想与实现方式存在差异，因此它们在文件存储的内容与格式上也会有所不同。这种设计既体现了 MySQL 对不同数据存储需求的适应性，也要求用户在使用时需根据实际需求选择合适的存储引擎。

这三层不可或缺，各自承担着不同的职责。在接下来的章节中，我们将对这三层架构进行更为详尽的介绍。

2.1 Server 层

我们已对 Server 层的功能有了初步的了解，但需要明确的是，Server 层还包含诸多组件，它们协同工作以确保整个系统顺畅运行。Server 层根植于 MySQL 的早期设计之中，其初衷在于与 MyISAM 表引擎保持兼容性。尽管 Server 层不直接涉及数据的组织和存储，但它承担着与客户端进行交互、优化查询处理、管理主从复制以及与存储引擎进行交互等关键任务。这些模块的实现均较为复杂。MySQL Server 层的整体架构如图 2-2 所示。

下面简单介绍 Server 层中每个组件的作用。

2.1.1 连接层

连接层级的核心职责在于与客户端交互。此层级集成了多个关键模块，包括专注于网络监听的实现以及数据包的发送与接收的 vio 模块，用于确保数据交互的安全性与合规性的登录认证与权限控制模块，以及相应的线程缓存与表缓存机制。

当客户端发起连接请求时，服务器端先通过 vio 模块与客户端建立稳定的连接通道，随后利用认证模块执行登录认证及权限审核流程，以确保客户端身份的合法性与操作权限的适宜性。

一旦验证通过，系统将为客户端创建一个用户线程（THD），并将其存储在线程缓存中，以便后续快速访问与管理。同时，用户线程所打开的表也将被记录并存储在表缓存中，以提高数据访问的效率与响应速度。

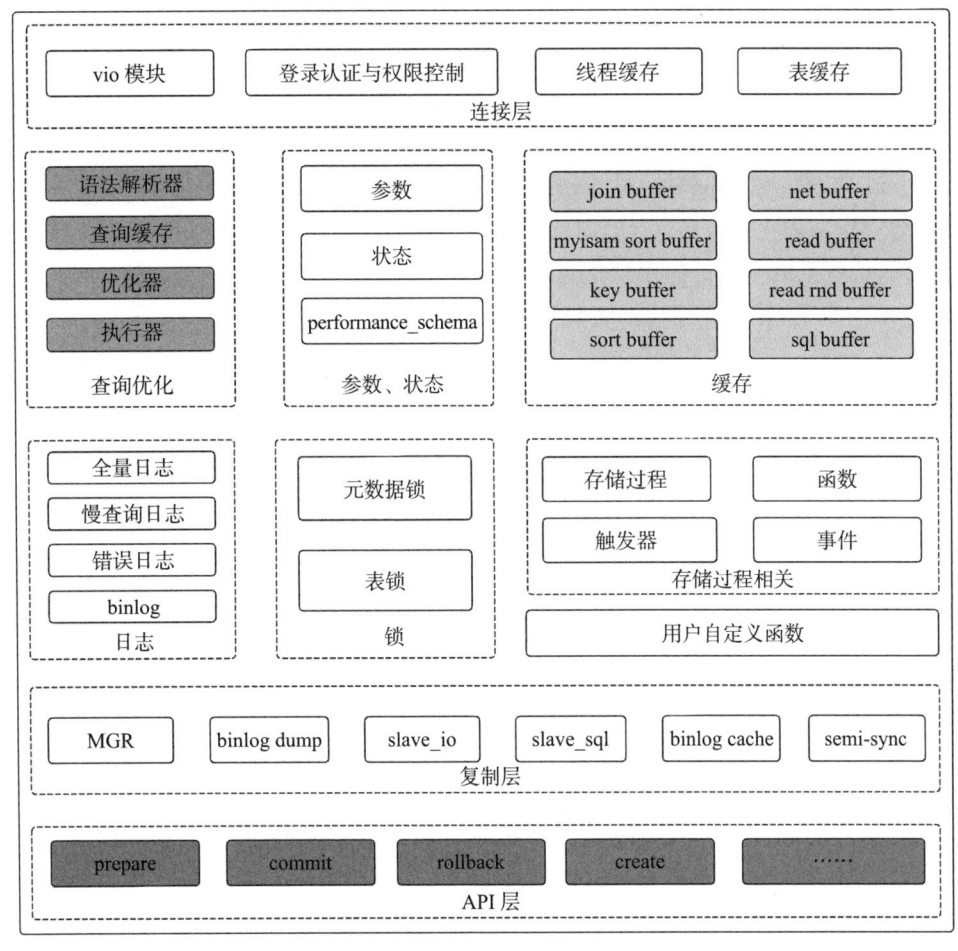

图 2-2　MySQL Server 层的整体架构

1. vio 模块

vio 模块封装着套接字操作的相关方法，例如 Linux 网络编程中的 send 方法向网络文件描述符（fd）发送数据包，recv 方法监听网络文件描述符接收数据包等，下面介绍 vio 提供的一些方法：

- `vio_delete`
- `vio_read`
- `vio_write`
- `vio_keepalive`
- `vio_io_wait`
- `vio_shutdown`

vio 也结合了 epoll io 多路复用技术来支撑高并发场景，这些内容在第 3 章会详细介绍。

2. 登录认证与权限控制

MySQL 的登录认证过程是在客户端与服务端之间完成三次握手及一系列校验之后进行的。在此过程中，客户端会向服务端发送一个认证数据包，该数据包包含通过特定认证协议加密的用户名、密码、请求访问的数据库名称等关键信息。目前，MySQL 支持的常用认证协议包括 mysql_native_password、sha256_password、caching_sha2_password 以及 ed25519 等。服务器在接收到这个认证数据包后，会根据所使用的协议进行解密操作，并将解密后的信息与系统中维护的用户信息进行比对，以确认用户身份是否合法，从而决定认证是否成功。这一过程的详细技术细节将在第 3 章中深入阐述。

此外，MySQL 还提供了对数据库、表以及列级别的精细权限控制机制。在用户尝试访问任何数据库资源之前，系统会首先验证该用户是否具备相应的权限。具体而言，系统会根据用户的请求以及所请求资源的权限设置，进行严格的权限校验。如果用户未获得相应的访问权限，系统将直接返回错误信息，阻止未经授权的访问操作。

3. 线程缓存

在 MySQL 系统中，存在一个精心设计的线程缓存机制，其核心策略是高效复用连接资源。具体而言，该机制通过将创建的用户线程管理对象存储于内存缓存之中，实现对象的快速复用。当系统需要新的用户线程对象时，会直接从缓存中取出已存在的对象再利用，并根据需要执行必要的数据初始化操作。而当用户线程对象不再需要时，系统会将其相关的维护数据清空，并重新放回线程缓存中，以备后续使用。

注意　MySQL 的线程缓存机制在某些特定场景下可能面临内存泄漏的风险。特别是当系统同时开启大量线程，并在这些线程中频繁申请小量内存时，若未能妥善管理这些内存资源的释放，就可能导致在连接关闭后，部分内存仍然被占用而未得到释放。这一现象可能表现为 MySQL 进程的内存占用持续且缓慢地增长，进而可能对系统的稳定性和性能产生不利影响。

---

4. 表缓存

MySQL 会在 Server 层维护一个表缓存，主要缓存表结构信息。表缓存又分为全局级别和会话级别，表缓存属于数据字典的一部分，数据字典在 MySQL 8.0 之后进行了重构优化，详细介绍请参考第 4 章。

2.1.2　查询优化

一条 SQL 语句在查询优化模块需要经历如下四个流程：
1）通过解析器完成词法及语法解析，解析完成后生成一个执行树。
2）查询缓存中查看是否有满足条件的执行计划，前提是打开了查询缓存。

3）通过优化器生成逻辑执行计划和物理执行计划。逻辑执行计划主要是关系代数基础上的优化，通过对关系代数表达式进行逻辑上的等价变换，包含一些 SQL 改写、列裁剪、谓词下推、聚合消除等；物理执行计划是对具体的执行路径进行优化，在统计信息的基础上，通过选择最佳的索引、合适的关联方式（Join）等来估算最低的执行代价。

4）执行器会负责完成优化器生成的整个执行计划的执行，最终将结果返回给客户端。

2.1.3 参数、状态、performance_schema

MySQL 的参数模块，用于平常的参数设置。参数又分为静态参数和动态参数，动态参数可以在 MySQL 运行期间通过 `set variables` 命令修改。MySQL 内部针对每个参数实现了具体的修改方法，修改之后会在内存中更新全局的参数。不过有时候虽然实现了动态修改，在内部也需要重新读取参数才能生效，比如修改 `binlog_format` 参数时，需要断开客户端连接并重连，参数才会生效。

MySQL 的状态模块，用于收集各项指标状态。MySQL 几乎在每个模块都有埋点记录相关的指标信息，可以通过 `show global status` 来查看全部状态指标信息。这些指标信息几乎都是递增的，并且只存储在内存中，一旦重启将会重新计数。实际上几乎所有的 MySQL 监控系统都是从这里采集的数据。

performance_schema 是 MySQL 的一个数据库，里面采集了很多相关的指标数据。上述的 `status` 在 `performance_schema` 中就有对应的表，除此之外还有内存使用情况、线程使用情况、io、锁、事件等待等信息。可以通过 `performance_schema` 中的表来分析线上相关问题，比如内存的使用情况。

2.1.4 缓存

Server 层设计并维护了多种类型的缓冲区，这些缓冲区的核心目标在于优化 SQL 语句的执行效率。以下是对每种缓冲区作用的简要概述：

- join buffer。在涉及 join 操作的场景中，若 join 的表未建立相应的索引，系统将采取优化措施，即将这些表的数据暂存于 join buffer 之中，以此提升 join 操作的执行效率。join buffer 的具体容量由系统参数 `join_buffer_size` 进行调控，其作用域限定于每一次独立的 join 查询过程。因此，在配置该参数时，务必充分考虑业务实际需求及特点，以做出合理的设定。
- net buffer。MySQL 客户端和服务端会维护相应的缓冲区，用以缓存发送和接收的数据。具体地讲，每个客户端线程均会被分配一个连接缓冲区以及一个结果集缓冲区，以便高效地处理数据传输和存储。注意这里说的连接 buffer 虽然区分客户端和服务端，不过都是维护在服务端的。上述连接缓冲区与结果集缓冲区的容量主要受 `net_buffer_length` 和 `max_allowed_packet` 两个系统参数的控制。其中，初始容

量设置 `net_buffer_length` 的默认值，即 16KB。在任何情况下，这两个缓冲区的最大容量均不得超过 `max_allowed_packet` 参数所设定的上限值。
- myisam sort buffer。MyISAM 维护的排序缓冲区主要用于在 repair table、create index、alter table 等场景中对 MyISAM 索引进行排序操作，其大小由 `myisam_sort_buffer_size` 参数进行精确控制。
- read buffer。主要用于缓存 MyISAM 存储引擎顺序扫描表的结果，它是线程级别的。同时针对所有存储引擎，在 Order By 排序、批量插入分区、缓存嵌套循环数据等场景下使用。由 `read_buffer_size` 参数控制。
- key buffer。其主要功能为缓存 MyISAM 引擎的索引块，旨在通过此种方式加速查询操作。该缓存具有全局粒度，意味着其资源为所有线程所共享，并受到 `key_buffer_size` 参数的直接控制与管理。
- read rnd buffer。该特性主要应用于 MyISAM 引擎中的 `Order by` 语句场景。在此场景下，系统直接从 `read rnd buffer` 中读取数据，以此来提升 `Order by` 语句的执行性能。此功能是以线程为单位进行管理的，其大小由参数 `read_rnd_buffer_size` 进行控制。
- sort buffer。该机制主要被设计用于在所有存储引擎中处理数据查询排序的场景，其以线程为单位进行运作，并由 `sort_buffer_size` 参数进行精确控制。
- sql buffer。由 `sql_buffer_result` 参数控制，它会强制 MySQL 将查询结果集放入一个临时表中。这样做的主要目的是将客户端与实际的表查询操作分离开来，使得客户端可以更快地获取到部分结果，而 MySQL 可以在后台继续处理查询结果的其他部分，例如进行排序、分组等操作。

2.1.5 日志

Server 层主要维护如下四种日志：
- **全量日志**，主要用于问题定位、审计等场景，其启用与否由参数 `general_log` 控制。在默认情况下，此功能处于关闭状态，以确保系统性能和资源利用率的优化。
- **慢查询日志**，用于记录执行时间超过预设阈值的 SQL 语句。其启用与否由 `slow_query_log` 参数控制。具体而言，当 SQL 语句的执行时间超过 `long_query_time` 参数所设定的阈值时，这些 SQL 语句将被记录在慢查询日志中，以供后续分析和优化。
- **错误日志**，用于在 MySQL 启动过程中或遇到错误时记录相关信息的工具。观察和分析这些错误日志，可以诊断问题、定位错误原因，并据此采取相应的解决措施。
- **binlog**，MySQL 主从同步的媒介是 binlog 文件，该文件在事务被提交时，负责将 SQL 语句记录其中。

2.1.6 锁

Server 层主要维护两种类型的锁：**元数据锁**和**表锁**。

元数据锁的主要功能是确保表在并发访问过程中的安全性，能够锁定表结构信息以及表数据，从而避免在并发环境下发生数据冲突或不一致。具体而言，当表被打开时，系统会自动加上元数据读锁，以保护表结构的稳定；而当需要更改表结构时，则会加上元数据写锁，以确保修改操作的原子性和一致性。

注意 元数据锁的作用范围不仅限于表对象，它还能锁定 schema、存储过程以及全局级别的对象，为数据库的整体并发控制和数据一致性提供强有力的支持。从实现层面来看，元数据锁主要是在 MySQL Server 层进行管理和控制的。

表锁指的是针对表对象的锁定机制，起初仅存在表锁，随后引入了元数据锁，目前采用表锁与元数据锁相结合的方式来实现。需要特别注意的是，表锁主要在 Server 层实现，而部分存储引擎也提供了自身的表锁实现方式。

2.1.7 存储过程相关

存储过程相关主要包括：存储过程、函数、触发器和事件。

1. 存储过程

这是一组可编程的函数集合，旨在完成特定的功能，它们以 SQL 语句集的形式存在。这些函数集经过编译后创建并存储在数据库中。用户可以通过指定存储过程的名称并提供必要的参数来调用并执行这些存储过程。存储过程的定义及其相关信息被保存在 information_schema.ROUTINES 表中，该表采用 InnoDB 作为存储引擎。因此，存储过程的定义实质上是存储在 InnoDB 存储引擎之下的。然而，存储过程的实际实现则位于 Server 层。

2. 函数

MySQL 具备自定义函数的能力，这些函数能够执行特定的 SQL 语句，并允许用户传入参数。当这些函数被执行时，其结果将直接反馈给客户端。此外，所有自定义函数的定义均存储在 information_schema.ROUTINES 表中，以便后续管理与查询。

3. 触发器

可以通过创建触发器来监测数据库表的数据操作语言（Data Manipulation Language，DML）操作，例如，利用触发器实现表数据的同步处理。触发器的定义及其相关属性均被系统地存储在 information_schema.TRIGGERS 表中，以便用户查询和管理。

4. 事件

MySQL 中的定时器功能，类似于 Linux 系统中的 `crontab` 工具，允许用户在事件中编写 SQL 语句，并设置定时触发机制。这些事件的定义及其相关信息均被存储在 information_schema.EVENTS 表中，以便进行管理和查询。

2.1.8　用户自定义函数

MySQL 支持多种内置函数，如 `sum` 和 `count` 等，这些函数在数据处理和分析中扮演着重要角色。然而，在实际业务场景中，有时需要扩展这些内置函数的功能以满足特定需求。MySQL 在 Server 层定义了一套 UDF（User Define Function，用户定义函数）的实现接口，该接口允许开发者根据需求自定义函数的逻辑。开发者只需遵循这套接口规范，并在接口内部实现自定义函数的具体逻辑。当 MySQL 服务启动时，就会自动加载这些自定义函数，使得它们可以在数据库操作中被调用。

在使用自定义函数之前，还需要通过 `CREATE FUNCTION` 语句在 MySQL 中正式创建这些函数。通过这种方式，开发者可以在 MySQL 中定制特定的特性和功能，并通过自定义函数来管理这些功能，从而提高数据库操作的灵活性和效率。

2.1.9　复制层

MySQL 的复制主要分为**主从复制**和**组复制**两个大的阶段。

主从复制是在 Server 层实现的，主要有以下模块：

- `binlog dump` 线程。在主库侧启动，用于给所有的从库发送 binlog 日志。
- `slave_io` 线程。在从库测启动，用于接受主库侧发送过来的 binlog 日志。
- `slave_sql` 线程。在从库侧启动，用于解析 binlog 日志并应用到从库。
- `binlog cache`。用于缓冲 binlog 日志，在写入 binlog 文件前会先写入 `binlog cache` 中，然后再统一触发刷盘到 binlog 文件中。
- `semi-sync`。半同步插件，主要通过在主库事务提交时写 binlog 的流程中控制等待从库接收 binlog 完成从而实现半同步，`semi-sync` 通过 hook 技术，在主库侧会开启一个 ack receiver 的线程。

组复制作为一种分布式数据强一致同步方案，其核心基于类 Paxos 协议构建。它的实现机制与 `semi-sync` 相似，均通过插件形式实现。具体而言，在事务提交的流程中，利用 hook 机制来确保 binlog 已被成功发送至多数派的跟随者节点之后，领导者节点上的事务方能得以提交。这一设计确保了数据在分布式系统中的高度一致性与可靠性。

2.1.10　API 层

API 层是指 MySQL Server 所定义的与存储引擎相关的接口集合。为了成功实现一个存储引擎，必须遵循 Server 层所抽象出的这些接口规范，包括但不限于以下示例接口：

- **`prepare`**。由于 MySQL 架构中明确区分了 Server 层与存储引擎层，因此事务的提交过程被设计为包含两个阶段：首先是准备（prepare）阶段，其次是存储引擎层的提交（commit）阶段。在准备阶段，主要进行的是 Server 层的操作，而存储引擎层在这一阶段也可以执行相关的操作，这些操作的具体逻辑可以在 prepare 阶段得到实现。这样的设计确保了事务的完整性和一致性。
- **`commit`**。事务的最终提交过程实际上发生在存储引擎层面。在提交逻辑中，包括事务状态的修改，例如修改成事务提交状态，然后可以释放事务中一些锁定的资源等。实际上在 InnoDB 存储引擎中，提交操作就包含前面描述的这些步骤。
- **`rollback`**。在进行事务回滚操作时，其核心环节在于存储引擎层的有效执行。具体而言，此过程旨在将已写入数据文件的数据恢复到先前的状态版本，相应的逻辑实现需被严谨地封装于指定方法之内。值得注意的是，Server 层生成的 binlog 一旦完成磁盘写入操作，便无法再行回滚，原因在于 Server 层本身并未设计包含对 binlog 进行回滚的逻辑机制。因此，存储引擎层须具备兼容此逻辑的能力，以应对可能出现的异常情况。以 InnoDB 存储引擎为例，若在系统完成 binlog 写入并发生崩溃后重启，系统需自动执行扫描 binlog 的操作，以确保将相关事务的更改准确地补写回 InnoDB 存储引擎中，从而保证数据的一致性和完整性。
- **`create`**。在数据库系统中，实现创建表逻辑是一个严谨且关键的过程。以 InnoDB 存储引擎为例，这一过程涉及对数据字典信息的详尽记录。具体而言，表结构信息被精确无误地存储在数据字典中，以确保数据的完整性和可访问性。随后，为了高效地存储和检索数据，会创建索引结构，这些索引结构专门用于存储具体的数据记录，从而优化数据库的性能和响应速度。整个过程体现了数据库管理系统在数据处理上的严谨性、稳定性和高效性。

上述仅为几个常用的接口示例，对于更广泛的接口需求，建议感兴趣的读者查阅 sql/handler.h 文件中关于 handlerto 结构体的详细定义。此外，MySQL 的内部文档也是获取此类信息的重要资源，可供参考。

2.2 存储引擎层

本节主要介绍 InnoDB 存储引擎，其架构如图 2-3 所示。

从图 2-3 中可以清晰地看到 InnoDB 存储引擎的两大核心组成部分：上半部分聚焦于内存中的组件；下半部分则涵盖底层的文件结构。接下来，我们将基于图 2-3 对各个组件进行简要的介绍。

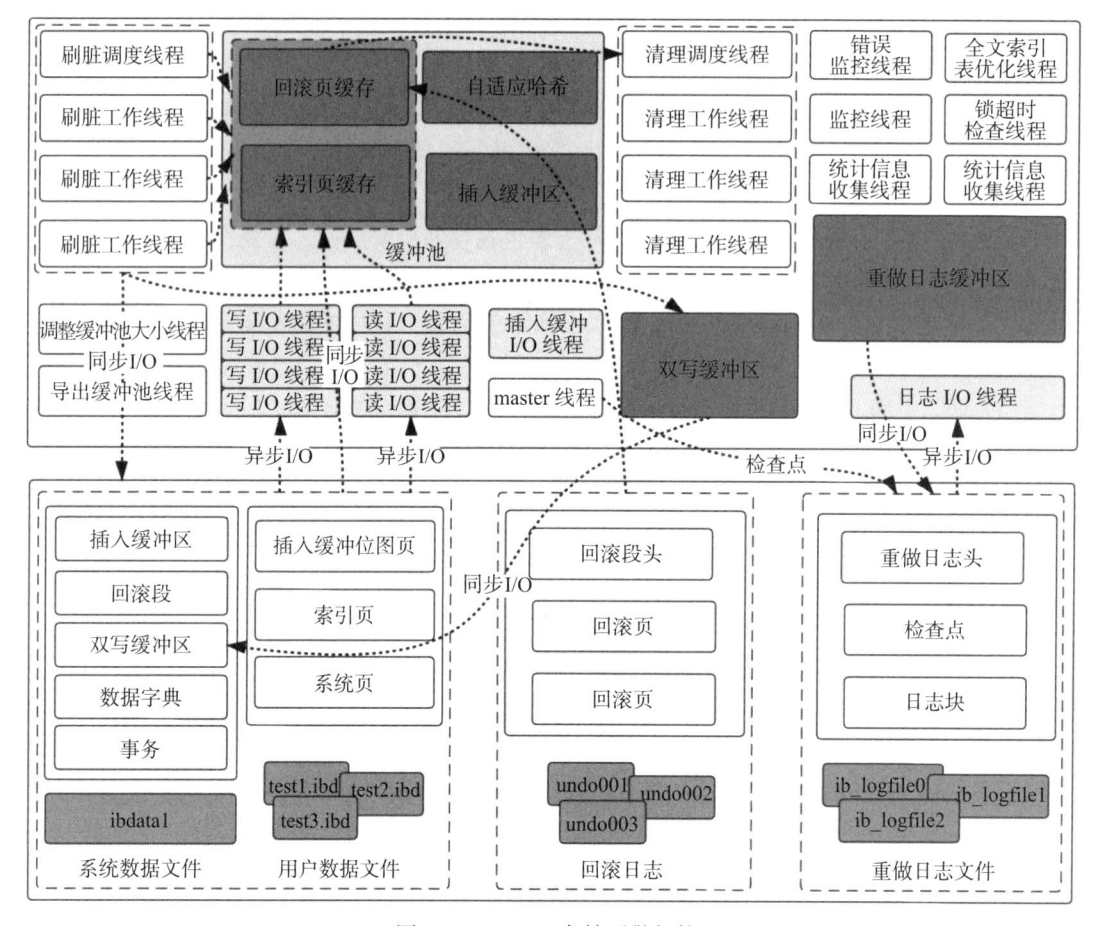

图 2-3　InnoDB 存储引擎架构

2.2.1　缓冲池

缓冲池是 InnoDB 存储引擎中的一个至关重要的组件，其核心功能在于缓存数据页、回滚页、插入缓冲以及自适应哈希等关键数据。在日常操作中，无论是读取还是写入，所处理的数据均会先经过缓冲池。该组件负责将磁盘上数据文件中相应的数据页加载至其维护的内存区域中，并借助链表等数据结构对这些数据页进行高效管理。

值得注意的是，除了回滚页缓存和索引页缓存外，InnoDB 的插入缓冲和自适应哈希机制也依赖于缓冲池中的内存资源，下面简单地介绍一下。

1. 插入缓冲区

插入缓冲区的设计初衷在于优化 MySQL 数据库中二级索引的随机 I/O 操作。该机制通过合并原本分散的随机 I/O 请求，有效降低了随机 I/O 的频率，从而提升了数据库性能。最初，该缓冲区仅支持 `insert` 语句，但随后扩展了对 `update` 和 `delete` 语句的支持，因此其名称也由 insert buffer 变更为 change buffer。为便于理解，本章将统一采用"插入缓冲区"这一称谓。

2. 自适应哈希

我们知道，MySQL 的核心索引机制采用 B+ 树结构，其中聚簇索引的叶子节点负责存储表的具体数据。然而，在应对大规模数据集时，B+ 树的层级可能显著增加，且各层宽度亦会扩大。具体而言，小规模数据可能仅需两级 B+ 树即可满足需求，而大规模数据则可能需要扩展至四级，这势必影响数据检索的效率，尤其是在数据未驻留于内存时，检索速度将更为迟缓。

为解决上述问题，MySQL 引入了哈希表这一数据结构，旨在通过其独特的键值映射特性，实现数据的快速定位。MySQL 的策略是将高频访问的数据预先插入哈希表中，从而在后续访问时能够直接从哈希表获取所需数据，此举显著提升了数据读取的性能。

> **注意** 自适应哈希技术虽能显著提升特定场景下的操作效率，但其应用亦受诸多条件限制，并非万能之策。因此，在实际应用中，我们需根据具体场景和需求，审慎评估并选用最为合适的数据访问策略。

2.2.2 重做日志缓冲区

重做日志缓冲区是 InnoDB 用于缓存重做日志记录的区域。在事务提交或后台线程触发时，该缓冲区内的内容将被同步至磁盘上的重做日志文件中，以确保数据的持久性和一致性。

2.2.3 双写机制

鉴于磁盘的基本存储单元为 512 B，而 MySQL 数据库在进行数据读写操作时，其最小单位通常是一个数据页，该数据页的大小普遍设定为 16KB。因此，在数据写入过程中，若遭遇突然断电等异常情况，可能导致数据页仅部分写入，进而引发数据页损坏及数据不一致的问题。

为解决此问题，MySQL 引入了双写机制。该机制的核心策略是，在将数据页修改内容直接写入其原始数据文件之前，首先将这些修改内容临时写入一个独立的双写缓冲区文件中。一旦双写操作成功完成，MySQL 随后会将这部分已确认无误的数据从双写缓冲区文件同步至其对应的数据文件中。此过程确保了即使发生断电等意外情况，也能通过双写缓冲区文件恢复数据页的一致性，从而有效避免数据损坏问题。

2.2.4 后台线程

由于 InnoDB 存储引擎负责数据的读写、各种特性的正常运转。所以后台开启了很多线程，每个线程负责不同的功能，MySQL 后台线程如表 2-1 所示。

表 2-1 MySQL 后台线程

线程名	默认数量	作用
master 线程 （srv_master_thread）	1	主要做检查点、将重做日志刷盘、插入缓冲区合并、表缓存清理等工作
读 I/O 线程 （io_handler_thread）	4	处理异步读操作，当 MySQL 发起异步读操作后，完成后读 I/O 线程会进行收尾工作，主要检查页是否损坏，是否在双写缓冲区存在。如果是压缩页是否能解压等
写 I/O 线程 （io_handler_thread）	4	处理异步写操作，当 MySQL 发起异步写操作，完成后写 I/O 线程会进行收尾工作，主要从 flush 链表中移除对应的被刷完盘的脏页，并且更新双写缓冲区
插入缓冲 I/O 线程 （io_handler_thread）	1	插入缓冲 I/O 线程主要是在插入缓冲合并的时候异步 I/O 读取完数据页进行一些收尾工作，它的功能跟读 I/O 线程基本一致，给它单独区分出来就是为了不影响原有的读 I/O 线程
日志 I/O 线程 （io_handler_thread）	1	处理日志异步写操作，当 MySQL 执行 checkpoint 会异步写入重做日志文件中，完成后日志 I/O 线程会进行收尾工作，主要是主动将重做日志文件刷盘，并且更新当前系统中的 checkpoint 号
page cleaner 调度线程 （buf_flush_page_ cleaner_coordinator）	1	主要用于将缓冲区的脏页写入磁盘中，调度线程负责唤醒工作线程，然后调度线程和工作线程都进行刷脏页操作
page cleaner 工作线程 （buf_flush_page_ cleaner_worker）	3	主要用于将缓冲区脏页写入磁盘数据文件中
purge 线程 （srv_purge_ coordinator_thread）	1	主要用于删除标记的数据，调度线程负责找到需要清理的被标记删除的数据，分发给工作线程。工作线程再进行具体的数据删除
清理工作线程 （srv_worker_thread）	3	主要用于删除标记的数据
buffer pool dump 线程 （buf_dump_thread）	1	在 MySQL 关闭时，将缓冲区中使用的数据页持久化到磁盘上，这里只是记录的页编号而不是具体的数据。在 MySQL 启动的时候，再将记录的这些页主动加载到缓冲区中
buffer pool resize 线程 （buf_resize_thread）	1	主要支持 MySQL 动态修改缓冲区的大小
全文索引表优化线程 （fts_optimize_thread）	1	主要优化带有全文索引的表，优化其被删除的分词，将其从索引中删除
锁超时检查线程 （lock_wait_timeout_ thread）	1	主要检查锁等待超时，超时时间由 innodb_lock_wait_timeout 参数控制，该线程会扫描所有被挂起的用户线程的锁等待信息，发现超过 innodb_lock_wait_timeout 设置的值，会主动释放锁等待，并给客户端返回报错
错误监控线程 （srv_error_monitor_ thread）	1	主要用于监控 MySQL 内部互斥锁等待超时，超时后 MySQL 会自动崩溃
monitor 线程 （srv_monitor_thread）	1	跟错误监控线程配合使用，主要在 MySQL 异常的情况打印 InnoDB 存储引擎的监控信息，跟主动执行 show engine innodb status 命令的信息一样
统计信息收集线程 （dict_stats_thread）	1	主要用于表统计信息的收集

上述只是 MySQL 5.7 的线程，随着版本的叠加，MySQL 会引入新的线程，并且线程的数量也可能有所变化。我们可以通过 pstack MySQL 的进程或者调试其启动的逻辑，找到所有的后台线程。

2.3 文件层

同样，本节只介绍 InnoDB 存储引擎相关的文件。

1. 重做日志文件

在 MySQL 数据库中，重做日志扮演着至关重要的角色，其核心功能在于确保数据库操作的原子性和持久性得以实现。具体而言，每当数据发生更新时，相应的操作会被详尽地记录至重做日志文件中。这一流程严格遵循 WAL（Write-Ahead Logging，日志先行）机制，即确保在数据文件的实际写入之前，相应的日志记录已先行完成并确认无误。

> **注意** MySQL 中的重做日志文件虽以物理操作为基础进行记录，但其内容大多呈现为逻辑形式，并不直接映射至具体的物理数据层面，这一特性与 PostgreSQL 等数据库系统存在显著差异。此差异部分归因于 InnoDB 存储引擎的后续引入及其特定设计考量。关于重做日志的详细构成与工作原理，将在后续章节中深入阐述。

2. 数据文件

数据文件是用于存储具体数据的媒介，其类型主要分为两大类。第一类是系统数据文件，该类文件专门用于存储 MySQL 数据库管理系统所需的管理数据，包括但不限于数据字典、双写区以及回滚段等关键信息。第二类是用户数据文件，其主要功能在于存储用户根据自身需求所创建的表的数据内容。关于数据文件的内部组成细节，将在后续的数据文件章节中予以详尽阐述。

3. 回滚日志文件

回滚日志文件的核心功能在于支持数据的回滚操作以及实现 MVCC 机制，其核心作用是将操作执行前的数据状态准确地记录至相应的回滚日志文件中。后续章节将深入剖析回滚日志文件的内部结构及组成要素。

4. ib_buffer_pool 文件

ib_buffer_pool 主要是在 MySQL 关机的时候用于存储当前缓冲池缓存的数据页信息，在 MySQL 有一个 dump 线程来做这个事情，dump 的内容主要是将最近使用的数据页的表空间 ID 和对应数据页 number 记录到 ib_buffer_pool 文件中，在下次启动的时候会将这些对应的数据页提前加载。

2.4 MySQL 启动流程

在深入探讨 MySQL 的启动流程前，我们已经对 Server 层与 InnoDB 层的基本架构有所了解。接下来，我们将聚焦于 MySQL 在初始化及启动过程中，如何分别针对 Server 层与 InnoDB 层的相关组件进行配置与激活。MySQL 的启动架构如图 2-4 所示，本书详细阐述了 MySQL 如何系统地准备并启动其核心组件。

图 2-4 MySQL 的启动架构

从图 2-4 可知，MySQL 的启动主要经历三个大的阶段：
- 第一阶段：初始化变量、锁、MySQL 命令、参数等。
- 第二阶段：初始化各组件、插件，包括各种存储引擎。
- 第三阶段：准备提供服务，初始化 ssl、权限、信号量，监听套接字提供服务。

在 MySQL 的启动流程中，InnoDB 存储引擎的启动与初始化被安排在第二阶段进行。作为 MySQL 的一个重要组成部分，InnoDB 存储引擎被视作一个插件。因此，在 MySQL 系统加载并激活各类插件的过程中，InnoDB 存储引擎也随之被加载并启动，进而执行其初始化流程。

MySQL 的启动入口在 `mysqld.cc` 文件中的 `mysqld_main` 方法中。

```
extern int mysqld_main(int argc, char **argv);
int main(int argc, char **argv)
{
  return mysqld_main(argc, argv);
}
```

2.4.1 第一阶段

下面重点介绍下第一阶段几个较为重要的步骤。

1）初始化 `performance_schema` 的内存结构。

`performance_schema` 本身是一个内存内的数据库系统，专门用于存储 MySQL 的各类性能指标。自 MySQL 启动之初，`performance_schema` 即被初始化，旨在持续追踪并记录一系列关键的性能指标数据，代码如下。

```
#ifndef _WIN32
#ifdef WITH_PERFSCHEMA_STORAGE_ENGINE
  pre_initialize_performance_schema();
```

2）初始化 MySQL sys 线程、锁相关变量。

MySQL 内部封装了一系列系统库，统称为 `my_sys`，这些库涵盖了文件操作、日志记录、输入输出处理、字符集管理等核心功能。在此阶段，`my_sys` 的主要任务是初始化后续过程中将要使用的线程及锁相关变量，以确保 MySQL 数据库系统的稳定运行和高效性能。

```
if (my_init())
  {
    sql_print_error("my_init() failed.");
    flush_error_log_messages();
    return 1;
  }
```

3）获取配置文件。

此步骤涉及获取用于启动 MySQL 服务的特定 my.cnf 配置文件。根据 MySQL 的默认行为，它会在一系列预设的目录下搜索此配置文件，例如 /etc 目录。若用户已明确指定了配置文件的路径，则 MySQL 将直接访问并开启该路径下的配置文件，随后将其内容载入内存，以便在后续操作中使用。

```
if (load_defaults(MYSQL_CONFIG_NAME, load_default_groups, &argc, &argv))
{
  flush_error_log_messages();
  return 1;
}
```

4）初始化 early 参数变量。

early 参数变量是指在程序或系统启动流程的早期阶段就已被定义并可能随即在后续流程中使用的变量。这些变量通常具有关键性作用，对于确保流程的顺畅进行以及实现预期功能至关重要。例如，在软件初始化过程中设置的 `skip-grant-tables`、`help`、`initialize` 等参数变量均属于此类，它们为后续的程序执行或数据处理提供了必要的上下文或条件。

```
ho_error= handle_early_options();
```

5）初始化 MySQL 命令。

我们平常会用到多种 MySQL 命令，例如 `alter_table`、`alter_tablespace`、`alter_user`、`begin` 等，该阶段主要初始化这些命令的内存结构。

```
init_sql_statement_names();
```

6）调整 open_files 相关参数。

`open file limit`、`max connection`、`table_cache_size`、`table_def_size` 参数跟 open_files 参数之间存在比例关系，MySQL 会根据 open_files 的大小来调整这些参数的值。

```
adjust_related_options(&requested_open_files);
```

7）初始化相关模块互斥锁。

在 MySQL 的内部实现中，广泛采用了互斥锁（Mutex）这一同步机制，以确保多线程环境下数据的一致性和完整性。具体而言，互斥锁被应用于多个关键组件中，包括但不限于日志模块、审计系统以及查询日志等，以保障这些模块在并发访问时能够安全、有序地执行各自的任务。

```
init_error_log();
mysql_audit_initialize();
query_logger.init();
```

8）初始化所有参数变量的值。

在上述阶段中，MySQL 已经将配置文件读取到内存中，这里会根据参数文件的值和默认值对 MySQL 的所有参数进行赋值。

```
mysql_init_variables mysqld.cc:7019
init_common_variables mysqld.cc:2657
mysqld_main mysqld.cc:4556
main main.cc:25
__libc_start_main 0x00007f9ae0e1e555
_start 0x0000000000e96959
```

9）初始化信号。

初始化 MySQL 进程用到的信号，MySQL 会为一些信号设置相关的处理函数。

```
my_init_signals();

  (void) sigaction(SIGSEGV, &sa, NULL);
  (void) sigaction(SIGABRT, &sa, NULL);
  (void) sigaction(SIGBUS, &sa, NULL);
  (void) sigaction(SIGILL, &sa, NULL);
  (void) sigaction(SIGFPE, &sa, NULL);
```

10）设置 MySQL 工作目录。

设置 MySQL 的工作目录，也是对应的 datadir 参数。

```
if (my_setwd(mysql_real_data_home,MYF(MY_WME)) && !opt_help)
{
  sql_print_error("failed to set datadir to %s", mysql_real_data_home);
  unireg_abort(MYSQLD_ABORT_EXIT);
}
```

11）设置启动用户。

设置 MySQL 进程的启动用户，一般用户为 mysql。

```
if ((user_info= check_user(mysqld_user)))
  set_user(mysqld_user, user_info);
```

2.4.2 第二阶段

本阶段的核心任务是加载 MySQL 的各项组件，特别是插件部分，此部分尤为关键。在插件的架构中，各类存储引擎得以实现，而 InnoDB 存储引擎则占据了主导地位。因此，本小节将详尽阐述 InnoDB 存储引擎的初始化与启动流程。在深入探讨 InnoDB 存储引擎之前，我们有必要先对其他几个关键组件的初始化流程进行简要的概览。

- 初始化元数据锁的内存结构。
- 初始化表缓存的哈希表结构。
- 初始化 table def cache 哈希表结构。
- 初始化查询缓存内存结构。
- 初始化错误日志文件。
- 初始化事务缓存哈希表结构。

- 初始化键缓存内存结构。
- 初始化 gtid 相关内存结构。

在完成了上述组件的初始化步骤之后，随即进入插件的初始化阶段。值得注意的是，各个插件的初始化过程各具特色，无统一模式可循。以 binlog 插件为例，其初始化的核心在于配置与 binlog 紧密相关的功能方法，为后续操作奠定基础。鉴于本书中涉及的插件种类繁多，无法逐一详尽阐述。因此，此处将聚焦于 InnoDB 存储引擎的初始化过程，如图 2-5 所示。

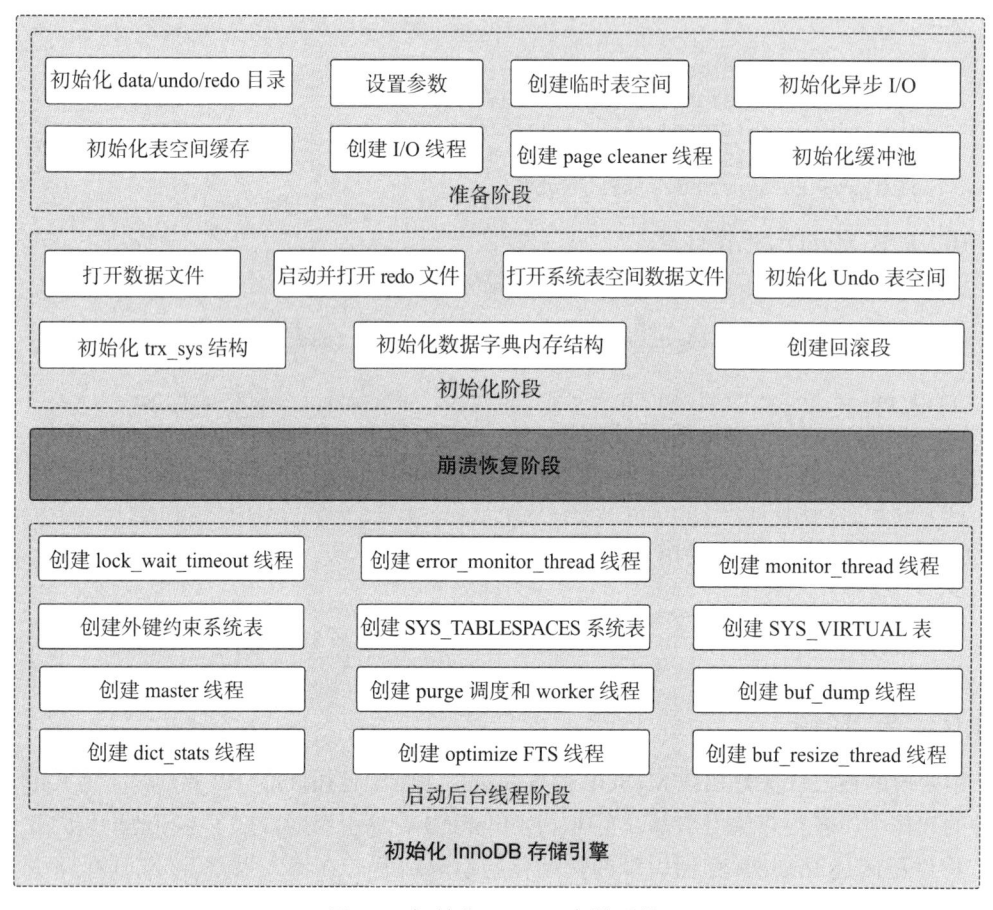

图 2-5 初始化 InnoDB 存储引擎

InnoDB 存储引擎的初始化过程包含多个阶段，且每个阶段均较为复杂，为便于理解，参考图 2-5 我们将概括为以下四个主要阶段：

- **准备阶段**。在正式执行之前，需要进行一系列的准备工作。首先，设定一个明确的数据目录，方便数据的存储与管理。随后，进行 I/O 配置，确保系统能够顺畅地进行数据的读写操作。紧接着，创建 I/O 线程，以并行处理的方式提升数据处理的效率。最后，初始化缓冲池，用以暂存数据，优化内存使用，加速数据访问。这一系列步骤的严谨执行是系统稳定运行与高效运作的基础。
- **初始化阶段**。在数据处理流程中，首要步骤是读取数据，这一过程涵盖了打开数据文件以及各类日志文件。随后，系统进入初始化阶段，包括事务系统的启动、数据字典的构建，以及回滚段的创建等关键步骤。至此，InnoDB 已具备基础的服务提供能力，能够支持后续的数据操作与事务处理。
- **崩溃恢复阶段**。作为 InnoDB 数据库系统中极为关键的特性，崩溃恢复被独立划分为一个独立且重要的处理环节，因此我们特别将其视为一个独立的阶段进行详细探讨。
- **启动后台线程阶段**。在完成崩溃恢复流程后，InnoDB 引擎已恢复并正式进入服务状态。然而，还需启动一系列服务于 InnoDB 周边环境的后台线程，以确保系统的全面运作。

1. 准备阶段

首先，初始化目录。为了后续文件读取的顺利进行，MySQL 将预先设立 `data`、`undo`、`redo` 三个目录结构。

```
fil_path_to_mysql_datadir = default_path;
folder_mysql_datadir = fil_path_to_mysql_datadir;


/* 根据从 MySQL 的 .cnf 文件中读取的值来设置 InnoDB 初始化参数。*/


/* 数据文件的默认目录是 MySQL 的数据目录。*/


srv_data_home = innobase_data_home_dir
  ? innobase_data_home_dir : default_path;
```

接下来设置参数。在配置 InnoDB 存储引擎时，应当依据具体的需求和场景，精确设定各项参数，以确保数据库系统的稳定、高效运行。这些参数包括但不限于：
- `srv_io_capacity`，用于调整 InnoDB 在后台线程中执行 I/O 操作的能力。
- `srv_log_buffer_size`，用于设定 InnoDB 日志缓冲区的大小，该缓冲区用于存储即将写入磁盘的日志信息。
- `srv_buf_pool_size`，直接关联到 InnoDB 缓冲池的大小，它是 InnoDB 用来缓存数据、索引等内容的内存区域。
- `srv_n_read_io_threads` 和 `srv_n_write_io_threads`，分别用于配置 InnoDB 执行读 I/O 操作和写 I/O 操作的线程数量，以优化并发处理性能。
- `srv_use_doublewrite_buf`，一个关键的配置项，用于启用或禁用 InnoDB 的双写缓冲区功能，该功能旨在提高数据页的写入可靠性。因此，在调整这些参数时，需要综合考虑系统资源、工作负载以及数据安全性等多方面因素。

```
srv_io_capacity = srv_max_io_capacity;
srv_log_buffer_size = (ulint) innobase_log_buffer_size;
srv_buf_pool_size = (ulint) innobase_buffer_pool_size;
srv_n_read_io_threads = (ulint) innobase_read_io_threads;
srv_n_write_io_threads = (ulint) innobase_write_io_threads;
srv_use_doublewrite_buf = (ibool) innobase_use_doublewrite;
```

在数据库管理中，为了支持后续操作的高效执行，需要构建专用的临时表空间。此空间被广泛应用于临时表的创建，确保常用临时表能够依托此表空间实现数据的临时存储与处理。

```
srv_dict_tmpfile = os_file_create_tmpfile(NULL);
if (!srv_dict_tmpfile) {
    return(srv_init_abort(DB_ERROR));
}
mutex_create(LATCH_ID_SRV_MISC_TMPFILE,
    &srv_misc_tmpfile_mutex);
srv_misc_tmpfile = os_file_create_tmpfile(NULL);
```

MySQL 数据库系统支持异步 I/O 操作，这一特性将在后续的章节中进行详尽的阐述。目前，此处的重点仅在于构建与异步 I/O 相关的内存结构。

```
if (!os_aio_init(srv_n_read_io_threads,
    srv_n_write_io_threads,
    SRV_MAX_N_PENDING_SYNC_IOS)) {
```

初始化表空间缓存。启动并初始化 fil_system 表空间管理结构，该结构旨在全面管理和维护系统中的所有表空间。

```
fil_init(srv_file_per_table ? 50000 : 5000, srv_max_n_open_files);
```

创建 I/O 线程，提供读写数据文件、日志文件能力。

```
for (ulint t = 0; t < srv_n_file_io_threads; ++t) {
    n[t] = t;
    os_thread_create(io_handler_thread, n + t, thread_ids + t);
}
```

创建 page cleaner 线程，旨在专门负责将脏页有效地刷新到数据文件中，以确保数据的完整性和持久性。

```
/* 即使在只读模式下，内部表操作也可能会产生刷新任务。*/
buf_flush_page_cleaner_init();
os_thread_create(buf_flush_page_cleaner_coordinator,
        NULL, NULL);
for (i = 1; i < srv_n_page_cleaners; ++i) {
    os_thread_create(buf_flush_page_cleaner_worker,
```

```
            NULL, NULL);
}
```

初始化缓冲池内存结构，主要用于在内存中缓存数据页。

```
ib::info() << "Initializing buffer pool, total size = "
  << size << unit << ", instances = " << srv_buf_pool_instances
  << ", chunk size = " << chunk_size << chunk_unit;
err = buf_pool_init(srv_buf_pool_size, srv_buf_pool_instances);
```

可以看到这些准备工作就是服务于接下来的打开数据文件等操作，比如创建 I/O 线程、初始化缓冲池等。

2. 初始化阶段

启动数据文件处理流程，将相关必要信息从数据文件中读取并加载至系统内存中，以确保后续能够顺畅地读取与扫描数据文件内容。

```
err = srv_sys_space.open_or_create(
  false, create_new_db, &sum_of_new_sizes, &flushed_lsn);
```

启动并打开 redo 文件，以便在该文件中继续保存和记录后续的 redo 操作。

```
err = open_log_file(&files[i], logfilename, &size);
```

打开系统表空间数据文件，该文件存储了 MySQL 数据库所有至关重要的内部核心信息。在此阶段，MySQL 首先执行打开操作，以便在后续的步骤中能够顺利读取数据文件中与系统相关的数据页内容。

```
fil_open_log_and_system_tablespace_files();
```

初始化 Undo 表空间，这里实际上是打开回滚表空间，最终打开对应的回滚日志文件。

```
err = srv_undo_tablespaces_init(
  create_new_db,
  srv_undo_tablespaces,
  &srv_undo_tablespaces_open);
```

初始化 trx_sys 结构，该结构是用于管理事务系统的。

```
trx_sys_create();
```

初始化数据字典内存结构，后续读取表结构信息将存储在该结构中。

```
dict_boot dict0boot.cc:287
innobase_start_or_create_for_mysql srv0start.cc:2232
innobase_init ha_innodb.cc:4048
ha_initialize_handlerton handler.cc:838
plugin_initialize sql_plugin.cc:1197
plugin_init sql_plugin.cc:1539
init_server_components mysqld.cc:4036
```

```
mysqld_main mysqld.cc:4673
main main.cc:25
__libc_start_main 0x00007f0c96122555
_start 0x0000000000e96959
```

创建回滚段,用于后续管理回滚记录。

```
/* InnoDB 中存在的回滚段(rsegs)数量由状态变量 srv_available_undo_logs 给出。要使用的回
   滚段数量可以通过动态全局变量 srv_rollback_segments 来设置。*/
srv_available_undo_logs = trx_sys_create_rsegs(
  srv_undo_tablespaces, srv_rollback_segments, srv_tmp_undo_logs);
```

此时,InnoDB 相关文件已成功打开,且相关系统已完成初始化,标志着系统已基本具备向用户提供服务的能力。

3. 崩溃恢复阶段

崩溃恢复作为 InnoDB 数据库管理系统中的一个至关重要的特性,其影响力广泛,几乎覆盖了 InnoDB 的每一个核心组件。鉴于其复杂性和重要性,我们将在后续章节中对其进行详尽而深入的剖析,以确保内容的完整性和准确性。在此,我们仅就崩溃恢复的大致流程进行概括性描述。

该流程的核心在于对 redo 日志文件和 binlog 日志文件进行扫描与分析,以识别并判断在系统崩溃时,是否存在尚未完成的事务需要被回滚或提交。这一过程对于确保数据库的一致性和完整性至关重要,是 InnoDB 实现高效、可靠数据管理不可或缺的一环。

```
/* 我们总是尝试进行恢复操作,即便数据库是正常关闭的。这是正常的启动流程。*/
err = recv_recovery_from_checkpoint_start(flushed_lsn);
```

4. 启动后台线程阶段

在本阶段,我们主要聚焦于创建一系列相关线程,其各自的功能已在本章先前内容中进行了详尽阐述,故在此不再重复说明。以下仅为相关代码的简要列举,供有兴趣的读者自行探究与学习。

创建 `lock_wait_timeout_thread`、`error_monitor_thread`、`monitor_thread` 线程。

```
if (!srv_read_only_mode) {
  /* 创建用于监控锁等待超时情况的线程。*/
  os_thread_create(
    lock_wait_timeout_thread,
    NULL, thread_ids + 2 + SRV_MAX_N_IO_THREADS);
  /* 创建用于对长时间等待信号量发出警告的线程。*/
  os_thread_create(
    srv_error_monitor_thread,
    NULL, thread_ids + 3 + SRV_MAX_N_IO_THREADS);
  /* 创建用于打印 InnoDB 监控信息的线程。*/
  os_thread_create(
```

```
    srv_monitor_thread,
    NULL, thread_ids + 4 + SRV_MAX_N_IO_THREADS);
  srv_start_state_set(SRV_START_STATE_MONITOR);
}
```

创建外键约束系统表。

```
/* 创建 SYS_FOREIGN 和 SYS_FOREIGN_COLS 系统表。*/
err = dict_create_or_check_foreign_constraint_tables();
if (err != DB_SUCCESS) {
  return(srv_init_abort(err));
}
```

创建 SYS_TABLESPACES 系统表。

```
/* Create the SYS_TABLESPACES system table */
err = dict_create_or_check_sys_tablespace();
```

创建 SYS_VIRTUAL 表。

```
/* Create the SYS_VIRTUAL system table */
err = dict_create_or_check_sys_virtual();
```

创建 master 线程。

```
if (!srv_read_only_mode) {
  os_thread_create(
    srv_master_thread,
    NULL, thread_ids + (1 + SRV_MAX_N_IO_THREADS));
  srv_start_state_set(SRV_START_STATE_MASTER);
}
```

创建 purge 调度和 worker 线程。

```
if (!srv_read_only_mode
    && srv_force_recovery < SRV_FORCE_NO_BACKGROUND) {
  os_thread_create(
    srv_purge_coordinator_thread,
    NULL, thread_ids + 5 + SRV_MAX_N_IO_THREADS);
  ut_a(UT_ARR_SIZE(thread_ids)
    > 5 + srv_n_purge_threads + SRV_MAX_N_IO_THREADS);
  /* We've already created the purge coordinator thread above. */
  for (i = 1; i < srv_n_purge_threads; ++i) {
    os_thread_create(
      srv_worker_thread, NULL,
      thread_ids + 5 + i + SRV_MAX_N_IO_THREADS);
  }
  srv_start_wait_for_purge_to_start();
  srv_start_state_set(SRV_START_STATE_PURGE);
} else {
  purge_sys->state = PURGE_STATE_DISABLED;
}
```

创建 `buf_dump\dict_stats\optimize FTS` 线程。

```
/* 创建 buffer pool dump/load 线程 */
os_thread_create(buf_dump_thread, NULL, NULL);
/* 创建 dict stats gathering 线程 */
os_thread_create(dict_stats_thread, NULL, NULL);
/* 创建将会优化全文检索（FTS）子系统的线程。*/
fts_optimize_init();
```

创建 `buf_resize_thread` 线程。

```
/* 创建 buffer pool resize 线程 */
os_thread_create(buf_resize_thread, NULL, NULL);
```

至此 InnODB 存储引擎全部初始化完成。

2.4.3　第三阶段

第三阶段主要是准备提供服务，初始化 ssl、权限、信号量，监听套接字提供服务。

首先创建 `auto.cnf`。在 InnoDB 中，每个实例都需要有一个 UUID（Universally Unique Identifier，通用唯一识别码），这个 UUID 会保存到 `auto.cnf` 文件中，如果没有该文件，则 InnoDB 会创建一个。

```
/*
  每个 MySQL 实例都应该有一个 UUID。如果不存在的话，InnoDB 将会自动创建它。
 */
if (init_server_auto_options())
{
  sql_print_error("Initialization of the server's UUID failed because it could"
                  " not be read from the auto.cnf file. If this is a new"
                  " server, the initialization failed because it was not"
                  " possible to generate a new UUID.");
  unireg_abort(MYSQLD_ABORT_EXIT);
}
```

接着初始化 `ssl` 相关内存结构，加载 RSA 密钥对，并存储在全局。

```
if (init_ssl())
```

然后初始化网络相关对象，例如设置端口，使用 `ip`、`port`、`backlog` 等配置创建 TCP 套接字和 UNIX 套接字对象。

```
if (network_init())
```

创建 PID（Process Identifier，进程标识符）文件。

```
/* 将此进程的 PID 保存到一个文件中。*/
if (!opt_bootstrap)
  create_pid_file();
```

清理上次创建的临时表。

```
mysql_rm_tmp_tables()
```

初始化 user/db 和 table/column-level 级别的权限。

```
acl_init(opt_noacl)
grant_init(opt_noacl)
```

初始化自定义函数，从 mysql.func 表中读取所有的用户自定义 func。

```
  if (!opt_noacl)
  {
#ifdef HAVE_DLOPEN
    udf_init();
#endif
  }
```

初始化 global status。让 `show status` 可以读取到 `all_status_vars` 变量，这样用户执行时就可以看到所有的变量了。

```
init_status_vars();
```

初始化 slave。如果是从库，则会开启 I/O 和 SQL 线程。

```
if (server_id != 0)
  init_slave(); /*
```

执行 ddl recovery。在线的 ddl 会将 ddl 日志写到对应的 recovery log 中，重启后通过该方法恢复。

```
execute_ddl_log_recovery();
```

初始化 event scheduler。

```
if (Events::init(opt_noacl || opt_bootstrap))
  unireg_abort(MYSQLD_ABORT_EXIT);
```

创建 signal handler 线程，用于监听 signal。

```
start_signal_handler();
```

加载审计插件。

```
if (mysql_audit_notify(AUDIT_EVENT(MYSQL_AUDIT_SERVER_STARTUP_STARTUP),
                       (const char **) argv, argc))
  unireg_abort(MYSQLD_ABORT_EXIT);
```

创建 gtid table 压缩线程。

```
create_compress_gtid_table_thread
```

在正式提供服务之前设置 `super_read_only` 参数，该参数启用之后数据库为只读。

```
set_super_read_only_post_init();
```

开启套接字监听，如果监听到请求则创建对应的连接，MySQL 的启动最终会阻塞在这里。

```
mysqld_socket_acceptor->connection_event_loop();
```

至此，MySQL 已经正式对外提供服务。

2.5 总结

在本章中，我们全面审视了 MySQL Server 层与 InnoDB 存储引擎层所涵盖的基本模块。本章仅对各模块的功能进行了简要阐述。然而，在实际应用场景中，这些模块是如何协同工作的？后续的章节将通过多种流程详细阐述，以助你深入理解整体架构。针对核心模块，还将有专门的章节进行详尽解析。

第 3 章 Chapter 3
客户端和服务端交互协议

连接 MySQL 数据库的操作，实质上是一种进程间通信过程，其中进程与 MySQL 数据库实例进行交互。在进程通信的多种机制中，常见的包括管道、命名管道、命名字、TCP/IP 套接字以及 UNIX 域套接字。MySQL 数据库所提供的连接手段，从根本上讲均在上述列举的进程通信方式范畴之内。

3.1 MySQL 的连接方式

接下来将介绍三种常用的连接方式，分别是 TCP/IP 套接字、UNIX 域套接字、命名管道和共享内存。

3.1.1 TCP/IP 套接字

MySQL 数据库提供了一种普遍适用的连接方式，即套接字方式，此方式在各类系统环境下均被支持，且在日常开发中被广泛应用。它不仅适用于本地数据库的连接需求，同样也能够满足远程连接的场景。本章后续所探讨的通信协议正是建立在此连接方式的基础之上。

这里我们使用 Linux 的 `tcpdump` 命令，初步了解 TCP/IP 套接字连接的基本原理。首先我们在 MySQL 服务端开启监听，然后使用远程客户端来连接 MySQL 数据库，之后断开连接。这时我们来观察服务端监听端口捕获的所有数据包，如图 3-1 所示。

`tcpdump` 的基本输出遵循一定的格式规范，具体为：先是系统时间，紧随其后的是来源主机的 IP 地址及端口号，指向符号 ">"，再后则是目标主机的 IP 地址及其端口号，最后列出数据包的相关参数。在此参数集中，Flag 标志位作为关键信息之一，用于明确标识每个数据包的特定类型。

```
19:04:28.093852 IP localhost.53202 > localhost.mysql: Flags [S], seq 199631467, win 65535, options [mss 16344,nop,wscale 6,nop,nop,TS val 3684311744 ecr 0,sackOK,eol], length 0
19:04:28.093989 IP localhost.mysql > localhost.53202: Flags [S.], seq 1837064361, ack 199631468, win 65535, options [mss 16344,nop,wscale 6,nop,nop,TS val 531634466 ecr 3684311744,sackOK,eol], length 0
19:04:28.094006 IP localhost.53202 > localhost.mysql: Flags [.], ack 1, win 6379, options [nop,nop,TS val 3684311744 ecr 531634466], length 0
19:04:28.094018 IP localhost.mysql > localhost.53202: Flags [.], ack 1, win 6379, options [nop,nop,TS val 531634466 ecr 3684311744], length 0
19:04:28.181569 IP localhost.mysql > localhost.53202: Flags [P.], seq 1:78, ack 1, win 6379, options [nop,nop,TS val 531634554 ecr 3684311744], length 77
19:04:28.181617 IP localhost.53202 > localhost.mysql: Flags [.], ack 78, win 6378, options [nop,nop,TS val 3684311832 ecr 531634554], length 0
19:04:28.183387 IP localhost.53202 > localhost.mysql: Flags [P.], seq 1:37, ack 78, win 6378, options [nop,nop,TS val 3684311833 ecr 531634554], length 36
19:04:28.183418 IP localhost.mysql > localhost.53202: Flags [.], ack 37, win 6379, options [nop,nop,TS val 531634555 ecr 3684311833], length 0
19:04:28.208152 IP localhost.mysql > localhost.53202: Flags [P.], seq 78:393, ack 78, win 6378, options [nop,nop,TS val 531634580 ecr 3684311858], length 356
19:04:28.208207 IP localhost.53202 > localhost.mysql: Flags [.], ack 393, win 6373, options [nop,nop,TS val 3684311858 ecr 531634580], length 0
19:04:28.224942 IP localhost.53202 > localhost.mysql: Flags [P.], seq 78:2282, ack 393, win 6373, options [nop,nop,TS val 3684311875 ecr 531634597], length 2204
19:04:28.225056 IP localhost.mysql > localhost.53202: Flags [.], ack 2282, win 6344, options [nop,nop,TS val 531634597 ecr 3684311875], length 0
19:04:28.226525 IP localhost.mysql > localhost.53202: Flags [P.], seq 393:487, ack 2282, win 6344, options [nop,nop,TS val 531634597 ecr 3684311877], length 94
19:04:28.226560 IP localhost.mysql > localhost.53202: Flags [P.], seq 487:727, ack 2282, win 6344, options [nop,nop,TS val 531634597 ecr 3684311877], length 240
19:04:28.226597 IP localhost.53202 > localhost.mysql: Flags [.], ack 487, win 6372, options [nop,nop,TS val 3684311877 ecr 531634599], length 0
19:04:28.226614 IP localhost.53202 > localhost.mysql: Flags [.], ack 727, win 6368, options [nop,nop,TS val 3684311877 ecr 531634599], length 0
19:04:28.233323 IP localhost.mysql > localhost.53202: Flags [P.], seq 2282:2521, ack 727, win 6368, options [nop,nop,TS val 531634606 ecr 3684311877], length 239
19:04:28.233362 IP localhost.53202 > localhost.mysql: Flags [.], ack 2521, win 6340, options [nop,nop,TS val 3684311884 ecr 531634606], length 0
19:04:28.233484 IP localhost.mysql > localhost.53202: Flags [P.], seq 2521:2760, ack 727, win 6368, options [nop,nop,TS val 531634606 ecr 3684311884], length 239
19:04:28.233523 IP localhost.53202 > localhost.mysql: Flags [.], ack 2760, win 6336, options [nop,nop,TS val 3684311884 ecr 531634606], length 0
19:04:28.237125 IP localhost.mysql > localhost.53202: Flags [P.], seq 2760:2830, ack 727, win 6368, options [nop,nop,TS val 531634609 ecr 3684311884], length 70
19:04:28.237153 IP localhost.53202 > localhost.mysql: Flags [.], ack 2830, win 6335, options [nop,nop,TS val 3684311887 ecr 531634609], length 0
19:04:28.237185 IP localhost.mysql > localhost.53202: Flags [P.], seq 2773:773, ack 2830, win 6335, options [nop,nop,TS val 531634609 ecr 3684311887], length 46
19:04:28.237201 IP localhost.53202 > localhost.mysql: Flags [.], ack 773, win 6367, options [nop,nop,TS val 3684311887 ecr 531634609], length 0
19:04:28.243162 IP localhost.mysql > localhost.53202: Flags [P.], seq 2830:2863, ack 773, win 6367, options [nop,nop,TS val 531634615 ecr 3684311887], length 33
19:04:28.243223 IP localhost.53202 > localhost.mysql: Flags [.], ack 2863, win 6334, options [nop,nop,TS val 3684311893 ecr 531634615], length 0
19:04:28.243333 IP localhost.mysql > localhost.53202: Flags [P.], seq 773:834, ack 2863, win 6334, options [nop,nop,TS val 531634615 ecr 3684311893], length 61
19:04:28.243360 IP localhost.53202 > localhost.mysql: Flags [.], ack 834, win 6366, options [nop,nop,TS val 3684311893 ecr 531634615], length 0
19:04:28.252614 IP localhost.mysql > localhost.53202: Flags [P.], seq 2863:2957, ack 834, win 6366, options [nop,nop,TS val 531634625 ecr 3684311893], length 94
19:04:28.252902 IP localhost.53202 > localhost.mysql: Flags [.], ack 2957, win 6333, options [nop,nop,TS val 3684311903 ecr 531634625], length 0
19:04:28.260906 IP localhost.53202 > localhost.mysql: Flags [F.], seq 834:872, ack 2957, win 6333, options [nop,nop,TS val 3684311911 ecr 531634625], length 38
19:04:28.260986 IP localhost.mysql > localhost.53202: Flags [.], ack 872, win 6366, options [nop,nop,TS val 531634633 ecr 3684311911], length 0
19:04:28.267264 IP localhost.mysql > localhost.53202: Flags [P.], seq 2957:3140, ack 872, win 6366, options [nop,nop,TS val 531634639 ecr 3684311911], length 183
19:04:28.267300 IP localhost.53202 > localhost.mysql: Flags [.], ack 3140, win 6330, options [nop,nop,TS val 3684311917 ecr 531634639], length 0
```

图 3-1　`tcpdump` 抓取的 MySQL 数据包

为便于理解上述数据包类型，这里对常见 Flag 标志位的含义进行了简明扼要的归纳，如表 3-1 所示。

特别需要指出的是，Flags [.] 实际上用于表示 ACK（确认）状态。基于上述信息，我们可以对 MySQL 服务端监听到的数据包进行深入分析。前三个数据包构成了 TCP 连接的

表 3-1　Flag 标志位的含义

Flag	简写	含义
FIN	F	表示关闭连接
SYN	S	表示建立连接
RST	R	表示连接重置
PSH	P	表示有数据传输
ACK	A	表示响应

三次握手过程，这是建立连接的标准流程。而最后三个数据包则代表了 TCP 连接的断开过程，即四次挥手，但在此处仅捕获到三个包，原因在于在实际的四次挥手过程中，第二次和第三次挥手被合并为一个数据包发送，因此未能分开捕获。至于中间的数据包，则主要涉及客户端与服务端之间的连接握手认证以及命令执行等交互过程，这些具体的协议细节将在后续的 MySQL 协议章节中做详细阐述。

3.1.2　UNIX 域套接字

在 Linux 和 UNIX 系统环境中，该连接方式可被采用，但其适用条件严格限定客户端与实例必须处于同一台服务器上，以确保其作为最高效的连接途径。实施此方式前，首要步骤是在相应的配置文件中精确指定套接字文件的存放路径，具体格式为：

```
--socket=/var/lib/mysql/mysql.sock
```

随后，当客户端通过此方式建立与服务器的连接时，必须明确使用 -S 参数，并附带正确的套接字文件路径，示例命令格式如下：

```
mysql -uroot -p123456 -S /var/lib/mysql/mysql.sock
```

3.1.3 命名管道和共享内存

这两种方法均仅限于在 Windows 环境下运行，且要求客户端与 MySQL 实例部署于同一台服务器之上。在采用此方案之前，用户需在相应的配置文件中明确启用此功能，具体步骤为添加对应的配置指令。
- 开启命名管道：—shared-memory=on/off。
- 开启共享内存：—enable-named-pipe=on/off。

3.2 交互过程

本节进一步阐述 MySQL 客户端发送请求至服务端的具体流程，以及服务端如何接收并处理这些请求，最后如何将处理结果有效地反馈回客户端。MySQL 客户端请求服务端流程如图 3-2 所示。

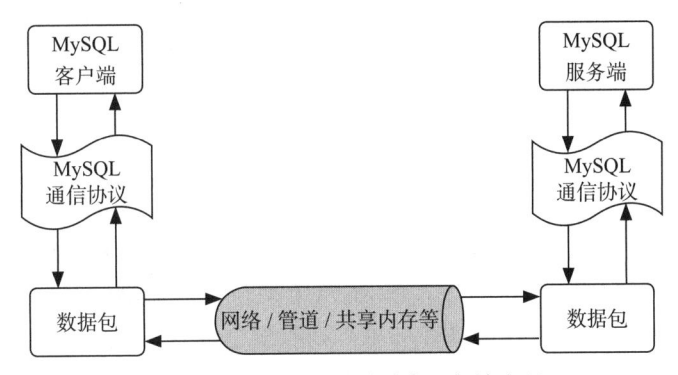

图 3-2　MySQL 客户端请求服务端流程

客户端发送的请求首先遵循特定的协议格式被封装成一系列数据包，随后通过预设的连接方式被传输至服务端。服务端在接收到这些数据包后，首要步骤是进行协议解码，提取出需要执行的具体指令。完成指令执行后，服务端将执行结果再次按照既定的协议格式封装成数据包，并回传给客户端。

客户端与服务端之间的所有交互均通过 MySQL 通信协议实现，该协议位于应用层之下、TCP/IP 网络层之上。值得注意的是，在不同的交互阶段，以及针对不同的请求命令时，MySQL 通信协议会采用相应的不同格式。MySQL 客户端登录认证流程如图 3-3 所示。

以 TCP/IP 套接字连接方式为例，MySQL 客户端与服务端之间的通信流程需遵循一系列严谨且标准化的步骤。首先，双方需建立 TCP 连接，此过程标志着通信准备阶段的开始。紧接着，进入连接或认证阶段，在这个阶段中，服务器会主动向客户端发送握手初始化消息，作为通信建立的初步确认。客户端在接收到此消息后，会相应地发送一个验证包，以响应服务器的认证请求。随后，服务器将对客户端进行权限验证，验证结果将通过特定消息形式发送回客户端。

若权限认证成功，通信双方即进入命令交互阶段。在此阶段，服务端将处于持续监听状态，接收来自客户端的命令请求。针对每个请求，服务端将执行相应的操作，并将执行结果，包括操作状态、查询结果集等关键信息，准确无误地反馈给客户端。直至客户端主动发起断开连接的请求，整个通信过程方告结束。

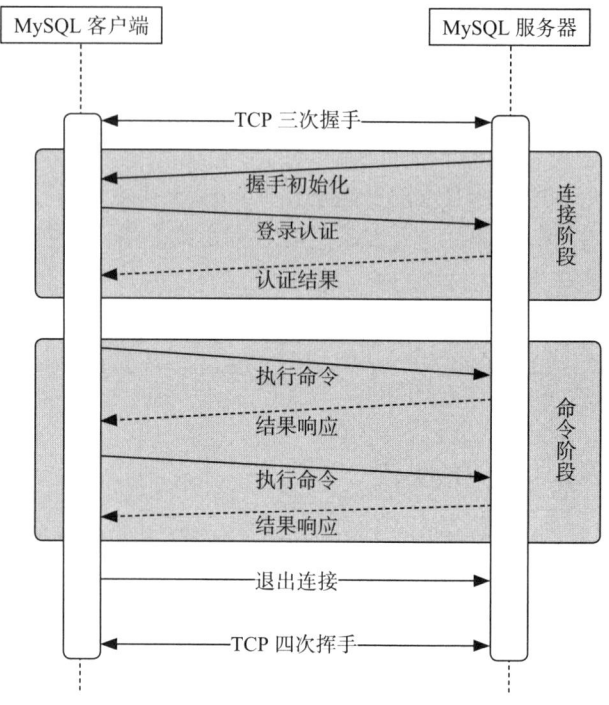

图 3-3　MySQL 客户端登录认证流程

3.2.1　MySQL 通信协议

作为数据库操作中的核心机制，MySQL Client Server 通信协议广泛应用于客户端连接、主从复制配置，以及 MySQL 代理服务等场景。此外，对于开发数据库中间件或实现高效数据传输等高级应用来说，深入理解 MySQL 底层的通信协议尤为重要。本小节将聚焦于 MySQL 通信协议如何有效促进客户端与服务器之间的信息交互。首先，我们需要对 MySQL 的基本概念与原理进行必要的回顾与理解。

1. 基础类型

如同编程语言中的基本类型概念，MySQL 通信协议亦设定了其基本数据类型，其结构相对简洁，仅涵盖两种核心类型：整数型与字符型。对于整数型数据，MySQL 协议进一步细化为两种编码方式，即固定长度整数类型（Fixed-Length Integer Type）与长度编码整数类型（Length-Encoded Integer Type），以满足不同的数据传输需求。

- **固定长度整数类型**：表示定长的无符号整数，具体固定字节数可以是 1、2、3、4、8，使用小字节序传输。
- **长度编码整数类型**：顾名思义，就是长度编码的整型，用来存储变长的整数，其中数据所占的字节数不定，由第一个字节约定。长度编码整数类型数据所占的字节数约定如表 3-2 所示。

表 3-2　长度编码整数类型数据所占的字节数约定

第一个字节值	后续字节数	数据范围	数据说明
0x00 ~ 0xFB	0	[0, 251)	第一个字节值即为真实数据
0xFC	2	[251, 2^{16})	第一个字节后额外 2 个字节标识数据
0xFD	3	[2^{16}, 2^{24})	第一个字节后额外 3 个字节标识数据
0xFE	8	[2^{24}, 2^{64})	第一个字节后额外 8 个字节标识数据

例如，对于**整型**而言，100 的编码被明确地表示为 0x64，这一表述直观易懂。而针对 65 536 的编码，其呈现为 0xFD 0x000001。在此，需明确 0x 为十六进制数的标识。首个字节 FD 作为标识，指出该整数数值位于 2^{16} ~ 2^{24} 的范围内。紧随其后的三个字节则具体表示了数值的真实内容。将 65536 转换为十六进制，得到的是 0x10000。然而，鉴于采用的是小字节序的存储方式，故而在编码中呈现为 0x000001。一旦掌握了这种编码规则，后续对于长度编码的字符串类型所采用的类似处理方式，便能够轻松理解。

对于**字符型**而言，在 MySQL 协议中，字符型数据支持五种编码方式，具体为：`FixedLengthString`、`NullTerminatedString`、`VariableLengthString`、`LengthEncodedString` 以及 `RestOfPacketString`。这些编码方式确保了字符型数据在 MySQL 协议中的有效传输和处理。`FixedLengthString` 指固定长度的字符串类型，其中一个具体实例为 `ERR_Packet`，后续将详细进行阐述。此类型字符串长度始终保持为 5 B。`NullTerminatedString` 类型是我们在数据处理中常遇到一种字符串形式，它以特定的字节值 Null（即字节值为 00）作为终止符。这种字符串结构确保了数据的完整性和边界的明确性，便于在多种编程环境和数据处理系统中进行高效且准确的读写操作。`VariableLengthString` 是变长字符串类型，字符串的长度由另一个字段决定或在运行时计算，比如一个字符串由 Int + Value 组成，我们通过计算 Int 值来获取 Value 的具体长度。`LengthEncodedString` 即采用长度编码的字符串类型，其前缀为一个整数，该整数为字符串长度的长度编码形式，符合 `VariableLengthString` 所规定的 Int+Value 方式，其中长度的编码方式采用前文所述的长度编码整数类型。`RestOfPacketString` 是包末端的字符串，可根据包的总长度和当前位置得到字符串的长度，实际中并不常用。

2. 报文结构

MySQL 客户端或服务器想要发送数据，首先需要遵循以下原则：

每个数据包的大小必须严格限制在 2^{24} B（即 16MB）以内。每个数据包需遵循特定的报文结构进行构建，该报文内部结构如图 3-4 所示。

报文由消息头和消息体两个核心部分构成。消息头占据固定的 4 B 空间，其设计旨在为后续的数据处理提供必要的信息框架。消息体的长度并非随意设定，而是严格依据消息头内的一个特定长度字段来确定，以确保数据的完整性和准确性。

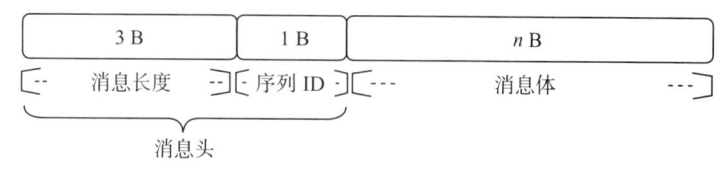

```
┌─────────┬─────┬──────────────┐
│   3 B   │ 1 B │      n B     │
├─────────┼─────┼──────────────┤
│ 消息长度 │序列ID│    消息体    │
└─────────┴─────┴──────────────┘
     └──── 消息头 ────┘
```

图 3-4　报文内部结构

在消息头的组成上，前 3 B 承担着标记当前请求实际数据长度值的重要职责，这一设计确保了数据接收方能够准确无误地识别并处理每一条请求中的核心数据内容。而第 4 B 则作为当前请求的序列 ID 存在，其值从 0 起始，并随着请求的生成依次递增，这一机制为消息的有序处理提供了坚实的保障，确保了数据在传输和接收过程中的顺序正确性。

对于上述报文结构的详细应用实例及进一步的解析，我们将在后续章节中逐一呈现，以便读者能够更加深入地理解和掌握。

3.2.2　连接阶段

连接阶段主要分为握手初始化和登录认证，握手初始化主要是在 TCP/IP 连接建立之后，主要是校验一些基础信息，例如数据库版本、字符集编码等。登录认证主要是验证客户端发送过来的用户名和密码是否正确，下面将详细介绍这两个阶段。

1. 握手初始化报文

在 TCP/IP 连接成功建立之后，服务端将主动向客户端发送一个请求，即握手初始化过程，其目的在于通知客户端：“请注意，我方即将开始验证你的身份。”这一过程中所使用的报文，即握手初始化报文（Handshake Packet），如图 3-5 所示。

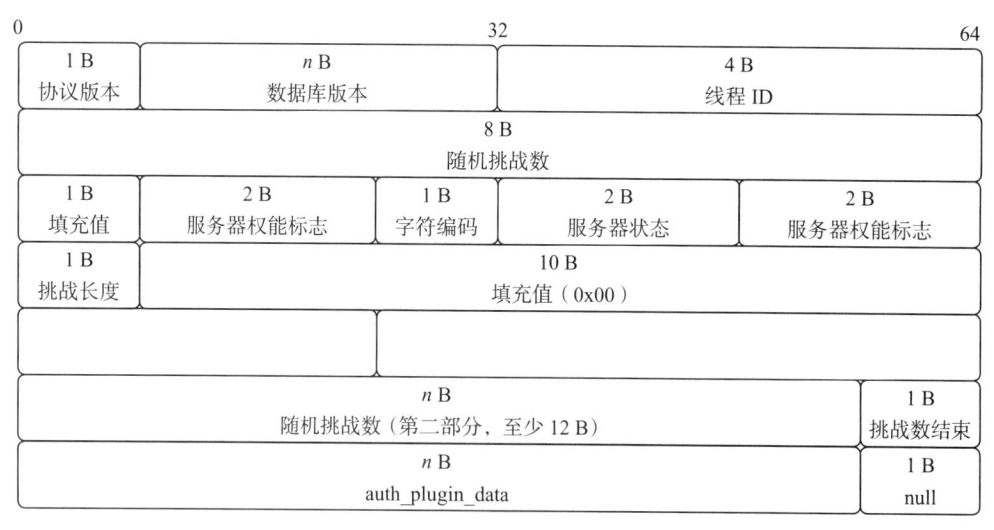

图 3-5　握手初始化报文

下面对该报文的关键属性进行简单说明：

- **协议版本**。即协议版本号，通常设定为 10，此数值依据 PROTOCOL_VERSION 宏定义来确定。
- **数据库版本**。数据库版本信息，由 MYSQL_SERVER_VERSION 宏定义确定。
- **线程 ID**。服务端为此次连接启动的线程 ID。
- **随机挑战数**。该过程被划分为两个主要部分，旨在实现数据库认证。在 MySQL 数据库认证场景中，我们采用了一种称为挑战、应答的认证机制。具体而言，此机制首先由服务端发起，生成一个挑战数并将其发送至客户端。随后，客户端需对该挑战数进行相应处理，并将处理结果返回给服务端。服务端在接收到客户端的应答后，会将其与预期的结果进行比对，以验证其正确性。若比对结果一致，则表明用户认证成功，从而完成整个认证流程。
- **服务器权能标志**。用于与客户端协商通信方式。
- **字符编码**。标识当前数据库所采用的字符集。
- **服务器状态**。用于表示服务器状态，比如是否处于自动提交模式或者事务模式。

下面我们通过 `tcpdump -X` 命令来观察握手初始化数据包：

```
0x0000:  4500 0082 c558 4000 4006 b4c5 c0a8 1ff9  E....X@.@.......
0x0010:  c0a8 1f0e 0cea b07e b719 0a2f eca1 2ce3  .......~.../..,.
0x0020:  8018 01fe c0cc 0000 0101 080a 33c4 5dd6  ............3.].
0x0030:  fbee 62cc 4a00 0000 0a35 2e37 2e31 3900  ..b.J....5.7.19.
0x0040:  0700 0000 321f 052d 3a52 454c 00ff f721  ....2..-:REL...!
0x0050:  0200 ff81 1500 0000 0000 0000 0000 004d  ...............M
0x0060:  730e 405a 4d6d 215c 591c 2b00 6d79 7371  s.@ZMm!\Y.+.mysq
0x0070:  6c5f 6e61 7469 7665 5f70 6173 7377 6f72  l_native_passwor
0x0080:  6400                                     d.
```

在深入理解 TCP/IP 协议体系的基础上，我们可以明确，IP 数据报文的结构由 IP 首部和 IP 数据部分两大核心组件构成。IP 首部遵循着固定的 20 B 长度规范，确保了数据传输的一致性与高效性。而 IP 数据部分则进一步细分为 TCP 的首部及数据部分，其中，TCP 的数据部分承载着至关重要的 MySQL 协议信息，这是我们需要深入剖析与研究的对象。

综上所述，通过解析上述数据包内容，可以明确前 20 B 构成了 IP 头部，紧接着的是 TCP 头部。在 TCP 头部的结构中，其开头 4 B 用于标识源端口和目标端口信息；随后的两个 4 B 字段则分别承载着序列号和确认号的关键数据，这些细节在此不做进一步阐述。我们的关注焦点在于 TCP 头部中第 4 B 的前 4bit，这一字段实际上用于表示 TCP 头部的长度，其计量单位为 4 B。基于这一信息，我们可以计算出 TCP 头部总共占据了 $8 \times 4=32$ B 的空间。在明确 TCP 头部的结构之后，我们将能够深入细致地分析登录认证过程中所传输的数据报文。由前面分析的报文结构可以知道：

- 前 3 B 0x4a00，00 表示报文长度，转换为十进制即 74 B。
- 后面 1 B 0x00 表示消息序列号，后面就是包体内容。
- 后 1 B 0x0a 表示协议版本号，转换为十进制是 10，所以协议号版本是 10。

- 再往后表示数据库版本信息，它是 `NullTerminatedString` 类型，即遇到 00 结束，35 2e37 2e31 39 对应的 5.7.19，正是当前使用的数据库版本。
- 再后面 4 B 0x0700 0000 表示线程 ID。
- 其后 8 B 0x321f 052d 3a52 454c 为随机挑战数。
- 00 为填充值，ff f7 表示与客户端协商通信方式，此处为 - CLIENT_PLUGIN_AUTH，表示支持身份验证插件。
- 21 表示数据库的编码，0200 表示服务器状态。
- 之后 26 B 就是挑战随机数和填充值，最后 22 B 表示认证插件。

2. 登录认证报文

在服务器发起握手初始化过程之后，客户端会向服务器提交一个登录认证包，该过程旨在验证数据库用户的登录凭证。由于 MySQL 4.0 版本前后存在差异，这里聚焦于 MySQL 4.1 及后续版本中登录认证报文（Authentication Packet）的格式描述，登录认证报文结构如图 3-6 所示。

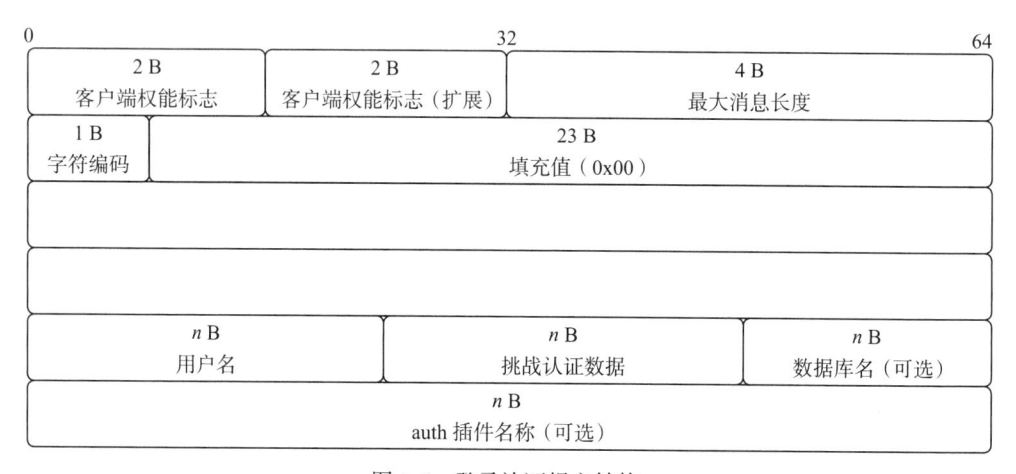

0		32	64
2 B 客户端权能标志	2 B 客户端权能标志（扩展）	4 B 最大消息长度	
1 B 字符编码	23 B 填充值（0x00）		
n B 用户名	*n* B 挑战认证数据	*n* B 数据库名（可选）	
n B auth 插件名称（可选）			

图 3-6 登录认证报文结构

下面对该报文的关键属性进行简单说明：

- **客户端权能标志**。用于与服务端协商通信方式。客户端收到服务端发送的握手初始化报文后，会对服务端发送的权能标志进行修改，保留自身所支持的功能，然后将权能标志返回给服务端，从而保证服务端与客户端通信的兼容性。
- **最大消息长度**。客户端在通信过程中，发送或接收的消息均遵循一定的长度限制，该限制由客户端所支持的最大消息长度值确定。关于字符编码方面，客户端所采用的字符编码应与在握手初始化报文中由服务端所发送的字符编码保持一致。
- **用户名**。用户名是客户端登录时所需的标识符。在挑战认证流程中，客户端会将用户密码与服务器发送的挑战随机数结合进行加密处理，生成挑战认证数据，随后将此数据返回至服务器，以便进行用户身份的验证与确认。

- **数据库名**。在客户端的权限与功能配置中，若 `CLIENT_CONNECT_WITH_DB` 标志位被明确激活或置位，则此特定字段成为必填项，旨在明确指示所连接的目标数据库。反之，在标志位未激活的情况下，该选项则被视为非强制性，用户可根据实际情况选择是否提供。为了进一步解析与审查登录认证过程中的数据包详情，我们可以借助 `tcpdump` 工具并附带 `-X` 选项，此操作将允许我们以十六进制及 ASCII 码形式捕获并展示网络数据包，从而深入观察并分析登录认证流程中的具体信息。

```
0x0000:  4500 00ef bcae 4000 4006 bd02 c0a8 1f0e  E.....@.@.......
0x0010:  c0a8 1ff9 b07e 0cea eca1 2ce3 b719 0a7d  .....~....,....}
0x0020:  8018 01f6 b463 0000 0101 080a fbee 62cf  .....c........b.
0x0030:  33c4 5dd6 b700 0001 85a6 ff01 0000 0001  3.].............
0x0040:  2100 0000 0000 0000 0000 0000 0000 0000  !...............
0x0050:  0000 0000 0000 0000 726f 6f74 0014 ab41  ........root...A
0x0060:  a9cc c77b 68ac a47e d697 44e8 9933 fd79  ...{h..~..D..3.y
0x0070:  858d 6d79 7371 6c5f 6e61 7469 7665 5f70  ..mysql_native_p
0x0080:  6173 7377 6f72 6400 6603 5f6f 7305 4c69  assword.f._os.Li
0x0090:  6e75 780c 5f63 6c69 656e 745f 6e61 6d65  nux._client_name
0x00a0:  086c 6962 6d79 7371 6c04 5f70 6964 0533  .libmysql._pid.3
0x00b0:  3037 3438 0f5f 636c 6965 6e74 5f76 6572  0748._client_ver
0x00c0:  7369 6f6e 0635 2e37 2e31 3909 5f70 6c61  sion.5.7.19._pla
0x00d0:  7466 6f72 6d06 7838 365f 3634 0c70 726f  tform.x86_64.pro
0x00e0:  6772 616d 5f6e 616d 6505 6d79 7371 6c    gram_name.mysql
```

同样，起始部分是 IP 首部，占据 20 B，紧接着是 TCP 首部，占据 32 B（8×4），随后从偏移量 `0x b700` 开始即为登录认证数据包的具体内容。通过综合分析报文结构与登录认证报文格式，我们可以进一步进行解析与探讨。

- 前 3 B `0x b700`，`00` 表示报文长度，转换为十进制即 183 B。
- 后面 1 B `0x01` 表示消息序列号，后面就是包体内容。
- `0x85a6 ff01` 为客户端权能标志。
- `0x0000 0001` 为客户端支持最大消息长度。
- `0x 21` 表示数据库的编码，后面 23 对 `00` 为填充值。
- `0x 726f 6f74` 表示用户名，以 `00` 为结束标志，解码即为 `root`。
- `0x 14` 对应的十进制是 20，表示后续 20B 就是加密后的密码。

本例可选的数据库名称不存在，最后部分表示认证插件。

3.2.3 命令执行阶段

命令执行阶段涉及的内容非常多，因为 MySQL 支持非常多的命令，并且不同的命令最终返回的内容及编码格式也不一样。特别地，如果查询的是 MySQL 的表数据，其中数据也区分各种类型的编码。下面将大致介绍一下命令执行的流程，并用查询语句来举例说明。

1. 命令请求报文

在客户端成功建立与数据库的连接之后，其便拥有了向服务端发起执行数据库操作的请求权限，这些操作包括但不限于数据的增加、删除、修改及查询，以及数据库的创建和表的建立等。此类命令请求报文如图 3-7 所示。

1 B 命令类型	n B 参数

图 3-7　命令请求报文

下面对该报文的属性进行简单说明：

- **命令类型**。本段旨在阐述当前请求命令的类型。命令类型的具体说明如表 3-3 所示（命令列表已在源代码目录下的 include/mysql_com.h 头文件中明确定义）。

表 3-3　命令类型的具体说明

命令	取值	说明
0x00	COM_SLEEP	（内部线程状态）
0x01	COM_QUIT	关闭连接
0x02	COM_INIT_DB	切换数据库
0x03	COM_QUERY	SQL 查询请求
0x04	COM_FIELD_LIST	获取数据表字段信息
0x05	COM_CREATE_DB	创建数据库
0x06	COM_DROP_DB	删除数据库
0x07	COM_REFRESH	清除缓存
0x08	COM_SHUTDOWN	停止服务器
0x09	COM_STATISTICS	获取服务器统计信息
0x0A	COM_PROCESS_INFO	获取当前连接的列表
0x0B	COM_CONNECT	（内部线程状态）
0x0C	COM_PROCESS_KILL	中断某个连接
0x0D	COM_DEBUG	保存服务器调试信息
0x0E	COM_PING	测试连通性
0x0F	COM_TIME	（内部线程状态）
0x10	COM_DELAYED_INSERT	（内部线程状态）
0x11	COM_CHANGE_USER	重新登录（不断连接）
0x12	COM_BINLOG_DUMP	获取 binlog 日志信息
0x13	COM_TABLE_DUMP	获取数据表结构信息
0x14	COM_CONNECT_OUT	（内部线程状态）
0x15	COM_REGISTER_SLAVE	从服务器向主服务器进行注册
0x16	COM_STMT_PREPARE	预处理 SQL 语句
0x17	COM_STMT_EXECUTE	执行预处理语句
0x18	COM_STMT_SEND_LONG_DATA	发送 BLOB 类型的数据
0x19	COM_STMT_CLOSE	销毁预处理语句

(续)

命令	取值	说明
0x1A	COM_STMT_RESET	清除预处理语句参数缓存
0x1B	COM_SET_OPTION	设置语句选项
0x1C	COM_STMT_FETCH	获取预处理语句的执行结果

❑ **参数**。用户输入的 MySQL 客户端命令（不包含每行命令末尾的分号";"），其字段的字符串最终结束符并非依赖于 NULL 字符，而是通过消息头部中的长度值来界定其边界的。

下面我们通过 `tcpdump -X` 的方式来观察请求执行一条 `select` 命令的数据包：

```
0x0000:  4500 004d bcd0 4000 4006 bd82 c0a8 1f0e  E..M..@.@.......
0x0010:  c0a8 1ff9 b07e 0cea eca1 2f25 b719 0eb3  .....~..../%....
0x0020:  8018 01f5 902b 0000 0101 080a fbf2 7715  .....+........w.
0x0030:  33c8 2a97 1500 0000 0373 656c 6563 7420  3.*......select.
0x0040:  2a20 6672 6f6d 2074 6573 7474 62         *.from.testtb
```

命令请求数据包比较简单，除去 IP 首部和 TCP 首部，分析如下：
❑ 前 3 B `0x 1500,00` 表示报文长度，转换为十进制即 21 B。
❑ 后面 1 B `0x01` 表示消息序列号，再后面就是包体内容。
❑ `0x03` 表示命令类型，即 SQL 查询请求。
❑ 其后 20 B 即为实际请求命令。

2. 服务器响应报文

不管是客户端发起登录认证还是请求执行命令，服务器都要返回相应的执行结果给客户端，此处的执行结果可以是查询指令的结果集，也可以是数据库操作的执行状态。服务器响应报文的第一个字节表示报文类型，客户端收到响应报文后，根据报文类型解析具体报文内容。响应报文详解如表 3-4 所示。

表 3-4 响应报文详解

响应报文类型	含义	具体格式
OK_Packet	执行成功标志，比如连接数据库、非查询操作、注册从库、数据刷新等	int<1>：恒为 0x00 int：受影响行数 int：该值为 AUTO_INCREMENT 索引字段生成，如果没有索引字段，则为 0x00。 int<2>：服务器状态 int<2>：告警计数 string：服务器消息（可选）
ERR_Packet	执行失败标志，比如登录认证不通过、非法查询、非空字段未指定值	int<1>：恒为 0xFF int<2>：错误码，在源代码 /include/mysqld_error.h 头文件中定义 string[1]：SQL 执行状态标识位，用 # 进行标识 string[5]：SQL 的具体执行状态 string：错误消息

(续)

响应报文类型	含义	具体格式
EOF_Packet	用于标识 Field 和 Row Data 的结束，在预处理语句中，EOF 也被用来标识参数的结束	int<1>：恒为 0xFE int<2>：告警计数 int<2>：状态标志位
Result Set	返回结果集，比如 SELECT、SHOW	Result Set 消息分为五部分： Result Set Header：返回数据的列数量 Field：返回数据的列信息（多个） EOF：列结束 Row Data：行数据（多个） EOF：数据结束
Field	数据表的列信息	LengthEncodedString：目录名称 LengthEncodedString：数据库名称 LengthEncodedString：数据表名称（AS 后名称） LengthEncodedString：数据表原始名称（AS 前名称） LengthEncodedString：列（字段）名称 LengthEncodedString：列（字段）原始名称 int<1>：填充值 int<2>：字符编码 int<4>：列（字段）长度 int<1>：列（字段）类型（参考源代码 /include/mysql_com.h 头文件中的 enum_field_type） int<2>：列（字段）标志（参考源代码 /include/mysql_com.h 头文件中的宏定义） int<1>：针对 DECIMAL 和 NUMERIC 类型的精度 int<2>：填充值（0x00） LengthEncodedString：默认值
Row Data	在 Result Set 消息中，会包含多个 Row Data 结构，每个 Row Data 结构又包含多个字段值，这些字段值组成一行数据	LengthEncodedString：字段值 ……：多个字段值

除了上述常见的报文结构外，还存在 `PREPARE_OK` 包、`Execute` 包、`Parameter` 包等特定的报文结构，这些结构被应用于某些特定的响应场景中。例如，`PREPARE_OK` 包出现在客户端向服务器发送预处理 SQL 语句后，服务器正确进行响应的场景中。这种机制在编程实践中尤为常见，比如在编写 Java 程序时，经常使用的 `PreparedStatement` 便是一种进行 SQL 预处理的有效工具。

接下来，我们将通过 `tcpdump -X` 选项来详细观察客户端请求执行 `select` 命令后，服务器所返回的响应结果。此过程旨在深入了解网络通信中报文的具体传输情况。

```
mysql> select * from testtb;
+----+---------+
| id | name    |
```

```
+----+---------+
|  1 | zhangyu |
```

服务器响应数据包如下：

```
0x0000:  4500 00b6 c576 4000 4006 b473 c0a8 1ff9   E....v@.@..s....
0x0010:  c0a8 1f0e 0cea b07e b719 0eb3 eca1 2f3e   .......~....../>
0x0020:  8018 01fd c100 0000 0101 080a 33c8 7221   ............3.r!
0x0030:  fbf2 7715 0100 0001 022c 0000 0203 6465   ..w......,....de
0x0040:  6606 7465 7374 6462 0674 6573 7474 6206   f.testdb.testtb.
0x0050:  7465 7374 7462 0269 6402 6964 0c3f 000b   testtb.id.id.?..
0x0060:  0000 0003 0350 0000 0030 0000 0303 6465   .....P...0....de
0x0070:  6606 7465 7374 6462 0674 6573 7474 6206   f.testdb.testtb.
0x0080:  7465 7374 7462 046e 616d 6504 6e61 6d65   testtb.name.name
0x0090:  0c21 006c 0000 00fd 0000 0000 000a 0000   .!.l............
0x00a0:  0401 3107 7a68 616e 6779 7507 0000 05fe   ..1.zhangyu.....
0x00b0:  0000 2200 0000                            .."...
```

由于响应查询请求，按照 Result Set 格式来分析数据包：

- 0x02 对应的是 Result Set Header，表示 2 个字段。
- 0x2c 0000 02 表示第一列信息占 44 B。
- 0x03 6465 66 中 03 表示后面 3 B 是目录名称，此处为默认值 def。
- 0x06 7465 7374 6462 中 06 表示后面 6 B 是数据库名称，解码后即为 testdb。
- 0x06 7465 7374 7474 62 中 06 表示后面 6 B 是数据表名称，解码后为 testtb。
- 0x06 7465 7374 7474 62 中 06 表示后面 6 B 是数据表原始名称，解码后为 testtb。
- 0x02 6964 中 02 表示后面 2 B 为列名称，即 id。
- 0x02 6964 中 02 表示后面 2 B 为列原始名称，即 id。
- 0x0c3f 00 表示填充值和字符编码。
- 0x0b0000 00 表示列长度，此处 id 定义为 int(10)，转换为十六进制即为 0b。
- 0x03 0350 00 分别表示列类型（FIELD_TYPE_LONG）、标识、整型值精度。
- 0x00 00 为填充值。
- 0x30 0000 03 表示第二列信息所占 48 B，具体列信息不再赘述。
- 从 0a 0000 04 开始，后面即为行数据，所占 10 B，具体解析为：① 0x01 31 中 01 表示后面一个字节为第一个字段 id 值，解码后为 1；② 0x07 7a68 616e 6779 75 中 07 表示后面 7 个字节为第二个字段 name 值，解码后为 zhangyu。

3.3　处理连接与创建线程

我们知道 MySQL 内部是一个多线程的处理模型，那么在多个客户端同时发请求时，MySQL 内部是如何处理客户端连接并且为每个客户端创建一个线程的呢？下面将详细介绍。

3.3.1 MySQL 监听客户端请求

MySQL 是一款采用 C 和 C++ 编程语言开发的软件。为了深入且迅速地理解 MySQL 的源代码，通常需要从其主函数入手。MySQL 服务端的起始点明确位于 sql/main.cc 文件中。一旦进入该入口函数，可以观察到其主要作用是调用 `mysqld_main` 函数，该函数实为 MySQL 启动流程的核心实现。

在第 2 章我们介绍过，`mysqld_main` 函数承载了诸多关键任务，包括处理配置文件与启动参数、初始化系统层面的全局变量、设置日志机制及同步信号、初始化网络通信模块并启动循环监听等。本节重点聚焦于与连接创建直接相关的操作流程，MySQL 启动流程概要如图 3-8 所示。

在跳过 `mysqld_main` 函数中针对配置文件及参数的处理步骤后，首先需要进入 `network_init` 阶段，以执行网络系统的初始化。此过程涉及两个至关重要的类，它们在网络系统的构建与配置中扮演着核心角色。

- `Connection_acceptor`：这是一个模板类，它通过 `Mysqld_socket_listener` 类完成实例化，封装了对于监听套接字的操作，支持不同的监听实现。

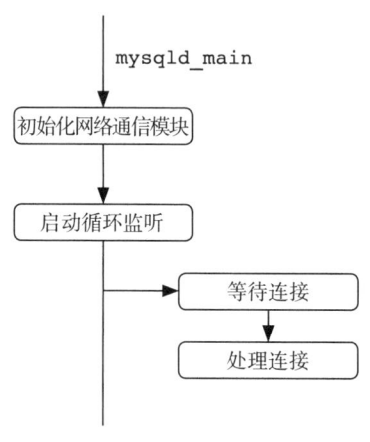

图 3-8 MySQL 启动流程概要

- `Mysqld_socket_listener`：实现以套接字的方式监听客户端的连接，支持 TCP 套接字和 UNIX 套接字两种方式。

网络初始化具体完成以下两项工作：先获取 `mysqld_socket_listener`，创建 `Connection_acceptor`；然后执行 `mysqld_socket_listener` 的 `setup_listener` 操作，对网络和域套接字分别初始化，注意此时还没有启动监听。

网络初始化完成后，进入 `mysqld_socket_acceptor->connection_event_loop()`，启动循环监听客户端连接，与该操作相关的类为：`Connection_handler_manager` 和 `Connection_handler`。前者是一个全局的单例模式，用于管理连接处理器；后者是一个虚基类，用于具体实现如何处理连接。各种连接方式都是继承这个类来实现，常见连接方式主要有三种：

- `Per_thread_connection_handler`：一个连接一个线程，默认实现方式，可以通过 thread_handling 参数设置。
- `One_thread_connection_handler`：所有连接用一个线程。
- `Plugin_connection_handler`：由插件具体实现，例如线程池。

该过程主要有两项工作：一是执行 `mysqld_socket_listener` 的 `listen_for_connection_event` 操作，监听客户端请求，获取请求后，构造一个 Channel_info 用于保存所有与连接相关的信息；二是执行 `Connection_handler_manager` 的 `process_` `new_connection` 操作，处理新连接，它的方法流程图如图 3-9 所示。

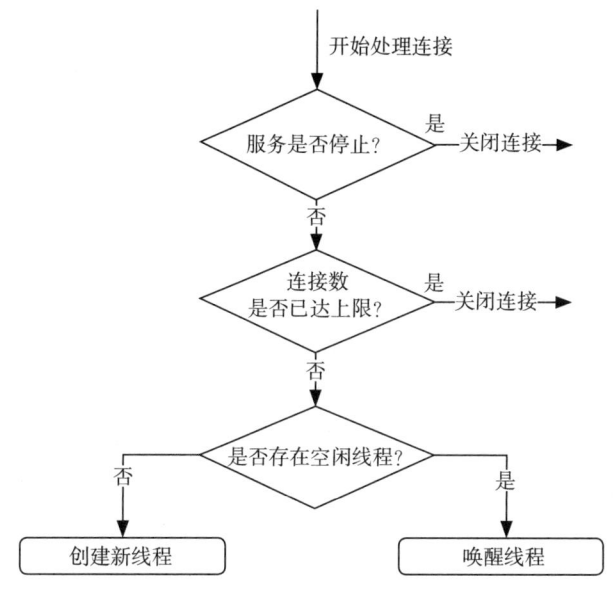

图 3-9 `process_new_connection` 方法流程图

首先判断服务是否停止，如果是，则关闭连接并返回，否则进行下一步。在执行连接计数递增操作时，通过调用 `check_and_incr_conn_count` 函数来实现。该函数负责检查当前连接数是否已达上限。若当前连接数已超出预设的最大连接数，则返回失败。

> **注意** 存在一个例外情况：在当前连接数恰好等于最大连接数时，系统仍会允许管理员用户额外建立一个连接，因此实际可承受的最大连接数应为预设的最大连接数加一。

在确认连接数尚未触及上限的前提下，将执行 `Connection_handler` 模块中的 `add_connection` 操作。在 `Per_thread_connection_handler` 模式下，每个独立的连接均被分配至一个专属线程进行处理，同时，MySQL 系统为了优化连接处理效率，会预先缓存一定数量的线程以供复用。这一缓存线程的上限由 `max_blocked_pthreads` 变量进行调控。在执行 `add_connection` 操作时，系统会首先评估当前是否存在空闲线程。若有空闲线程存在，则立即唤醒该线程，并将 `channel_info` 信息加入至其处理队列中；反之，若当前无空闲线程可用，系统将触发新线程的创建流程，以满足新增连接的处理需求。

3.3.2 创建连接线程

在 MySQL 系统中，若遇到无空闲线程可供分配的情境，系统将触发 `mysql_thread_create` 函数的执行，以创建新的线程来应对请求。具体而言，这一过程中会执行 `hangle_connection` 函数以处理新的连接。接下来，我们将深入探讨在 `Per_thread_connection_` handler 模式下，连接线程的创建流程，如图 3-10 所示。

`hangle_connection` 函数首先执行线程所需内存的初始化流程，随后调用 `init_new_thd` 函数来创建 `THD` 对象。作为 MySQL 系统中至关重要的一部分，`THD` 结构体负责承载并维护一个线程的上下文信息，其详尽描述将在后续章节中展开。创建完成的 `THD` 对象随后会被加入到 `thd_manager` 中，后者是一个全局性的 `Global_THD_manager` 线程管理类，它通过链表结构来集中管理和维护所有线程的 `THD` 对象。

在 `Per_thread_connection_handler` 模式下，每个线程均被映射至一个独立的 `THD` 结构。随后，通过执行 `thd_prepare_connection` 函数进行连接验证，此过程涉及多个步骤，包括用户登录验证、`THD` 结构中用户信息的更新、用户权限核实、SS（安全套接字层）检查以及针对单一用户设置的最大连接数限制等。在此，我们将重点阐述用户登录验证的流程。

MySQL 的用户管理相关数据被妥善存储在系统表 mysql.user 中，该表不仅详细记录了用户的基本身份信息，还涵盖了用户的权限设置。实际上，连接验证的核心环节便是从该表中检索用户信息，并据此进行系统验证。具体步骤概述如下：

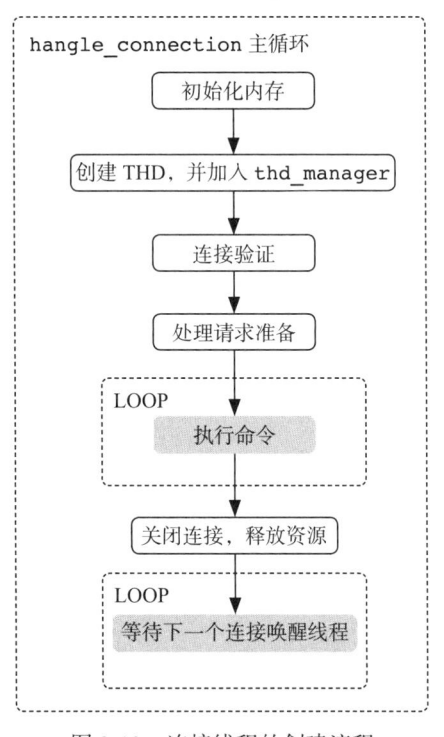

图 3-10 连接线程的创建流程

1）在获取客户端的 IP 地址与主机名后，我们利用 `acl_check_host(sql/sql_acl.cc)` 函数进行连接权限的验证。此验证流程核心在于检索两个关键数据结构：首先，是动态数组 `acl_wild_hosts`，该数组用于存储包含通配符的主机名，以便于进行模式匹配；其次，是哈希表 `acl_check_hosts`，该表则用于存储确切的主机名，以实现快速查找。值得注意的是，这两个数据结构均在 MySQL 服务器启动阶段，从系统表 mysql.users 中读取并初始化。

2）客户端 IP 验证通过后，服务端发送握手初始化给客户端，等待客户端请求。

3）客户端对密码进行加密后，发送登录认证请求。

4）服务端获取请求，解析获得用户名密码后，调用 `check_user(sql/sql_connect.c)` 函数验证用户名密码。

在此需要指出，对于已在 MySQL 中创建用户的读者而言，完成用户创建及授权步骤后，必须执行 flush PRIVILEGES 操作，以确保新创建的用户能够立即生效。这一步骤的必要性源于 MySQL 为提高权限判断效率并减少磁盘 I/O 操作，在 mysqld 服务启动时，会将权限系统表的内容加载至内存中。然而，对于后续的用户权限变更操作，这些变更仅直接反映于磁盘层面，而内存中的权限系统表内容并未同步得到更新。因此，若未执行 flush PRIVILEGES 操作，新建用户将无法成功登录系统。

为使新建用户生效，存在两种解决方案：一是重启 mysqld 服务，通过服务重启的方式强制重新加载权限系统表；二是执行 `flush PRIVILEGES` 命令，该命令的作用即触发权限系统表的重新加载过程。

一旦连接验证通过，系统将进入处理请求的准备阶段。此阶段的主要任务包括内存申请、动态系统变量（如字符集、事务设置等）的设置，以及执行必要的初始化命令。准备工作完成后，系统将进入 `do_command` 阶段，即命令执行阶段。此阶段通过 for 循环机制，持续从网络接收客户端发送的命令。在新建立连接或当前连接处于空闲状态时，系统将在此阶段阻塞以等待新命令的到来。一旦接收到请求，系统将调用 `dispatch_command` 函数进行处理。以下是对该函数功能的一个简化描述：

```
bool dispatch_command(THD *thd, const COM_DATA *com_data,
                enum enum_server_command command)
{
  thd->set_command(command);
  switch (command) {
  case COM_INIT_DB: ...
  case COM_REGISTER_SLAVE: ...
  ...
  case COM_QUERY:
  {
    ...
      if (alloc_query(thd, com_data->com_query.query,
                com_data->com_query.length))
        break;
    ...
    mysql_parse(thd, &parser_state);
    ...
  }
}
```

显然，该函数构成了一个复杂的 `switch` 结构，旨在依据命令类型的差异执行相应的处理流程。

注意 尽管标记为 `COM_QUERY` 类型，但其涵盖的功能远不止简单的查询操作。实际上，该函数充当了处理数据库所有类型访问请求的枢纽，包括 DDL 和 DML 等操作。针对这些操作的具体处理，是由 `mysql_parse` 函数来完成的。

3.3.3 THD 类

THD 类，作为线程描述类，其定义体现了线程与 THD 之间一一对应的紧密关系。THD 内部存储了与线程相关联的多种关键信息，这一设计旨在高效地管理与访问线程相关数据。

该类位于 sql/sql_class.cc 文件中，体现了其在系统架构中的重要地位。此外，THD 类通过继承机制，融合了三个基类的特性，THD 继承的类如表 3-5 所示。这一继承关系进一步增强了其功能的多样性和灵活性。

表 3-5　THD 继承的类

名称	说明
MDL_context_owner	将 MDL 与 THD 分隔的接口，包括元数据边界控制（进入/退出），元数据信息通知等
Query_arena	维护语法树信息的类
Open_tables_state	维护该线程打开和封锁的表的状态，维护了表信息和锁信息

下面介绍一下 THD 类重要成员变量，如表 3-6 所示。

表 3-6　THD 类重要成员变量

名称	说明
net	客户连接描述符
protocal	网络通信协议描述符
Packet	动态缓冲，用作网络 I/O
mem_root	继承自 Query_arena，MySQL 的内存管理模块，用于统一申请和释放内存
Lex	语法树描述符
stmt_map	该连接中存储 prepare 语句的 map
Real_id	该线程在操作系统上的 ID
Thread_id	MySQL 服务器分配非该线程的 ID，可通过 show processlist 查看
Query_id	当前查询 ID，该变量是全局的，由受互斥锁保护计数器自动生成
Proc_info	描述线程当前运行状态，即执行 show processlist 结果中 info 列的内容
Slave_thread	标记该线程是否为从服务器线程
Server_id	唯一的标识某个数据库实例，应用在主从复制中，表示操作来源，从而避免操作无限循环
Query	字符串形式记录当前接收的 SQL
Query_plan	语句执行计划
command	标识当前查询的类型：COM_STMT_PREPARE，COM_QUERY 等
variables	会话级别系统变量，比如 autocommit、sql_mode 等，可通过 set session variables=××× 方式设置，通过 show session variables \G 查询
user_connect	描述当前连接的当前连接用户的信息，包括用户名、host、该用户更新数、连接数等，注意并不是所有连接都会配置 user_connect，这取决于 mysql.user 里面的最后四个字段以及配置参数 max_user_connections
db	当前所在数据库
Db_charset	描述当前数据库字符集
Db_access	描述用户对当前所在数据库的操作权限
Col_access	描述用户具备执行 show table 权限的表

在本小节中，我们将深入探讨每个线程的内存使用情况，并特别聚焦于某些关键变量的作用。MySQL 在启动阶段会申请一定量的内存，这部分内存被设计为公有内存，供所有

线程共享使用。此外，为了支持各个用户连接的独立操作，MySQL 还需为每个连接单独分配内存，这部分内存不具备共享性，因此被称为私有内存。

MySQL 通过分阶段处理用户连接请求的机制，使得我们能够分阶段地详细分析它为每个连接所分配的内存情况。在连接处理的各个阶段中，MySQL 会针对用户名、数据库名等必要信息进行内存分配。然而，鉴于这些内存占用相对较小，且对整体性能分析的影响有限，故在此暂不进行深入探讨。分配内存详细如下：

1）创建 THD 并初始化。每个连接独占一个线程，每个线程独占一个堆栈，大小为 `thread_stack`（x64 机器默认为 256KB）；thd->net.buf 为用户线程接收网络包的缓冲区，大小可动态调整。初始大小为 `net_buffer_length`（默认为 16KB）。

2）登录阶段。thd->packet 为 MySQL 发送数据的缓冲区，MySQL 在登录阶段为 thd->packet 分配内存，大小为 `net_buffer_length`（默认为 16KB）。

3）登录完成。thd→mem_root 是每个线程的内存池，登录成功后为其分配内存，初始大小为 `query_prealloc_size`（默认 8KB）；如果内存池内存不足以使用，MySQL 会额外增加内存的分配，每次最少 `query_alloc_block_size`。在每个 Query 处理完毕后，内存被统一释放。

4）接收 SQL 阶段。如果 thd->net.buf 的大小不足以容纳用户发送的 SQL，MySQL 会重新为 thd→net.buf 分配内存，大小足以容纳整个 SQL，但最大不超过 `max_allowed_packet`；从 mem_root 中为 thd->query 分配内存，如果 mem_root 不足以容纳整个 Query，则调用系统 `malloc` 为 thd->query 分配内存，大小为整个 SQL 长度。

5）词法语法分析阶段。可以认为 thd->queryquery 在 thd->lex 中有两个副本，一个是输入，另一个是解析之后的结果。

6）查询阶段。对于 join 查询、Order by 查询、临时表等不同操作进行不同的内存分配，比如 join 查询，根据 join 表的个数来分配内存，两个表之间 join 会使用一个 join buffer。

7）返回结果。MySQL 使用 thd->packet 作为 MySQL 的发送缓冲区，初始大小为 `net_buffer_length`。如果 MySQL 表有 `blob` 或者 `text` 字段，导致发送缓冲区不足以容纳一行数据，MySQL 会重新分配内存，但是最大不超过 `max_allowed_packet`。返回结果以后，MySQL 会把发送缓冲区恢复为默认。

3.4 总结

本章详细阐述了 MySQL 中常见的连接途径、MySQL 通信协议及交互流程，并给出了处理连接与创建线程的具体步骤。深入掌握这些知识，有助于我们灵活选用既可用又高效的连接方式。深入理解 MySQL 通信协议则能够帮助我们便捷地实现自定义网络监控功能。而清晰地理解处理连接与创建线程的过程，对于分析特定内存问题以及性能瓶颈，特别是针对短连接优化的处理，特别有帮助。

第 4 章

数据字典

数据库表由表结构和数据内容组成,这两者通常独立存储。数据库系统负责统一管理所有表的结构信息,即元数据,这些信息统称为数据字典。数据字典本质上是系统中所有数据元素定义的汇总。本章专注于探讨数据字典中的一个关键组成部分——表结构的管理。在 MySQL 8.0 版本之前,数据字典的管理较为杂乱无章,主要原因是 MySQL Server 层和 InnoDB 存储引擎层均各自维护了数据字典信息。然而,自 MySQL 8.0 起,数据字典信息的维护已统一至 InnoDB 存储引擎层。

4.1 数据字典简介

MySQL 5.7 版本的数据字典架构如图 4-1 所示。

MySQL 5.7 的数据字典主要包含如下三层:

- **MySQL 文件层**。ibdata1 文件主要承载了 InnoDB 存储引擎的数据字典信息,而 MyISAM 存储引擎的数据字典信息则保存在 .frm 文件中。鉴于 MySQL Server 层需要依赖 .frm 文件来检索数据字典的相关信息,因此每个 InnoDB 存储引擎的表同样保留了对应的 `.frm` 文件。所以对于每一个 InnoDB 存储引擎表而言,实际上存在两套数据字典信息。
- **InnoDB 存储引擎层**。在 MySQL 的运行过程中,InnoDB 存储引擎会从 ibdata1 文件中加载相关表的数据字典信息,并在内存中构建相应的表对象。这些表对象被保存在哈希表和最近最少使用(Least Recently Used,LRU)链表中,LRU 链表主要用于实现快速查找和数据淘汰功能。

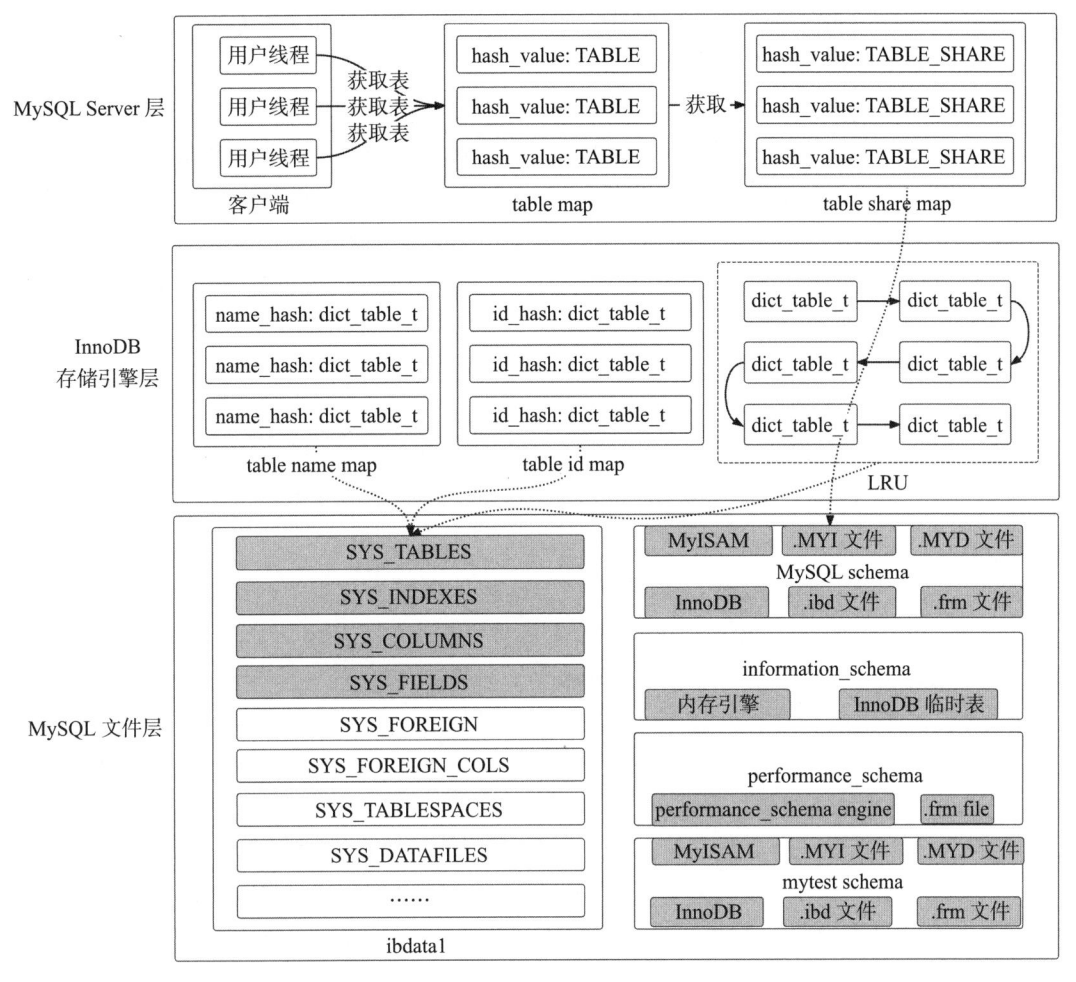

图 4-1 MySQL5.7 版本的数据字典架构

- **MySQL Server 层**。在 MySQL 的运行过程中，Server 层会从 `.frm` 文件中读取表的数据字典信息，并据此构建相应的表对象。同时，Server 层还会使用哈希表来管理这些对象。当客户端需要操作这些表时，它会首先在哈希表中查找相应的对象。如果在哈希表中未找到所需对象，则 Server 层会从 `.frm` 文件中加载所需信息，并将其存储在哈希表中以供后续使用。

或许有人会对 InnoDB 存储引擎的表感兴趣，InnoDB 存储引擎层和 Server 层均在内存中构建了相应的表对象，那它们各自承担着何种职能呢？

在 InnoDB 存储引擎中，从索引的叶子节点检索到的记录以二进制格式呈现。一条记录由多个字段组成，每个字段具有不同的数据类型，且这些数据类型各自拥有独特的编码机制。InnoDB 存储引擎维护的表对象的核心功能之一是提供表结构信息，其中详细记录了每个字段的数据类型。了解了每个字段的数据类型后，便能够依据其编码规则对字段数据进行解析。此外，InnoDB 存储引擎中的表对象还负责记录索引的相关信息，在执行数据检索操作时，会从表结构中提取相应的索引信息。

相比之下，MySQL Server 层负责维护表结构信息，同时也管理着各个字段的数据类型。需要注意的是，这些数据类型及其编码方式与 InnoDB 存储引擎所使用的存在差异。当 InnoDB 存储引擎完成数据解析后，会将其返回给 Server 层，在此过程中会进行数据转换。有关此转换过程的详细信息，可以参考 `row_sel_store_mysql_rec` 方法。数据转换完成后，Server 层会根据其定义的数据类型再次进行解析，并最终将结果返回给客户端。

在简单了解了每一层的作用后，下面针对每一层进行详细的介绍。

4.1.1 文件层

最下面一层为文件存储层，直接访问 MySQL 的数据目录可以查看该层级的内容，图 4-1 中的内容就是基于数据目录中的信息整理而成的。文件层主要涵盖以下几部分：

1. ibdata1

该系统表空间承担着存储 InnoDB 存储引擎核心数据字典信息的职责。通过图 4-1 可以清晰地看到，它维护着四个关键的数据字典表：系统表（`SYS_TABLES`）、系统索引表（`SYS_INDEXES`）、系统列表（`SYS_COLUMNS`）、系统索引列表（`SYS_FIELDS`）。这些表详细记录了数据库内所有表的数据字典信息，包括字段信息、索引信息等。此外，该表空间还包含系统外键列表（`SYS_FOREIGN`）、系统数据文件表（`SYS_DATAFILES`）等其他表，用于记录相关的数据字典信息。

在此，读者可能会产生疑问：既然 `SYS_TABLES`、`SYS_INDEXES`、`SYS_COLUMNS`、`SYS_FIELDS` 用于记录其他表的字段、索引等信息，那么这些表自身的字段和索引信息又是如何记录的呢？实际上，这些信息是通过硬编码的方式嵌入在 MySQL 代码中的，具体代码如下：

系统表：

```
/* 将基础系统表的描述插入字典缓存 */
/*-------------------------*/
table = dict_mem_table_create("SYS_TABLES", DICT_HDR_SPACE, 8, 0, 0, 0);

dict_mem_table_add_col(table, heap, "NAME", DATA_BINARY, 0,
        MAX_FULL_NAME_LEN);
dict_mem_table_add_col(table, heap, "ID", DATA_BINARY, 0, 8);
/* ROW_FORMAT = (N_COLS >> 31) ? COMPACT : REDUNDANT */
dict_mem_table_add_col(table, heap, "N_COLS", DATA_INT, 0, 4);
/* The low order bit of TYPE is always set to 1.  If the format
is UNIV_FORMAT_B or higher, this field matches table->flags. */
dict_mem_table_add_col(table, heap, "TYPE", DATA_INT, 0, 4);
dict_mem_table_add_col(table, heap, "MIX_ID", DATA_BINARY, 0, 0);
/* MIX_LEN may contain additional table flags when
```

```
     ROW_FORMAT!=REDUNDANT.  Currently, these flags include
     DICT_TF2_TEMPORARY. */
     dict_mem_table_add_col(table, heap, "MIX_LEN", DATA_INT, 0, 4);
     dict_mem_table_add_col(table, heap, "CLUSTER_NAME", DATA_BINARY, 0, 0);
     dict_mem_table_add_col(table, heap, "SPACE", DATA_INT, 0, 4);

     table->id = DICT_TABLES_ID;

     dict_table_add_to_cache(table, FALSE, heap);
     dict_sys->sys_tables = table;
     mem_heap_empty(heap);

     index = dict_mem_index_create("SYS_TABLES", "CLUST_IND",
       DICT_HDR_SPACE,
       DICT_UNIQUE | DICT_CLUSTERED, 1);

     dict_mem_index_add_field(index, "NAME", 0);

     index->id = DICT_TABLES_ID;

     error = dict_index_add_to_cache(table, index,
       mtr_read_ulint(dict_hdr
         + DICT_HDR_TABLES,
         MLOG_4BYTES, &mtr),
       FALSE);
     ut_a(error == DB_SUCCESS);

     /*-------------------------*/
     index = dict_mem_index_create("SYS_TABLES", "ID_IND",
         DICT_HDR_SPACE, DICT_UNIQUE, 1);
     dict_mem_index_add_field(index, "ID", 0);

     index->id = DICT_TABLE_IDS_ID;
     error = dict_index_add_to_cache(table, index,
       mtr_read_ulint(dict_hdr
         + DICT_HDR_TABLE_IDS,
         MLOG_4BYTES, &mtr),
       FALSE);
     ut_a(error == DB_SUCCESS);
```

系统索引表：

```
     table = dict_mem_table_create("SYS_INDEXES", DICT_HDR_SPACE,
         DICT_NUM_COLS__SYS_INDEXES, 0, 0);

       dict_mem_table_add_col(table, heap, "TABLE_ID", DATA_BINARY, 0, 8);
       dict_mem_table_add_col(table, heap, "ID", DATA_BINARY, 0, 8);
       dict_mem_table_add_col(table, heap, "NAME", DATA_BINARY, 0, 0);
       dict_mem_table_add_col(table, heap, "N_FIELDS", DATA_INT, 0, 4);
       dict_mem_table_add_col(table, heap, "TYPE", DATA_INT, 0, 4);
       dict_mem_table_add_col(table, heap, "SPACE", DATA_INT, 0, 4);
```

```
  dict_mem_table_add_col(table, heap, "PAGE_NO", DATA_INT, 0, 4);
  dict_mem_table_add_col(table, heap, "MERGE_THRESHOLD", DATA_INT, 0, 4);

  table->id = DICT_INDEXES_ID;

  dict_table_add_to_cache(table, FALSE, heap);
  dict_sys->sys_indexes = table;
  mem_heap_empty(heap);

  index = dict_mem_index_create("SYS_INDEXES", "CLUST_IND",
    DICT_HDR_SPACE,
    DICT_UNIQUE | DICT_CLUSTERED, 2);

  dict_mem_index_add_field(index, "TABLE_ID", 0);
  dict_mem_index_add_field(index, "ID", 0);

  index->id = DICT_INDEXES_ID;
  error = dict_index_add_to_cache(table, index,
    mtr_read_ulint(dict_hdr
      + DICT_HDR_INDEXES,
    MLOG_4BYTES, &mtr),
    FALSE);
  ut_a(error == DB_SUCCESS);
```

系统列表：

```
table = dict_mem_table_create("SYS_COLUMNS", DICT_HDR_SPACE,
    7, 0, 0, 0);

  dict_mem_table_add_col(table, heap, "TABLE_ID", DATA_BINARY, 0, 8);
  dict_mem_table_add_col(table, heap, "POS", DATA_INT, 0, 4);
  dict_mem_table_add_col(table, heap, "NAME", DATA_BINARY, 0, 0);
  dict_mem_table_add_col(table, heap, "MTYPE", DATA_INT, 0, 4);
  dict_mem_table_add_col(table, heap, "PRTYPE", DATA_INT, 0, 4);
  dict_mem_table_add_col(table, heap, "LEN", DATA_INT, 0, 4);
  dict_mem_table_add_col(table, heap, "PREC", DATA_INT, 0, 4);

  table->id = DICT_COLUMNS_ID;

  dict_table_add_to_cache(table, FALSE, heap);
  dict_sys->sys_columns = table;
  mem_heap_empty(heap);

  index = dict_mem_index_create("SYS_COLUMNS", "CLUST_IND",
    DICT_HDR_SPACE,
    DICT_UNIQUE | DICT_CLUSTERED, 2);

  dict_mem_index_add_field(index, "TABLE_ID", 0);
  dict_mem_index_add_field(index, "POS", 0);

  index->id = DICT_COLUMNS_ID;
```

```
    error = dict_index_add_to_cache(table, index,
      mtr_read_ulint(dict_hdr
        + DICT_HDR_COLUMNS,
        MLOG_4BYTES, &mtr),
      FALSE);
    ut_a(error == DB_SUCCESS);
```

系统索引列表：

```
table = dict_mem_table_create("SYS_FIELDS", DICT_HDR_SPACE, 3, 0, 0, 0);

  dict_mem_table_add_col(table, heap, "INDEX_ID", DATA_BINARY, 0, 8);
  dict_mem_table_add_col(table, heap, "POS", DATA_INT, 0, 4);
  dict_mem_table_add_col(table, heap, "COL_NAME", DATA_BINARY, 0, 0);
  table->id = DICT_FIELDS_ID;
  dict_table_add_to_cache(table, FALSE, heap);
  dict_sys->sys_fields = table;
  mem_heap_free(heap);
  index = dict_mem_index_create("SYS_FIELDS", "CLUST_IND",
    DICT_HDR_SPACE,
    DICT_UNIQUE | DICT_CLUSTERED, 2);
  dict_mem_index_add_field(index, "INDEX_ID", 0);
  dict_mem_index_add_field(index, "POS", 0);
  index->id = DICT_FIELDS_ID;
  error = dict_index_add_to_cache(table, index,
    mtr_read_ulint(dict_hdr
      + DICT_HDR_FIELDS,
      MLOG_4BYTES, &mtr),
    FALSE);
  ut_a(error == DB_SUCCESS);
```

每次系统启动时，都会通过硬编码的方式构建各个表的表对象。而一旦构建完成，若需遍历表内数据，如何确定索引的确切位置便成为问题。通过查阅系统索引表，我们发现它记录了每个索引的表空间 ID 以及根页码号。然而，系统索引表、系统表等数据字典表的索引位置信息又是如何存储的呢？这些信息同样是通过硬编码的方式嵌入在代码中的，具体定义如下：

```
/*------------------------------------------------------------*/
/* 数据字典头偏移量 */
/* 最近分配的 row id */
#define DICT_HDR_ROW_ID    0
/* 最近分配的表 ID */
#define DICT_HDR_TABLE_ID  8
/* 最近分配的索引 ID */
#define DICT_HDR_INDEX_ID  16
/* 最近分配的表空间 ID */
#define DICT_HDR_MAX_SPACE_ID  24 #define DICT_HDR_MIX_ID_LOW  28    /*
  Obsolete,always DICT_HDR_FIRST_ID*/
/* 数据字典表 SYS_TABLES 聚簇索引的根节点页的页号 */
```

```
#define DICT_HDR_TABLES         32
/* 数据字典表 SYS_TABLES 二级索引的根节点页的页号 */
#define DICT_HDR_TABLE_IDS      36
/* 数据字典表 SYS_COLUMNS 聚簇索引的根节点页的页号 */
#define DICT_HDR_COLUMNS        40
/* 数据字典表 SYS_INDEXES 聚簇索引的根节点页的页号 */
#define DICT_HDR_INDEXES        44
/* 数据字典表 SYS_FIELDS 聚簇索引的根节点页的页号 */
#define DICT_HDR_FIELDS         48
/* 为创建字典头的表空间段的段头 */
#define DICT_HDR_FSEG_HEADER    56
/*--------------------------------------------------------------*/
```

上述字段构成了数据字典头的定义，其中 DICT_HDR_TABLES、DICT_HDR_COLUMNS、DICT_HDR_INDEXES、DICT_HDR_FIELDS 分别记载了 SYS_TABLES、SYS_COLUMNS、SYS_INDEXES、SYS_FIELDS 四个系统表的聚簇索引的根页码，这些索引默认存储于系统表空间内，因此无须记录表空间标识符。在对相应表进行扫描时，凭借这些信息即可精确定位索引的位置。此外，数据字典头还记录了 row id、表 ID 以及索引 ID，在数据字典头初始化过程中，DICT_HDR_ROW_ID、DICT_HDR_TABLE_ID、DICT_HDR_INDEX_ID、DICT_HDR_MIX_ID_LOW 将被初始化为 DICT_HDR_FIRST_ID 的值，而 DICT_HDR_FIRST_ID 则定义为数值 10。后续章节将重点阐述 row id 的分配机制。

2. MySQL Schema

这里主要保存了 db、user、columns_priv、tables_priv 等系统表，这些表负责维护数据库用户的详细信息以及相关的权限设置。它们部分采用 MyISAM 存储引擎，部分则采用 InnoDB 存储引擎。对于 MyISAM 存储引擎而言，表结构信息被保存在 .frm 文件中，索引信息则存储在 .MYI 文件中，而数据本身则位于 .MYD 文件。至于 InnoDB 存储引擎，表结构信息同样在 .frm 文件中保存一份，并且在 ibdata1 文件的数据字典表中也保存一份副本，其数据实际存储在 .ibd 文件中。

3. information_schema

这里主要保存数据库配置、运行状态等信息，包括但不限于 CHARACTER_SETS、GLOBAL_STATUS、GLOBAL_VARIABLES、INNODB_LOCKS、INNODB_TRX 等。这些信息存储于临时表中，其中一部分采用内存引擎，另一部分则使用 InnoDB 临时表。这些表的结构信息已预先编码于代码内，具体细节可参考 ST_SCHEMA_TABLE schema_tables 中的定义，例如 CHARACTER_SETS 表的详细信息：

```
ST_FIELD_INFO charsets_fields_info[]=
{
  {"CHARACTER_SET_NAME", MY_CS_NAME_SIZE, MYSQL_TYPE_STRING, 0, 0, "Charset",
    SKIP_OPEN_TABLE},
  {"DEFAULT_COLLATE_NAME", MY_CS_NAME_SIZE, MYSQL_TYPE_STRING, 0, 0,
    "Default collation", SKIP_OPEN_TABLE},
```

```
    {"DESCRIPTION", 60, MYSQL_TYPE_STRING, 0, 0, "Description",
      SKIP_OPEN_TABLE},
    {"MAXLEN", 3, MYSQL_TYPE_LONGLONG, 0, 0, "Maxlen", SKIP_OPEN_TABLE},
    {0, 0, MYSQL_TYPE_STRING, 0, 0, 0, SKIP_OPEN_TABLE}
};
```

4. performance_schema

这里主要保存的是 MySQL 运行时的监控数据。例如，与事件相关的表会在 SQL 语句执行的不同阶段进行数据采集点的设置，使得 MySQL 能够追踪 SQL 语句执行的详细过程。同样，`performance_schema` 通过设置数据采集点，记录每个环节所分配的内存信息，以便于定位内存相关的问题。`performance_schema` 中的所有表均采用 `performance_schema` 引擎，其数据字典信息存储于 `.frm` 文件中，而实际数据并不存储，而是在 MySQL 运行时动态收集。

5. mytest schema

该数据库由笔者构建，可以视为我们日常业务应用中所创建的数据库，其内部主要涵盖以 MyISAM 和 InnoDB 为存储引擎的各类表。

根据上述说明，我们能够理解 MySQL 5.7 版本中数据字典信息的管理存在一定的混乱，其主要根源在于多种存储引擎的并存。在 MySQL 的早期阶段，其 Server 层主要是为 MyISAM 存储引擎量身定制的。因此，随着其他存储引擎的引入，它们也必须与 Server 层的逻辑保持兼容，并使用 Server 层的数据字典信息。因此，我们可以观察到大多数表都保留了 `.frm` 文件。

4.1.2 InnoDB 存储引擎层

在前文提及的 ibdata1 文件中，存储了 InnoDB 存储引擎的数据字典信息。那么，在 MySQL 运行期间，这些数据字典信息是如何被利用的呢？实际上，在 InnoDB 存储引擎运作时，它为每个表维护了一个表对象。这个表对象里面包含诸如表的字段数量、字段类型、索引信息等关键数据，这些数据是从 ibdata1 文件内的 `SYS_TABLES`、`SYS_INDEXES`、`SYS_COLUMNS`、`SYS_FIELDS` 等表中读取的。接下来，我们将探讨这个表对象的具体定义。

```
/* 数据库表的数据结构。在 dict_mem_table_create() 中，大多数字段将被初始化为 0、NULL 或
   FALSE */
struct dict_table_t {

    /** 表 ID。*/
    table_id_t          id;

    /** 表名称。*/
    table_name_t        name;
```

```
    /* NULL 或者此表被分配到的表空间名称，由 TABLESPACE 选项指定 */
    id_name_t              tablespace;

    /** 放置表的聚簇索引的表空间. */
    uint32_t               space;

    /* 总列数（包括虚拟列和非虚拟列）*/
    unsigned               n_t_cols:10;

    /* 列描述的数组 */
    dict_col_t*            cols;

    /* 以字符串形式打包的列名
    "name1\0name2\0...nameN\0"。在字符串包含 n_cols 之前，它将从临时堆中分配。最终的字符串将从
    table->heap 中分配。*/
    const char*            col_names;

    /** 表的索引列表. */
    UT_LIST_BASE_NODE_T(dict_index_t)  indexes;

    /*表中的外键约束列表。这些指的是其他表中的列 */
    UT_LIST_BASE_NODE_T(dict_foreign_t)    foreign_list;
}
```

鉴于 `dict_table_t` 结构体的定义较为冗长，这里仅展示其核心字段。该结构体存储了表的 ID、名称、字段数量、字段类型、字段名称、索引信息以及外键信息等关键元数据。InnoDB 存储引擎通过这些元数据信息对表执行具体操作，例如，在执行数据检索时，仅需定位到相应的索引信息；而在进行数据解析时，则根据字段信息和编码类型进行解析。

我们已经了解到，在 InnoDB 存储引擎层，表的数据字典信息由 `dict_table_t` 结构体维护。`dict_table_t` 结构体从 ibdata1 文件中获取数据字典信息。因此，每次对表进行操作时，是否都需要从 ibdata1 中获取信息并构建 `dict_table_t` 结构体对象？这需要考虑操作是否由同一用户线程执行。基于这些考量，InnoDB 引擎层在内存中维护了两个哈希表和一个 LRU 链表，以管理所有的 `dict_table_t` 结构体对象。

一个 `dict_table_t` 表对象需要存储在三个地方：

- table_hash。以表名的哈希值作为键（Key），以指向 `dict_table_t` 表对象的指针作为值（Value）。
- table_id_hash。以表标识符的哈希值作为键，以指向 `dict_table_t` 表对象的指针作为值。
- table_LRU。该链表的节点是指向 `dict_table_t` 表对象的指针。这种设计主要是为了通过表名或表标识符迅速访问对应的 `dict_table_t` 表对象。鉴于表对象的数量可能极为庞大，因此有必要设定一个阈值。一旦表对象数量超过这一阈值，就需要执行淘汰机制，因此维护了一个 LRU 链表。

上述哈希表和 LRU 统一维护在 `dict_sys_t` 对象中，相应字段如下：

```
struct dict_sys_t{
    /* 保护数据字典的互斥锁；也保护基于磁盘的字典系统表；此互斥锁对 CREATE TABLE 和 DROP
       TABLE 进行序列化，同时还用于从系统表中读取表的字典数据 */
    DictSysMutex      mutex;
    /* 要分配的下一个行 ID；请注意，在检查点时，此值必须写入字典系统头并刷新到文件；在恢复过程中，
       此值必须从日志记录中恢复 */
    row_id_t       row_id;
    /* 表名为 key，dict_table_t 对象为 Value 的哈希表 */
    hash_table_t*     table_hash;
    /* 表 ID 为 key，dict_table_t 对象为 Value 的哈希表 */
    hash_table_t*     table_id_hash;
    /* 数据字典表和索引对象所占用的可变字节空间 */
    lint        size;
    /* 系统表 */
    dict_table_t*     sys_tables;
    /* 系统列表 */
    dict_table_t*     sys_columns;
    /* 系统索引表 */
    dict_table_t*     sys_indexes;
    /* 系统索引列表 */
    dict_table_t*     sys_fields;
    /* 系统虚拟表 */
    dict_table_t*     sys_virtual;

    /*=============================*/
    /* 存储表对象的 LRU 链表 */
    UT_LIST_BASE_NODE_T(dict_table_t)
        table_LRU;
    /* 存储表对象的链表，不能被淘汰 */
    UT_LIST_BASE_NODE_T(dict_table_t)
        table_non_LRU;
    /* 用于存储表 ID 和自增值的映射，当表被逐出时 */
    autoinc_map_t*    autoinc_map;
}
```

`dict_sys_t` 结构体的整体架构如图 4-2 所示，可以直观地看出 `dict_sys_t` 结构体对象其实维护了 4 个核心数据字典表对象，普通的表则维护在 `table_hash`、`table_id_hash`、`table_LRU` 中。

前面提到，当表对象数量超过特定阈值时会启动淘汰机制，那么这个阈值由什么参数来确定呢？实际上，这一机制复用了 MySQL Server 层的 `table_definition_cache` 参数。在 Server 层后台线程中，会定期对 `table_LRU` 链表的长度进行检查，以确保其不超过 `table_definition_cache` 参数所设定的大小。一旦超出，系统将执行表对象的淘汰流程，将不再使用的表从 `table_LRU`、`table_hash`、`table_id_hash` 等数据结构中移除。

```
                    ┌─────────────────┐
                    │      互斥锁      │
                    ├─────────────────┤        ┌──────────────────────┐
                    │     row_id      │        │ name_hash: dict_table_t │
                    ├─────────────────┤        ├──────────────────────┤
                    │   table_hash    │───────▶│ name_hash: dict_table_t │
                    ├─────────────────┤        ├──────────────────────┤
                    │  table_id_hash  │──┐     │ name_hash: dict_table_t │
                    ├─────────────────┤  │     └──────────────────────┘
                    │   SYS_TABLES    │  │           table name map
                    ├─────────────────┤  │     ┌──────────────────────┐
                    │   SYS_COLUMNS   │  │     │ id_hash: dict_table_t │
                    ├─────────────────┤  └────▶├──────────────────────┤
                    │   SYS_INDEXES   │        │ id_hash: dict_table_t │
                    ├─────────────────┤        ├──────────────────────┤
                    │   SYS_FIELDS    │        │ id_hash: dict_table_t │
                    ├─────────────────┤        └──────────────────────┘
                    │   SYS_VIRTUAL   │              table id map
                    ├─────────────────┤        ┌ ─ ─ ─ ─ ─ ─ ─ ─ ─ ─ ─ ┐
                    │    table_LRU    │         ┌────────────┐ ┌────────────┐
                    ├─────────────────┤        ││dict_table_t│◀│dict_table_t││
                    │  table_non_LRU  │         └────────────┘ └────────────┘
                    ├─────────────────┤        │ ┌────────────┐ ┌────────────┐│
                    │   autoinc_map   │         │dict_table_t│◀│dict_table_t│
                    └─────────────────┘        │ └────────────┘ └────────────┘│
                                                ┌────────────┐ ┌────────────┐
                                               │ │dict_table_t│◀│dict_table_t││
                                                └────────────┘ └────────────┘
                                               └ ─ ─ ─ ─ ─ ─ ─ ─ ─ ─ ─ ┘
                                                       LRU 链表
```

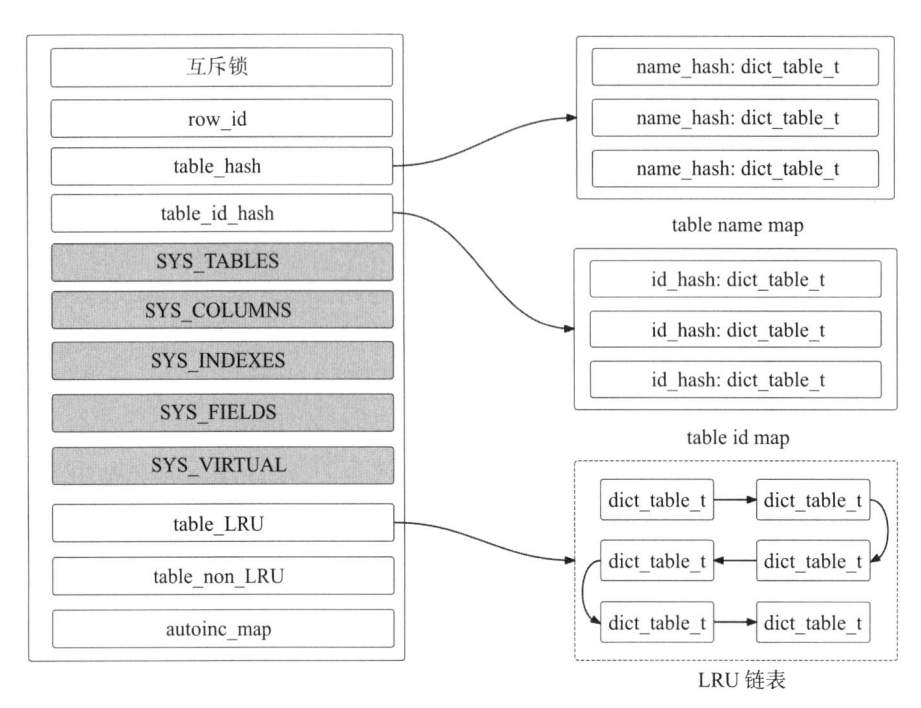

图 4-2 `dict_sys_t` 结构体的整体架构

这里大家可能有些疑问,例如:在 MySQL 需要扫描某表数据时,如何从数据字典中检索其索引信息及存储位置?下面将以聚簇索引的扫描为例进行说明。

在扫描之前会调用如下方法从表对象中获取对应的聚簇索引:

```
/********************************************************************//**
获取表上的第一个索引(聚簇索引)。
@ 返回 索引, 如果不存在则返回 NULL*/
UNIV_INLINE
dict_index_t*
dict_table_get_first_index(
/*=======================*/
    const dict_table_t*    table) /*!< in: table */
{
    ut_ad(table);
    ut_ad(table->magic_n == DICT_TABLE_MAGIC_N);

    return(UT_LIST_GET_FIRST(((dict_table_t*) table)->indexes));
}
```

`dict_index_t` 结构体的定义如下:

```
/** 索引的数据结构。在 dict_mem_index_create() 中,大多数字段将被初始化为 0、NULL 或 FALSE*/
struct dict_index_t{
    /* 索引 ID */
    index_id_t id;
```

```
    /* 堆内存空间 */
    mem_heap_t*     heap;
    /* 索引名称 */
    id_name_t   name;
    /* 表名称 */
    const char*     table_name;
    /* 指向表的反向指针 */
    dict_table_t*   table;
    /* 放置索引树的表空间 */
    unsigned    space:32;
    /* 索引树根页编号 */
    unsigned    page:32;
    /* 从开头起足以唯一确定索引条目的字段数量 */
    unsigned    n_uniq:10;
    /* 到目前为止定义的字段数量 */
    unsigned    n_def:10;
    /* 索引中的字段数量 */
    unsigned    n_fields:10;
    /* 可为空字段的数量 */
    unsigned    n_nullable:10;
    /* 字段描述的数组 */
    dict_field_t*   fields;
}
```

由于篇幅原因，这里只列举了部分字段信息。`dict_index_t`结构体主要依据`SYS_INDEXES`数据字典表中的记录来构建。通过这些记录，我们可以获取表空间 ID，进而定位相应的数据文件。同时，记录中还包含了根页号，这使得我们能够精确地定位到特定的数据页，并从索引根节点开始进行数据扫描。此外，`dict_index_t`还存储了包括索引 ID、索引名称、字段数量等在内的多种信息。

4.1.3　MySQL Server 层

在 InnoDB 存储引擎层与 MySQL Server 层中，均对表对象进行了维护，尽管它们的功能与实现机制各异。MySQL Server 层负责维护 `TABLE_SHARE` 与 `TABLE` 这两种表对象。接下来介绍 `TABLE_SHARE` 表对象，它的结构体如下：

```
struct TABLE_SHARE
{
    /* 指向索引名称的指针 */
    TYPELIB keynames;
    /* 指向列名的指针 */
    TYPELIB fieldnames;
    /* 指向区间信息的指针 */
    TYPELIB *intervals;
    Field **field;
    /* 表索引定义的数据 */
    KEY *key_info;
    /* 字段数组中 BLOB 的索引 */
```

```
    uint  *blob_field;
    /* 表的注释 */
    LEX_STRING comment;
    /* 压缩算法 */
    LEX_STRING compress;
    /* 加密算法 */
    LEX_STRING encrypt_type;
    /* 字符串类型的默认字符集 */
    const CHARSET_INFO *table_charset;
    /* 指向 db 的指针 */
    LEX_STRING db;
    /* 表名称 */
    LEX_STRING table_name;
    /* frm 文件的路径 */
    LEX_STRING path;
    /* 列的数量 */
    uint fields;
    /* 当前表定义的索引的数量 */
    uint keys;
    /* 唯一索引的数量 */
    uint uniques;
    /* 空字段数量 */
    uint null_fields;
    /* blob 字段类型数量 */
    uint blob_fields;
}
```

由于篇幅原因，这里只列举了部分字段信息。从上述字段可见，TABLE_SHARE 包含了几乎全部的表元数据信息，涵盖了字段和索引等细节。这些信息与 .frm 文件中的内容大体一致，后续章节将详细阐述 .frm 文件的结构组成。

注意 与 InnoDB 表对象的区别在于，TABLE_SHARE 是通过解析 .frm 文件中的信息来构建表对象的，而 InnoDB 则利用其内部维护的数据字典信息来创建相应的表对象。对于一个使用 InnoDB 存储引擎的表来说，其打开过程需要在 Server 层和 InnoDB 层分别构建相应的表对象。

MySQL 在 Server 层维护了一个哈希表来存储 TABLE_SHARE 表对象，大小由 table_definition_cache 参数控制，如下所示：

```
bool table_def_init(void)
{
#ifdef HAVE_PSI_INTERFACE
  init_tdc_psi_keys();
#endif
  mysql_mutex_init(key_LOCK_open, &LOCK_open, MY_MUTEX_INIT_FAST);
  mysql_cond_init(key_COND_open, &COND_open);
  oldest_unused_share= &end_of_unused_share;
```

```
    end_of_unused_share.prev= &oldest_unused_share;

    if (table_cache_manager.init())
    {
      mysql_cond_destroy(&COND_open);
      mysql_mutex_destroy(&LOCK_open);
      return true;
    }

    /* 即使其初始化失败，销毁未初始化的哈希表也是安全的。*/
    table_def_inited= true;

    return my_hash_init(&table_def_cache, &my_charset_bin, table_def_size,
      0, 0, table_def_key,
      (my_hash_free_key) table_def_free_entry, 0,
      key_memory_table_share) != 0;
}
```

每次从哈希表中获取表对象时，会主动检查哈希表中的数量是否超过table_definition_cache设置的大小，超过后会删除最近未使用的TABLE_SHARE表对象，如下所示：

```
/* 如果空闲的缓存太大 */
while (table_def_cache.records > table_def_size &&
       oldest_unused_share->next)
  my_hash_delete(&table_def_cache, (uchar*) oldest_unused_share);
```

了解了TABLE_SHARE对象后，下面来介绍TABLE表对象，其定义如下：

```
struct TABLE
{

  TABLE_SHARE    *s;
  handler    *file;
  /* 当前是哪个线程在使用 */
  THD    *in_use;
  /* 指向表列信息的指针 */
  Field **field;
  /* 指向记录的指针 */
  uchar *record[2];        /* Pointer to records */

  /*
  possible_quick_keys 是 quick_keys 的超集，用于无连接（join）命令（单表 update 和
    delete）的 explain 。
```

当解释常规的连接（join）时，我们使用JOIN_TAB::keys来输出possible_keys列的值。然而，对于单表的update和delete命令，它不可用，因为它们在顶层不使用连接优化器。另外，它们直接使用范围优化器，在此处收集所有可用于范围访问的索引。

```
    */
    key_map possible_quick_keys;

    /*
```

一组可在引用此表的查询中使用的索引。

在实例化时,将从该集合中减去表的 `TABLE_SHARE` 上禁用的所有索引(请参阅 `TABLE::s`)。因此,对于任何表 t,都满足 `t.keys_in_use_for_query` 是 `t.s.keys_in_use` 的子集。通常,我们绝不能在此处引入任何新索引(请参阅 `setup_tables`)。

该集合以位图的形式实现。

```
    */
    key_map keys_in_use_for_query;
    /* 可用于在不进行排序的情况下计算 GROUP BY 的索引的映射 */
    key_map keys_in_use_for_group_by;
    /* 可用于在不进行排序的情况下计算 ORDER BY 的索引的映射 */
    key_map keys_in_use_for_order_by;
    /* 表定义的索引信息 */
    KEY      *key_info;
    /* 表的别名 */
    const char    *alias;
    /*
```

一个或多个查询条件所引用的字段的位图。仅在 `optimizer_condition_fanout_filter` 被打开时使用。

目前,仅考虑内连接的 `where` 子句和 `on` 子句,但不考虑外连接的 `on` 条件。

此外,`having` 条件适用于组,因此作为表条件过滤器没有用。

```
    */
    MY_BITMAP      cond_set;
    /* 活跃的读写集合 */
    MY_BITMAP      *read_set, *write_set;
    MDL_ticket *mdl_ticket;

    my_bool force_index;

}
```

基于篇幅原因,这里同样只列举了部分字段信息。根据上述字段分析,可以明确 `TABLE` 对象主要负责存储表字段、索引信息以及数据集合,并且包含优化器相关信息。这些信息表明,在 Server 层执行语句时,`TABLE` 对象与优化器协作,从底层存储中检索数据,并将处理后的结果存储于 `TABLE` 对象内,最终返回给客户端。

观察 `TABLE` 对象的结构,可以发现其中维护了一个指向 `TABLE_SHARE` 的指针。实际上,`TABLE` 对象是基于 `TABLE_SHARE` 构建的,具体实现细节可参见 `open_table_from_share` 方法。在 MySQL 的 Server 层,表对象通过哈希表进行存储,但为了降低并发读写操作时锁冲突的影响,这里采用了多个哈希表来分别保存表对象。所有哈希表的总体大小由 `table_cache_size` 参数进行控制,如下所示:

```
static bool fix_table_cache_size(sys_var *self, THD *thd, enum_var_type type)
{
  /*
table_open_cache 参数是所有表缓存实例中对象总数的软限制。一旦此值更新,我们需要更新每个实例表
    缓存大小的软限制值。
  */
  table_cache_size_per_instance= table_cache_size / table_cache_instances;
  return false;
}
```

`table_cache_instances` 默认为 16,所以每个哈希表的大小为 `table_cache_size/16`。

```
/**
  初始化表缓存的实例。
  @ 返回值 false - 成功。
  @ 返回值 true - 失败。
*/

bool Table_cache::init()
{
  mysql_mutex_init(m_lock_key, &m_lock, MY_MUTEX_INIT_FAST);
  m_unused_tables= NULL;
  m_table_count= 0;

  if (my_hash_init(&m_cache, &my_charset_bin,
    table_cache_size_per_instance, 0, 0,
    table_cache_key, (my_hash_free_key) table_cache_free_entry,
    0,
    PSI_INSTRUMENT_ME))
  {
    mysql_mutex_destroy(&m_lock);
    return true;
  }
  return false;
}
```

同样,当缓存的 TABLE 表对象数量超过 `table_cache_key/16` 后会进行淘汰,在每次往哈希表中添加表对象的时候触发,淘汰逻辑如下所示:

```
/**
  如果表缓存中 TABLE 对象的总数超过了 table_cache_size_per_instance 限制,则释放未使用的
    TABLE 实例。
  @ 注意 如果动态更改了 table_cache_size,在此调用期间我们可能需要释放多个实例。
*/

void Table_cache::free_unused_tables_if_necessary(THD *thd)
```

```
{
  /*
```

我们周围有太多的 `TABLE` 实例，让我们尝试释放它们。

注意，在服务器运行时，如果动态更改了 `table_cache_size`，我们可能需要释放多个 `TABLE` 对象，因此需要下面的循环。

```
  */
  if (m_table_count > table_cache_size_per_instance && m_unused_tables)
  {
    mysql_mutex_lock(&LOCK_open);
    while (m_table_count > table_cache_size_per_instance &&
      m_unused_tables)
    {
      TABLE *table_to_free= m_unused_tables;
      remove_table(table_to_free);
      intern_close_table(table_to_free);
      thd->status_var.table_open_cache_overflows++;
    }
    mysql_mutex_unlock(&LOCK_open);
  }
}
```

那么具体的一个表对象应该放在哪个缓存中呢，由如下路由规则控制：

```
/** 获取特定连接要使用的表缓存实例。*/
Table_cache* get_cache(THD *thd)
{
  return &m_table_cache[thd->thread_id() % table_cache_instances];
}
```

在大致了解了 MySQL 5.7 的数据字典管理之后，我们简单地总结一下。这里以具体执行一条 SQL 语句为例，执行如下 SQL 语句：

`select id, name from mytest;`

请注意，这里的 `mytest` 是 InnoDB 存储引擎表。具体流程如下：首先，在 MySQL Server 层中，会在 `table_def_cache` 哈希表中获取 `mytest` 对应的 `TABLE_SHARE` 表对象。这里可以找到，原因是在启动的时候打开了所有的表并构建了 `TABLE_SHARE` 表对象。如果没有找到，则需要进行构建，构建 `TABLE_SHARE` 表对象时主要从 .frm 文件中读取信息。

然后调用 `open_table_from_share`，通过 `TABLE_SHARE` 构建 `TABLE` 表对象，后续对表的相关操作都需要依赖 `TABLE` 表对象。

到 InnoDB 层时，会检查 `dict_sys` 维护的哈希表中是否有对应的 `dict_table_t` 表对象。如果没有，则需要从底层数据字典信息中获取对应的信息来构建。这里的核心就是去 `SYS_TABLES`、`SYS_INDEXES`、`SYS_COLUMNS`、`SYS_FIELDS` 中获取对应的信息。

`SYS_TABLES`、`SYS_INDEXES`、`SYS_COLUMNS`、`SYS_FIELDS` 在 MySQL 启动的时候会从 ibdata1 系统文件中加载出来并维护在 `dict_sys` 对象中。

至此，Server 层和 InnoDB 层相应的表对象都构建完成了，后续 InnoDB 层对表的操作就依赖 InnoDB 的表对象，Server 层对表的操作就依赖 Server 层的表对象。

4.2 .frm 文件

前面我们提到了 .frm 文件，对于熟悉 MySQL 的读者而言，这个文件应该不陌生。它位于 MySQL 的数据目录内，无论是采用 MyISAM 引擎还是 InnoDB 引擎的表，都会配备一个相应的 .frm 文件。该文件由 MySQL Server 层负责存储表结构、索引等信息，其功能已在前文简要提及。当 MySQL 执行创建表操作时，表结构信息及索引等数据将记录于 .frm 文件中。接下来，我们将对 .frm 文件的格式进行简要介绍，其内部架构如图 4-3 所示。

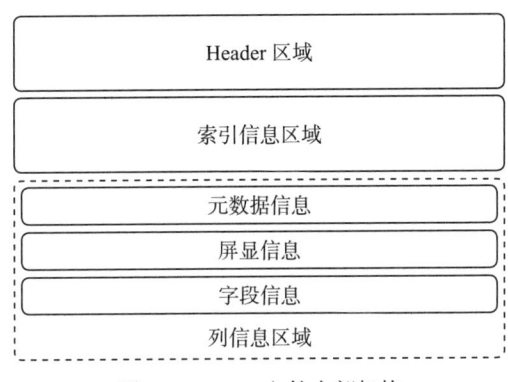

图 4-3 .frm 文件内部架构

.frm 文件主要包含如下几部分内容：

- **Header 区域**，长度为 64 B，主要存储 .frm 文件版本、存储引擎类型、索引长度等信息。
- **索引信息区域**，长度为 `key_info_length`，具体取决于索引的数量和每个索引的长度，主要存储表中所有的索引信息。
- **列信息区域**，主要包含各列的元数据信息，例如**元数据信息**，长度为 288B，主要存储 `screen`、`enum` 和 `set` 类型、表注释等信息；**屏显信息**，长度在 `forminfo` 中的 `info_length` 字段记录，主要存储创建表的语句在屏幕显示的情况；**字段信息**，每个字段长度为 17 B，主要存储表中所有字段的元数据信息，例如字段类型、长度等。

其中重点说明 Header 区域、索引信息区域、列区域元信息和字段信息，各个部分具体存储的内容分别如表 4-1～表 4-4 所示。

表 4-1　Header 区域的详细解释

偏移量	长度 /B	值	解释
0	1	fe	默认为 254
1	1	1	默认为 1
2	1	9	FRM_VER (which is in include/mysql_version.h) +3+test (create_info->varchar)
3	1	9	查看 sql/handler.h 文件中的 enum legacy_db_type。例如，09 表示 DB_TYPE_MYISAM（即 MyISAM 存储引擎类型），但如果是带有分区功能的 MyISAM，则为 14。InnoDB 则为 DB_TYPE_INNODB，值为 12
4	1	3	默认为 1
5	1	0	默认为 0
6	2	10	IO_SIZE，默认大小为 4096，表示下一个块从这里开始
8	2	100	form 的数量，总是为 1
000a	4	300000	基于 key_length + rec_length + create_info->extra_size 存储所有索引记录的长度
000e	2	1000	"" "tmp_key_length" "" ，based on key_length" 用于临时存储所有索引记录的长度，如果 key_length 小于 0xffff，存储 key_length，否则存储 0xffff 值
10	2	600	用于存储 rec_length
12	4	0	create_info->max_rows
16	4	0	create_info->min_rows
001b	1	2	默认为 2
001c	2	800	key_info_length，存储索引信息长度
001e	2	800	create_info->table_options 也称为 db_create_options 吗？其中一个可能的选项是 HA_LONG_BLOB_PTR 存储表的选项
20	1	0	默认为 0
21	1	5	默认为 5
22	4	0	create_info->avg_row_length，存储平均行长度
26	1	8	create_info->default_table_charset，存储字符集
27	1	0	默认值为 0
28	1	0	create_info->row_type，存储 row type 的值，为枚举类型有 ROW_TYPE_DEFAULT，ROW_TYPE_DYNAMIC，ROW_TYPE_COMPRESSED 等类型配置。默认为 ROW_TYPE_DEFAULT
29	6	00..00	通常用于支持 RAID
002f	4	10000000	存储 key_length，即所有索引的长度
33	4	c0c30000	来自 include/mysql_version.h 中的 MYSQL_VERSION_ID，存储 MySQL 版本信息
37	4	10000000	create_info->extra_size，存储额外的数据
003b	2	0	留作 extra_rec_buf_length 使用
003d	1	0	保留为 default_part_db_type，但如果 MyISAM 带有分区，则为 09
003e	2	0	create_info->key_block_size，存储 key_block_size，默认为 0

表 4-2 索引信息区域的详细解释

偏移量	长度 /B	值	解释	说明
0	1	key_count	存储索引的数量	存储索引相关属性信息,多个索引重复存储
1	1	key_parts	作用于索引的字段数量	
2	1	0	0	
3	1	0	0	
4	2	length	存储索引名称的长度	
6	2	??	存储索引的 flag	
8	2	key_length	存储索引的长度	存储索引的字段信息,多个字段重复存储
10	1	user_defined_key_parts	存储索引的字段数量	
11	1	algorithm	存储索引的算法	
12	2	block_size	存储索引的 block_size,默认为 0	
14	2	key_part->fieldnr+1+FIELD_NAME_USED	存储字段在表中的编号	
16	2	offset	存储字段的偏移量	存储索引的 name,多个索引重复存储
18	1	—	存储常量值为 0	
19	2	key_part->key_type	存储字段的类型	
21	2	key_part->length	存储字段的长度	
23	1	NAMES_SEP_CHAR	NAMES_SEP_CHAR	
24	xxx	key->name	key->name	存储索引的注释,多个索引重复存储
	1	NAMES_SEP_CHAR	NAMES_SEP_CHAR	
	1	0	0	
	2	comment.length	存储索引注释的长度	
	xxx	comment.str	存储索引的注释	

表 4-3 列区域元信息的详细解释

偏移量	长度 /B	值	解释
0	2	length	存储 forminfo 总长度
2	2	maxlength	存储 forminfo 最大长度
xx	xx	xx	xx
46	1	create_info->comment.length	create_info->comment.length
47	xxx	comment.str	存储表的注释
xx	xx	xx	xx
256	2	screens	存储 screens 的数量,如果一屏能显示完全,则存储为 1
258	2	create_fields.elements	存储创建表的字段数量
260	2	info_length	screen section 的长度
262	2	totlength	所有字段总的长度

（续）

偏移量	长度 /B	值	解释
264	2	no_empty	field->unireg_check = Field::NO_EMPTY 或 field->unireg_check & MTYP_NOEMPTY_BIT 字段数
266	2	reclength	所有字段记录长度之和
268	2	n_length	所有列名称的长度 + 字段数量
270	2	int_count	enum、set 类型字段的数量
272	2	int_parts	enum、set 类型字段中选项的数量
274	2	int_length	enum、set 类型所有选项的长度
276	2	time_stamp_pos	time_stamp_pos
278	2	80	存储 screen 的列数
280	2	22	存储 screen 的行数
282	2	null_fields	存储表中定义空列的数量
284	2	com_length	字段注释长度
286	2	gcol_info_length	虚拟列信息长度

表 4-4 字段信息的详细解释

偏移量	长度 /B	值	解释	说明
0	1	field->row	字段名称显示在屏幕第几行	
1	1	field->col	字段名称在屏幕显示占用的宽度	
2	1	field->sc_length	字段值在屏幕显示占用的宽度	
3	2	field->length	字段值最大长度	
5	3	recpos	字段在一行中的偏移量	
8	2	field->pack_flag	字段的标识	
10	1	field->unireg_check	支持 TIMESTAMP 类型使用 NOW() 作为默认值，引入 unireg 类型，在该字段中存储一些字段的属性值	存储字段相关属性信息，多个字段重复存储
11	1	field->charset->number >> 8	存储字符集	
12	1	field->interval_id	存储 enum、set 类型字段中选项列表 ID	
13	1	field->sql_type	存储字段类型	
14	1	field->charset->number	存储 geometry 类型字段的字符集	
15	2	field->comment.length	存储字段注释长度	
17	1	NAMES_SEP_CHAR	分隔符	

(续)

偏移量	长度 /B	值	解释	说明
18	xxx	field->field_name	field->field_name	存储字段名称，多个字段重复存储
	1	NAMES_SEP_CHAR	分隔符	
	xxx	comment.str	存储字段注释	

屏显信息在此不做介绍，感兴趣的读者可以自行参考 `pack_screens` 方法。根据前述说明，显而易见，.frm 文件中保存的有表的全部元数据信息。在 MySQL Server 层，仅需将 .frm 文件载入内存并创建相应的表对象，即可获取表内所有信息以执行相关操作。然而，自 MySQL 8.0 起，.frm 文件已被废弃。其主要原因是 MySQL 8.0 开始采用 InnoDB 存储引擎统一存储数据字典，从而在 Server 层不再保留 .frm 文件。这一改变意味着 MySQL 只需维护单一的数据字典信息，从而避免了在执行 DDL 操作时 Server 层与 InnoDB 层数据字典不一致的问题。

4.3 数据字典的使用

前面我们已经对数据字典的结构及加载流程有所了解。接下来，本节将深入探讨数据字典在 InnoDB 存储引擎中的应用。由于数据字典本质上由四个核心字典表组成的，因此，对于表的操作基本可以归纳为创建（增）、删除（删）、修改（改）和查询（查）等。各项操作的应用场景如下所示：

- 创建：创建表的时候。
- 删除：删除表、索引的时候。
- 修改：修改索引信息、列信息的时候。
- 查询：查询用户表触发加载的时候。

由于篇幅问题，这里重点介绍下创建和查询。通过这两个操作，我们基本就能够了解在 InnoDB 引擎中是如何使用数据字典的。

4.3.1 创建表

创建表的时候，MySQL 会生成表记录并插入数据字典表中。例如，我们创建一个表：

`create table zbdba(id int, primary key(`id`));`

这条命令首先会生成 `SYS_TABLES` 表记录并插入，生成的记录详细字段如表 4-5 所示。

表 4-5 `SYS_TABLES` 生成的记录详细字段

字段	值
NAME	zbdba/zbdba
ID（table id）	9489

(续)

字段	值
N_COLS	ROW_FORMAT = (N_COLS >> 31) ? COMPACT : REDUNDANT
TYPE (table flags)	33
MIX_ID (obsolete)	—
MIX_LEN (additional flags)	80
CLUSTER_NAME	(默认为空，无实际意义)
SPACE	9992

在完成 SYS_TABLES 表记录插入之后，会生成数据插入 SYS_COLUMNS 中，生成的数据详细字段如表 4-6 所示。

表 4-6 SYS_COLUMNS 生成的数据详细字段

字段	值
TABLE_ID	9489
POS	0
NAME	id
MTYPE	6 (DATA_INT)
PRTYPE (MySQL DATA TYPE、charset code、flag)	1283
LEN (Column Len)	4
PREC	0

注意 这里因为例子中的表只有一列，所以只有一行数据。如果表有多列，那么 SYS_COLUMNS 表中对应就有多行数据。

SYS_INDEXES 的详细字段如表 4-7 所示，在创建表的时候如果表中有索引的话，就会生成对应的记录插入 SYS_INDEXES 表。

表 4-7 SYS_INDEXES 的详细字段

字段	值
TABLE_ID	9489
ID (索引 ID)	62249
NAME (索引名称)	PRIAMRY
N_FIELDS (索引字段数量)	1
TYPE (索引类型)	3
SPACE (表空间 ID)	9992
PAGE_NO (索引根节点页)	0xFFFFFFFF (初始化值，后续创建索引会更新该值)
MERGE_THRESHOLD (索引合并阈值)	50

本例中只有一个聚簇索引，所以这里只有一条记录，如果有多个索引，这里会有多条记录。请注意，如果表中没有任何索引，在 InnoDB 引擎中还是会创建一个聚簇索引，因为

InnoDB 底层的数据是由聚簇索引组织的，所以最终还是会向 `SYS_INDEXES` 中插入一条记录，隐藏的聚簇索引名为 `GEN_CLUST_INDEX`。

我们可以看到，`SYS_INDEXES` 中没有列具体信息，索引的列信息是存储在 `SYS_FIELDS` 中的。下面介绍 `SYS_FIELDS` 的详细字段，如表 4-8 所示。

表 4-8　`SYS_FIELDS` 的详细字段

字段	值
INDEX_ID	62249
POS	0
COL_NAME	id

至此，所有的数据字典都插入了对应的数据字典表中，通过上面插入的记录，我们可以看到表中所有的信息。

4.3.2　查询表

了解了数据字典增加的过程后，再来看看数据字典的使用过程。在执行如下语句时：

```
select * from zbdba.zbdba;
```

在 InnoDB 底层会打开 zbdba.zbdba 表，在打开之前需要从数据字典中查询对应的信息。具体流程如下：

1）通过表名去 `dict_sys_t` 对象维护的哈希表中查找是否存在对应的表对象，如果不存在则需要从 `SYS_TABLES` 中查找对应的记录，匹配到记录之后会创建 `dict_table_t` 对象。

2）将 `dict_table_t` 表对象加入到数据字典 cache 中，这个 cache 就是前面介绍的 `dict_sys_t` 对象维护的 `table_hash` 和 `table_id_hash` 哈希表。并且根据是否可以淘汰加入到 `dict_sys_t` 维护的 `table_LRU` 或 `table_non_LRU` 链表中，用于后续进行表对象的淘汰。

3）依据从 `SYS_TABLES` 中检索到的表 ID，在 `SYS_COLUMNS` 中执行查询操作，以匹配相应的记录。将匹配到的字段信息存储至 `dict_table_t` 对象所维护的 cols 数组中。

4）在 `SYS_INDEXES` 表中，依据从 `SYS_TABLES` 获取的 table id 执行查询操作，一旦匹配到相应记录，便会创建 `dict_index_t` 索引对象，并将其插入由 `dict_table_t` 对象管理的 indexes 链表中。

5）在从 `SYS_INDEXES` 获得索引记录的之后还需要获取该索引对应的字段信息，就根据索引的 id 从 `SYS_FIELDS` 中获取该索引对应的字段信息，拿到对应的记录之后就插入 `dict_index_t` 索引对象维护的 fields 列数组中。

至此，数据字典信息的加载工作已全部完成。可见，在内存中维护了一个名为 `dict_table_t` 的表对象，其中包含了表列和索引的相关信息。在后续对表进行操作时，只需直

接获取该 `dict_table_t` 表对象。表对象中还存储了表空间 ID 和聚簇索引的根节点页信息，有了这些信息，我们便可以对底层数据文件进行数据扫描。

4.3.3　rowid

在先前章节中，我们已经提及 `dict_sys_t` 结构体中对 `rowid` 的维护。本小节将对 `rowid` 的概念进行简要阐述。此处所指的 `rowid` 是 InnoDB 表内部的一个系统列。当 InnoDB 表未设置主键时，底层会自动创建一个聚簇索引。聚簇索引中的每条记录均包含一个 `rowid` 值，并且聚簇索引的排序依据正是 `rowid`。`rowid` 值具有全局唯一性，为所有表所共享。

在数据插入过程中，系统会采取内部互斥锁机制，以获取当前的 `rowid` 值。一旦获取完成，系统会将该 `rowid` 值递增 1，随后释放相应的互斥锁。因此，对于无主键的表，在高并发环境下插入数据时，这一机制可能会对性能产生影响。

了解 `rowid` 存储于数据字典头部之后，接下来的问题是如何实现 `rowid` 的持久化。在前述获取 `rowid` 的方法中，存在以下判断逻辑：

```
if (0 == (id % DICT_HDR_ROW_ID_WRITE_MARGIN)) {
  dict_hdr_flush_row_id();
```

即每隔 `DICT_HDR_ROW_ID_WRITE_MARGIN` 的间隔进行一次数据持久化，其中 `DICT_HDR_ROW_ID_WRITE_MARGIN` 的数值设定为 256。在持久化过程中，最新的 `rowid` 值会被记录到数据字典头部，即更新相应的系统数据页。随后，与此次操作相关的信息会被写入重做缓冲区中。后台线程将异步地将重做缓冲区和脏页数据同步至磁盘，以完成持久化操作。对于可能存在的疑问，如在 MySQL 崩溃前未能及时完成持久化是否会导致 `rowid` 出现重复，MySQL 在启动时已通过特定设置来避免此类情况发生。

```
dict_sys->row_id = DICT_HDR_ROW_ID_WRITE_MARGIN
  + ut_uint64_align_up(mach_read_from_8(dict_hdr + DICT_HDR_ROW_ID),
    DICT_HDR_ROW_ID_WRITE_MARGIN);
```

通过上述方法，在读取 `rowid` 的基础上增加一个范围值，便能避免与先前的 `rowid` 发生冲突，从而防止数据覆盖。此过程与事务 ID 持久化的方式相似，然而，区别在于事务 ID 的处理中加入了双倍的范围值，而 `rowid` 仅增加了一倍的范围。其原因在于 `rowid` 的申请与持久化是在同一个函数中顺序执行的，一旦触发了持久化操作，若未完成，则无法继续分配新的 `rowid`。

至此 MySQL 5.7 数据字典已经全部介绍完成，下面我们简单地总结一下。在本章最开始介绍了数据字典分别在文件层、InnoDB 存储引擎层、Server 层是如何存储和管理的：

❑ 在文件层主要是 ibdata1 存储了 InnoDB 存储引擎的数据字典信息以及数据字典头信息，然后在 .frm 文件中存储了 Server 层的数据字典信息。

❑ 在 InnoDB 存储引擎层主要介绍了它是如何管理数据字典信息和表对象的，我们知

道它维护了 `table name` 和 `table id` 两个哈希表以及 `table_LRU` 和 `table_non_LRU` 两个链表用来管理表对象，这其实就是 LRU Cache 的实现，大小由 `table_definition_cache` 参数控制。表对象的信息则需要从底层的数据字典表进行加载。

- 在 Server 层，我们了解到它实际上负责管理一系列的表对象。这些表对象的数据字典信息是从 .frm 文件中读取的。Server 层的表对象分为两个层面：全局表对象 `TABLE_SHARE` 和会话级别的表对象 `TABLE`。这两个层面的表对象均采用类似 LRU 缓存机制进行管理。其中，`TABLE_SHARE` 缓存的大小由 `table_definition_cache` 参数控制，而 TABLE 缓存的大小则由 `table_cache_size` 参数进行调节。

接下来，详细阐述了 .frm 文件的相关内容。.frm 文件结构较为复杂，它包含了数据库表的所有元数据信息。然而，自 MySQL 8.0 版本起，.frm 文件已被弃用。在 MySQL 8.0 版本之前，.frm 文件在 MySQL Server 层扮演着关键角色，所有需要持久化存储的存储引擎都配有相应的 .frm 文件。由于不同存储引擎的实现方式各异，它们各自维护了数据字典信息，这导致了存在两套数据字典，可能在执行 DDL 操作时引发数据字典不一致的问题。

然后用举例的方式介绍了 InnoDB 存储引擎对数据字典的管理，主要列举了在创建表和查询表的时候对数据字典的操作：

- 创建表的时候其实就是将创建表语句进行语法解析器解析后的结果得到表相应的字段、索引等信息，然后插入对应的数据字典表即可。
- 查询表的时候其实就是看是否有缓存对应的表对象信息，没有的话则需要从磁盘中查询对应的数据字典表信息，然后在内存中创建表对象的，然后再插入缓存中。

最后还附带介绍了 rowid，由于它是存储在数据字典头中的一个字段，在 rowid 小节中我们了解到如果多个表没有主键，在高并发插入的时候会造成互斥锁等待。

通过上述介绍的信息，相信大家对 MySQL 的数据字典有了深刻的认识，不过在 MySQL 8.0 我们所了解到的这一切将基本推翻，因为 MySQL 8.0 对数据字典进行了非常大的重构工作，在下面的章节中会详细介绍。

4.4 MySQL 8.0 数据字典

在前面章节中，我们探讨了 MySQL 8.0 版本之前的数据字典。本节将深入探讨 MySQL 8.0 之后的数据字典。在 MySQL 8.0 中，数据字典经历了重构，重构的主要原因在于 MySQL Server 层和存储引擎层各自维护独立的数据字典信息，导致实现复杂，且存在数据冗余问题，特别是在执行 DDL 操作时难以保证操作的原子性。在 MySQL 8.0 中，数据字典与系统表实现了统一管理，并且默认采用 InnoDB 存储引擎。MySQL 8.0 数据字典整体架构如图 4-4 所示。

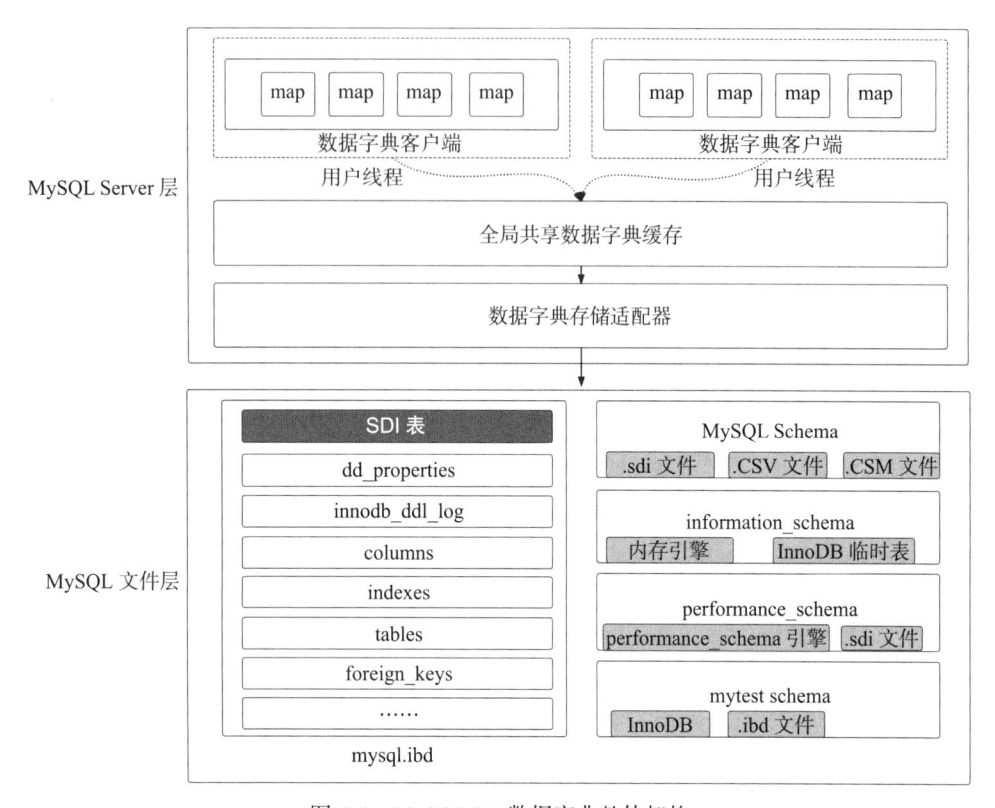

图 4-4　MySQL 8.0 数据字典整体架构

在 MySQL 8.0 版本中，所有数据字典表的信息均存储于名为 mysql.ibd 的文件内。每张数据字典表均配有相应的序列化数据字典信息（Serialized Dictionary Information，SDI），而每个 SDI 又对应一个索引。该索引中记录的内容实际上是一个 JSON 格式的文件，详细记录了数据字典的全部信息。mysql.ibd 文件的头部也包含该数据文件中所有表对应的 SDI 信息。SDI 信息可以视为数据字典表的备份，以 JSON 格式存储。关于 SDI 信息的具体内容，将在后续章节中详述。

mysql.ibd 文件中有一个名为 `dd_properties` 的表，该表是所有表的元数据起源，记录了数据字典表的索引根节点页等关键信息。MySQL 在启动时首先加载此表，以便读取其他数据字典表的信息，从而加载出所有表的数据字典信息。

在获取表的数据字典信息时，MySQL 8.0 并未沿用先前 5.7 版本的逻辑，而是实现了一套数据字典缓存机制。其核心思想是构建多层缓存架构，最终仍需查询 mysql.ibd 文件中的对应数据字典表。在图 4-4 中，数据字典存储适配器负责从 mysql.ibd 文件中获取数据字典信息，而全局共享数据字典缓存则用于存储数据字典信息。最上层的数据字典客户端位于用户线程中，缓存该用户线程所使用的表的数据字典信息。

MySQL 8.0 不再依赖 .frm 文件，表数据字典信息存储两份：一份存在数据字典表中，也就是 mysql.ibd 文件中；一份存在 SDI 中，位于该表数据文件的 SDI 索引。MySQL 5.7 和 8.0 版本的数据字典的主要区别如下：

- 存储位置不同。在 MySQL 5.7 版本中，数据字典的核心信息主要保存于系统表空间内，其中数据字典表的结构以及索引的根节点页号均被硬编码于程序代码之中。相比之下，MySQL 8.0 版本的数据字典信息则被存储于名为 mysql.ibd 的文件内，尽管数据字典表结构信息依旧被硬编码在程序代码里，但索引的根节点页号信息则被保存在名为 `dd_properties` 的表中。
- 获取方式不同。在 MySQL 5.7 版本中，获取表的数据字典信息是通过直接查询数据字典表的索引来实现的，遵循常规的查询流程。而到了 MySQL 8.0 版本，引入了双层数据字典缓存机制，查询时会首先在缓存中查找所需的数据字典信息，不过最终数据的检索仍然依赖于各个数据字典表的索引。

4.4.1 文件存储层

本小节将深入探讨存储在 mysql.ibd 文件内的这些数据字典表的具体组织结构。首先，让我们看下 mysql.ibd 文件所包含的全部表。

```
dd_properties
innodb_dynamic_metadata
innodb_ddl_log
catalogs
character_sets
collations
column_statistics
column_type_elements
columns
events
foreign_key_column_usage
foreign_keys
index_column_usage
index_partitions
index_stats
indexes
parameter_type_elements
parameters
resource_groups
routines
schemata
st_spatial_reference_systems
table_partition_values
table_partitions
table_stats
tables
tablespace_files
tablespaces
```

```
triggers
view_routine_usage
view_table_usage
```

可以看到，mysql.ibd 文件中包含很多数据字典表信息，这里我们重点介绍其中四项。

第一项是 `tables`。它存储所有表的表信息，对应 MySQL 5.7 中的 `SYS_TABLES` 表，其结构为：

```
mysql> select * from mysql.tables limit 1\G
*************************** 1. row ***************************
                          id: 1
                   schema_id: 1
                        name: dd_properties
                        type: BASE TABLE
                      engine: InnoDB
            mysql_version_id: 80019
                  row_format: Dynamic
                collation_id: 83
                     comment:
                      hidden: System
                     options: avg_row_length=0;encrypt_type=N;explicit_
                              tablespace=1;key_block_size=0;keys_
                              disabled=0;pack_record=1;row_type=2;stats_
                              auto_recalc=0;stats_persistent=0;stats_
                              sample_pages=0;
              se_private_data: NULL
                se_private_id: 1
                tablespace_id: 1
               partition_type: NULL
         partition_expression: NULL
    partition_expression_utf8: NULL
          default_partitioning: NULL
            subpartition_type: NULL
      subpartition_expression: NULL
 subpartition_expression_utf8: NULL
       default_subpartitioning: NULL
                      created: 2023-03-04 03:26:58
                 last_altered: 2023-03-04 03:26:58
              view_definition: NULL
         view_definition_utf8: NULL
            view_check_option: NULL
            view_is_updatable: NULL
               view_algorithm: NULL
           view_security_type: NULL
                 view_definer: NULL
       view_client_collation_id: NULL
   view_connection_collation_id: NULL
             view_column_names: NULL
last_checked_for_upgrade_version_id: 0
```

第二项是 columns。它存储所有表的列信息，对应 MySQL 5.7 中的 SYS_COLUMNS 表，其结构为：

```
mysql> select * from mysql.columns limit 1\G
*************************** 1. row ***************************
                      id: 1
                table_id: 1
                    name: properties
        ordinal_position: 1
                    type: MYSQL_TYPE_MEDIUM_BLOB
             is_nullable: 1
             is_zerofill: 0
             is_unsigned: 0
             char_length: 16777215
       numeric_precision: 0
           numeric_scale: NULL
      datetime_precision: NULL
            collation_id: 63
          has_no_default: 0
           default_value: NULL
      default_value_utf8: NULL
          default_option: NULL
           update_option: NULL
       is_auto_increment: 0
              is_virtual: 0
   generation_expression: NULL
generation_expression_utf8: NULL
                 comment:
                  hidden: Visible
                 options: interval_count=0;
          se_private_data: table_id=1;
              column_key:
        column_type_utf8: mediumblob
                  srs_id: NULL
   is_explicit_collation: 1
1 row in set (0.00 sec)
```

第三项是 indexes。它存储所有表的索引信息，对应 MySQL 5.7 中的 SYS_INDEXES 表，其结构为：

```
mysql> select * from mysql.indexes limit 1\G
*************************** 1. row ***************************
                   id: 1
             table_id: 1
                 name: PRIMARY
                 type: UNIQUE
            algorithm: BTREE
is_algorithm_explicit: 0
           is_visible: 1
         is_generated: 0
```

```
                     hidden: 1
         ordinal_position: 1
                    comment:
                    options: NULL
           se_private_data: id=1;root=4;space_id=4294967294;table_id=1;trx_id=0;
              tablespace_id: 1
                     engine: InnoDB
1 row in set (0.00 sec)
```

第四项是 `index_column_usage`。它存储所有表索引的字段信息，对应 MySQL 5.7 中的 `SYS_FIELDS` 表，其结构为：

```
mysql> select * from mysql.index_column_usage limit 1\G
*************************** 1. row ***************************
         index_id: 1
 ordinal_position: 1
        column_id: 2
           length: NULL
            order: ASC
           hidden: 1
1 row in set (0.01 sec)
```

可以看出，数据库的所有数据字典信息主要还是存储在这四张表中的。这跟 MySQL 5.7 类似，不过其中的一些字段有些区别，并且这四张表存储在 mysql.ibd 文件中，MySQL 5.7 对应的四张表是存储在系统数据文件中的。

注意　查看上述数据字典表信息时需要执行如下语句：
`SET SESSION debug='+d,skip_dd_table_access_check';`
否则会报错：
```
mysql>
mysql> show create table mysql.tables\G
ERROR 3554 (HY000): Access to data dictionary table 'mysql.tables' is
  rejected.
```

在 MySQL 数据库中，.ibd 文件负责存储具体的数据内容。表的结构定义则保存在数据字典中。与 MySQL 5.7 版本一样，这些数据字典表结构信息实际上是硬编码在代码内部的。

要获取数据字典表中的信息，除了表结构信息和表数据外，还需要知道聚簇索引的根节点页号。有了这些信息，我们便能定位到表在数据文件中的确切位置，进而读取聚簇索引的根节点页。一旦获取到聚簇索引的根节点页，就可以开始扫描索引中的数据。实际上，数据字典的聚簇索引根节点页号是存储在 `dd_properties` 表中的。接下来，我们将详细探讨 `dd_properties` 表所保存的具体信息。首先介绍 `dd_properties` 的表结构信息：

```
mysql> show create table mysql.dd_properties;
+---------------+-----------------------------------------------------------------
------------------------------------------------------------------------------------
--------------------------------------+
```

```
| Table          | Create Table
|
+---------------+------------------------------------------------------------
------------------------------------------------------------------------------
---------------------------------------+
| dd_properties | CREATE TABLE `dd_properties` (
  `properties` mediumblob
) /*!50100 TABLESPACE `mysql` */ ENGINE=InnoDB DEFAULT CHARSET=utf8 COLLATE=utf8_
  bin STATS_PERSISTENT=0 ROW_FORMAT=DYNAMIC |
+---------------+------------------------------------------------------------
------------------------------------------------------------------------------
---------------------------------------+
1 row in set (0.01 sec)
```

可以看到 dd_properties 表只有一个 properties 字段，并且是 blob 类型的，这里就不查询了，因为查出来也是二进制格式，不方便查看内容，这里直接说明一下：

dd_properties 以键值的形式存储各个系统表的名字和表对应的属性，其中值包含每个表的 root page number、index id、space id 等私有数据，除此之外，还包含其他类型的数据，例如 SDI_VERSION、LCTN、MYSQLD_VERSION_LO、MYSQLD_VERSION_HI、MYSQLD_VERSION、MINOR_DOWNGRADE_THRESHOLD、MYSQLD_VERSION_UPGRADED 等。

dd_properites 表中存储的关键内容就是各个表的私有数据，包含索引的根节点页信息，拿到这个信息就可以找到索引根节点页的位置，从而读取数据了。

至此，数据字典的文件存储就介绍完毕了，这里总结如下：
- 数据字典表的数据存储在 mysql.ibd 文件中。
- 数据字典表的表结构信息硬编码在代码中。
- 数据字典聚簇索引根节点页号存储在 dd_properties 表中。

大家可能还想知道 dd_properties 表的聚簇索引根节点页存储在哪里，其实它是硬编码在代码中的，这个就是"先有鸡还是先有蛋"的问题了。

4.4.2 数据字典缓存

前面提到在 MySQL 8.0 中引入了数据字典缓存，本小节将详细介绍整个缓存的设计和访问流程。数据字典缓存分为如下三层：

- **数据字典存储适配器**（Storage_adapter），从 mysql.ibd 中读取数据字典表信息。
- **全局共享数据字典缓存**（Shared_dictionary_cache），全局的数据字典 cache，用于缓存 Storage_adapter 读取的结果信息。
- **数据字典客户端**（Dictionary_client），位于每个用户线程中，缓存用户线程用到表的数据字典信息。

下面将详细介绍每个部分的设计和详细流程。

1. 数据字典存储适配器

数据字典存储适配器的主要作用是从各个数据字典表中获取对应的信息，把这些信息组装成对应的数据字典对象提供给上层的用户线程使用，其主要逻辑位于 sql/dd/impl/cache/storage_adapter.cc 文件，这里介绍 3 个重要的方法：

- `Storage_adapter::get`。从数据字典表读取数据字典信息，从 `tables` 表获取表对应的数据字典信息，调用 `restore_object_from_record` 方法分别从 `dd_properties`、`indexes`、`foreign_key`、`partitions`、`triggers`、`check_constraints` 获取对应的信息。最终生成 `dd_objects` 对象，`dd_objects` 对象存储了整个表的数据字典信息。
- `Storage_adapter::drop`。从数据字典表中删除数据字典信息，删除存储在 `tables`、`dd_properties`、`indexes`、`foreign_key`、`partitions`、`triggers`、`check_constraints` 等数据字典表中的数据字典信息。
- `Storage_adapter::store`。将数据字典信息存储在对应数据字典表中，存储在 `tables`、`dd_properties`、`indexes`、`foreign_key`、`partitions`、`triggers`、`check_constraints` 等表中，在创建表或者更改表时会调用该逻辑进行数据字典信息的存储或者修改。

如下是 `Storage_adapter::get` 方法相关的代码，感兴趣的读者可自行研究：

```
// 从持久存储中获取一个字典对象
template <typename K, typename T>
bool Storage_adapter::get(THD *thd, const K &key, enum_tx_isolation isolation,
                          bool bypass_core_registry, const T **object) {
  DBUG_ASSERT(object);
  *object = nullptr;

  if (!bypass_core_registry) {
    instance()->core_get(key, object);
    if (*object || s_use_fake_storage) return false;
  }

// 在服务器启动期间检查现有表时，我们可能会出现缓存未命中的情况。在这个阶段，该对象将被视为不
  存在。
  if (bootstrap::DD_bootstrap_ctx::instance().get_stage() <
      bootstrap::Stage::CREATED_TABLES)
    return false;

// 启动一个 DD 事务以获取该对象。
  Transaction_ro trx(thd, isolation);
  trx.otx.register_tables<T>();

  if (trx.otx.open_tables()) {
    DBUG_ASSERT(thd->is_system_thread() || thd->killed || thd->is_error());
    return true;
```

```cpp
  }

  const Entity_object_table &table = T::DD_table::instance();
  // Get main object table.
  Raw_table *t = trx.otx.get_table(table.name());

  // 通过对象 ID 查找记录。
  std::unique_ptr<Raw_record> r;
  if (t->find_record(key, r)) {
    DBUG_ASSERT(thd->is_system_thread() || thd->killed || thd->is_error());
    return true;
  }

  // 从记录中恢复对象。
  Entity_object *new_object = NULL;
  if (r.get() &&
      table.restore_object_from_record(&trx.otx, *r.get(), &new_object)) {
    DBUG_ASSERT(thd->is_system_thread() || thd->killed || thd->is_error());
    return true;
  }

  // 如果动态类型转换失败,则删除新对象。
  if (new_object) {
    // 在此,动态类型转换失败并非合法情况。
    // 在生产环境中,我们会报告错误。
    *object = dynamic_cast<T *>(new_object);
    if (!*object) {
      /* purecov: begin inspected */
      my_error(ER_INVALID_DD_OBJECT, MYF(0), new_object->name().c_str());
      delete new_object;
      DBUG_ASSERT(false);
      return true;
      /* purecov: end */
    }
  }

  return false;
}
```

2. 全局共享数据字典缓存

共享数据字典缓存是为所有用户线程提供服务的缓存机制,允许它们从中检索相应的数据字典信息。若在该缓存中未找到所需信息,即发生缓存未命中,则会启动 `Storage_adapter::get` 方法,从 mysql.ibd 文件中读取所需的数据字典信息,并随后将这些信息存入缓存中。接下来,我们将详细探讨缓存的具体实现方式。

`Shared_dictionary_cache` 其实是基于 `std::map` 实现的,MySQL 创建了如下几种类别的映射:

```cpp
Shared_multi_map<Abstract_table> m_abstract_table_map;
```

```
Shared_multi_map<Charset> m_charset_map;
Shared_multi_map<Collation> m_collation_map;
Shared_multi_map<Column_statistics> m_column_stat_map;
Shared_multi_map<Event> m_event_map;
Shared_multi_map<Resource_group> m_resource_group_map;
Shared_multi_map<Routine> m_routine_map;
Shared_multi_map<Schema> m_schema_map;
Shared_multi_map<Spatial_reference_system> m_spatial_reference_system_map;
Shared_multi_map<Tablespace> m_tablespace_map;
```

`m_abstract_table_map` 是一个通用的映射表，用于存储大多数数据字典表和用户表的信息。其他映射表则分别存储与之对应的数据字典表信息。例如，`m_charset_map` 专门用于存储与字符集相关的数据字典信息。实际上，上述 `Shared_multi_map` 在底层维护了多个映射表，这些映射表以 `id`、`name`、`aux` 作为键值。因此可以通过表名或表 ID 从映射表中检索到相应的数据字典对象。每个不同的映射表对应不同的数据字典对象，而这些数据字典对象包含了所需的所有数据字典信息。以 `m_abstract_table_map` 为例，它存储的数据字典对象包含如下信息：

```
// 字段

Object_id m_se_private_id;

String_type m_engine;
String_type m_comment;

// 将此值设置为 0 意味着每个表都将通过 CHECK TABLE FOR UPGRADE 检查一次，即使它是在这个版
  本中创建的。
// 如果我们改为初始化为 MYSQL_VERSION_ID，则只有在真正升级后才会运行 CHECK TABLE FOR
  UPGRADE 。
uint m_last_checked_for_upgrade_version_id = 0;
Properties_impl m_se_private_data;
enum_row_format m_row_format;
bool m_is_temporary;

// - 分区相关字段。

enum_partition_type m_partition_type;
String_type m_partition_expression;
String_type m_partition_expression_utf8;
enum_default_partitioning m_default_partitioning;

enum_subpartition_type m_subpartition_type;
String_type m_subpartition_expression;
String_type m_subpartition_expression_utf8;
enum_default_partitioning m_default_subpartitioning;

// 对紧密耦合对象的引用。
```

```
    Index_collection m_indexes;
    Foreign_key_collection m_foreign_keys;
    Foreign_key_parent_collection m_foreign_key_parents;
    Partition_collection m_partitions;
    Partition_leaf_vector m_leaf_partitions;
    Trigger_collection m_triggers;
    Check_constraint_collection m_check_constraints;

    // References to other objects.

    Object_id m_collation_id;
    Object_id m_tablespace_id;
```

上述字段是在 `Table_impl` 类中定义的,可以看到存储的数据字典对象中包含表的信息、索引的信息、外键信息等。同理,其他类型的映射保存的数据字典对象也可以参考对应的类定义:

```
dd::Charset_impl
dd::Collation_impl
dd::Column_statistics_impl
dd::Schema_impl
dd::Table_impl
dd::Tablespace_impl
dd::View_impl
dd::Event_impl
dd::Procedure_impl
```

前面介绍了 `Shared_dictionary_cache` 的映射实现,下面再来看看 `Shared_dictionary_cache` 提供的方法:

- **`Shared_dictionary_cache::get`**。从对应映射中获取数据字典对象,如果命中则直接返回,如果未命中则调用 `Shared_dictionary_cache::get_uncached` 方法向 `Storage_adapter` 请求获取。
- **`Shared_dictionary_cache::put`**。将对应的数据字典对象放到对应的映射中,后续请求相同的表时,直接从该映射命中返回即可。
- **`Shared_dictionary_cache::get_uncached`**。请求 `Storage_adapter` 触发从 mysql.ibd 文件中读取数据字典信息,读取到之后,将数据字典信息封装成对应的对象存储到对应的映射中。

上述映射都有大小限制,并且有 LRU 机制,每个映射大小如下所示,有些是硬编码在代码中的,无法更改,有些则是复用的其他参数,可以通过调整参数间接调整:

```
instance()->m_map<Collation>()->set_capacity(collation_capacity);
   instance()->m_map<Charset>()->set_capacity(charset_capacity);

// 设置容量,为所有连接留出空间,在缓存中留下一个未使用的元素
// 以避免例如在打开表时频繁的缓存未命中。
```

```
instance()->m_map<Abstract_table>()->set_capacity(max_connections);
instance()->m_map<Event>()->set_capacity(event_capacity);
instance()->m_map<Routine>()->set_capacity(stored_program_def_size);
instance()->m_map<Schema>()->set_capacity(schema_def_size);
instance()->m_map<Column_statistics>()->set_capacity(
  column_statistics_capacity);
instance()->m_map<Spatial_reference_system>()->set_capacity(
  spatial_reference_system_capacity);
instance()->m_map<Tablespace>()->set_capacity(tablespace_def_size);
instance()->m_map<Resource_group>()->set_capacity(resource_group_capacity);
```

3. 数据字典客户端

数据字典客户端为每个用户线程维护着一份数据字典信息，记录了该线程所涉及的表的相关信息。用户线程在启动时首先会向数据字典客户端查询所需的数据字典信息。若查询未命中，则会向 `Shared_dictionary_cache` 发起请求。一旦获取到所需的数据字典信息对象，就将其缓存至当前的 `Dictionary_client` 中。

实际上，`Dictionary_client` 的底层实现是基于 `std::map` 的，与 `Shared_dictionary_cache` 相同。MySQL 为 `Dictionary_client` 创建了多种类型的映射，如下所示：

```
Shared_multi_map<Abstract_table> m_abstract_table_map;
Shared_multi_map<Charset> m_charset_map;
Shared_multi_map<Collation> m_collation_map;
Shared_multi_map<Column_statistics> m_column_stat_map;
Shared_multi_map<Event> m_event_map;
Shared_multi_map<Resource_group> m_resource_group_map;
Shared_multi_map<Routine> m_routine_map;
Shared_multi_map<Schema> m_schema_map;
Shared_multi_map<Spatial_reference_system> m_spatial_reference_system_map;
Shared_multi_map<Tablespace> m_tablespace_map;
```

数据字典类型也是复用 `Shared_dictionary_cache` 的。

下面介绍 `Dictionary_client` 提供的方法：

- **`Dictionary_client::acquire`**。从对应的数据字典映射中获取数据字典对象，如果未命中则调用 acquire_uncommitted 从 `Shared_dictionary_cache` 请求。
- **`Dictionary_client::acquire_uncommitte`**。从 `Shared_dictionary_cache` 中获取对应的数据字典对象，然后存储到 `Dictionary_client` 维护的对应映射中。
- **`Dictionary_client::store`**。调用 `Storage_adapter::store` 方法将数据字典信息存储到对应的数据字典表中，然后将数据字典对象缓存到 `Dictionary_client` 维护的对应映射中。
- **`Dictionary_client::drop`**。调用 `Storage_adapter::drop` 方法将数据字典信息从对应的数据字典表中删除，然后将缓存到维护的映射中的数据字典对象移除。

现在我们已经了解了数据字典缓存的整体设计，下面来总结一下打开一张表时访问数据字典缓存的流程：

首先，在用户线程中打开表时，会检索与该表相对应的数据字典信息。具体操作是，用户线程向维护的 `Dictionary_client` 发出请求，以获取相应的数据字典信息。随后，以表名为键，在 `Dictionary_client` 所维护的映射中检索并获取所需信息。

如果在 `Dictionary_client` 获取到对应的数据字典对象，则直接返回；否则调用 `Shared_dictionary_cache::get` 从全局的缓存中获取数据字典信息。

如果在 `Shared_dictionary_cache` 获取到对应的数据字典对象，则直接返回，并把数据字典对象缓存到 `Dictionary_client` 的映射中，否则调用 `Storage_adapter::get` 从数据字典表中获取对应的数据字典信息，从而触发 MySQL 去 mysql.ibd 文件中扫描对应数据字典的表。

如果在 `Storage_adapter` 获取到相关的数据字典信息，则封装成对应的数据字典对象存储在 `Shared_dictionary_cache` 中，最终存储到 `Dictionary_client` 中。

大致的流程就是如此，下面是对应的调用栈，感兴趣的读者可自行研究：

```
dd::cache::Storage_adapter::get<dd::Item_name_key, dd::Abstract_table> storage_
    adapter.cc:154
dd::cache::Shared_dictionary_cache::get_uncached<dd::Item_name_key,
    dd::Abstract_table> shared_dictionary_cache.cc:113
dd::cache::Shared_dictionary_cache::get<dd::Item_name_key, dd::Abstract_table>
    shared_dictionary_cache.cc:98
dd::cache::Dictionary_client::acquire<dd::Item_name_key, dd::Abstract_table>
    dictionary_client.cc:895
dd::cache::Dictionary_client::acquire<dd::Abstract_table> dictionary_client.
    cc:1340
get_table_share sql_base.cc:750
get_table_share_with_discover sql_base.cc:860
open_table sql_base.cc:3160
open_and_process_table sql_base.cc:4993
open_tables sql_base.cc:5648
open_tables_for_query sql_base.cc:6503
mysqld_list_fields sql_show.cc:764
dispatch_command sql_parse.cc:1949
do_command sql_parse.cc:1275
handle_connection connection_handler_per_thread.cc:302
pfs_spawn_thread pfs.cc:2854
start_thread 0x00007f5850912ea5
clone 0x00007f584ee4eb0d
```

至此，数据字典缓存的相关介绍已全部完成。可以观察到，采用两层缓存结构能够显著提升数据字典访问的性能。其功能与先前的表缓存和表定义缓存相似，但数据字典缓存的设计更为规范和紧凑。此外，MySQL 在这一领域增加了大量的代码逻辑。对此有兴趣的读者可以进一步探索研究。

4.4.3 数据字典的使用

我们已经了解了数据字典的整体设计，下面介绍 MySQL 8.0 中数据字典的使用，跟 MySQL 5.7 一样，数据字典的使用涉及增、删、改、查，如下：
- 创建表的时候（增）
- 删除表、索引的时候（删）
- 修改索引信息、列信息的时候（改）
- 查询用户表触发加载的时候（查）

通过"增"与"查"这两个操作基本就能够了解 MySQL 8.0 中是如何使用数据字典的。查询流程其实在介绍数据字典缓存时基本已经覆盖，这里重点介绍创建表的流程。

在执行如下语句的时候：

```
create table zbdba(id int, name varchar(36), primary key(`id`));
```

MySQL 首先会调用 `dd::create_table` 方法以创建数据字典对象，随后会构建数据字典表对象，即 `dd::table`，接着调用 `fill_dd_table_from_create_info` 方法以填充表对象中的索引、字段、外键等其他数据字典信息。最终，一个完整的数据字典对象得以形成。之后，调用 `Dictionary_client::store` 方法，该方法最终会触发 `Storage_adapter::store` 方法，将数据字典信息存储到相应的数据字典表中。

这里重点介绍 `Storage_adapter::store` 的逻辑：

1）解析数据字典对象保存的表相关信息，将其插入 `mysql.tables` 中。
2）解析数据字典对象保存的列信息，将其插入 `mysql.columns` 中。
3）解析数据字典对象保存的索引信息，将其插入 `mysql.indexes` 中。
4）解析数据字典对象保存的索引使用列信息，将其插入 `mysql.index_column_usage` 中。
5）将数据字典信息序列化成 SDI 并插入 `zbdba.ibd` 的 SDI 索引上。

上述整体流程的细节可以参考源码，下面是对应的调用栈：

```
dd::Raw_new_record::insert raw_record.cc:311
dd::Weak_object_impl::store weak_object_impl.cc:128
dd::cache::Storage_adapter::store<dd::Table> storage_adapter.cc:332
dd::cache::Dictionary_client::store<dd::Table> dictionary_client.cc:2484
rea_create_base_table sql_table.cc:865
create_table_impl sql_table.cc:8505
mysql_create_table_no_lock sql_table.cc:8739
mysql_create_table sql_table.cc:9574
Sql_cmd_create_table::execute sql_cmd_ddl_table.cc:319
mysql_execute_command sql_parse.cc:3471
mysql_parse sql_parse.cc:5306
dispatch_command sql_parse.cc:1776
do_command sql_parse.cc:1274
handle_connection connection_handler_per_thread.cc:302
pfs_spawn_thread pfs.cc:2854
```

```
start_thread 0x00007f27fe75ee65
clone 0x00007f27fca9888d
```

知道上述流程之后，再来看看 zbdba 表插入数据字典的对应信息，这里只列出 4 张重要的数据字典表的信息。

mysql.tables：
```
mysql> select * from mysql.tables order by created desc limit 1\G
*************************** 1. row ***************************
                             id: 349
                      schema_id: 5
                           name: zbdba
                           type: BASE TABLE
                         engine: InnoDB
               mysql_version_id: 80019
                     row_format: Dynamic
                   collation_id: 33
                        comment:
                         hidden: Visible
                        options: avg_row_length=0;encrypt_type=N;key_block_
                                 size=0;keys_disabled=0;pack_record=1;stats_
                                 auto_recalc=0;stats_sample_pages=0;
                 se_private_data: NULL
                   se_private_id: 1062
                   tablespace_id: NULL
                  partition_type: NULL
            partition_expression: NULL
       partition_expression_utf8: NULL
            default_partitioning: NULL
               subpartition_type: NULL
         subpartition_expression: NULL
    subpartition_expression_utf8: NULL
         default_subpartitioning: NULL
                         created: 2023-03-07 08:08:08
                    last_altered: 2023-03-07 08:08:08
                 view_definition: NULL
            view_definition_utf8: NULL
               view_check_option: NULL
               view_is_updatable: NULL
                  view_algorithm: NULL
              view_security_type: NULL
                     view_definer: NULL
         view_client_collation_id: NULL
     view_connection_collation_id: NULL
                view_column_names: NULL
last_checked_for_upgrade_version_id: 0
1 row in set (0.00 sec)
```

mysql.columns：
```
mysql> select * from mysql.columns where table_id = 349 \G
```

```
*************************** 1. row ***************************
                      id: 3988
                table_id: 349
                    name: DB_ROLL_PTR
        ordinal_position: 4
                    type: MYSQL_TYPE_LONGLONG
             is_nullable: 0
             is_zerofill: 0
             is_unsigned: 0
             char_length: 7
       numeric_precision: 0
           numeric_scale: NULL
      datetime_precision: NULL
            collation_id: 63
          has_no_default: 0
           default_value: NULL
      default_value_utf8: NULL
          default_option: NULL
           update_option: NULL
        is_auto_increment: 0
              is_virtual: 0
     generation_expression: NULL
generation_expression_utf8: NULL
                 comment:
                  hidden: SE
                 options: NULL
          se_private_data: table_id=1062;
              column_key:
         column_type_utf8:
                  srs_id: NULL
   is_explicit_collation: 0
*************************** 2. row ***************************
                      id: 3987
                table_id: 349
                    name: DB_TRX_ID
        ordinal_position: 3
                    type: MYSQL_TYPE_INT24
             is_nullable: 0
             is_zerofill: 0
             is_unsigned: 0
             char_length: 6
       numeric_precision: 0
           numeric_scale: NULL
      datetime_precision: NULL
            collation_id: 63
          has_no_default: 0
           default_value: NULL
      default_value_utf8: NULL
          default_option: NULL
           update_option: NULL
```

```
              is_auto_increment: 0
                     is_virtual: 0
          generation_expression: NULL
     generation_expression_utf8: NULL
                        comment:
                         hidden: SE
                        options: NULL
                 se_private_data: table_id=1062;
                     column_key:
                column_type_utf8:
                         srs_id: NULL
           is_explicit_collation: 0
*************************** 3. row ***************************
                             id: 3985
                       table_id: 349
                           name: id
               ordinal_position: 1
                           type: MYSQL_TYPE_LONG
                    is_nullable: 0
                    is_zerofill: 0
                    is_unsigned: 0
                    char_length: 11
              numeric_precision: 10
                  numeric_scale: 0
             datetime_precision: NULL
                   collation_id: 33
                 has_no_default: 1
                  default_value: 0x00000000
             default_value_utf8: NULL
                 default_option: NULL
                  update_option: NULL
              is_auto_increment: 0
                     is_virtual: 0
          generation_expression: NULL
     generation_expression_utf8: NULL
                        comment:
                         hidden: Visible
                        options: interval_count=0;
                 se_private_data: table_id=1062;
                     column_key: PRI
                column_type_utf8: int
                         srs_id: NULL
           is_explicit_collation: 0
*************************** 4. row ***************************
                             id: 3986
                       table_id: 349
                           name: name
               ordinal_position: 2
                           type: MYSQL_TYPE_VARCHAR
                    is_nullable: 1
```

```
                 is_zerofill: 0
                 is_unsigned: 0
                 char_length: 108
           numeric_precision: 0
               numeric_scale: NULL
           datetime_precision: NULL
                collation_id: 33
              has_no_default: 0
               default_value: NULL
          default_value_utf8: NULL
              default_option: NULL
               update_option: NULL
            is_auto_increment: 0
                  is_virtual: 0
         generation_expression: NULL
    generation_expression_utf8: NULL
                     comment:
                      hidden: Visible
                     options: interval_count=0;
              se_private_data: table_id=1062;
                  column_key:
            column_type_utf8: varchar(36)
                      srs_id: NULL
         is_explicit_collation: 0
4 rows in set (0.00 sec)
```

mysql.indexes:

```
mysql> select * from mysql.indexes where table_id = 349\G
*************************** 1. row ***************************
                     id: 271
               table_id: 349
                   name: PRIMARY
                   type: PRIMARY
              algorithm: BTREE
   is_algorithm_explicit: 0
             is_visible: 1
           is_generated: 0
                 hidden: 0
        ordinal_position: 1
                comment:
                options: flags=0;
         se_private_data: id=146;root=4;space_id=5;table_id=1062;trx_id=9226;
          tablespace_id: 10
                 engine: InnoDB
1 row in set (0.00 sec)
```

mysql.index_column_usage:

```
mysql> select * from mysql.index_column_usage where index_id = 271\G
*************************** 1. row ***************************
               index_id: 271
        ordinal_position: 1
```

```
              column_id: 3985
                length: 4
                 order: ASC
                hidden: 0
*************************** 2. row ***************************
              index_id: 271
       ordinal_position: 2
             column_id: 3987
                length: NULL
                 order: ASC
                hidden: 1
*************************** 3. row ***************************
              index_id: 271
       ordinal_position: 3
             column_id: 3988
                length: NULL
                 order: ASC
                hidden: 1
*************************** 4. row ***************************
              index_id: 271
       ordinal_position: 4
             column_id: 3986
                length: NULL
                 order: ASC
                hidden: 1
4 rows in set (0.00 sec)
```

4.4.4 SDI

在前述创建表的过程中，最终会将数据字典对象序列化为 SDI 信息，并将其插入 SDI 索引。本小节将对 SDI 信息进行详细介绍。SDI 存储了表的当前数据字典信息，其作用仅为备份。它相当于数据字典信息表的一个副本，综合了数据字典表的信息，并以 JSON 格式存储。SDI 的存储机制复用了索引逻辑，MySQL 为 SDI 专门构建了一个索引，其结构与常规索引相同，索引的叶子节点中存储的就是 SDI 信息。

我们可以通过如下命令来解析 .ibd 文件中的 SDI 信息：

```
[root@iZ0jl8j1x8sf1xa204b5ooZ ~]# /usr/local/mysql-8.0.19/bin/ibd2sdi/data/
   mysql3315/data/zbdba/zbdba.ibd
["ibd2sdi"
,
{
  "type": 1,
  "id": 349,
  "object":
     {
  "mysqld_version_id": 80019,
  "dd_version": 80017,
  "sdi_version": 80019,
```

```
"dd_object_type": "Table",
"dd_object": {
"name": "zbdba",
"mysql_version_id": 80019,
"created": 20230307000808,
"last_altered": 20230307000808,
"hidden": 1,
"options": "avg_row_length=0;encrypt_type=N;key_block_size=0;keys_
  disabled=0;pack_record=1;stats_auto_recalc=0;stats_sample_pages=0;",
"columns": [
  {
    "name": "id",
    "type": 4,
    "is_nullable": false,
    "is_zerofill": false,
    "is_unsigned": false,
    "is_auto_increment": false,
    "is_virtual": false,
    "hidden": 1,
    "ordinal_position": 1,
    "char_length": 11,
    "numeric_precision": 10,
    "numeric_scale": 0,
    "numeric_scale_null": false,
    "datetime_precision": 0,
    "datetime_precision_null": 1,
    "has_no_default": true,
    "default_value_null": false,
    "srs_id_null": true,
    "srs_id": 0,
    "default_value": "AAAAAA==",
    "default_value_utf8_null": true,
    "default_value_utf8": "",
    "default_option": "",
    "update_option": "",
    "comment": "",
    "generation_expression": "",
    "generation_expression_utf8": "",
    "options": "interval_count=0;",
    "se_private_data": "table_id=1062;",
    "column_key": 2,
    "column_type_utf8": "int",
    "elements": [],
    "collation_id": 33,
    "is_explicit_collation": false
  },
  {
    "name": "name",
    "type": 16,
    "is_nullable": true,
```

```
    "is_zerofill": false,
    "is_unsigned": false,
    "is_auto_increment": false,
    "is_virtual": false,
    "hidden": 1,
    "ordinal_position": 2,
    "char_length": 108,
    "numeric_precision": 0,
    "numeric_scale": 0,
    "numeric_scale_null": true,
    "datetime_precision": 0,
    "datetime_precision_null": 1,
    "has_no_default": false,
    "default_value_null": true,
    "srs_id_null": true,
    "srs_id": 0,
    "default_value": "",
    "default_value_utf8_null": true,
    "default_value_utf8": "",
    "default_option": "",
    "update_option": "",
    "comment": "",
    "generation_expression": "",
    "generation_expression_utf8": "",
    "options": "interval_count=0;",
    "se_private_data": "table_id=1062;",
    "column_key": 1,
    "column_type_utf8": "varchar(36)",
    "elements": [],
    "collation_id": 33,
    "is_explicit_collation": false
},
{
    "name": "DB_TRX_ID",
    "type": 10,
    "is_nullable": false,
    "is_zerofill": false,
    "is_unsigned": false,
    "is_auto_increment": false,
    "is_virtual": false,
    "hidden": 2,
    "ordinal_position": 3,
    "char_length": 6,
    "numeric_precision": 0,
    "numeric_scale": 0,
    "numeric_scale_null": true,
    "datetime_precision": 0,
    "datetime_precision_null": 1,
    "has_no_default": false,
    "default_value_null": true,
```

```json
    "srs_id_null": true,
    "srs_id": 0,
    "default_value": "",
    "default_value_utf8_null": true,
    "default_value_utf8": "",
    "default_option": "",
    "update_option": "",
    "comment": "",
    "generation_expression": "",
    "generation_expression_utf8": "",
    "options": "",
    "se_private_data": "table_id=1062;",
    "column_key": 1,
    "column_type_utf8": "",
    "elements": [],
    "collation_id": 63,
    "is_explicit_collation": false
},
{
    "name": "DB_ROLL_PTR",
    "type": 9,
    "is_nullable": false,
    "is_zerofill": false,
    "is_unsigned": false,
    "is_auto_increment": false,
    "is_virtual": false,
    "hidden": 2,
    "ordinal_position": 4,
    "char_length": 7,
    "numeric_precision": 0,
    "numeric_scale": 0,
    "numeric_scale_null": true,
    "datetime_precision": 0,
    "datetime_precision_null": 1,
    "has_no_default": false,
    "default_value_null": true,
    "srs_id_null": true,
    "srs_id": 0,
    "default_value": "",
    "default_value_utf8_null": true,
    "default_value_utf8": "",
    "default_option": "",
    "update_option": "",
    "comment": "",
    "generation_expression": "",
    "generation_expression_utf8": "",
    "options": "",
    "se_private_data": "table_id=1062;",
    "column_key": 1,
    "column_type_utf8": "",
```

```
          "elements": [],
          "collation_id": 63,
          "is_explicit_collation": false
        }
      ],
      "schema_ref": "zbdba",
      "se_private_id": 1062,
      "engine": "InnoDB",
      "last_checked_for_upgrade_version_id": 0,
      "comment": "",
      "se_private_data": "",
      "row_format": 2,
      "partition_type": 0,
      "partition_expression": "",
      "partition_expression_utf8": "",
      "default_partitioning": 0,
      "subpartition_type": 0,
      "subpartition_expression": "",
      "subpartition_expression_utf8": "",
      "default_subpartitioning": 0,
      "indexes": [
        {
          "name": "PRIMARY",
          "hidden": false,
          "is_generated": false,
          "ordinal_position": 1,
          "comment": "",
          "options": "flags=0;",
          "se_private_data": "id=146;root=4;space_id=5;table_id=1062;trx_
              id=9226;",
          "type": 1,
          "algorithm": 2,
          "is_algorithm_explicit": false,
          "is_visible": true,
          "engine": "InnoDB",
          "elements": [
            {
              "ordinal_position": 1,
              "length": 4,
              "order": 2,
              "hidden": false,
              "column_opx": 0
            },
            {
              "ordinal_position": 2,
              "length": 4294967295,
              "order": 2,
              "hidden": true,
              "column_opx": 2
            },
```

```
                    {
                      "ordinal_position": 3,
                      "length": 4294967295,
                      "order": 2,
                      "hidden": true,
                      "column_opx": 3
                    },
                    {
                      "ordinal_position": 4,
                      "length": 4294967295,
                      "order": 2,
                      "hidden": true,
                      "column_opx": 1
                    }
                  ],
                  "tablespace_ref": "zbdba/zbdba"
                }
              ],
              "foreign_keys": [],
              "check_constraints": [],
              "partitions": [],
              "collation_id": 33
        }
    }
}
,
{
    "type": 2,
    "id": 10,
    "object":
        {
    "mysqld_version_id": 80019,
    "dd_version": 80017,
    "sdi_version": 80019,
    "dd_object_type": "Tablespace",
    "dd_object": {
      "name": "zbdba/zbdba",
      "comment": "",
      "options": "encryption=N;",
      "se_private_data": "flags=16417;id=5;server_version=80019;space_
          version=1;state=normal;",
      "engine": "InnoDB",
      "files": [
        {
          "ordinal_position": 1,
          "filename": "./zbdba/zbdba.ibd",
          "se_private_data": "id=5;"
        }
      ]
    }
```

```
    }
  }
]
```

可以看到，SDI 中包含 `mysql.tables`、`mysql.columns`、`mysql.indexes`、`mysql.index_column_usage` 等数据字典的信息，并且也包含 `dd_properties` 中记录的信息。在 mysql.ibd 文件损坏的时候，我们可以利用该信息恢复该表的数据字典。

4.4.5　原子 DDL

前面提到，MySQL 8.0 数据字典的核心目的在于解决 MySQL 5.7 中 DDL 可能导致数据字典不一致的问题。本小节将对此进行深入的探讨。在 MySQL 5.7 中，创建表的流程如下：

1）做一些准备工作，例如检查表引擎，设置表默认字符集、表字段和索引相关属性，检查是否有自增 ID 等。

2）在 Server 层和 InnoDB 层分别检查表是否存在，Server 层主要检查 .frm 文件，InnoDB 层检查数据字典信息和数据文件。

3）根据上述设置的相关信息，在 Server 层创建 .frm 文件。

4）调用对应的存储引擎接口创建对应的存储引擎表（这里以 InnoDB 存储引擎为例）。

5）在 InnoDB 层开启事务，首先创建 InnoDB 表对象，然后创建表空间文件，也就是对应的 ibd 数据文件。

6）将表相关的信息插入数据字典表 `sys_tables` 中。

7）将表的列相关信息插入数据字典表 `sys_columns` 中。

8）将表对象加入到 InnoDB 层数据字典头维护的缓存中。

9）将索引相关信息插入数据字典表 `sys_indexes` 表中。

10）将索引使用列相关信息插入数据字典表 `sys_fields` 中。

11）创建索引树结构，主要是创建根节点，创建完成后将根节点的页号更新到 `sys_indexes` 对应的记录中。

12）最终在 InnoDB 引擎层提交事务。

13）所有流程完成之后将建表语句写入到 `binlog` 中。

从上述的步骤可以看到，MySQL 5.7 的建表流程主要是在 Server 层写入 .frm 文件，然后在 InnoDB 存储引擎层创建 InnoDB 表空间文件，将表的信息、索引信息写入到数据字典中，最后将建表语句写入 binlog 文件中。

在上述流程的执行过程中，若发生中断则无法恢复。例如，在完成 .frm 文件的写入后，若 MySQL 遭遇异常宕机，重启后会发现 .frm 文件仍然存在。经验丰富的技术人员可能曾遇到此类情况。这实际上反映了 MySQL 5.7 中数据字典在 Server 层与 InnoDB 层分开管理所带来的主要问题。这里只总结了大致步骤，细节大家可以自行阅读源码，下面是对应的调用栈：

```
row_create_table_for_mysql row0mysql.cc:2199
create_table_def ha_innodb.cc:8821
ha_innobase::create ha_innodb.cc:9729
handler::ha_create handler.cc:4525
ha_create_table handler.cc:4769
rea_create_table unireg.cc:527
create_table_impl sql_table.cc:4969
mysql_create_table_no_lock sql_table.cc:5085
mysql_create_table sql_table.cc:5134
mysql_execute_command sql_parse.cc:3067
mysql_parse sql_parse.cc:6385
dispatch_command sql_parse.cc:1339
do_command sql_parse.cc:1036
do_handle_one_connection sql_connect.cc:982
handle_one_connection sql_connect.cc:898
pfs_spawn_thread pfs.cc:1860
start_thread 0x0000003583807aa1
clone 0x00000035834e8c4d
```

在了解完 MySQL 5.7 中创建表的流程之后，下面再来看看 MySQL 8.0 中是如何解决这个问题的，MySQL 8.0 的建表步骤如下：

1）进行一些准备工作，检查是否有外键和约束、检查存储引擎、设置默认字符集、设置列和索引相关属性、检查是否有自增主键。

2）根据建表语句相关信息创建数据字典 `dd table` 对象。

3）填充列、索引、索引引用列、表空间等信息到 `dd table` 中。

4）开启事务，将 `dd table` 的信息分别插入 `mysql.tables`、`mysql.columns`、`mysql.indexes`、`mysql.index_column_usage` 等数据字典表中。

5）在 InnoDB 层根据 `dd table` 的信息创建 InnoDB 层的表对象。

6）在 `DDL log table` 中写入删除表空间文件记录。

7）在存储引擎层创建表空间文件。

8）在该表空间文件中创建 SDI 索引。

9）将 InnoDB 层表对象加入 InnoDB 数据字典头维护的数据字典缓存中。

10）在 `DDL log table` 中写入从数据字典缓存中移除该表对象记录。

11）创建索引内存对象，分配索引回滚段，初始化索引根节点页。

12）在 `DDL log table` 中写入释放索引内存对象记录。

13）写入相关元数据信息到 `dd_properties` 表中。

14）提交事务。

15）将建表语句写入到 `binlog` 中。

16）执行 `post_ddl`，将 `DDL log table` 线程相关的操作记录全部删除。

从上述的步骤可以看到，MySQL 8.0 的建表流程主要是先开启事务，写入表信息到数据字典表中，然后往 `DDL log` 表写入删除表空间记录，创建 InnoDB 表空间文件。往 `DDL log` 表写入删除索引记录，创建索引。然后提交事务，最终写入到 `binlog` 文件中。

这里介绍上述流程中途失败了是怎么处理的：
- 如果在写完数据字典表的时候 MySQL 异常宕机了，那么因为事务没有提交，MySQL 启动的时候所有的相关事务会被回滚。这时候没有影响，重新建表即可。
- 如果在创建完成 InnoDB 表空间的时候 MySQL 异常宕机了，那么在 MySQL 启动的时候会扫描 `DDL log` 表，发现有对应的记录则进行应用，然后把表空间删除。

可以看到，整个流程始终可以保持原子性。这里只是总结了大致步骤，细节大家可以自行阅读源码，下面是对应的调用栈：

```
mysql_prepare_create_table sql_table.cc:7605
create_table_impl sql_table.cc:8388
mysql_create_table_no_lock sql_table.cc:8696
mysql_create_table sql_table.cc:9531
Sql_cmd_create_table::execute sql_cmd_ddl_table.cc:319
mysql_execute_command sql_parse.cc:3469
mysql_parse sql_parse.cc:5288
dispatch_command sql_parse.cc:1777
do_command sql_parse.cc:1275
handle_connection connection_handler_per_thread.cc:302
pfs_spawn_thread pfs.cc:2854
start_thread 0x00007f4b36251ea5
clone 0x00007f4b3478db0d
```

最后我们再总结下，MySQL 8.0 能实现原子 DDL 的主要原因有两个：
- 数据字典统一，Server 层和 InnoDB 层共用一份数据字典信息。
- 对于一些物理操作，例如文件的操作，会将操作记录到 `DDL log` 表中，DDL 语句执行成功之后，`DDL log` 中对应的记录不会再使用，最终会被清除，如果 DDL 语句的执行由于异常宕机失败了，在 MySQL 启动的时候会扫描 `DDL log` 表，然后根据相关记录进行回滚。

至此 MySQL 8.0 数据字典已经全部介绍完成，这里我们再回顾一下 MySQL 5.7 和 MySQL 8.0 数据字典管理的差异。

在 MySQL 5.7 版本中，数据字典分为两个部分存储。一部分位于 Server 层维护的 .frm 文件中，另一部分则存放在 InnoDB 存储引擎的系统表空间内。在数据字典使用过程中，Server 层会从 .frm 文件中读取表的数据字典信息，并创建 Server 层的 `TABLE_SHARE` 和 `TABLE` 对象。其中，`TABLE_SHARE` 为全局共享对象，而 `TABLE` 对象则属于用户线程。这些对象随后会被存储在服务器维护的缓存中，缓存大小由 `table_definition_cache` 参数控制。InnoDB 层则从系统表空间加载相应的数据字典表，并创建 InnoDB 层的表对象，这些对象随后被存储在 InnoDB 层维护的表缓存中，其缓存大小同样由 `table_definition_cache` 参数控制。

InnoDB 层管理的数据字典表存储在 InnoDB 系统表空间文件中，其存储和使用方式与普通用户表相同。不同之处在于，数据字典表的表结构信息和索引根节点页号等信息是硬编码在 MySQL 源码中的。

在执行 DDL 相关操作时，会首先修改 .frm 文件，随后更新 InnoDB 层维护的数据字典表信息，这可能导致 DDL 操作的不一致性问题。

在 MySQL 8.0 版本中，数据字典实现了统一，全部存储在 InnoDB 维护的数据字典表中。使用时，Server 层依然会创建相应的 `TABLE_SHARE` 和 `TABLE` 对象，但数据将从 InnoDB 维护的数据字典表中获取。获取方式是通过 `dd cache` 实现，用户线程维护了客户端的数据字典缓存，调用客户端从全局共享的数据字典缓存中获取对应的表数据字典对象，即 `shared dictionary cache`。如果全局缓存不存在，则调用存储适配器从 InnoDB 层读取，即从 mysql.ibd 文件中读取。与 MySQL 5.7 相同，Server 层和 InnoDB 层都维护了缓存来存储对应的表对象，这是为了保持与之前版本的兼容性。

InnoDB 层管理的数据字典表存储在 mysql.ibd 文件中，其存储和使用方式与普通用户表相同。不过，数据字典表的表结构信息是硬编码在 MySQL 源码中的，而索引根节点信息则存储在 `dd_properties` 表中。`dd_properties` 本身的索引根节点页号也是硬编码在 MySQL 源码中的。

在执行 DDL 相关操作时，MySQL 8.0 仅操作一份数据字典信息，从而避免了不一致性问题。尽管如此，对物理文件的操作仍可能导致不一致。为此，MySQL 采用将操作的回滚记录记录在 DDL log 表中，通过结合这两者实现了原子 DDL 操作。

4.5 总结

至此，MySQL 数据字典的介绍已告一段落。总体而言，MySQL 的数据字典实现相当复杂，加之其在 MySQL 8.0 版本的重构，使得理解该系统存在一定难度。本章只是将大致的逻辑梳理出来，其中有相当多的细节，感兴趣的读者可以自行研究。

第 5 章 Chapter 5

InnoDB 存储引擎

在前面的章节里，我们得知 MySQL 采用插件式设计，其底层的存储引擎具备可插拔性。在编译过程中，一旦指定了相应的存储引擎，启动 MySQL 后便能使用，在创建表时指定对应存储引擎即可。MyISAM 和 InnoDB 是两种常用的存储引擎，不过当下 MyISAM 已逐渐淡出历史舞台。早在 2010 年发布的 MySQL 5.5.5 版本里，InnoDB 存储引擎便取代了 MyISAM，成为 MySQL 默认的存储引擎。这归因于 InnoDB 引擎所具备的一系列强大特性，诸如支持事务并且支持多种隔离级别、多版本快照、行锁等。InnoDB 的这些特性使 MySQL 能够处理联机事务处理（On-Line Transaction Processing，OLTP）过程，而这正是 MySQL 现今在各大行业系统中被大规模运用的缘由。这些特性在后续的章节中都会详细介绍。

那么，为拥有这些特性，InnoDB 存储引擎自身的架构是如何设计的呢？它无疑是一个由众多组件构成的庞大系统，接下来让我们一同来瞧瞧 InnoDB 存储引擎的整体架构以及各个组件的详细情况。

5.1 整体架构

MySQL InnoDB 存储引擎以其众多强大的特性而著称，这些特性源于其高效处理读写数据的能力，并同时能确保事务的原子性（Atomicity）、一致性（Consistency）、隔离性（Isolation）、持久性（Durability），简称 ACID。由于这些复杂的功能需求，InnoDB 的内部设计显得尤为复杂。第 2 章介绍了 InnoDB 的整体架构。在初步了解各组件的基本功能与角色定位后，本章将聚焦于 InnoDB 存储引擎内存部分的相关组件，进行详尽的阐述。第 6 章将全面解析 InnoDB 存储引擎的文件系统组成，以便读者获得更为全面深入的理解。

5.2 缓冲池

在 MySQL 的 InnoDB 存储引擎中，缓冲池扮演着至关重要的角色。该缓冲池负责在内存中管理并缓存一部分用户数据，确保所有对数据库的操作均通过此缓冲池进行。除了初次操作需将数据从磁盘加载至缓存中之外，随后的操作都能直接在内存环境中高效执行。对于需要频繁访问的数据而言，此机制能将操作性能显著提升至一个更高的量级。

然而，将数据缓存至内存亦伴随着一系列挑战，包括但不限于数据的持久化问题，如何确保缓冲池中存储的均为热点数据，以及当缓冲池空间耗尽时应采取的应对措施。针对这些挑战，本节将深入剖析缓冲池如何有效管理其缓存的数据，以确保数据库操作的流畅性与高效性。

5.2.1 总体架构

首先来看 InnoDB 缓冲池的结构，如图 5-1 所示。

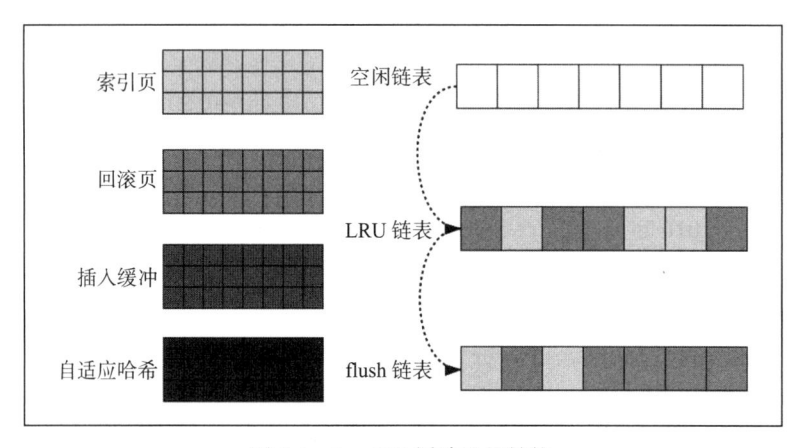

图 5-1　InnoDB 缓冲池的结构

可以看出，缓冲池主要包括两部分：缓存页和链表。

1. 缓存页

从图 5-1 中可以清晰地观察到缓冲池中包含 4 种不同类型的页，每种类型均服务于特定数据的存储需求。在缓冲池的管理体系中，页作为最小的管理单元，无论是数据从磁盘加载至内存，还是自内存持久化回磁盘，均遵循以页为单位的原则。值得注意的是，无论页的具体类型如何，其默认大小均设定为 16KB。接下来，我们将对各类型页的具体作用进行简要阐述。

（1）索引页

在缓冲池架构中，索引页扮演着至关重要的角色，它们被设计用于存储表的具体数据项，这些索引页与数据文件中的相应索引页形成直接映射关系。数据文件被精心划分为多个独立的索引页单元，每个索引页内部则有序地容纳了多条用户记录。关于索引页内容的详尽阐述，参见 6.1 节。

（2）回滚页

回滚页主要用于存储回滚数据，也就是数据修改前的内容，它对应回滚文件中的一个回滚页。这部分内容将在 6.3 节详细介绍。

（3）插入缓冲

插入缓冲机制实质上是在系统数据文件中设立一个隐藏表，用于存储对二级索引操作的相关记录。这些记录本质上也是数据页的一部分，但出于便于区分和管理的目的，我们特别将这部分内容称为"插入缓冲"。

（4）自适应哈希

自适应哈希技术主要致力于将频繁访问的数据通过哈希表的形式进行存储，以提升后续访问的效率。值得注意的是，自适应哈希在内存管理方面并未采取独立分配的策略，而是依赖于缓冲池进行资源的动态申请。具体而言，它会在缓冲池中请求连续的页面，以形成一块连续的内存区域供其使用。

2. 链表

如前所述，缓冲池以页为基本单位进行组织与管理。为实现高效管理，缓冲池构建了一系列链表，用以根据页的不同状态进行分类管理。具体而言：新初始化的页会被分配至空闲链表，以备后续使用；一旦页被使用，将会从空闲链表中移除，并转至 LRU 链表，以遵循最近最少使用原则进行调度；若页内容发生修改，则进一步将该页转至 flush 链表，以便适时进行数据的持久化操作。在了解缓冲池的基本构成后，接下来将逐一深入阐述其各个组成部分的详细情况。

3. 缓冲池的管理

了解了缓冲池中主要存储的内容后，来看看如何管理缓冲池。首先介绍一个缓冲池的全局管理对象，也就是 buf_pool_t 结构体，buf_pool_t 结构体及描述如表 5-1 所示。

表 5-1 buf_pool_t 结构体及描述

名称	描述
mutex	互斥锁，用于保护 buf_pool_t 结构体中的相关字段
instance_no	在 MySQL 中，可以有多个缓冲区实例，这里表示实例的序号
curr_pool_size	当前缓冲区的大小，单位是 B
n_chunks	一个缓冲区实例被划分为多个 chunk，默认情况下每个 chunk 128MB
chunks	chunks 链表，被划分的 chunk 被插入该链表中
curr_size	当前缓冲区的大小，单位是页，指的是当前缓冲区实例包含多少个页
page_hash	存放缓存页的哈希表，哈希表元素的 key 由表空间 ID 和页号生成，元素的 value 则对应内存页的指针，在查找页的时候首先会去哈希表中查询，如果存在则说明数据页已经被加载到内存中。如果不存在则需要从数据文件中读取到内存中，然后再将对应的内存页插入该哈希表中

(续)

名称	描述
`zip_hash`	存放压缩缓存页的哈希表
`flush_list`	被修改后的缓存页被插入 flush 列表中
`free`	空闲的缓存页被插入空闲链表中
`LRU`	被使用过的缓存页被插入 LRU 链表中
`unzip_LRU`	被使用过的解压缩缓存页被插入解压缩 LRU 链表中

然后介绍缓冲池中的最小管理单位——块，块结构体及描述如表 5-2 所示。

表 5-2 块结构体及描述

名称	描述
`page`	`buf_page_t` 类型，存储 `page` 相关信息
`frame`	指向页存储的数据

最后是页，它跟块差不多，页结构体及描述如表 5-3 所示。

表 5-3 页结构体及描述

名称	描述
`id`	页的 ID
`size`	页的大小，单位为 B
`state`	页的状态，例如页是否被使用，是否包含一个干净的压缩页等
`hash`	哈希表节点，作为值存储到上述缓冲区实例中维护的哈希表中
`in_flush_list`	当前缓存页是否在 flush 链表中
`in_free_list`	当前缓存页是否在空闲链表中
`in_LRU_list`	当前缓存页是否在 LRU 链表中
`newest_modification`	保存当前缓存页最近被修改的日志序列号

分析块和页的结构体构成，可以观察到块与页之间存在一种相互转换的可能性，这源于块内部包含页作为其首个字段。此设计的目的在于实现块与页之间的快速转换机制。进一步审视块与页各自的相关字段，可以明确：块主要聚焦于记录的物理层面信息，如具体数据的存储；而页则侧重于记录逻辑层面的信息，如页的标识符、大小、状态等。

5.2.2 缓冲池初始化

前面介绍了缓冲池的管理结构，下面来看缓冲池的内存是如何初始化的。

缓冲池内部将内存分为多个 chunk 进行管理，每个 chunk 默认为 128MB。在 MySQL 启动的时候就以 chunk 的粒度进行初始化，初始化的主要流程如下：

1）将 `innodb_buffer_pool_size` 设置的缓冲池的大小分割成 `innodb_buffer_pool_chunk_size`，默认 128MB。

2）每个 chunk 再初始化块，块的数量用 chunk 的大小除以页的大小计算。页的大小默认为 16KB，所以块的数量就是 (128×1024)/16=8192。初始化完成相当于分配一批空闲的内存块。

3）将这些空闲块加入空闲链表中。

4）直到所有的 `chunk` 被初始化成块，缓冲池初始化完成。

为了提升性能，MySQL 将缓冲池划分为多个实例进行管理，上面只是一个实例的流程，在初始化的时候将循环为每个实例完成这一流程。

完成初始化流程后，缓冲池的所有内存均被初始化为空闲块，每个块对应一个空闲的页。这些初始化完成的块随后被加入空闲链表中，以便后续进行内存分配操作。当需要从缓冲池中分配内存时，系统会从空闲链表中申请空闲的页。

> **注意** 尽管缓冲池在初始化阶段已设定，但实际的内存分配并未立即进行。内存分配发生在每次申请空闲页时，此时会调用 `memset` 函数对内存进行初始化，并真正从操作系统请求内存资源。因此，随着 MySQL 服务的启动及业务负载的增加，内存使用量会持续上升。当缓冲池接近满负荷时，内存增长的速度将逐渐减缓。

1. 空闲链表

空闲链表由上述 `buf_pool_t` 结构中的 `free` 字段进行维护，该 `free` 字段采用链表数据结构，其节点类型为 `buf_page_t`，即页。空闲链表专门用于管理一组处于空闲状态的页。在初始化 `chunk` 的过程中，会同时初始化其中的块和页，并在初始化完成后，将相应的页加入空闲链表中。当需要使用时，系统会从该链表中检索并获取相应的节点，随后将该节点从空闲链表中移除，并加入 LRU 链表中。当空闲链表中已无空闲页可供分配，且新的请求需要申请页时，系统将不得不从 LRU 链表中申请，从而触发 LRU 链表的淘汰机制，以释放部分页资源。

2. LRU 链表

`buf_pool_t` 的 LRU 字段负责维护一个链表结构，该链表类型同样为 `buf_page_t`，即页。LRU 链表用于追踪一组已被使用的页面，当页面从空闲链表中分配后，它们会被加入 LRU 链表中，以表示这些页面已被激活。在缓冲池管理中，LRU 链表扮演着至关重要的角色。鉴于缓冲池的内存资源有限，且其大小通常被预先设定，当空闲链表中的页面被耗尽时，LRU 链表便成为获取页面的主要来源。

在有限的内存资源下，如何优化性能成为一个关键问题，这正是引入 LRU 链表的目的所在。面对庞大的数据集，无法将所有数据一次性加载到内存中，因此，需要一种机制来确保最近频繁访问的页面保留在内存中，而将长时间未被访问的页面适时淘汰。

LRU 链表进一步细分为 old list 和 young list 两部分。默认情况下，链表的前 5/8 部分作为 young list，后 3/8 部分则作为 old list。新加入 LRU 链表的页面默认被放置在 old list 的头部，在满足特定条件后，这些页面才能被迁移到 young list 中。若页面长时间停留在 old list 中，则它们更有可能被后续淘汰。这种 old list 与 young list 的划分机制旨在应对如全表扫描等需要大量读取页面但后续使用频率较低的场景。此机制可以有效防止全表扫描等操作对 LRU 链表的污染，避免常用数据页被意外淘汰，从而确保系统在实际生产环境中稳定运行。

3. flush 链表

由 `buf_pool_t` 结构中的 `flush` 字段进行维护，该 `flush` 字段被设计为链表类型，其节点类型为 `buf_page_t`，即页。flush 链表负责追踪并维护一组已被修改的页。每当页的数据内容发生变动时，该页即被加入 flush 链表中。在 MySQL 数据库执行脏页刷新操作时，系统会从 flush 链表中检索出这些被标记为脏页的页（即已修改的页），随后将这些脏页的内容持久化保存到相应的数据文件中。

5.2.3 缓存及淘汰

缓冲池最核心的功能就是缓存和淘汰数据，在有限的内存中缓存频繁使用的数据将直接影响到 MySQL 的性能，本小节将详细介绍缓冲池是如何缓存和淘汰数据的。

1. 数据页缓存

实际上，关于数据缓存的概念，我们在前面的几个小节中已经进行了初步的探讨。在此，我们再次进行简要的总结。数据缓存是以页为基本单位进行的，且其操作是响应式的，即缓存动作是被动触发的。当用户执行一条操作指令时，系统首先需要定位到所需数据在数据文件中所对应的数据页。一旦找到对应的数据页，系统便会执行加载操作，将这一数据页读取至内存中。加载过程具体可细分为以下几个步骤：

1）从 `page_hash` 哈希表中查找该数据页是否已经缓存到缓冲池了，如果有则直接返回。

2）如果没有则需要向缓冲池中的空闲链表申请一个空闲页，用来保存从数据文件中读取的数据页，它们都是相同的大小，默认为 16KB。

3）从空闲链表请求到空闲的内存页后，会将该内存页从空闲链表中移除并且插入 LRU 链表中。

4）将从数据文件中读取到的数据页内容复制到刚刚申请的内存页中。

5）在数据操作的时候直接操作内存页即可。

完成上述步骤后，数据文件的数据页就被缓存到缓冲池中了。

2. 数据页淘汰

我们深知内存资源的有限性，因此通常会通过调整 `innodb_buffer_pool_size` 参数来合理控制其使用。一般而言，将 `innodb_buffer_pool_size` 设置为操作系统内存的 60% 左右是一个较为适宜的选择。若在同一台计算机上并行运行多个数据库实例，则需确保所有实例的内存使用总量亦维持在 60% 左右的水平，以避免因内存配置过高（如设置为 100% 或更高）而引发内存溢出，进而触发操作系统终止 MySQL 进程的情况。

在缓冲池初始化的过程中，已明确说明所有缓冲池内存将被初始化为内存页，并随后被插入空闲链表中，以供后续缓存数据页时从中提取。然而，随着数据页的不断缓存，空闲链表中的资源终将耗尽。在此情境下，系统将采取策略，淘汰那些使用频率较低的页，以确保缓冲池的有效运作。

在申请空闲内存页时，首先会从空闲链表中申请，如果空闲链表为空则触发淘汰机制，淘汰机制如下：

1）从 LRU 链表的末尾开始淘汰内存页。

2）淘汰的时候会判断数据页是否被修改，如果没有就可以进行淘汰，将内存页从 LRU 链表中删除，然后初始化内存页，清理内存页中的数据并将其加入空闲链表中。

3）一般情况下，通过上述步骤就能淘汰出内存页。如果遇到系统繁忙的时候，上述步骤没有淘汰出内存页，则会触发刷新脏页机制。为了避免阻塞用户线程，每次只刷一个脏页，刷完的脏页就可以释放了，让其回到空闲链表中。

4）如果上述步骤还不能淘汰出内存页，则重复第 2 步，不过这次是扫描全部 LRU 链表，第一次是只扫描 `innodb_lru_scan_depth` 个。

5）如果上述步骤还没有淘汰出内存页，那么再重复第 2 步操作，每次间隔 10ms。

6）如果超过 20 次都没有淘汰出内存页，就会打印警告信息，主要是说明很难找到空闲的内存页。

淘汰机制的基本流程如上所述，从该流程中可以明确观察到，LRU 链表与 flush 链表的淘汰操作是串行执行的。在高度并发的环境下，这种串行处理可能导致由刷脏线程释放的空闲页面无法满足新申请空闲页面的需求。为了优化这一性能瓶颈，部分厂商在自己实现的 MySQL 版本中采取了将 LRU 链表与 flush 链表分别交由不同的后台线程进行刷脏操作的策略，此举显著提升了刷脏操作的效率。

此外，当刷脏操作涉及压缩页时，其复杂性会进一步提高。建议对此类技术细节感兴趣的读者深入阅读相关源代码，特别是位于 `storage/innobase/buf/buf0lru.cc` 文件中的 `buf_LRU_get_free_block` 方法，该方法是实现上述优化策略的核心所在。

5.2.4 相关参数

在 MySQL 中，针对缓冲池有一些重要的参数：

- `innodb_buffer_pool_instances`。该参数控制缓冲池的数量，默认为 1 个，如果内存比较大，可以设置多个，设置多个的好处主要是互斥锁的粒度会减小，从而能提升性能。需要注意的是，最好保证每个缓冲池的大小大于 1GB。
- `innodb_lru_scan_depth`。在对 LRU 链表进行刷脏的时候，默认扫描 `innodb_lru_scan_depth` 个数据页，其默认值为 1024。这个可以根据实际情况进行调整，不过一般保持默认即可。
- `innodb_max_dirty_pages_pct`。刷脏阈值，该值默认为 75%，表示脏页占比。后台刷脏线程每次刷脏都会计算一个比例，如果脏页占比超过 75%，那么后台线程刷脏会直接以 100% 的比例进行。

- `innodb_adaptive_flushing`。设置了该参数后，MySQL 会根据负载情况来调整 InnoDB 刷脏线程每次刷脏的比例。建议默认开启，可以应对负载突增的情况。

在了解完缓冲池的实现之后，接下来将详细介绍同样使用缓冲池内存资源的插入缓冲区和自适应哈希索引。

5.3 插入缓冲区

在之前的介绍中，我们已经知道插入缓冲区主要解决 MySQL 二级索引随机 I/O 的问题，通过插入缓冲区的机制来将二级索引随机 I/O 合并，从而减少随机 I/O。

为何 MySQL 的二级索引会引发显著的随机 I/O 现象？原因在于，二级索引往往被设计为非唯一索引，其插入操作通常遵循随机顺序，这在执行批量 DML 操作时会不可避免地导致大量随机 I/O 的产生。至于插入缓冲，它并非完全消除随机 I/O 的解决方案。实际上，插入缓冲的作用是将对二级索引的操作暂存起来，随后批量进行处理。这一机制的优势在于，它能够将部分原本分散的随机 I/O 合并为较少的操作，从而有效减少随机 I/O 的总次数。

5.3.1 插入缓冲的流程

我们已经知道插入缓冲区的作用，下面介绍 InnoDB 插入缓冲的工作流程，如图 5-2 所示。主要工作流程如下：

1）用户线程执行插入等操作时生成插入缓冲记录。

2）将插入缓冲记录持久化到系统数据文件上。

3）后台 master 线程主动合并插入缓冲记录，合并之前需要从系统数据文件中将插入缓冲记录读取到缓冲区中。

4）用户线程执行查询等操作时需要读取对应的数据页，而该数据页存在插入缓冲记录中，这个时候需要被动执行插入缓冲记录的合并，合并之前同样需要将插入缓冲记录读取到缓冲区中。

5）如果该数据页对应多条插入缓冲记录，会将插入缓冲记录更新到该数据页中，最终将该数据页写入对应的用户数据文件中。

现在我们知道了插入缓冲的主要工作流程，下面来详细看看插入缓冲是如何生成的，包含什么内容，以及又是怎么进行合并的。

1. 生成插入缓冲记录

MySQL 为插入缓冲区定义了如下几种类型：

```
/* 可能的操作会缓存在插入 / 其他缓冲区中。参见 ibuf_insert() 函数。不要更改这些值，它们是存储在磁盘上的。*/
typedef enum {
```

```
    IBUF_OP_INSERT = 0,
    IBUF_OP_DELETE_MARK = 1,
    IBUF_OP_DELETE = 2,
    /* 不同操作类型的数量。 */
    IBUF_OP_COUNT = 3
} ibuf_op_t;
```

插入语句会生成 `IBUF_OP_INSERT` 类型，由用户线程在插入数据的时候生成对应的插入缓冲记录。更新语句会生成 `IBUF_OP_DELETE_MARK` 和 `IBUF_OP_DELETE` 类型，后台 `purge` 线程在彻底删除数据的时候也会生成 `IBUF_OP_DELETE` 插入缓存记录。

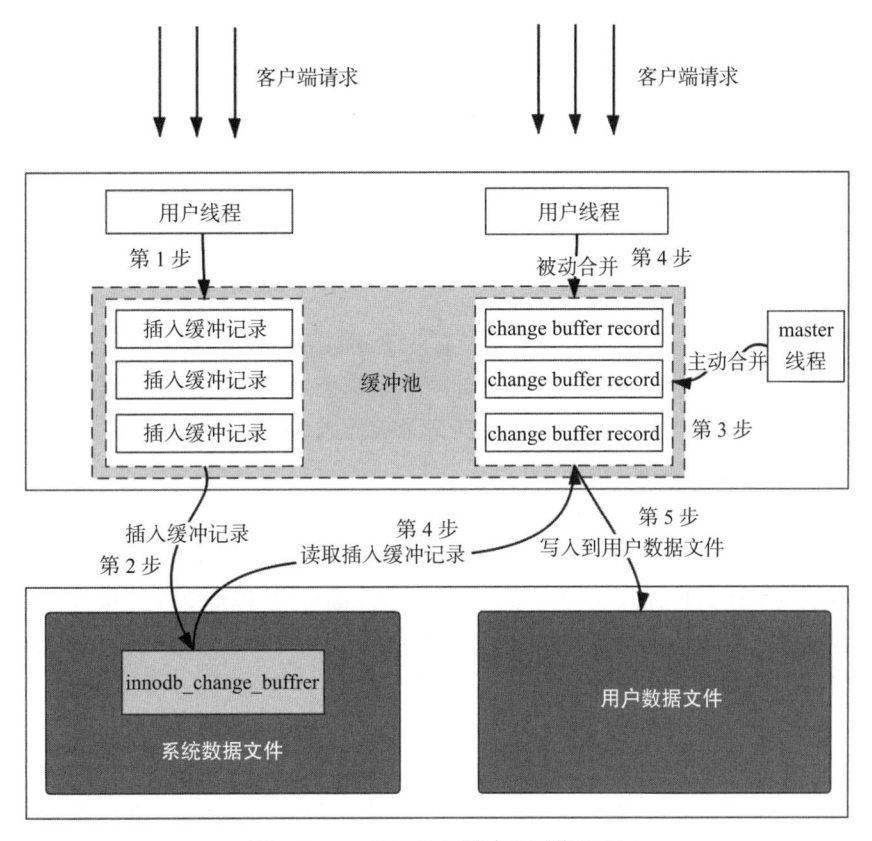

图 5-2　InnoDB 插入缓冲的工作流程

由于篇幅有限，本小节还是以更新语句为例进行详细介绍。

2. 插入缓冲记录生成条件

条件如下：
- 配置了 `innodb_change_buffer` 参数，默认开启。
- 需要是 DML 操作语句。
- 需要是对二级索引的操作，如果二级索引是唯一索引的话，则只能缓冲删除操作。

- 只能缓存二级索引的叶子节点，不能缓存根节点。
- 如果二级索引叶子节点对应的数据页在缓冲池中，则不能进行缓存操作。

3. 插入缓冲记录

前面我们知道了插入缓冲记录是如何生成的，那么插入缓冲记录包含什么内容？保存在哪里？

执行更新语句

```
mysql> update sbtest1 set k=3306 where id = 3000;
```

对应的表结构如下：

```
CREATE TABLE `sbtest1` (
  `id` int(10) unsigned NOT NULL AUTO_INCREMENT,
  `k` int(10) unsigned NOT NULL DEFAULT '0',
  `c` char(120) NOT NULL DEFAULT '',
  `pad` char(60) NOT NULL DEFAULT '',
  PRIMARY KEY (`id`),
  KEY `k` (`k`)
) ENGINE=InnoDB
```

在执行上述 MySQL 更新语句时，系统首先会对涉及的二级索引记录进行逻辑删除标记，而非直接在数据页中执行物理删除。此时，系统会生成一个标记为删除的插入缓冲记录，以替代直接的数据页操作。随后，当新记录被插入时，会相应生成类型为 `IBUF_OP_INSERT` 的插入缓冲记录。

对于先前被标记为删除的数据，其物理删除过程将由后台的 `purge` 线程触发。在此过程中，可能会生成类型为 `IBUF_OP_DELETE` 的插入缓冲记录。这一可能源于系统操作的并发性：在生成上述两种插入缓冲记录后，后台的 master 线程可能恰好执行合并操作，该操作涉及将相关二级索引的数据页加载到缓冲区中。由于插入缓冲记录的生成条件之一是对应的二级索引数据页不在缓冲区中，因此，在合并操作发生时，可能会触发生成 `IBUF_OP_DELETE` 类型的插入缓冲记录。

我们已经知道针对 `update` 语句会生成 2 条插入缓冲记录，分别为 `IBUF_OP_DELETE_MARK` 和 `IBUF_OP_INSERT` 类型。无论是哪种类型，最终的记录内容格式都一致。InnoDB 插入缓冲记录如图 5-3 所示。

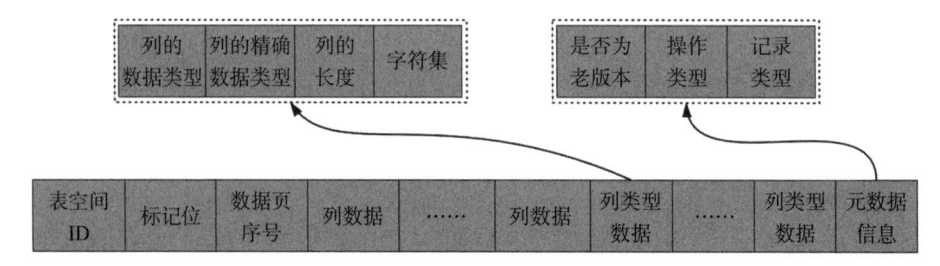

图 5-3　InnoDB 插入缓冲记录

根据图5-3，我们可以得知一条插入缓冲记录主要包含如下数据：
- `space id`。表空间ID。
- `marker`。标记位，默认为0。
- `page number`。数据页序号。
- `column data`。二级索引对应更新的字段内容，后面在合并的时候会通过这些字段再生成索引记录插入对应的数据页中。
- `column info`。存储所有更新列的类型信息。包含如下几个字段：列的数据类型、列的精确数据类型、列的长度、字符集。
- `metadata info`。元数据信息，包含如下几个字段：`counter`（布尔类型，判断存储是否为老版本，老版本需要判断记录是否为`compact`类型，如果不是`compact`类型则不支持`delete`类型操作）、`operation type`（存储操作类型，例如`insert`类型）、`record type`（存储记录类型，标识是否为`compact`类型）。

现在，我们已经知道一条插入缓冲记录包含什么内容，那么它最终保存到哪里呢？其实在 MySQL 中，缓冲区的一条记录对应表中的一行数据，MySQL 是用一张表来保存所有插入缓冲记录的，这个表存储在系统表空间上，采用共享表空间方式单独在系统表空间中存储了一张表，名称为 `innodb_change_buffer`，该表为系统隐藏表，不对外暴露，所以我们也查询不到。

4. 合并流程

MySQL 中插入缓冲记录的合并主要分为两种情况：
- **主动合并**。主动合并是由后台 master 线程主动触发，后台 master 线程会定期扫描是否有插入缓冲记录进行合并。
- **被动合并**。在二级索引数据页被加载到缓冲区中的时候，如果有对应的插入缓冲记录，则需要进行合并。

主动合并和被动合并的过程有些细微区别，但是总体原理一致，这里我们主要介绍如何合并。

合并的主要流程涉及将插入缓冲区中存储的数据转化为相应的索引记录，并插入对应的二级索引数据页中。在阐述插入缓冲记录内容时，我们已提及其中包含了二级索引所需更新的字段，这些字段正是用于生成相应的索引记录。

在合并过程中，一个关键环节是，若某数据页需要进行合并，则需要扫描并更新该数据页对应的所有插入缓冲记录。此举旨在将原本可能需要多次 I/O 操作的任务合并为单次 I/O 操作，从而最大限度地减少 I/O 消耗。待合并完成后，后续操作将简化为一次异步 I/O 刷盘处理。

在数据读取过程中，此处采用了异步 I/O 技术来插入缓冲。同时，对于异步 I/O 返回的结果处理，也专门设立了独立的插入缓冲 I/O 线程，以区分于常规的读 I/O 操作，从而避免对读取性能造成不利影响。

对于主动合并流程可能存在的疑问是，当 MySQL 从磁盘读取数据页时，如何判断该数据页是否包含插入缓冲记录？值得注意的是，MySQL 并未采取低效的方式，如遍历系统数据文件中的插入缓冲区来检查，而是在每个数据文件中维护了 ibuf bitmap 页。此页通过位来标记每个数据页是否包含插入缓冲记录，从而实现了高效判断。若数据页被标记为包含插入缓冲记录，则进一步在插入缓冲区进行扫描。

在了解插入缓冲的原理及其带来的优势后，需明确其并非完美无缺。尽管在高并发场景下，插入缓冲能有效减少随机 I/O 操作，但也可能对 MySQL 性能产生负面影响，具体取决于应用场景。以下两点为主要考虑因素：

- 如果后台插入缓冲记录合并的速度远慢于插入缓冲记录生成的速度，就会造成大量的插入缓冲记录没有合并，这时访问这些插入缓冲记录对应的数据页，性能就会变慢，因为这个过程首先需要将对应的插入缓冲记录进行合并。
- 插入缓冲区使用的是缓冲区的内存，如果缓冲区本身不够用，那么开启插入缓冲可能会将其他活跃的数据页淘汰出去，造成 I/O 增加。

5.3.2 相关参数

这里的主要参数有两个：

- `innodb_change_buffer_max_size`。指定插入缓冲区的最大使用空间，因为插入缓冲区共用缓冲池的空间，所以这个参数其实是设置的一个比例，默认占缓冲池中的 25%，这里可以根据实际情况进行调整。
- `innodb_change_buffering`。设置是否开启插入缓冲功能，或者只开启 `insert`、`delete`、`change`、`purges`，默认为 `all`，表示开启所有操作的插入缓冲，这里建议采用默认设置。

总结一下，我们看到一项技术的引入会带来好处也可能影响到其他方面，不过在了解它的原理后，合理去使用就能最大限度地发挥它的作用。

5.4 自适应哈希

我们深知 MySQL 的索引机制是基于 B+ 树结构的，其中聚簇索引的叶子节点负责存储表内的具体数据。然而，B+ 树在应对大规模数据时面临挑战，其层级可能显著增加，且各层宽度亦会扩大。具体而言，小规模数据可能仅需两级 B+ 树即可满足需求，而大规模数据则可能需扩展至四级，进而降低数据检索效率。

为解决此问题，MySQL 引入了一种高效的数据定位结构——哈希表。哈希表以其独特的键值映射特性著称，能够迅速根据键定位到相应的值。MySQL 巧妙地利用这一特性，将频繁访问的数据项纳入哈希表，从而实现对这些数据的快速访问。此举在理论上能够显著提升数据读取性能，尤其是在涉及高频访问数据的场景中。

然而，值得注意的是，自适应哈希并非万能解决方案，其应用受到诸多条件限制。尽管在特定场景下能够显著提升操作性能，但并不能全面替代或优化所有数据库操作。接下来我们将深入剖析自适应哈希的工作流程及其背后的详细原理。

InnoDB 自适应哈希索引的流程图如图 5-4 所示。

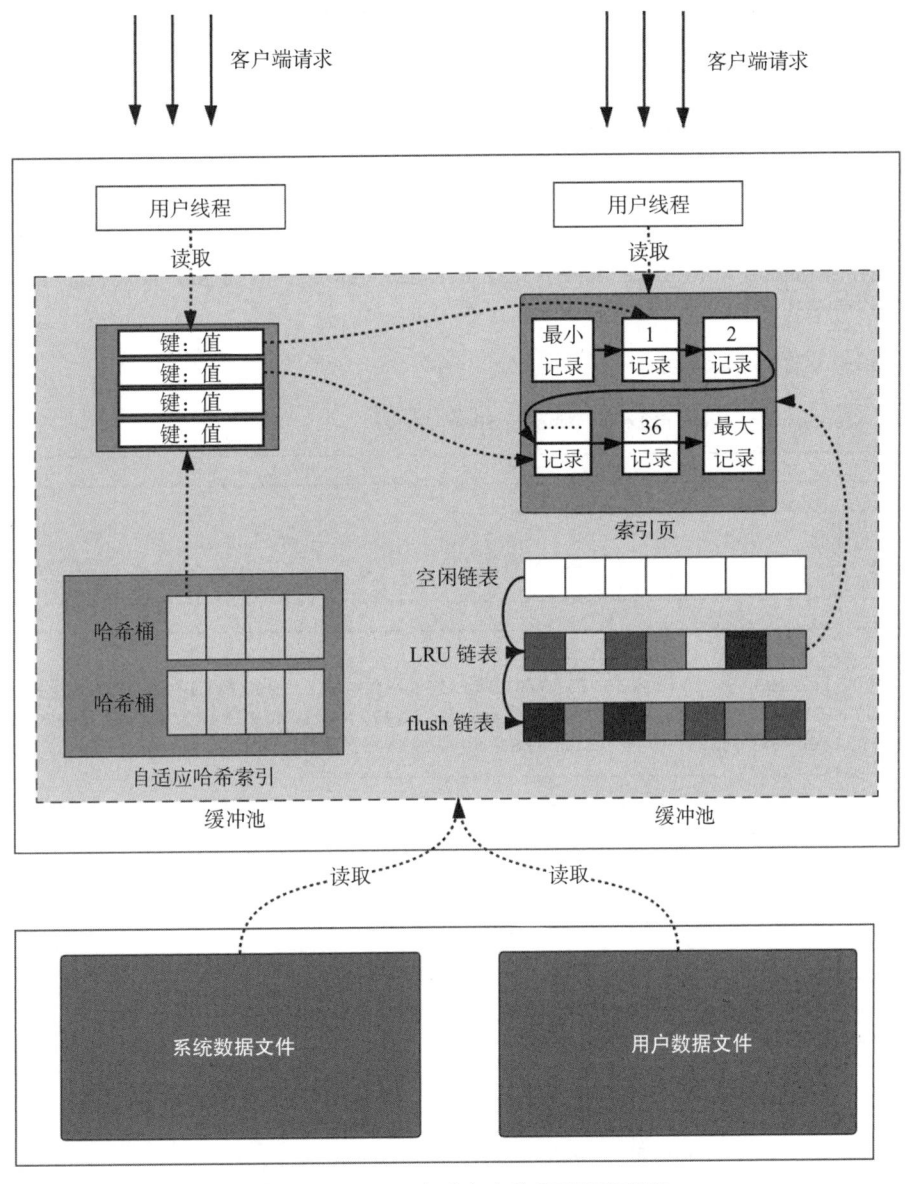

图 5-4　InnoDB 自适应哈希索引的流程图

可以看到，自适应哈希索引其实维护了多个哈希表，每个哈希表中保存了多条记录，每条记录指向一条具体的数据。在建立好哈希表之后，客户端就可以直接从哈希表中进行访问。

自适应哈希索引的建立存在很多限制条件，这里用一个具体的例子来说明，在这之前我们先来看表结构：

```
mysql> show create table sbtest1\G
*************************** 1. row ***************************
       Table: sbtest1
Create Table: CREATE TABLE `sbtest1` (
  `id` int(10) unsigned NOT NULL AUTO_INCREMENT,
  `k` int(10) unsigned NOT NULL DEFAULT '0',
  `c` char(120) NOT NULL DEFAULT '',
  `pad` char(60) NOT NULL DEFAULT '',
  PRIMARY KEY (`id`),
  KEY `k` (`k`)
) ENGINE=InnoDB AUTO_INCREMENT=83332 DEFAULT CHARSET=utf8 MAX_ROWS=1000000
1 row in set (0.00 sec)
```

然后执行这条 SQL 语句：

```
mysql> select * from sbtest1 where id = 2000;
+------+------+-------------------------------------------------------------------------------------------------+-------------------------------------------------------------+
| id   | k    | c                                                                                               | pad                                                         |
+------+------+-------------------------------------------------------------------------------------------------+-------------------------------------------------------------+
| 2000 | 5003 | 13491936175-81303443798-58326593529-71690937750-60292280702-32163773055-14720427361-27660097466-35567728491-37426483064 | 29731284887-80115182500-39568897329-67431008266-60060913902 |
+------+------+-------------------------------------------------------------------------------------------------+-------------------------------------------------------------+
1 row in set (20.04 sec)

mysql> explain select * from sbtest1 where id = 2000;
+----+-------------+---------+------------+-------+---------------+---------+---------+-------+------+----------+-------+
| id | select_type | table   | partitions | type  | possible_keys | key     | key_len | ref   | rows | filtered | Extra |
+----+-------------+---------+------------+-------+---------------+---------+---------+-------+------+----------+-------+
| 1  | SIMPLE      | sbtest1 | NULL       | const | PRIMARY       | PRIMARY | 4       | const | 1    | 100.00   | NULL  |
+----+-------------+---------+------------+-------+---------------+---------+---------+-------+------+----------+-------+
```

这条 SQL 语句要触发 MySQL 创建哈希索引，需要满足什么条件呢？答案如下：

- 首先，该条 SQL 对应使用的索引需要被查询 17 次，在 MySQL 内部由 `BTR_SEARCH_HASH_ANALYSIS` 变量控制。
- MySQL 会根据检索条件来计算出一个 key，使用该 key 命中同一个数据页的次数大于该数据页中的记录数（16）。
- 上面根据查询条件计算出来的 key 被成功使用超过 100 次，由 `BTR_SEARCH_BUILD_LIMIT` 变量控制。

满足上述三个条件之后才能创建哈希索引，我们可以看到，同样的 SQL 语句至少需要执行 100 次才可能创建哈希索引，所以哈希索引的建立是针对高频执行并且查询条件没有变化的 SQL 语句的。

创建哈希索引的具体流程如下：

1）MySQL 默认初始化了 8 个哈希表用于存储哈希索引，创建哈希索引的时候根据当前数据页的索引 `id` 和表空间 `id` 计算出对应存储的哈希表。

2）获取该数据页的总记录数量，为该数据页中的每条记录创建哈希索引。

3）计算索引 ID+ 匹配列的数据 + 不匹配列中前面匹配的数据，共同得出对应的 `key`，这三个数据是在上述查询的时候生成的，MySQL 在查找和对比数据的时候可以知道匹配的列数量和不匹配列中匹配的字节数量，`value` 则是具体的数据记录，对应表中的一行数据。

4）将 `key` 和 `value` 插入对应的哈希表中。

至此，哈希索引创建成功。可以看到，MySQL 其实就是把经常访问的数据页中的所有记录都插入哈希表中，`key` 则是根据查询条件生成的，这样后续相同条件的查询就直接从哈希索引中获取数据，而不再遍历之前的 B+ 树索引。

那么，下面这条 SQL 语句创建哈希索引的流程是怎么样的呢？

```
select * from sbtest1 where id = 2000;
```

答案如下：

1）MySQL 会根据查询条件选择聚簇索引，然后去聚簇索引的根节点和叶子节点查找数据。

2）在查找的过程中，会生成 2 个数据作为哈希索引供后续使用。第一个是查询条件匹配的列数量，可以看到这里查询条件只有一列，所以这里为 1。第二个是如果列的数据不完全相等，那么就记录前面匹配的字节数量。这里是等值查询，列是完全匹配的，所以这里为 0。

3）满足建立哈希索引的条件后，就查找 `id=2000` 在哪个数据页中。

4）为这个数据页中的每条记录建立哈希索引，`key` 的生成通过计算索引 ID+ 匹配列的数据 + 不匹配列中前面匹配的数据得出。索引 ID 就不说了，匹配列的数据就是根据上述匹配列的数量从索引的每条记录中查找的，例如这里匹配列数量为 1，那么就是第一列的数据。然后不匹配列中匹配的数据为 0，这里就不用计算了。

5）生成 key 之后，value 就是具体的一条索引记录对应一行数据。

6）最终将 key 和 value 插入对应的哈希表中。

5.4.1　使用自适应哈希查询

下面介绍哈希索引是如何使用的。在哈希索引创建成功后，后续再次执行该语句时，会从哈希表中查询数据，大体流程如下：

1）通过索引 ID 和表空间 ID 计算出对应的哈希表。

2）通过索引 ID+ 匹配列的数据 + 不匹配列中前面匹配的数据来共同计算出对应的 key。

3）从该哈希表中获取该 key 对应的 value。

4）若 value 不为空，则返回。value 对应一条记录，就是保存之前聚簇索引的叶子节点对应的具体数据。

可以看到，在未创建哈希索引之前需要遍历 B+ 树索引，找到对应的叶子节点，返回具体的数据。在建立哈希索引之后，就直接在哈希索引中获取具体的数据并返回，这大幅提升了查询的效率。

5.4.2　自适应哈希索引的维护

我们已明确哈希索引的构建机制，其核心在于将聚簇索引的叶子节点中的具体数据映射至哈希表中，其中哈希表的键由检索条件生成。因此，当对应的数据发生更新或删除操作时，相应的哈希索引也需进行必要的调整。

在某些情况下，如在数据更新极为频繁的环境中，哈希索引的维护成本可能相对较高，因为数据的快速变动可能导致索引频繁重建与失效。因此，建议在实际应用中，根据业务特点进行充分的测试与评估，以确定哈希索引的适用性。同时，深入理解哈希索引的实现原理将有助于我们更有效地发挥其优势。

鉴于篇幅限制，此处不再深入阐述具体细节，有兴趣的读者可自行查阅相关源代码，特别是位于 `storage/innobase/btr/btr0sea.cc` 文件中的相关逻辑部分。

5.5　重做日志缓冲区

在 MySQL 数据库中，数据的写入操作严格遵循 WAL 原则。此原则要求，在数据实际被写入数据文件之前，必须确保相应的日志信息已被先行写入日志文件中。此机制的核心目的在于确保数据的持久性与一致性，即便在系统发生故障时，也能通过日志将数据恢复至最近的一致状态。

当数据库中的数据发生变更时，会自动生成相应的日志记录。这些日志记录首先被保存在内存中的一个特定区域，即重做日志缓冲区。随后，系统会将这些缓存在内存中的重做日志按照一定的流程写入磁盘上的日志文件中，以确保数据的持久存储。

接下来，我们将深入探讨 MySQL 中重做日志缓冲区的具体设计细节，以及日志写入磁盘时遵循的详细流程。

5.5.1 整体架构

与缓冲池相似，重做日志缓冲区是在系统内存中分配的一块区域，专门用于暂存重做日志记录。其设计相对简洁，核心功能在于临时存储并缓存这些日志记录。InnoDB 重做日志缓冲区的架构如图 5-5 所示。

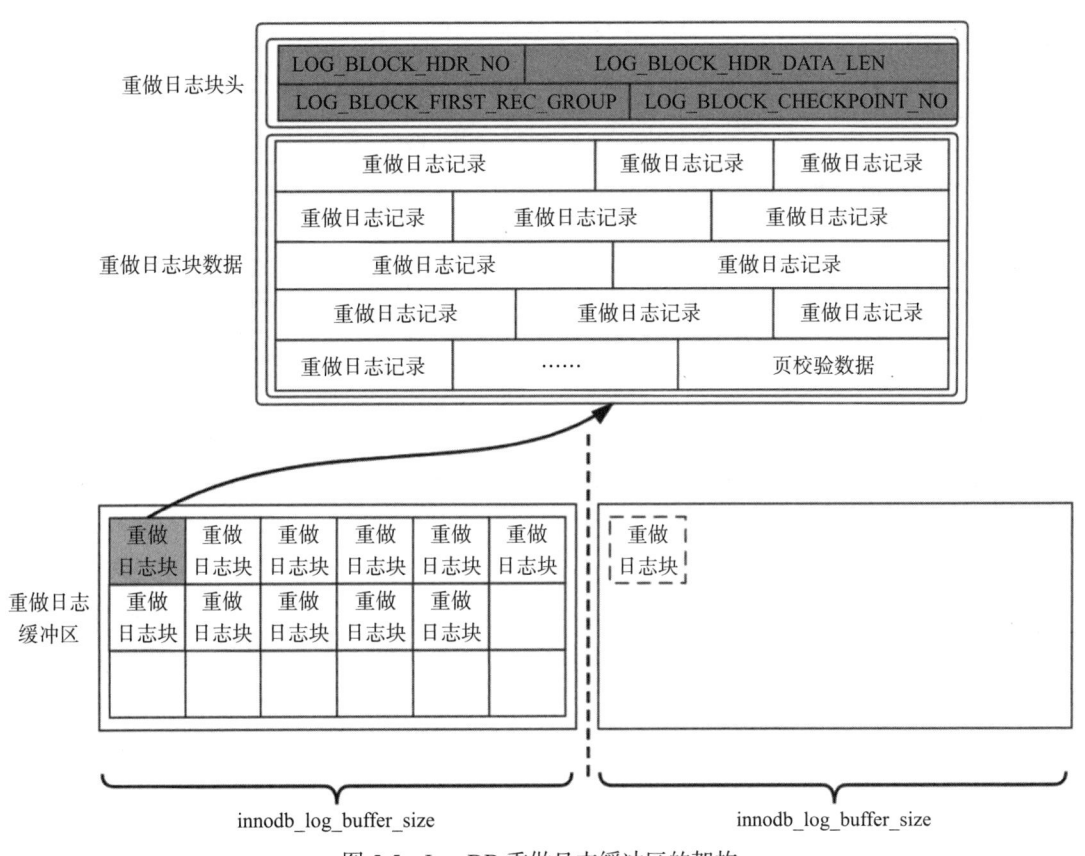

图 5-5 InnoDB 重做日志缓冲区的架构

在图 5-5 中，重做日志缓冲区被划分为两个大小相同的区域，其大小由 `innodb_log_buffer_size` 进行控制。在 MySQL 5.7.6 及后续版本中，该参数的默认值被设定为 16MB。在常规操作中，写入操作仅涉及其中一个缓冲区，而在执行刷盘操作时，会触发缓冲区的切换机制，即图 5-5 中的两个缓冲区将交替进行使用，具体细节将在后续部分详细阐述。

在缓冲区内部，维护了多个重做日志块，这些块构成了重做日志刷盘操作的最小单位。每个重做日志块的大小固定为 512B，与重做日志文件中一一对应。每个重做日志块由两部分组成：重做日志块头和重做日志块数据。其中，重做日志块数据进一步包含多个重做日志记录，这些记录具有不同的类型，将在后续关于重做日志的章节中深入进行介绍。

5.5.2 管理结构

上面介绍了重做日志缓冲区里面的内容，下面来看 MySQL 是如何管理重做日志缓冲区的。在 MySQL 内部用 `log_sys` 来管理重做日志缓冲区，`log_sys` 的类型为 `log_t` 结构体，它的字段及描述如表 5-4 所示。

表 5-4 `log_t` 结构体字段及描述

名称	描述
`lsn`	重做日志序列号
`buf_free`	重做日志缓冲区第一个空闲的 offset，复制重做日志到重做缓冲区就从当前位置开始写入
`buf_ptr`	指向重做日志缓冲区，默认情况下重做日志缓冲区会分配 2 块 innodb_log_file_size 大小的内存
`buf`	buf 指向 buf_ptr 指向的其中一块内存，循环切换
`log_groups`	用于管理重做日志文件
`write_lsn`	上一次写完重做日志的 lsn 号，这里还没有刷盘
`current_flush_lsn`	正在执行 flush 操作的 lsn
`flushed_to_disk_lsn`	上一次刷盘的 lsn

`log_t` 中字段较多，表 5-4 中只列举了主要的字段，这里重点介绍 `buf_ptr` 和 `buf`，其他字段在后续的内容中也会有涉及。

在 MySQL 数据库中，通过调整 `innodb_log_buffer_size` 参数，我们能够精确控制重做日志缓冲区的容量。值得注意的是，在 MySQL 初始化这一缓冲区时，实际上会分配两倍于 `innodb_log_buffer_size` 指定大小的内存空间。这一内存分配过程通过内部调用 `calloc` 方法实现，与 `malloc` 相比，`calloc` 在分配内存的同时会将其初始化为零。

重做日志缓冲区与缓冲池在内存管理上存在显著差异。重做日志缓冲区在初始化阶段即由操作系统分配并初始化内存，而缓冲池虽然申请了内存空间，但并未立即进行初始化，其内存的真正分配与初始化发生在后续的使用过程中。

表 5-4 中提及的 `buf_ptr` 指针指向整个重做日志缓冲区的起始位置，而 `buf` 指针则用于指向并循环切换至缓冲区中的特定部分。这种设计旨在优化 MySQL 的重做日志处理机制。

在 MySQL 中，重做日志的基本单位是日志记录，但刷盘操作的最小单位是重做日志块，每个重做日志块固定为 512B，这一设计与磁盘扇区的大小相匹配，确保了重做日志的原子性写入，避免了数据不一致的风险。在将重做日志写入磁盘时，MySQL 可能一次性写入多个重做日志块，但最后一个重做日志块可能并未完全填满。为了处理这种情况，MySQL 采用了双缓冲机制：首先，所有重做日志记录被写入第一个重做日志缓冲区 A；当执行刷盘操作时，将最后一个未填满的重做日志块复制到另一个重做日志缓冲区 B 中；随后，新的重做日志记录将继续写入缓冲区 B 中上次未写满的重做日志块，直至其再次被填满；之后，随着更多重做日志块的写入，缓冲区 B 也将被刷盘，其未填满的重做日志块再次被复制到缓冲区 A 中，如此循环往复。

前面我们已对重做日志缓冲区的管理方式有了初步了解。接下来，我们将深入解析重做日志中的一个核心概念——MTR（Mini-Transaction）。MTR 在 MySQL 执行物理层面的操作时扮演着确保操作原子性的关键角色。具体而言，一个 MySQL 事务通常涵盖多个 MTR 事务，而每个 MTR 事务则进一步包含多条重做日志记录。

在 MTR 事务的执行过程中，若涉及对页或索引的修改，MTR 将自动对这些资源进行锁定，以确保数据的一致性和完整性。一旦操作完成，相应的锁将被释放，以允许其他事务操作或访问这些资源。

值得注意的是，在 MTR 事务的生命周期内，所产生的所有重做日志记录会首先被临时存储在 MTR 缓冲区中。这一设计旨在提高日志记录的效率和性能。随后，在 MTR 事务提交时，这些暂存的重做日志记录将被批量复制到重做日志缓冲区中，以便后续的恢复和复制操作使用。

综上所述，MTR 作为 MySQL 事务处理中的一个重要组件，通过其精细的锁管理和日志记录机制，为数据库的物理操作提供了强有力的原子性保障。

在 MySQL 内部，MTR 的使用方式如下：

```
mtr_start(&mtr);
write redo log record to mtr buf
  write redo log record to mtr buf
  write redo log record to mtr buf
  write redo log record to mtr buf
  ......
mtr_commit(&mtr);
```

5.5.3　更新语句的流程

现在我们已对重做日志缓冲区的管理机制有了清晰的认识。接下来，我们需要关注的是，在执行更新语句的具体场景下，重做日志记录是如何被精确地写入到这一关键缓冲区的。以下，我们将详细阐述执行更新语句时，重做日志记录写入流程的具体步骤。

InnoDB 重做日志的写入流程如图 5-6 所示。

从图 5-6 可知，整个写入流程主要包含如下几个步骤：

1）客户端发送更新语句到服务器端。

2）服务器端执行更新语句会产生多个 mtr 事务，每个事务包含 1 条或多条重做日志记录（具体可参考第 6 章中的重做日志文件章节）。

3）产生的重做日志记录会临时保存到 mtr 缓存中。

4）每次提交 mtr 事务的时候，会把当前缓存的内容复制到重做日志缓冲区中。注意，在 MySQL 8.0 之前，这个地方需要加一个全局的锁。加锁是为了保证一个 mtr 事务完整地写入到缓冲区中，不然可能导致多个 mtr 事务交叉写入，这将会影响性能。MySQL 8.0 通过预先分配的思想解决了这个问题。

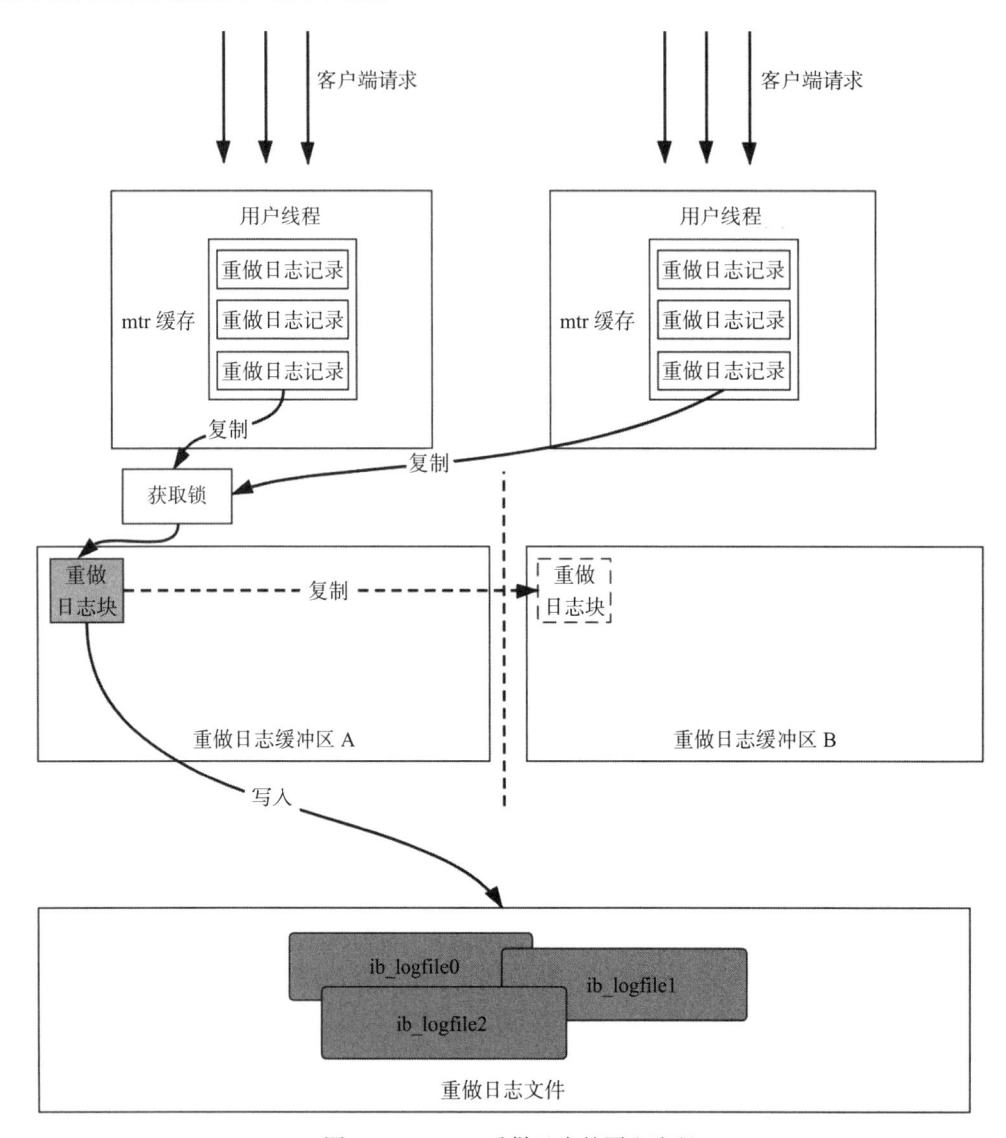

图 5-6　InnoDB 重做日志的写入流程

5）在 mtr 事务提交的时候，同时也可能触发将脏的数据页加入缓冲池的 flush 链表中。

6）将重做日志记录复制到重做日志缓冲区后，会进行重做日志缓冲区切换，就是图 5-6 中重做日志缓冲区 A 和重做日志缓冲区 B 切换。重做日志缓冲区 A 的最后一个未写满的块会被复制到重做日志缓冲区 B，后续新的写入就复制到重做日志缓冲区 B 中，接着这个块里面空闲的区域继续写入。

7）InnoDB 会将重做日志缓冲区进行刷盘，刷盘的动作可以主动或者被动触发，后续会详细介绍。

5.5.4 重做日志刷盘

前面我们已经了解了重做日记记录是如何写入重做日志缓冲区的，那么重做日志缓冲区又是怎样刷盘的呢？

重做日志刷盘主要在以下 3 个地方触发：
- **事务提交阶段**。在 MySQL 事务提交的时候会将数据写入数据文件中，在提交的第一个阶段就会将重做日志刷盘，保证当前数据产生的重做日志都已经刷盘后才能进行数据文件的刷盘。
- **后台刷脏线程**。由于需要保证 WAL 的原则，在将数据页写入磁盘之前，一定要先写入该数据页之前产生的所有重做日志记录，这主要是通过重做日志刷盘的 `lsn` 要大于该数据页的 `lsn` 来保证的。
- **后台 master 线程**。它会将当前时间和上一次时间做对比，如果大于 1s，则进行日志刷盘，刷盘前会比较当前的 `flush lsn` 是否小于重做日志 `lsn`，并查看后台是否有正在刷盘的操作，满足这两个条件之后才能进行重做日志刷盘操作。master 线程在检查点的时候也会触发重做日志刷盘，需要保证当前检查点之前的重做日志都已经刷盘。

刷盘流程

在 MySQL 中，重做日志缓冲区刷盘是同步 I/O，而检查点的写入重做日志文件是异步 I/O。一次将一个或者多个日志块写入到重做日志文件中，未写满的日志块则复制到另一个日志缓冲区中。在 Linux 下，同步 I/O 最终是调用 `pwrite` 方法进行写入的，写入文件中的 `offset` 是由 `lsn` 计算出来的。

刷盘这里还涉及三个参数：
- `innodb_flush_log_at_trx_commit`。该参数用来控制重做日志刷盘的频率，默认为 1，表示每次事务提交都需要将重做日志刷盘，这样能完全保证 ACID 特性。还可以设置为 0 或者 2。设置为 0 时，每秒将重做日志缓冲区的内容写入磁盘并刷盘；设置为 2 时，每个事务都将重做日志缓冲区的内容写入磁盘，然后每秒将写入的内容进行刷盘操作。这里的 1s 并不能保证准确，因为这个操作由 MySQL 后台线程控制，线程需要执行其他逻辑和进行调度，不能保证准确的 1s，不过相差也不会太大。前面介绍了 MySQL 重做日志刷盘主要在 3 个地方触发，其实就是对应该参数的配置项，设置为 1 就是在事务提交阶段触发刷盘，设置为 0 或者 2 就是在后台线程中触发。
- `innodb_log_write_ahead_size`。该参数主要是为了解决 read-on-write 问题，read-on-write 指的是在写入数据到操作系统文件上的时候，写入的数据量大小可能跟文件系统的块大小不一致，最终导致需要把要写的那块区域先读取到内存中，在内存中写完再写入到文件系统中。每次写重做日志块只需要 512B，可能需要从文件系统读取 4KB 大小的文件块到操作系统内存中，然后在内存写入其中的 512B，再写入文件系统中。如果写入大小是 4KB，则不用读取到操作系统内存中，直接写入文件系统即可。MySQL 引入了 `innodb_log_write_ahead_size` 参数，该参数的原理是，一个重做日志块的大小为 512B，我们要进行写入磁盘操作，但是文件系统或者操作系统的一个块的大小为 4KB，那么我们将 `innodb_log_write_ahead_size` 设置为 4KB，这样在写入的时候每次写入 4KB，512B 后的数据用 0 进行填充，这样就可以避免 read-on-write，如果一次写入的重做日志块为 8 个，总共 4KB，则不需要进行填充。

- `innodb_log_compressed_pages`。当使用 InnoDB 表压缩特性的时候，默认会将整个压缩页复制到重做日志文件中，这会增加重做日志量。其主要原因是为了防止 MySQL 在崩溃恢复的时候，zlib 的版本不一致导致压缩页损坏。zlib 版本通常情况下不会变化，所以可以把这个参数关闭，在压缩场景下它能节省一半左右的重做日志，并且性能也有小幅提升。

5.6 双写机制

鉴于磁盘存储的基本单位是 512B，而 MySQL 数据库管理系统在进行数据读写操作时，其最小单位通常是一个数据页，该数据页的大小一般为 16KB。因此，在数据写入过程中，若遭遇断电或其他异常情况，可能导致数据页未能完整写入，进而引发数据页损坏及数据不一致的问题。

为解决数据页在写入过程中可能发生的部分失败问题，MySQL 引入了双写机制。具体而言，数据首先被写入双写缓冲区，随后再被写入用户数据文件。这一流程有效避免了直接写入用户数据文件可能导致的数据页损坏且无法恢复的风险。即便在数据页写入过程中发生损坏，通过双写区，也能在恢复过程中从该区域复制回完整的数据页。

该机制的核心思想在于，先将待修改的数据页写入到一个独立的、专用于此目的的文件中。一旦该写入操作成功完成，MySQL 随后会将这部分数据从该临时文件中分别复制到其对应的数据文件中。本节将深入阐述双写机制的详细流程及其背后的原理。

InnoDB 双写缓冲区的写入流程如图 5-7 所示。

其主要工作流程如下：

1）客户端发送更新请求，如果更新的数据在缓冲区没有，就会去数据文件中读取相应的数据页。

2）读取后放入到缓冲区的 LRU 链表中，然后修改该数据页，再将该数据页放入 flush 链表中。

3）由后台刷脏线程主动将该修改的数据页写入数据文件。

4）将该脏页复制到内存中的双写缓冲区，再同步将双写缓冲区中的内容写入系统数据文件中的双写区中。

5）写入成功后再将该脏页以异步 I/O 的方式写入对应的用户数据文件。

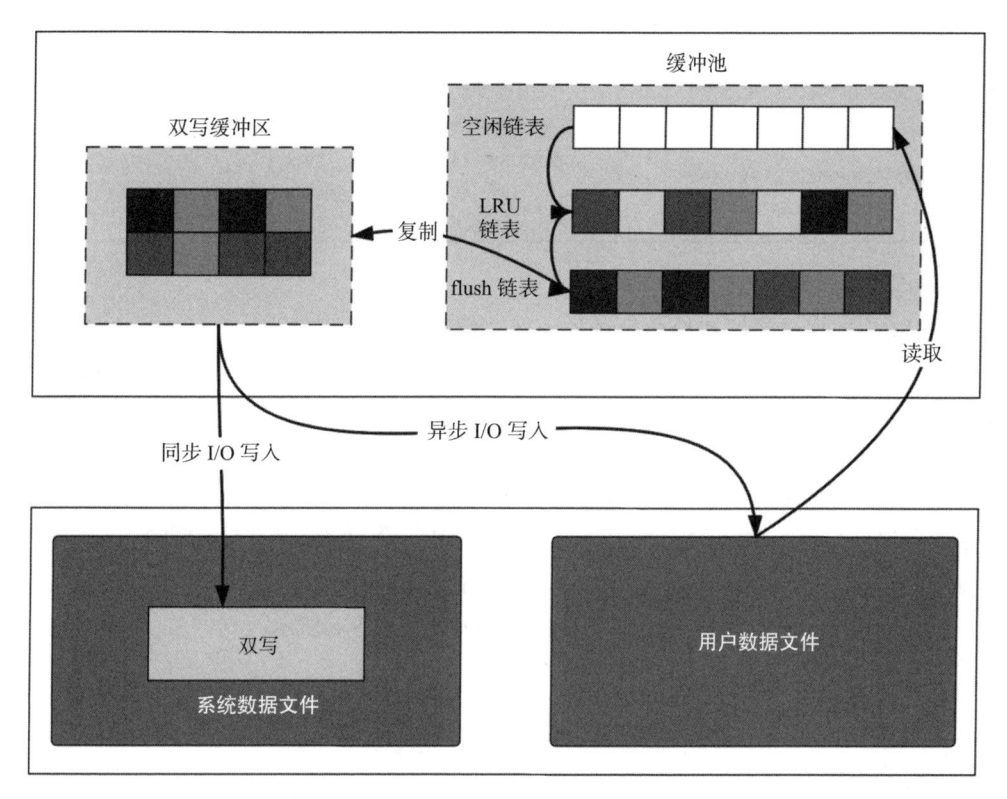

图 5-7　InnoDB 双写缓冲区的写入流程

5.6.1　双写缓冲区管理

这里主要包括双写缓冲区初始化、MySQL 启动初始化以及写入流程。

1. 双写缓冲区初始化

在 MySQL 数据目录的初始化过程中，双写缓冲区的初始化是一个关键步骤。此流程主要涉及在系统数据文件中分配一块逻辑上连续的空间，该空间的大小固定为 2MB。为实现这一目标，MySQL 会分配两个连续的区，每个区默认负责管理 1MB 的连续页。随后，双写区的相关元数据信息会被记录到事务页中，以确保在 MySQL 后续启动时，能够准确地识别并定位双写区的存储位置。这一过程确保了数据的一致性和完整性，是 MySQL 数据库稳定运行的重要基础。

上述双写区的元数据会存储到事务页中，那么具体存储的是什么数据呢？InnoDB 双写缓冲区如表 5-5 所示。

表 5-5　InnoDB 双写缓冲区

名称	偏移	描述
`TRX_SYS_DOUBLEWRITE_FSEG`	0	存储文件段，用于后续给缓冲区分配数据页
`TRX_SYS_DOUBLEWRITE_MAGIC`	10	双写缓冲区 magic number
`TRX_SYS_DOUBLEWRITE_BLOCK1`	14	双写缓冲区分为两块，指向第一个块的第一个页
`TRX_SYS_DOUBLEWRITE_BLOCK2`	18	双写缓冲区分为两块，指向第二个块的第一个页
`TRX_SYS_DOUBLEWRITE_REPEAT`	12	重复存储 `TRX_SYS_DOUBLEWRITE_MAGIC`、`TRX_SYS_DOUBLEWRITE_BLOCK1`、`TRX_SYS_DOUBLEWRITE_BLOCK2` 字段的值，在事务页写入到磁盘上异常的情况下，还是可以恢复这些元数据信息

2. MySQL 启动初始化

在 MySQL 数据目录的初始化过程中，双写缓冲区已被配置并分配了连续 2MB 的空闲空间于系统数据文件中。除了双写缓冲区的初始化之外，MySQL 服务启动之际还需执行一系列必要的初始化步骤。具体来说，关于双写缓冲区的进一步操作涉及读取相关的元数据，并为其在内存中分配相应的空间。

在 MySQL 启动流程中，针对双写区的具体处理包括：将先前存储于事务页中的双写区元数据信息提取出来，随后将这些信息加载至内存中一个特定的数据结构中以供后续使用。此数据结构在 MySQL 内部被定义为 `buf_dblwr_t` 结构体，它负责维护双写区的元数据信息。`buf_dblwr_t` 结构体中关键字段的具体描述如表 5-6 所示，它们共同协作以确保双写缓冲区在 MySQL 运行过程中的有效性和一致性。

表 5-6　`buf_dblwr_t` 结构体中关键字段的具体描述

名称	描述
`block1`	指向双写区第一块的第一个页，对应双写区元数据中的 `TRX_SYS_DOUBLEWRITE_BLOCK1`
`block2`	指向双写区第二块的第一个页，对应双写区元数据中的 `TRX_SYS_DOUBLEWRITE_BLOCK2`
`first_free`	在双写缓冲区第一个空闲的位置，以页为单位
`write_buf`	指向双写缓冲区

`buf_dblwr_t` 结构体维护了一个 `write_buf` 字段，指向双写缓冲区。在 MySQL 启动的时候会申请一块大小为 2MB 的内存作为双写缓冲区，该内存直接从操作系统申请。

3. 写入流程

在数据写入的时候，先将脏页复制到双写缓冲区中，然后将双写缓冲区写入系统数据文件，最后再将双写区对应的脏页写入其对应的数据文件。写入的大体流程前面已经介绍过，这里还需要注意两点：

- 双写缓冲区每次最多写入 1MB，如果超出 1MB，剩下的第二次再写入，一次刷脏流程最多写入 2MB 数据。
- 这里双写缓冲区写入到系统数据文件是同步 I/O，因为需要马上知道双写缓冲区是否写入成功，后续脏页写入到对应的数据文件需要依赖前面的操作。脏页写入到对应的数据文件中是异步 I/O。

5.6.2 数据的可靠性保证

上述为正常写入的流程，如果写入的时候发生了异常，双写机制如何保证数据页写入的可靠性呢？

可以分为以下两种情况：

- **写入双写缓冲区失败**。这会导致 MySQL 直接崩溃，在下次启动的时候会进行崩溃恢复，此时数据页并未损坏，崩溃恢复会利用重做日志记录前滚数据库，例如插入语句会从重做记录中解析再插入对应的数据页中，然后通过事务的状态来确定是否需要提交或者回滚，最终保证数据一致。
- **写入双写缓冲区成功，但是写入到数据文件失败**。脏页写入数据文件过程中 MySQL 崩溃，在下次启动的时候 MySQL 会进行崩溃恢复，此时当时写入的数据页可能已经损坏，崩溃恢复的一个阶段就是从双写缓冲区中读出对应完整的数据页然后复制到数据文件对应的位置来覆盖数据文件中损坏的页，这样损坏的页就修复了，然后再通过事务状态确认是否需要提交和回滚，最终保证数据一致。

至此，双写机制的介绍全部完成。尽管双写机制确保了数据页写入的可靠性，但它也伴随着一定的性能损耗。

> **注意** 尽管数据被写入了两份，但由于双写缓冲区采用合并数据页刷盘的方式，且为顺序写入，因此性能损耗并非简单的减半。根据广泛的测试数据，引入双写缓冲区后，性能损耗在 5% 左右。

此外，随着存储技术的不断发展，部分现代存储设备已支持 16KB 的原子写操作。在此情况下，双写机制实际上可被视为冗余，因为原子写操作本身已能确保数据页写入的可靠性。因此，MySQL 内部在检测到底层存储设备为 Fusion-IO 等支持此类特性的设备时，会默认关闭双写缓冲区，以优化性能并减少不必要的资源消耗。

5.7 后台线程

在 2.2 节中，我们了解到 InnoDB 有多达 26 个线程，由于篇幅有限，这里我们只详细介绍 4 个重要的线程。

- master 线程
- I/O 线程
- 刷脏线程
- 清理线程

5.7.1 master 线程

在 MySQL 数据库中，master 线程扮演着至关重要的后台处理角色，其职责涵盖了多项核心任务，诸如后台表删除操作、重做日志的磁盘写入以及执行检查点等。以下是对 master 线程工作流程的详尽阐述。

master 线程作为 MySQL 的一个核心后台进程，在数据库系统启动时即被激活，并持续以每秒一次的频率循环执行任务。其工作范畴可明确划分为两个主要阶段：空闲时段处理任务、活跃时段处理任务。

> **注意** 尽管这两个阶段在任务性质上大致相同，但在任务执行的频率上却存在显著差异。具体而言，当 MySQL 执行 DML 操作时，master 线程即被触发进入活跃状态。

接下来，我们将对这两个阶段 master 线程所执行的具体任务进行更为细致的说明。

在 master 线程中，主要有如下工作任务：后台删除表、检查重做日志空闲是否够用、插入缓冲区合并、驱逐表缓存中的表、将重做日志刷盘、进行一次检查点。

1. 后台删除表

当我们删除表的时候，如果表正在被外键或其他地方引用，这时不会立即删除，会直接向用户返回成功，然后将该表加入链表中。后台 master 线程就会扫描这个链表，满足条件后即可进行删除。

2. 检查重做日志空闲是否够用

用户线程在每次将重做记录复制到重做缓冲区的时候，会有如下检查：

```
log_sys->lsn - log_sys->last_checkpoint_lsn + margin > log_sys->log_group_
    capacity
```

上述公式指的是如果当前 `lsn` 减去上一次进行检查点的 `lsn` 再加上当前写入重做日志的长度大于重做日志总长度，就说明重做日志不够用了，必须触发检查点。这时候会标记 `check_flush_or_checkpoint` 为 `true`，后台 master 线程发现该标记为 `true` 就会触发重做日志刷盘和检查点。

3. 插入缓冲区合并

在 5.3 节中，我们已经提到插入缓冲记录的主动合并是由后台线程负责的，合并的大致流程就是从系统数据文件中读取插入缓冲表中的插入缓冲记录，然后将其记录更新到对应的数据页中，可能多条记录对应一个数据页，更新完成之后进行刷盘。那这样原本需要多次 I/O 的操作最终合并成一次 I/O，这就是插入缓冲合并。

4. 驱逐表缓存中的表

在 MySQL 中打开的表都会将表定义存放到表定义缓存中，但是数量是受 `table_definition_cache` 参数控制的。在后台线程中会检查当前缓存的表的数量是否大于

`table_definition_cache` 参数，如果大于就开始驱逐表，直到缓存的表数量小于或等于 `table_definition_cache` 参数值。

5. 将重做日志刷盘

会将当前时间和上一次时间做对比，如果大于 1s，则进行日志刷盘，刷盘前会比较当前的 `flush lsn` 是否小于重做日志 `lsn`，并查看后台是否有正在刷盘的操作，满足这两个条件之后才能进行重做日志刷盘操作。

6. 进行一次检查点

这里进行检查点不触发刷脏，只是将缓冲池脏页中最小的 `lsn` 写入重做日志文件。如果没有脏页则写入当前系统的 `lsn`。

5.7.2 I/O 线程

I/O 线程在 MySQL 中主要是配合异步 I/O 做一些收尾工作，在将对应的缓存数据写入对应的文件中后，I/O 线程负责处理后续收尾的事情，其中 I/O 线程又分为以下 4 种类型：

- **读 I/O 线程**。异步从数据文件中读取数据页后，读 I/O 线程负责接收异步处理结果并处理后续收尾工作。
- **写 I/O 线程**。将缓冲区的数据页异步写入数据文件后，写 I/O 线程负责接收异步处理结果并处理后续收尾工作。
- **日志 I/O 线程**。在进行 checkpoint 的时候，将信息异步 I/O 写入重做日志文件，日志 I/O 线程负责接收异步处理结果并处理后续收尾工作。
- **插入缓冲 I/O 线程**。插入缓冲合并的时候采用异步 I/O 读取数据页，插入缓冲 I/O 线程负责接收异步结果并做后续的收尾处理。

这里我们重点介绍读写 I/O 线程，它在 MySQL 日常的读写操作中有着至关重要的作用，并且也是决定 MySQL 读写性能的关键因素。在 MySQL 5.7 中默认开启 4 个读 I/O 和 4 个写 I/O 线程，并且最多支持开启 64 个线程。这里大家不要简单地认为把读写 I/O 线程调大就能提升 MySQL 的性能。至于为什么，下面我们来看一下。

首先我们来看 InnoDB 的读写 I/O 流程如图 5-8 所示。

1. 写入流程

写入流程主要包括：

1）刷脏线程在缓冲池的 flush 链表或 LRU 链表中将对应的数据页进行刷脏，将其复制到双写缓冲区。

2）双写缓冲区的内容会调用同步 I/O 进行写入，在 Linux 上一般对应 `pwrite` 方法。

3）写入成功后会将数据页进行异步写入，在 Linux 上调用 `io_submit` 方法进行异步写入，该方法会封装具体的操作类型、操作文件的 `fd`、对应的偏移量、写入的数据及大小等。

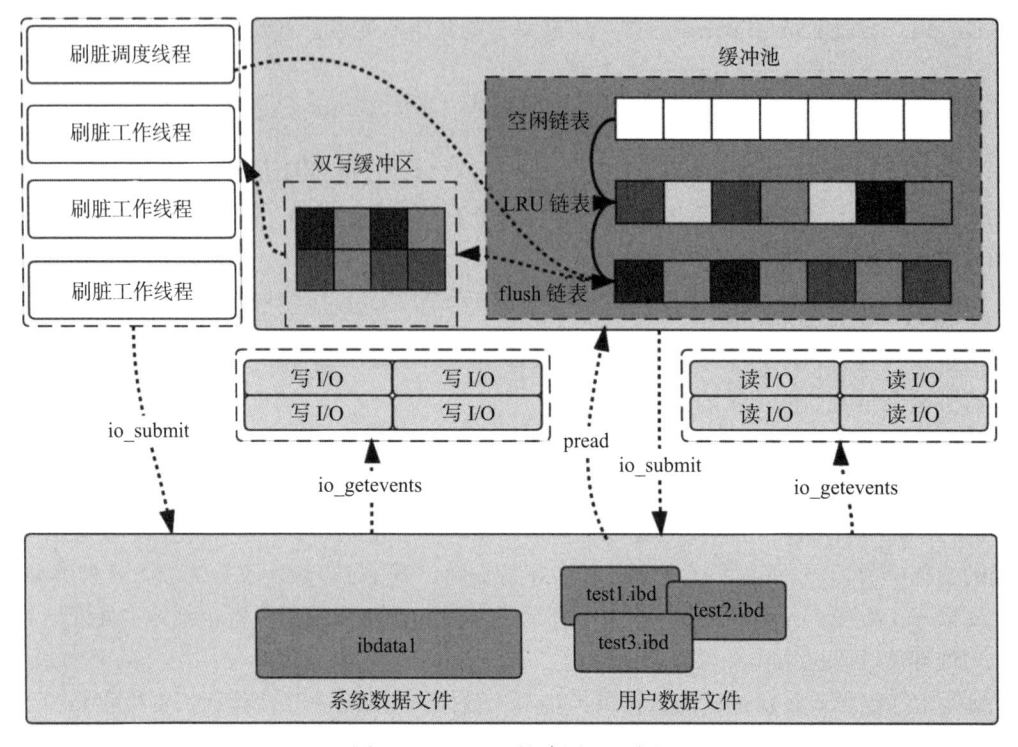

图 5-8　InnoDB 的读写 I/O 流程

4）`io_submit` 会直接返回结果，不用等写入成功，这时候刷脏线程会进行下一个数据页的写入。

5）多个写 I/O 线程会调用 Linux 的 `io_getevents` 方法来获取异步 I/O 处理的结果。

6）拿到异步处理的结果后，写 I/O 线程还会进行一些收尾处理，例如从缓冲池的 flush 链表中移除对应的数据页，并且更新双写缓冲区。移除的数据页会清空并放入到缓冲区中的空闲链表供后续使用。

2. 读取流程

读取流程包含同步 I/O 和异步 I/O，正常的读取数据页是同步 I/O，在预读数据页的时候用的是异步 I/O。

同步 I/O 的流程如下：

1）用户线程发起 SQL 语句请求查询对应的数据，最终会去缓冲池中找对应的数据页，如果不存在就去数据文件读取。

2）这里读取是同步 I/O，在 Linux 下一般调用 `pread` 方法。

3）发送请求前会初始化一个内存页，然后将这个内存页的地址传入同步 I/O 的方法中。

4）从数据文件中读取的数据页会赋值给刚刚初始化的内存页。

5）然后会进行一系列的操作，例如进行解压、判断页是否损坏等。

在 MySQL 中为了提高读的性能，提供了预读的机制，分为有线性预读和随机预读两种方式，无论哪种方式，总体思想就是在同步读取当前数据页的时候，会触发读取该数据页后续的页，甚至后续整个区。并且读取的方式是异步 I/O，这里用异步 I/O 是为了更快地返回，而不影响当前用户线程的执行效率，异步 I/O 的具体流程如下：

1）用户线程执行 SQL 语句请求对应的数据，会触发预读。

2）预读会发送异步 I/O 请求，在 Linux 上会调用 `io_submit` 方法，同上述写入流程一样，这里只是操作类型不一样，上述是写入而这里是读取。

3）发送请求前会初始化一个内存页，然后将这个内存页的地址传入到异步 I/O 的方法中。

4）多个读 I/O 线程会调用 Linux 的 `io_getevents` 方法来获取异步 I/O 处理的结果。

5）拿到异步处理的结果后，会将从数据页中读取的数据页自动赋值给刚刚初始化的内存页。

6）检查页是否损坏，看是不是在双写中（新读出来的页不应该在双写中），如果是压缩页还要尝试解压，看是否成功，以及做插入缓冲区合并等。

现在我们知道了同步 I/O 和异步 I/O 的流程，那么在 MySQL 中什么情况使用同步 I/O，什么情况使用异步 I/O 呢？

同步 I/O 的使用场景包括：

❑ 重做日志缓冲区写入重做日志文件。

❑ 双写缓冲区写入系统数据文件。

❑ 将数据页读取到缓冲区。

异步 I/O 的使用场景包括：

❑ 进行 checkpoint 的时候，采用异步 I/O 将 checkpoint 信息写入重做日志文件。

❑ 将缓冲池中的脏页写入对应的数据文件。

❑ 随机或线性预读的时候，将数据页读取到缓冲池。

其实本小节介绍的 I/O 线程都是为异步 I/O 服务的，主要做一些收尾的工作。异步 I/O 又分为 MySQL 自身实现的 `Simulated aio` 和使用操作系统的 `Linux native aio`，现在默认都使用操作系统的，这里面其实还有很多细节，感兴趣的读者可以自行研究。

另外，这里的主要参数有 innodb_use_native_aio。该参数用于设置是否使用 Linux 异步 I/O 子系统，默认开启，这里也建议开启，依赖 Linux 的异步 I/O 子系统性能会有所提升。

5.7.3 刷脏线程

在上述整体架构的阐述中，我们明确了刷脏线程的核心职责在于将脏页数据刷新至磁盘，此过程进一步细化为调度线程与工作线程的协同作业。接下来，我们深入剖析刷脏线程的脏页刷新流程。

在上一小节关于 I/O 线程流程图的解析中，已初步勾勒出刷脏线程的基本运作框架。基于这一基础，我们将详细展开刷脏流程的各个环节。

1）遍历缓冲区的 flush 链表，拿到脏页。

2）在把该脏页写入到磁盘之前需要保证该脏页前的重做日志需要刷盘，也就是保证重做日志的刷盘的 lsn 需要大于脏页的 lsn，这样才能保证日志先行的机制。

3）将脏页进行初始化，主要将 lsn 和页校验数据写入到脏页中。

4）判断是否有开启双写缓冲区，如果没有开启就直接进行脏页刷盘。

5）如果开启就将脏页复制到双写缓冲区，默认情况下每次刷 20 个脏页。

6）将双写缓冲区同步的写入到系统数据文件中对应的双写区。

7）遍历双写区的脏页，依次将脏页异步的写入到数据文件中，这里就跟上一小节中介绍的 I/O 线程能对应上，写完之后，对应的 I/O 线程就做收尾的处理。

这里只是大体介绍了刷脏页的流程，里面其实还有很多细节，感兴趣的读者可以自行阅读其相关源码逻辑，主要逻辑在 `storage/innobase/buf/buf0flu.cc` 方法中。

注意 无论是调度线程还是工作线程，在执行脏页刷新任务时，均会遵循相同的流程框架，即各自认领一个缓冲区实例进行后续操作。

这里相关参数主要有 `innodb_flush_method`、`innodb_io_capacity` 和 `innodb_flush_neighbors`。

`innodb_flush_method` 参数设置数据页和重做日志刷盘的方式，可选值包括：

- **`fsync`**，这是默认值，表示每次写数据文件和重做日志的时候都先写入到操作系统缓冲区，再调用 `fsync` 方法将操作系统缓冲区的内容刷到磁盘中。这里建议生产环境采用默认值。
- **`O_DSYNC`**，对于重做日志采用 `O_DSYNC` 方式写入，每次写入的时候强制将缓冲区刷盘，对于数据页还是采用先写操作系统缓冲区再用 `fsync` 进行刷盘。
- **`O_DIRECT`**，对于数据页采用 `O_DIRECT` 方式写入，每次写入的时候会绕过操作系统的缓冲区，直接写入磁盘中。对于重做日志则先写缓冲，再调用 `fsync` 进行刷盘。

`innodb_io_capacity` 参数设置每秒最大的 I/O 操作次数，单位为页。该参数是所有缓冲池共用的，在好的磁盘上可以适当调整该值来提升性能。

`innodb_flush_neighbors` 参数设置在刷脏时是否将相邻的脏页也进行刷盘，可选值包括：

- 0，表示不将相邻的页进行刷盘。
- 1，表示将同一个区相邻的脏页进行刷盘。
- 2，表示将同一个区所有的脏页进行刷盘。

对于机械硬盘来说，刷相邻的页可能减少磁盘寻址的时间，可以开启该参数。不过对于 SSD 磁盘来说，寻址不是影响速度的关键因素，可以关掉该参数。

5.7.4 清理线程

在 InnoDB 存储引擎中，数据删除后只是标记删除，并不会马上从数据文件中删除。后台清理线程的主要工作就是删除这些数据，清理线程也分为调度线程和工作线程，调度线程将删除的任务分发给工作线程，工作线程来进行具体的删除操作。

InnoDB 清理线程的流程如图 5-9 所示。

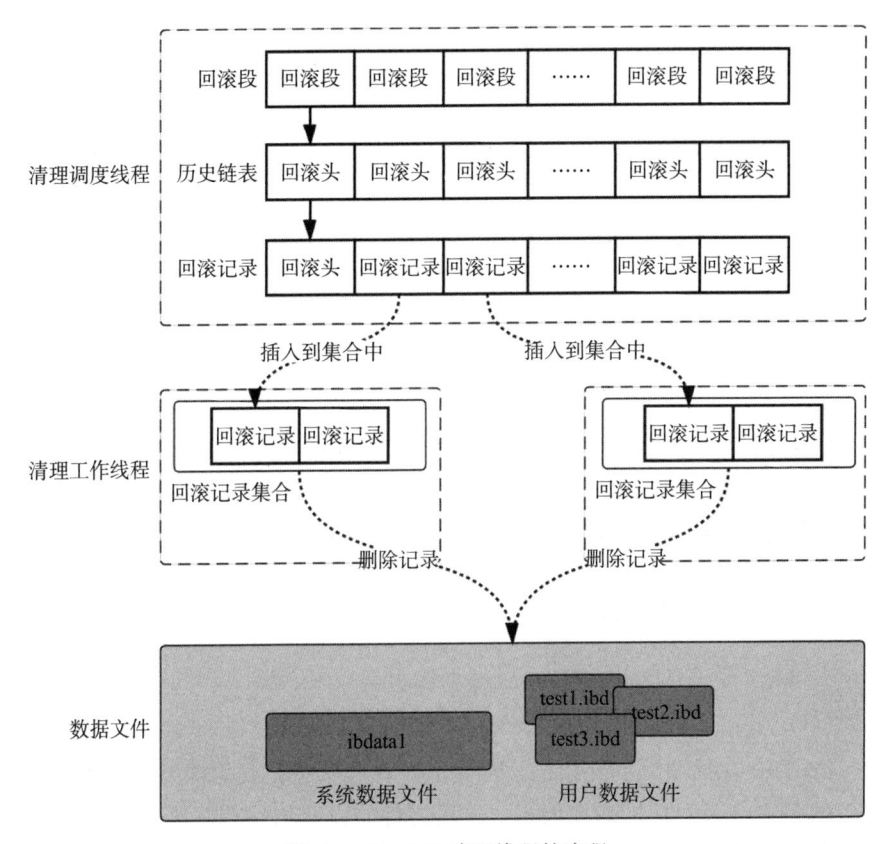

图 5-9　InnoDB 清理线程的流程

具体而言，调度线程的主要处理流程为：

1）遍历所有的回滚段，默认为 96 个，然后针对每个回滚段遍历其维护的历史链表，在历史链表保存指向回滚头的指针，每个回滚头维护一批回滚记录。

2）每次拿到一条回滚记录后，都会插入对应的工作线程维护的集合中，依次轮询插入，这样每个工作线程处理的回滚记录就比较均匀。

3）重复上述步骤直到处理超过 300 条回滚记录，调度线程就会退出，等待下一次被唤醒执行。

4）定期删除历史链表中已经做完清理的回滚，由 `innodb_purge_rseg_truncate_frequency` 参数控制频率，默认清理调度线程每执行 128 次就删除一次回滚记录，主要是将对应的 undo header 从历史链表中移除。

工作线程的主要处理流程为：

1）当调度线程将回滚记录插入工作线程维护的集合中后，工作线程就从该集合中取出回滚记录依次进行处理。

2）处理流程首先需要解析回滚日志，得到对应的 `table id`、索引信息以及主键或者唯一键的值，然后根据这些信息就能到数据文件中找到对应的记录。

3）找到对应的记录后就开始删除，删除主要分删除聚簇索引和二级索引，先删除二级索引记录再删除聚簇索引记录。

4）这里的删除其实只是将记录从数据页的记录链表中移除，然后挂到对应的 `PAGE_FREE` 链表中。

上述就是调度线程和工作线程的大致处理流程。

注意 这里历史链表中的回滚记录其实指的是一组记录，表示一个事务对应的回滚记录，由一个回滚日志记录头和多个回滚日志组成，这在第 6 章中会详细介绍。

这里的主要参数为以下两项：

- `innodb_purge_batch_size`。该参数设置清理线程每次从历史链表中读取多少个回滚日志记录，默认为 300 个。该参数可根据实际情况进行调整。
- `innodb_purge_rseg_truncate_frequency`。该参数主要用于控制从历史链表中删除回滚记录的频率，默认为调度线程执行 128 次后删除一次回滚记录。可以适当将该参数调小来提高删除回滚记录的频率。

5.8 总结

至此，InnoDB 存储引擎的介绍已全部完成。在本章中，我们深入探讨了 InnoDB 存储引擎内存中的各组件及对应的后台线程。这些组件的设立均旨在解决特定的性能或数据完整性问题，具体表现为：

- 缓冲池旨在加速数据访问速度，减少磁盘 I/O 操作。
- 重做日志缓冲用于管理重做日志记录的顺序刷盘过程，确保数据恢复时的完整性和一致性。
- 插入缓冲机制则针对二级索引的随机 I/O 问题进行了优化，提高了索引构建和更新的效率。
- 双写机制通过双重写入数据页的方式，有效解决了写入过程中可能发生的页损坏问题。
- 自适应哈希索引的引入，进一步提升了高频查询操作的性能，减少了查询响应时间。
- 不同的后台线程各司其职，协同工作，共同维护着 InnoDB 存储引擎的高效运行。

这些组件与后台线程的组合，犹如一条精密的流水线，将用户操作的数据准确无误地写入磁盘文件中。

在介绍完 InnoDB 存储引擎内存中的各组件及工作机制后，我们将进入第 6 章，探讨 InnoDB 存储引擎文件的组织结构。

第 6 章 Chapter 6

InnoDB 文件组织

InnoDB 涵盖多种类型的文件，本章将重点关注其中三个：数据文件、重做日志文件以及回滚日志文件。这三个文件的内部组织结构极为精巧复杂，且所包含的内容相互关联。鉴于全面透彻地理解这三个文件颇具难度，本章将详细阐述不同文件中的内容，并结合实际 SQL 语句执行案例予以生动阐释，以帮助读者深入理解。

6.1 数据文件

在 MySQL 数据库系统中，数据文件用于存储用户数据以及数据字典等元数据，主要分为系统数据文件和用户数据文件两大类。自 MySQL 5.6.6 版本起，系统数据文件与用户数据文件默认情况下是分开存储的，这一设置可以通过 `innodb_file_per_table` 参数进行调整。系统数据文件通常在 MySQL 的数据目录中以 `ibdata1` 命名，而用户数据文件则通常以 `.ibd` 为后缀，例如 `test.ibd` 文件。

接下来，我们将介绍数据在数据文件中的存储方式以及数据的增加、删除、修改和查询操作是如何在数据文件中实现的。为此，我们将深入分析数据文件的内部结构，并对数据文件中的各项操作进行详尽的阐述。

6.1.1 逻辑组织结构概览

试想一下，如果我们要将一个大表的数据存储到一个文件中，并且要能进行高效的查询和更新，这时应该怎么做？根据这个需求，我们拆解一下具体要实现的功能：

❏ 若要将一行数据写入文件中，我们需要记录其在文件中对应的偏移量，这样下次才能将其读取出来。
- 在进行数据写入时，如何合理分配存储空间成为关键问题。一种可行的方法是将数据按顺序连续写入文件。

在完成上述两个功能后，我们实际上已经能够将大型数据表简单地存储到文件中。然而，为了实现高效的数据查询，我们目前的实现方式尚不足以支持基于特定字段的快速检索。在这种情况下，我们不得不通过逐条读取文件中的记录，并逐一进行比较，才能找到所需的信息。因此，为了提高查询效率，我们有必要进一步进行以下工作。

首先将所有的行数据组织起来，根据我们查询的模型来确定一种数据结构。如果只有等值查询，可以采用哈希表数据结构；如果还有范围查询，可能采用 B+ 树数据结构更合适。

根据我们的需求，需要在文件中维护一个 B+ 树数据结构。B+ 树分为根节点和叶子节点，我们需要将表中所有的行记录根据 B+ 树的模型串联起来。将每一行的数据存储到叶子节点上，根节点存储对应字段的值，通过字段值就能快速定位某条记录或者某个范围的记录。

为了构建一个 B+ 树，必须在记录行中增加特定的附加信息。鉴于 B+ 树的有序特性，其每一层级均需通过链表进行连接。因此，每条记录行中应增设一个字段，以记录文件中下一条记录的位置。此外，根节点所存储的字段值应指向相应的叶子节点，即需保存叶子节点在文件中的位置信息。

至此，我们似乎已经实现了高效的查询功能。那么，在实际操作中，应如何进行查询呢？B+ 树是存储于整个文件之中的，若要检索一条记录，是必须多次读取文件，还是一次性将文件内容全部载入内存？这两种方式似乎均非理想之选，那么我们还能采取哪些优化措施呢？实现高效查询之余，数据更新的设计又当如何考虑？

实际上，MySQL 在初始设计阶段同样面临了类似难题，因此采用了众多策略，主要可以划分为逻辑组织结构与物理组织结构两大类。其核心目标在于妥善管理用户数据，并确保数据处理的高效性，包括数据的增加、删除、修改和查询。接下来我们将探讨 MySQL 的具体设计方法。

在 MySQL 架构中，逻辑组织结构主要由两个部分构成。首先是表空间，它负责数据文件的管理；其次是段、区、页、行，这些元素共同作用于数据文件的空间分配以及数据的存储。

1. 表空间

在 MySQL 数据库管理系统中，表空间是用于管理数据文件的结构，其类型多样，可包含一个或多个数据文件。具体而言，表空间分为以下 5 种类型。

- **系统表空间**，即 `innodb_system`，在 MySQL 内部负责存储系统级别的数据，如数据字典、双写缓冲区、插入缓冲区以及重做日志数据等。该系统数据文件名为 `ibdata1`，通常位于 MySQL 数据目录内。当 `innodb_file_per_table` 参数被设置为 `off` 时，用户数据同样会被存储在系统表空间内。
- **用户表空间**，即用户创建的表所对应的存储空间。在 MySQL 数据库系统中，当

`innodb_file_per_table` 参数被启用（即设置为 on）时，每个表都会被分配一个独立的表空间。该表空间内包含一个数据文件，以 test 表为例，MySQL 数据目录中会有一个名为 `test.ibd` 的文件。在某些情况下，若表名包含特殊字符，可能会导致在文件系统中无法直接定位到相应的数据文件。这是因为 MySQL 数据库系统会对这些特殊字符进行编码转换，采用一套内部的 `filename` 字符集来处理这些字符。用户表空间的主要功能是存储用户插入的数据，并且还会保存一些元数据，例如段和区等。

- **常规表空间**，亦称共享表空间，具备在 MySQL 数据目录以外创建表的能力，允许多个表将数据存储于同一表空间内。在实际应用中，该表空间的使用并不普遍。
- **临时表空间**，即 `innodb_temporary`，它包含一个名为 ibtmp1 的临时数据文件。该临时表空间在 MySQL 服务启动时被创建，并在服务关闭时被移除。其主要功能是为临时表提供数据存储空间。在 MySQL 5.7 版本之前，临时表的数据是存储在系统数据文件中的。然而，由于临时表可能导致系统数据文件占用过多磁盘空间，自 MySQL 5.7 版本起，临时表的数据存储被转移到了专门的临时表空间中。
- **回滚表空间**，即 `innodb_undo001`，它由多个回滚数据文件组成，这些文件的命名遵循 undo001 这样的格式。要启用回滚表空间，必须在初始化时将 `innodb_undo_tablespaces` 参数的值设置为大于 0，该参数定义回滚文件的数量。若该参数设置为 0，则回滚段将被存储在系统数据文件中，后续也将无法启用。

注意 在 MySQL 5.7 版本之前，回滚段的内容是存储在系统数据文件中的。然而，由于回滚段可能导致系统数据文件占用过多磁盘空间，MySQL 5.7 版本之后，回滚段的内容被转移到临时表空间中。在 MySQL 5.7 版本中，`innodb_undo_tablespaces` 参数的默认值为 0，而在 MySQL 8.0 版本中，默认值被设置为 2，这意味着回滚段默认存储在回滚表空间中，并且会创建两个回滚数据文件。

除了上述 5 种表空间之外，在 MySQL 内部，重做日志文件也是用表空间进行管理的。在 MySQL 内部叫 `innodb_redo_log`，它一般包含 2 个重做日志文件，在 MySQL 数据文件目录中，通常命名为 `ib_logfile0` 和 `ib_logfile0`。重做日志文件主要是用来保证 MySQL 事务的持久性，在数据写入到数据文件之前，都会将这个更改写入到重做日志文件中，在 6.2 节会重点介绍。

2. 段、区、页、行

在 MySQL 中，**段**是一个逻辑概念，用来管理**区**，一个段可以管理多个区。一个索引需要使用两个段来进行管理，一个用来管理根节点，一个用于管理叶子节点。区同样是一个逻辑概念，用来管理**页**，一个区可以管理多个页，默认情况下可以管理 128 个页。页存储具体的数据，这些数据可能是用户数据，也可能是 MySQL 管理相关的系统数据。**行**对应用户表中的每行数据，它只在聚簇索引的叶子节点页（也就是存储用户具体数据的索引页）存在。当然这里还会有二级索引，它们也存储具体的数据，但不是整行的，而是该索引中对应的字段的值和指向对应主键的位置，这在后续索引实现的章节中会详细介绍。它们之间的关系如图 6-1 所示。

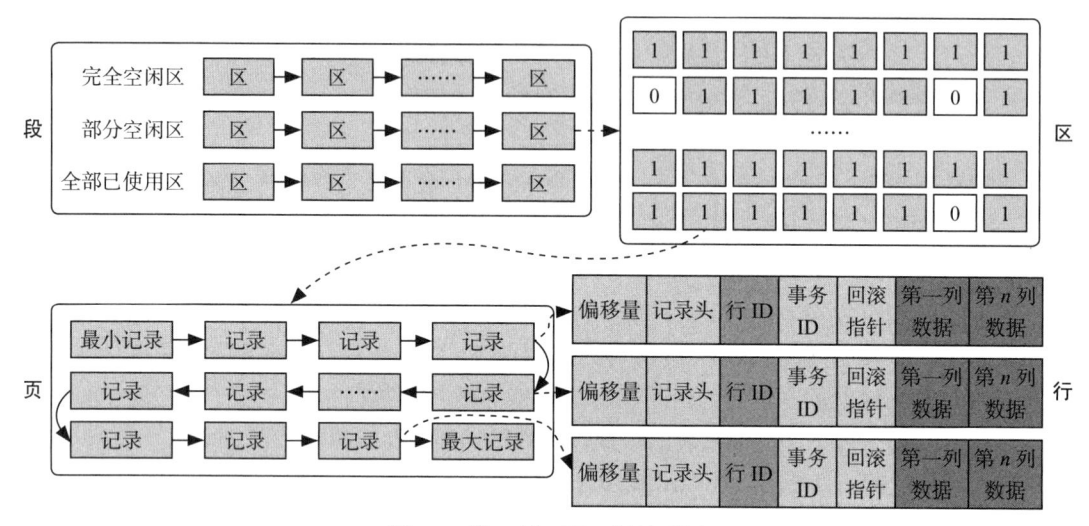

图 6-1　段、区、页、行关系图

一个表中可能有多个索引，那么表中就对应多个段。在图 6-1 左上角的段中会维护多个链表，链表中挂着不同类型的区，有完全空闲的、部分空闲的以及被使用完的，在后续段的管理章节会重点介绍。在图 6-1 右上角的区中其实存储的是对应页的比特位，通过比特位来确定该页是否被使用，在后续区的管理章节中会详细介绍。在图 6-1 左下角的页中包含多行数据，所有行记录被串联起来，在后续页的管理中会重点介绍。在图 6-1 右下角的行记录包含一些元数据信息和系统字段，最后才是存储的是用户具体的数据。MySQL 为什么这么存储一行数据呢？在 6.1.3 节中会重点介绍。

在掌握了基本的逻辑概念之后，我们或许会产生一些疑问，例如段是如何对区进行管理的，区又是如何对页进行管理的，页又是如何被分配的，以及数据是如何存储到行中的。接下来，我将针对这些问题进行详细阐述。

6.1.2　逻辑组织结构管理

本小节将详细展开介绍表空间、段、区的管理。

1. 表空间的管理

在介绍表空间管理之前，我们需要先熟悉下 MySQL 内部的三个结构体：
- `fil_system_t`，用于管理所有的表空间。
- `fil_space_t`，用于存储表空间相关信息，每个表空间对应一个。
- `fil_node_t`，用于存储文件相关信息，每个文件对应一个。

在 MySQL 中，由 `fil_system_t` 结构体来管理所有的表空间，一个表空间管理着一个或多个文件（`fil_node_t`）。例如，MySQL 中的重做日志表空间就管理着两个重做日志文件，分别是 `ib_logfile0` 和 `ib_logfile1`。用户创建表 sbtest1 对应 sbtest1 表空间，它管理着 `sbtest1.ibd` 数据文件，表空间的架构如图 6-2 所示。

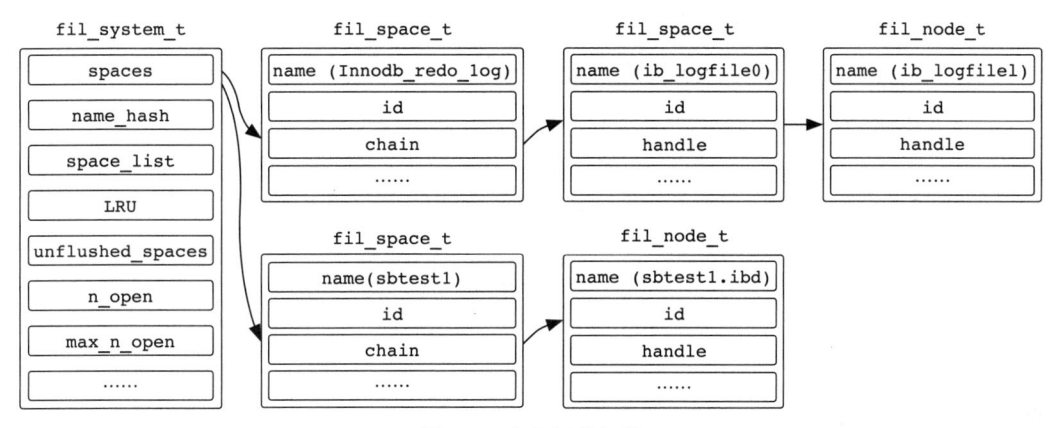

图 6-2 表空间的架构

在构建表空间的过程中，首先会生成一个 `fil_space_t` 结构体，用以存储与表空间相关的信息，并将该表空间纳入 `fil_system_t` 所管理的哈希表中。同时，在创建表空间时，也会创建数据文件，并随之生成 `fil_node_t` 结构体，用于保存数据文件的相关信息。此外，该数据文件会被添加到由 `fil_space_t` 所维护的链表中，具体是链表的 `chain` 字段所指向的部分。

明确了这三个结构体之间的对应关系后，我们来看下 `fil_system_t` 结构体具体包含哪些内容。`fil_system_t` 字段名称及说明如表 6-1 所示，其中罗列了一些关键字段。至于更详尽的字段信息，读者可查阅 MySQL 源码中的定义。

表 6-1 `fil_system_t` 字段名称及说明

名称	说明
spaces	维护一个哈希表，里面存储表空间信息（`fil_space_t`），以表空间 ID 进行哈希计算，将所有的表空间存储到该哈希表中
name_hash	维护一个哈希表，里面存储表空间信息（`fil_space_t`），以表空间名称进行哈希计算，将所有的表空间存储到该哈希表中
space_list	维护所有表空间链表
LRU	维护一个最近打开的文件的链表，这些文件是没有悬挂 I/O 的，如果有的话需要从该链表中移除。这里面维护的文件不包括系统表空间文件和重做日志文件
unflushed_spaces	维护一个表空间链表，这些表空间中至少有一个文件满足 modification_counter > flush_counter 条件，满足条件后，master 线程在定期刷盘的时候会遍历 unflushed_spaces 链表，逐个进行刷盘（`fil_flush_file_spaces`）
n_open	当前打开了多少个文件

（续）

名称	说明
max_n_open	最大可打开文件的数量，由 table_open_cache 参数控制。但在 MySQL 中，如果 table_open_cache 小于 300，max_n_open 会设置为 300，大于 300 则设置为 table_open_cache 的值
id	表空间 ID
chain	维护一个文件链表，存储该表空间中所有的文件（fil_node_t）
size	存储表空间共有多少个页
size_in_header	存储表空间前面系统页的数量
free_len	存储 FSP_FREE 的长度，FSP_FREE 是维护空闲区的链表
free_limit	存储 FSP_FREE_LIMIT 的值，FSP_FREE_LIMIT 存储的时候未初始化的最小的页编号
n_reserved_extents	为索引分裂等保留的区的数量
space	指向所属的表空间
name	文件名
is_open	文件是否打开
handle	保存文件句柄等信息
is_raw_disk	磁盘是分区还是裸设备
size	该文件有多少个页
init_size	默认为 FIL_IBD_FILE_INITIAL_SIZE 个页，其值为 4
max_size	该文件最多有多少个页
being_extended	该文件是否正在扩容
modification_counter	从 MySQL 启动后记录该文件被写入过多少次
flush_counter	存储上次刷盘时 modification_counter 的值，之前提到满足 modification_counter > flush_counter 就刷盘
atomic_write	该文件是否激活了原子写，如果磁盘单次可以写入一个完整的页，那么可以关掉双写缓冲区，这个时候就是采用了原子写

2. 段的管理

在介绍段和区的管理之前，首先需要介绍 FSP_HEADER，它存储在数据文件中的第一个页中，页的类型为 FIL_PAGE_TYPE_FSP_HDR。FSP_HEADER 字段的详细解释如表 6-2 所示。

表 6-2　FSP_HEADER 字段的详细解释

名称	偏移量	说明
FSP_SPACE_ID	0	存储表空间 ID
FSP_NOT_USED	4	保留字段，未使用
FSP_SIZE	8	记录表空间中的页数量
FSP_FREE_LIMIT	12	未初始化最小的页编号
FSP_SPACE_FLAGS	16	存储的是表的相关标识，比如行格式是 redundant 或者 compact，压缩页的大小等，详细参考 dict_table_t 结构体中的 flags 字段

(续)

名称	偏移量	说明
FSP_FRAG_N_USED	20	FSP_FREE_FRAG 链表中所有区已使用的页的数量
FSP_FREE	24	空闲区的链表
FSP_FREE_FRAG	24 + 16	部分空闲区并且不属于任何段的链表
FSP_FULL_FRAG	24 + 2 × 16	完全被使用的区并且不属于任何段的链表
FSP_SEG_ID	24 + 3 × 16	第一个未被使用的段的 ID，在创建段的时候在这里分配段的 ID
FSP_SEG_INODES_FULL	32 + 3 × 16	段完全被分配的 inode 页链表
FSP_SEG_INODES_FREE	32 + 4 × 16	段部分被分配的 inode 页链表

根据 FSP_HEADER 所维护的元数据来看，其主要职责在于管理段和区的信息。所谓段，是指在创建时必须进行分配的逻辑结构。至于为何还需管理区，实际上区是隶属于段的，但 FSP_HEADER 对区的管理主要涉及独立页和系统页的分配。关于页的分配细节，将在后续章节中详尽阐述。

在 MySQL 中段的信息保存到 segment inode 字段中，它的详细解释如表 6-3 所示。

表 6-3　segment inode 字段的详细解释

名称	偏移量	说明
FSEG_ID	0	用来存储段的 ID
FSEG_NOT_FULL_N_USED	8	用来存储 FSEG_NOT_FULL 指向的链表中所有已标记为使用的页的数量
FSEG_FREE	12	指向空闲区的链表
FSEG_NOT_FULL	12 + 16	指向不完全空闲区的链表
FSEG_FULL	12 + 2 × 16	指向区中页已完全使用的链表
FSEG_MAGIC_N	(12 + 3 × 16)	magic number
FSEG_FRAG_ARR	(16 + 3 × 16)	存储独立的页
FSEG_FRAG_ARR_N_SLOTS	FSP_EXTENT_SIZE=64 / 2	存储独立页的槽（Slot）数量，一般为 32 个
FSEG_FRAG_SLOT_SIZE	4	存储独立页的页编号

这里重点说下以下几个字段：

- **FSEG_FREE**，指向一个链表，该链表是用来保存空闲的区的，将所有空闲区的节点链接起来。在为段申请了空闲的区的时候，会将区的节点插入 FSEG_FREE 指向的链表上。再向段申请区的时候，会从 FSEG_FREE 中指向的链表获取空闲的区，当区中有页已经被使用了，则该区就不是完全空闲，将会从 FSEG_FREE 指向的链表中移除。

- **FSEG_NOT_FULL**，也是指向一个链表，该链表是用来保存不完全空闲的区的，不完全空闲的区指的是区中有的页已经被使用。刚刚提到如果区中有页被使用了，将会从 FSEG_FREE 指向的链表中移除，移除之后会将该区再加入到 FSEG_NOT_FULL 指向的链表中。如果区中所有的页都被使用了，这个时候会将该区从 FSEG_NOT_FULL 指向的链表中移除。

- **FSEG_NOT_FULL_N_USED**，保存总共使用了多少个页，一旦 FSEG_NOT_FULL 链表的区中的页被标记为使用，FSEG_NOT_FULL_N_USED 保存的值就加 1。
- **FSEG_FULL**，也是指向了一个链表，该链表是用来保存页被完全使用了的区的。刚刚提到，如果区中的页被完全使用了，则会将该区从 FSEG_NOT_FULL 指向的链表中移除。移除之后会将该区加入到 FSEG_FULL 指向的链表中。在释放页的时候，会将该页所属的区从 FSEG_FULL 指向的链表中移除，再将该区插入 FSEG_NOT_FULL 指向的链表中。同理，在释放区的时候，也会将该区从相应的链表中移除。
- **FSEG_FRAG_ARR、FSEG_FRAG_ARR_N_SLOTS、FSEG_FRAG_SLOT_SIZE**，这三个字段组合起来使用，主要存储段的一些独立页的编号。MySQL 这样做是为了节省空间，在刚创建好表开始分配空间的时候，首先会直接从表空间，也就是 FSP_HEADER 中分配一些独立页，这个独立页的数量一般为 32，是区拥有页数量的一半。在这些独立页都被使用完之后，才会让段去申请区。后续都是从对应的段管理的区中申请页。这里的 FSEG_FRAG_SLOT_SIZE 用 4B 来存储页的编号，每隔 4B 存储一个，总共存储 FSEG_FRAG_ARR_N_SLOTS 个页编号。

其实还有一个元数据信息跟段相关，那就是段头，段头主要用于定位 segment inode 的位置，它的字段详细解释如表 6-4 所示。

表 6-4 段头字段详细解释

名称	偏移量	说明
FSEG_HDR_SPACE	0	inode 所在表空间的 ID
FSEG_HDR_PAGE_NO	4	inode 所在页的编号
FSEG_HDR_OFFSET	8	inode 在页中具体的偏移量
FSEG_HEADER_SIZE	10	该段头的长度

它一般存储在索引根节点页中，在索引需要分配页的时候，会首先找到段头从而拿到 segment inode 信息，就可以开始页的分配了。

段的创建其实就是创建 segment inode，并将里面的字段初始化，最终会存储到 inode 页中，一个 inode 页包含多个 segment inode。1 个索引会创建 2 个段，首先会创建管理索引根节点的段，然后创建管理索引叶子节点的段，其创建过程如下：

1）首次建表的时候，创建第一个段会触发创建 inode 页（页类型为 FIL_PAGE_INODE），并且初始化所有的 segment inode。

2）从 inode 页中分配一个 segment inode。

3）初始化 segment inode 每个字段的信息，从空间头中申请一个段的 ID，也就是 FSP_SEG_ID。

4）初始化段头，段头存储 sgement inode 的位置信息，通过段头最终能找到对应 segment inode，最后段头会存储到索引根节点页中，根节点页也是此时创建的。

完成第一个段的创建后，开始创建第二个段，步骤跟上述一致，区别主要在于段头在系统页的偏移量不同，两个段头都存储到索引根节点页中，该根节点页就是创建第一个段的时候创建的根节点页。

当创建管理索引根节点的段时，段头的偏移量是 `PAGE_HEADER+PAGE_BTR_SEG_TOP`，创建管理索引叶子节点的段时，段头的偏移量是 `PAGE_HEADER+PAGE_BTR_SEG_LEAF`。`PAGE_HEADER`、`PAGE_BTR_SEG_TOP`、`PAGE_BTR_SEG_LEAF` 在后续介绍索引时会详细介绍。

当需要使用段的时候，如果是使用管理索引根节点的段，则从索引根节点中获取段头的数据，偏移量是 `PAGE_HEADER+PAGE_BTR_SEG_TOP`。如果是使用管理索引叶子节点的段，则从索引根节点页获取段头数据，偏移量是 `PAGE_HEADER + PAGE_BTR_SEG_LEAF`。当获取到段头后，可以根据其记录的元数据信息获取到对应的 segment inode 位置，最终使用 segment inode 就可以使用段进行相关区或页的分配了。

上述创建段的逻辑主要在 MySQL 目录中的 `storage/innobase/fsp/fsp0fsp.cc` 文件的 `fseg_create_general` 方法中。

3. 区的管理

前面已对段的管理机制进行了阐述，指出段内维护了若干链表，这些链表存储了区的节点信息。通过这些节点信息，可以定位到相应的区。接下来，我们将探讨区的元数据信息是如何存储的。在 MySQL 系统中，区的元数据信息通过 XDES entry 进行管理。XDES entry 字段的详细解释如表 6-5 所示。

表 6-5 XDES entry 字段的详细解释

名称	偏移量	说明
XDES_ID	0	记录对应段的 ID
XDES_FLST_NODE	8	最终指向的是一个地址，该地址存储了页编号和对应的偏移量，通过该地址可以定位到当前区的位置
XDES_STATE	22	记录该区的状态
XDES_BITMAP	26	区中的位图，用来描述页的状态
XDES_BITS_PER_PAGE	28	每个页对应多少个比特位

下面重点介绍如下字段。

- **XDES_FLST_NODE**，指向的是一个地址，根据该地址最终能定位到当前区所在的位置，在之前介绍段的管理时，段中维护的几个链表其实就是保存的这个信息，`XDES_FLST_NODE` 就是其中链表里面的节点。
- **XDES_STATE**，记录该区的状态，具体包括：0XDES_FREE（该区在空间头的空闲区链表中）、0XDES_FREE_FRAG（该区在空间头的部分空闲区链表中）、0XDES_FULL_FRAG（该区在空间头的完全被使用链表中）、0XDES_FSEG（该区属于某个段）。
- **XDES_BITMAP**，保存了所有页的状态，标记页是否被使用。每个页用 2 个位表示，在 MySQL 用 `xdes_set_bit` 和 `xdes_get_bit` 方法分别设置和获取位值，设置和获取位值的时候都需要加上 XDES_FREE_BIT 偏移量，该偏移量默认为 0，这是由于一个页采用了 2 个位保存的原因，具体计算方法这里不详细展开。
- **XDES_BITS_PER_PAGE**，每个页对应两个位，分别是 XDES_FREE_BIT 和 XDES_CLEAN_BIT，XDES_FREE_BIT 表示空闲位点偏移量，XDES_CLEAN_BIT 表示保留字段。

XDES_BITMAP 维护了页是否被使用的信息，那么一个区可以管理多少个页？这个数量需要根据页的大小来确定，如下是对应的关系：

```
/** File space extent size in pages
page size | file space extent size
----------+-----------------------
   4 KB   |   256 pages = 1 MB
   8 KB   |   128 pages = 1 MB
  16 KB   |    64 pages = 1 MB
  32 KB   |    64 pages = 2 MB
  64 KB   |    64 pages = 4 MB
*/
```

页的默认大小为 16KB，所以一个区默认能管理 64 个页。区的元数据信息 XDES entry 存储在类型为 FIL_PAGE_TYPE_FSP_HDR 或 FIL_PAGE_TYPE_XDES 的页中。每个 XDES entry 占用 40B，一个 FIL_PAGE_TYPE_XDES 页最多可以管理 16 384 个页，所以最终会存放 16 384÷64=256 个 XDES entry，用于管理其随后物理相邻的 256 个区。如果这些页用完，则又会创建一个 FIL_PAGE_TYPE_XDES 类型的页来保存区的信息，这些区来管理后面 16 384 个页。

> **注意** 第 0 个页中比较特殊，第 0 个页的类型为 FIL_PAGE_TYPE_FSP_HDR，但它也保存了 XDES entry 信息，随后存储区的页的类型都为 FIL_PAGE_TYPE_XDES。FIL_PAGE_TYPE_FSP_HDR 和 FIL_PAGE_TYPE_XDES 的区别主要在头上，第 0 个页还存储了空间头。

4. 页的分配机制

前面我们已经对段和区的管理进行了阐述。现在，让我们进一步探讨页的分配机制。在先前讨论 FSP_HEADER 时，我们了解到 FSP_HEADER 负责管理一组区域。因此，页的分配过程可以划分为两种不同的情况：①从 FSP_HEADER 中的区进行分配；②从常规的段管理的区中进行分配。

首先说明什么情况从 FSP_HEADER 中分配，主要是以下两种情况。
- 在创建系统页（如 inode 页）的时候需要在这里分配，因为如果继续用段中的区来分配创建 inode 页，段的管理会比较混乱。
- 在创建表的时候，MySQL 为了节省空间，一开始数据插入会从 FSP_HEADER 中分配 32 个独立页，如果这 32 个独立页使用完了，后续数据的插入会使用索引对应的段进行分配。

除了上述情况外，数据更新都会从常规的段管理的区中进行分配。首先会从自己的区中分配页，如果区中没有空闲的页，会向其他的区申请，如果所有的区都没有空闲页，则会向 `FSP_HEADER` 申请区，申请成功后会挂在段的链表上，然后用这个区继续进行页分配。MySQL 为了保证物理上数据的连续性，在从 `FSP_HEADER` 中申请区的时候会一次性申请 4 个区。

MySQL 分配页的流程较为复杂，由于篇幅有限，这里没有详细说明，感兴趣的读者可以参考 MySQL 源代码中的 `fseg_alloc_free_page_low` 方法。

6.1.3 物理组织结构

在先前章节中，我们已经对物理组织结构中的页和行的概念进行了概述，本小节将深入探讨页和行的构成及管理机制。同时，本小节还将详细阐述数据在索引中的组织方式，以及索引在数据文件中的组织方式。

1. 页的组织结构

在 MySQL 中，页分为不同的类型，分别有不同的作用，存储不同的数据，页类型的名称、编号及说明如表 6-6 所示。

表 6-6 页类型的名称、编号及说明

名称	编号	说明
`FIL_PAGE_INDEX`	17 855	索引页，包括根节点或叶子节点，存储实际数据
`FIL_PAGE_RTREE`	17 854	索引页，存储 GIS 空间地理类型数据
`FIL_PAGE_UNDO_LOG`	2	回滚页，存储回滚段数据
`FIL_PAGE_INODE`	3	inode 页，存储段数据
`FIL_PAGE_IBUF_FREE_LIST`	4	插入缓冲区空闲列表
`FIL_PAGE_TYPE_ALLOCATED`	0	新分配的页，主要用于插入缓冲区初始化页
`FIL_PAGE_IBUF_BITMAP`	5	插入缓冲区位图，用来描述后面的数据页的插入缓冲区信息，因为之前叫 insert buffer，所以缩写为 IBUF
`FIL_PAGE_TYPE_SYS`	6	系统页，主要用于存储段头信息，用于定位段所在位置
`FIL_PAGE_TYPE_TRX_SYS`	7	事务页，主要用于存储事务相关信息
`FIL_PAGE_TYPE_FSP_HDR`	8	存储 File Space Header 和区相关数据
`FIL_PAGE_TYPE_XDES`	9	存储区相关数据
`FIL_PAGE_TYPE_BLOB`	10	存储未压缩的外部列数据，它可能是变长字段的值也可能是 blob 类型的值
`FIL_PAGE_TYPE_ZBLOB`	11	存储压缩后的外部列数据，多个压缩的 blob 页链接起来，链表中第一个页的类型为 `FIL_PAGE_TYPE_ZBLOB`，后续页的类型为 `FIL_PAGE_TYPE_ZBLOB2`
`FIL_PAGE_TYPE_ZBLOB2`	12	—
`FIL_PAGE_TYPE_UNKNOWN`	13	未知类型
`FIL_PAGE_COMPRESSED`	14	压缩页，存储压缩的用户数据

（续）

名称	编号	说明
`FIL_PAGE_ENCRYPTED`	15	加密页，存储加密后的用户数据
`FIL_PAGE_COMPRESSED_AND_ENCRYPTED`	16	压缩加密页，先被压缩后又被加密
`FIL_PAGE_ENCRYPTED_RTREE`	17	存储 GIS 空间地理数据的页，并且被压缩

了解完页的类型后，我们来介绍一般数据文件中主要包含哪些页。这里需要区分系统数据文件和用户数据文件。系统数据文件主要包含的页有数据字典、事务信息、回滚日志、双写缓冲区和插入缓冲区，其内部架构如图 6-3 所示。

用户数据文件主要包含用户数据，还有一些与管理段和区相关的页，其内部架构如图 6-4 所示。

图 6-3　系统数据文件的内部架构

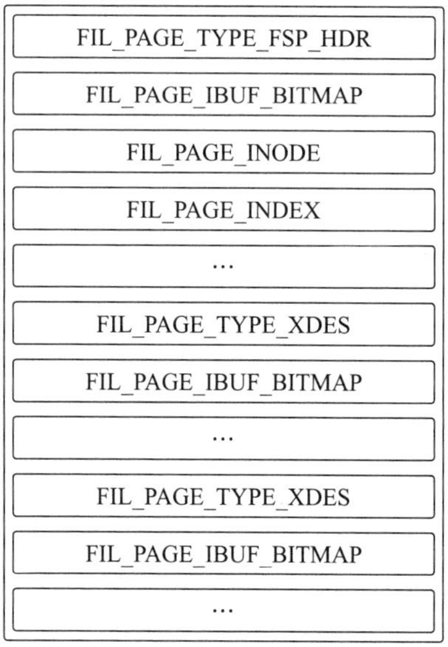

图 6-4　用户数据文件的内部架构

虽然这些不同类型的页存储着不同的数据，不过这些页的头部和尾部都是一样的，`FIL HEADER` 的字段名称、大小及说明如表 6-7 所示。

表 6-7　`FIL HEADER` 的字段名称、大小及说明

名称	大小 /B	说明
`FIL_PAGE_SPACE_OR_CHKSUM`	4	该字段目前用于存储该页的校验数据，在 4.0.14 版本之前用于存储表空间 ID
`FIL_PAGE_OFFSET`	4	用于存储该页的页编号
`FIL_PAGE_PREV`	4	指向上一个页，如果没有上一个页，则为 `FIL_NULL`
`FIL_PAGE_NEXT`	4	指向下一个页，如果没有下一个页，则为 `FIL_NULL`
`FIL_PAGE_LSN`	8	存储该页最新修改后的 lsn

(续)

名称	大小 /B	说明
FIL_PAGE_TYPE	2	存储页的类型
FIL_PAGE_FILE_flush_LSN	8	主要用于系统表空间的第一个页，存储当前系统的 lsn，在 MySQL 正常关闭和主动设置 innodb_log_checkpoint_now 参数后才会更新。主要作用是在下次启动的时候，如果需要创建 redo 文件，创建完成 redo 文件后，会将当前系统的 lsn 设置为 FIL_PAGE_FILE_flush_LSN 的值，这么做是由于 redo 文件不存在了，没有最新可参考的 lsn 值。其他类型的页该字段为空，不过针对压缩页，该字段用于存储压缩页相关控制信息
FIL_PAGE_SPACE_ID	4	存储该页的表空间 ID，在 4.1 版本之前该字段名叫 FIL_PAGE_ARCH_LOG_NO，主要用于存储最近归档日志号，跟 FIL_PAGE_FILE_flush_LSN 配合使用
FIL_PAGE_END_LSN_OLD_CHKSUM	8	前 4B 存储当前页的校验数据，后 4B 存储 lsn

Fil Trailer 中主要包含两部分内容：一部分是页校验数据，主要用于校验页是否完整；另一部分是 lsn，即重做日志的序列号，在刷盘的时候会将该页对应操作的最新 lsn 记录到这个地方，xtrabackup 和 MySQL 企业版增量备份时就是对比的这个 lsn 来判断页是否发生过改变。

了解页的结构之后，我们来看每个页中的内容是如何存储的。因为篇幅有限，这里挑几个重点类型的页详细介绍，包括：FIL_PAGE_TYPE_FSP_HDR、FIL_PAGE_TYPE_XDES、FIL_PAGE_INODE、FSEG_INODE_PAGE_NODE、FIL_PAGE_INDEX。

在介绍区的时候，已经提到 FIL_PAGE_TYPE_FSP_HDR 和 FIL_PAGE_TYPE_XDES 是用来存储区的信息的，下面具体来看这两种页的内部架构。以 FIL_PAGE_TYPE_FSP_HDR 页为例，如图 6-5 所示。

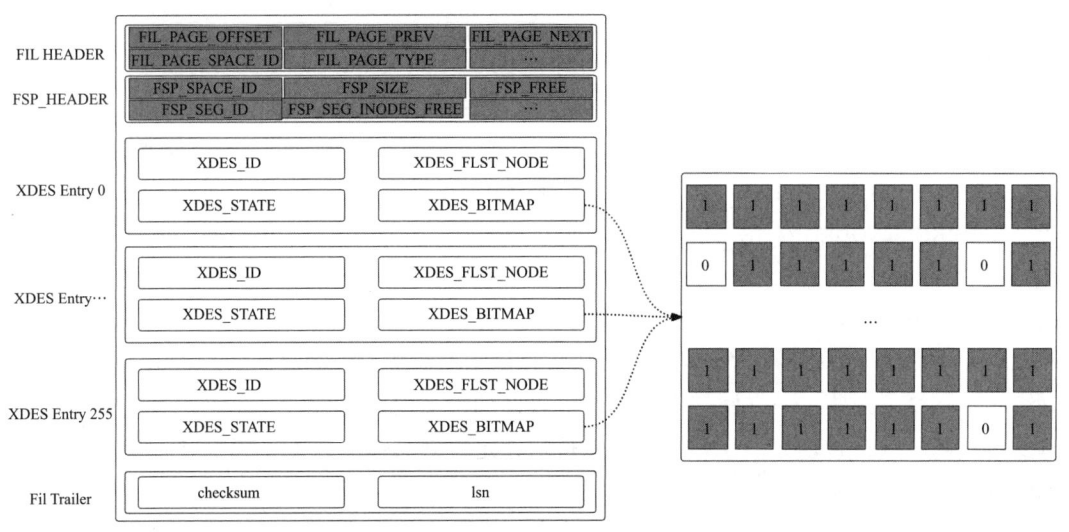

图 6-5 FIL_PAGE_TYPE_FSP_HDR 页的内部架构

其实 `FIL_PAGE_TYPE_XDES` 相比 `FIL_PAGE_TYPE_FSP_HDR` 页只是没有 `FSP_Header`，其他完全一致。`FIL HEADER`、`FSP_HEADER`、`XDES entry`、`Fil Trailer` 都在前面的内容中详细介绍过，这里就不赘述了。

在介绍段的时候，提到了 inode 页，指的就是类型为 **`FIL_PAGE_INODE`** 的页。inode 页主要存储的是 `segment inode` 信息，下面具体来看 `FIL_PAGE_INODE` 页的内部架构，如图 6-6 所示。

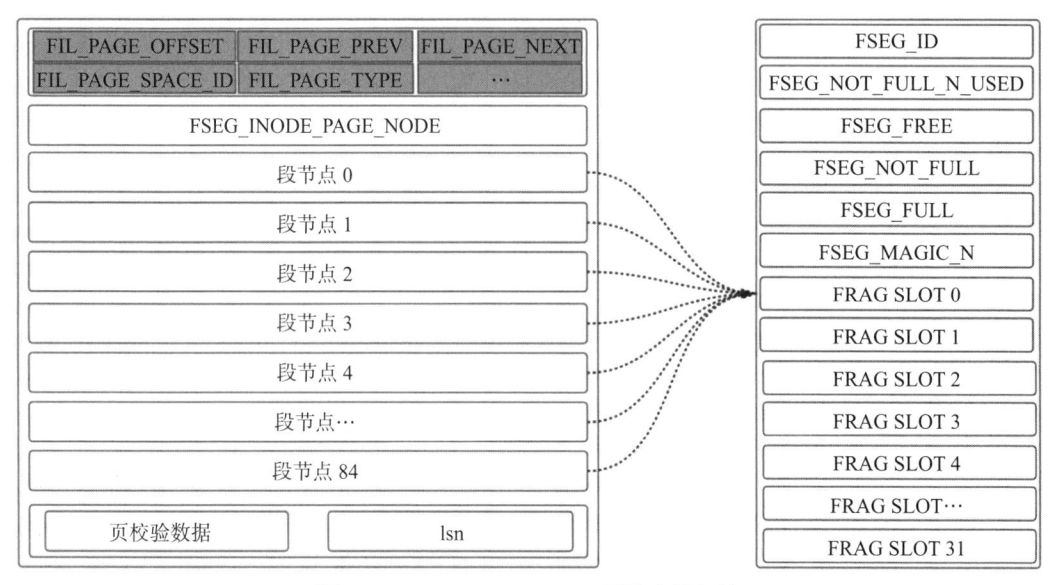

图 6-6　`FIL_PAGE_INODE` 页的内部架构

> **注意**　刚刚已经提到，每个页都有 FIL HEADER，也就是页的头部。

`FSEG_INODE_PAGE_NODE` 用来链接到 inode 页链表中，该链表由存储在系统页中的 `FSP_HEADER` 维护，`FSP_HEADER` 中又分为 `FSP_SEG_INODES_FREE` 和 `FSP_SEG_INODES_FULL`。如果 inode 页中的 segment inode 已被用满，则插入 `FSP_SEG_INODES_FULL` 链表中，否则插入 `FSP_SEG_INODES_FREE` 链表中。

在 `FSEG_INODE_PAGE_NODE` 后则是 `segment inode`，`segment inode` 中的内容在段的管理中已经介绍过。每个 inode 页管理 85 个 `segment inode`。最后一部分为 `FIL Trialer`，这个之前也详细介绍过。

`FIL_PAGE_INDEX` 是索引页，它是用来存储用户插入表中的数据的。索引页相比其他页结构会稍微复杂些：一方面是因为索引页里面的很多内容都跟索引相关；另一方面是它需要将里面的数据管理起来，并且能够支持快速定位到具体的数据。索引叶子节点页的内部架构如图 6-7 所示。

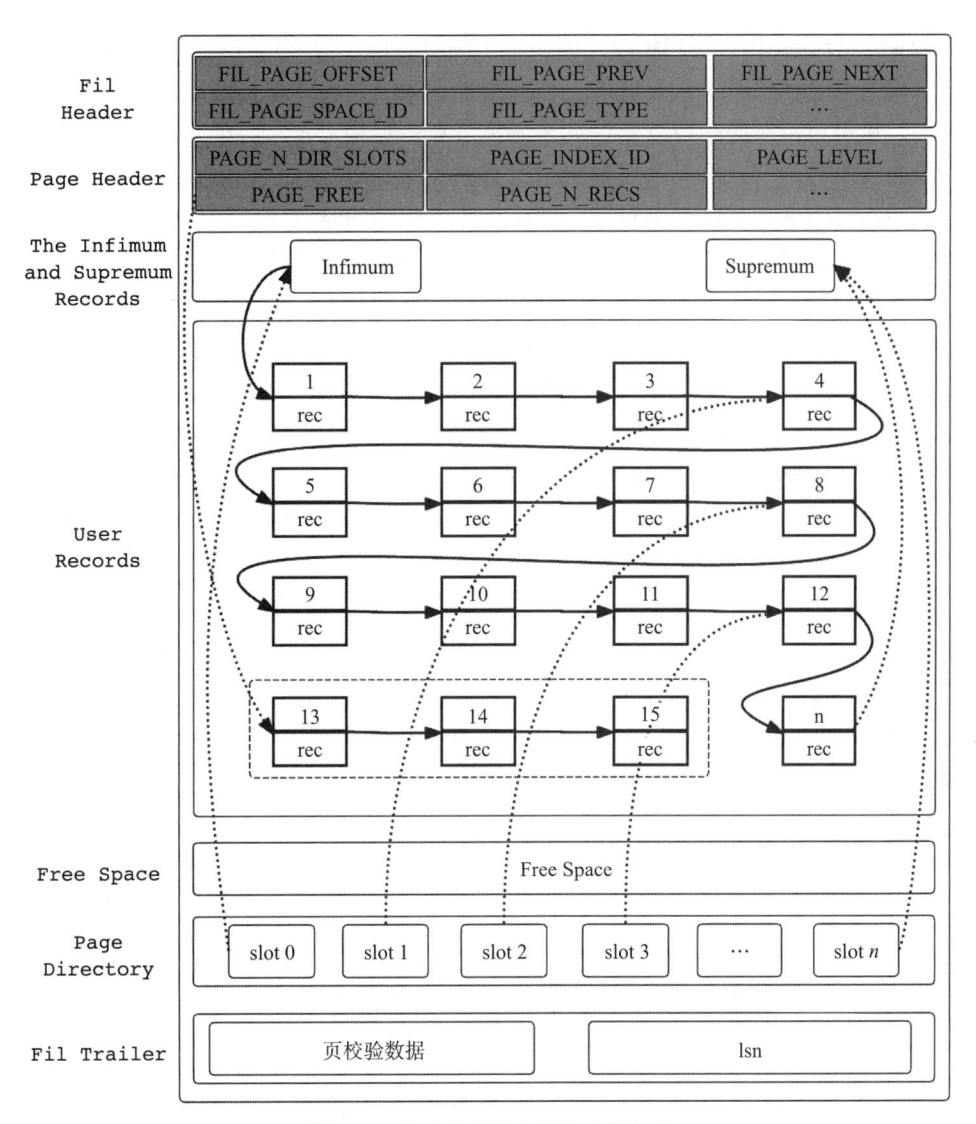

图 6-7 索引叶子节点页的内部架构

下面是每个部分的介绍。

- **Fil Header**。所有页都有，前面已经详细讲解了里面存储的内容。
- **Page Header**。索引页独有，它记录了与索引页相关的元数据信息，比如索引 ID、索引层级、该页有多少条记录等，其字段详细解释如表 6-8 所示。
- **The Infimum and Supremum Records**。最小和最大记录，一个页中所有的记录按照从小到大的顺序链接起来，Infimum 指向最小的记录，Supremum 指向最大的记录。从图 6-7 中可以看到，Infimum 和 Supremum 分别位于链表的最左端和最右端。

- **User Records**。用户记录，索引页中的所有用户记录是按照顺序链接成一条单向链表的，它在逻辑上是有序的，但在物理存储上是无序的。在聚簇索引的叶子节点中，每条记录对应一行数据，如果是根节点，每条记录对应的是相应的指针，指针指向的是叶子节点页。二级索引情况有所不同，在二级索引中，根节点中的记录存储的指针指向的是叶子节点页，而叶子节点存储的是对应主键的值。所以在不同的情况下，存储的用户记录也不一样。最为复杂的就是聚簇索引存储的一行数据，一行数据可能对应多个列，而每个列有不同的数据类型，针对不同的数据类型有不同的存储方式。这会在行的组织结构章节中详细介绍。
- **Free Space**。顾名思义就是空闲的空间，当用户插入数据时，如果可回收区没有可用的空间则从 Free Space 中分配空间。
- **Page Directory**。里面包含许多槽，它的作用就是快速定位数据，每个槽管理一个范围的记录。在定位每条具体记录的时候，需要从槽中先找到记录在哪个范围，然后再去遍历该槽管理的对应范围的记录链表。槽的存在使得在扫描的时候不用遍历整个页的链表，这大大提高了定位记录的效率。如果是全表扫描，槽在这里的意义就不是特别大，因为必须得扫描整个页的链表。不过，在 MySQL 的逻辑中槽的存在并没有给全表扫描带来性能影响，这在后续介绍查询的时候会进一步解释。在 MySQL 中，槽可以管理 4 ~ 8 条记录，如果超过 8 条记录则会进行分裂，也就是新增一个槽，原来的槽收缩到只管理 4 条记录，后续的记录由新增的槽进行管理。如果删除了记录，那么对应的槽管理的范围也会减小，一旦小于 4 会进行重新分配。具体的流程就是删除管理范围小于 4 的槽，由它后面的槽来接管它管理的范围。比如上一个槽里面只剩 3 条记录，下一个槽之前管理了 4 条记录，那么重新分配之后下一个槽就管理 7 条记录。索引页最开始创建的时候只有两个槽，分别为第 0 个槽（指向 Infimum 记录）和第 1 个槽（指向 Supremum 记录）。槽的总记录数存储在 Page Header 的 PAGE_N_DIR_SLOTS 字段中。
- **Fil Trailer**。之前已详细介绍。

表 6-8　Page Header 字段详细解释

名称	大小 /B	说明
PAGE_N_DIR_SLOTS	2	存储槽的数量，初始值为 2
PAGE_HEAP_TOP	2	指向用户已使用最后位置，后续的空间则为空闲空间，根据该值可以计算当前用户记录占用了多少空间
PAGE_N_HEAP	2	存储该页中总记录数量，包含正常的记录、标记删除的记录
PAGE_FREE	2	指向该页删除记录链表，数据页中删除的记录最终会插入该链表中，如图 6-7 所示，PAGE_FREE 指向了一个删除记录的链表
PAGE_GARBAGE	2	存储被删除的记录的总占用字节数，这部分空间可以回收利用
PAGE_LAST_INSERT	2	指向最近插入的记录
PAGE_DIRECTION	2	存储当前记录插入是不是顺序插入

(续)

名称	大小 /B	说明
PAGE_N_DIRECTION	2	存储顺序插入的记录数，例如连续 5 条记录从左顺序插入，这里记录值即为 5。该值和 PAGE_DIRECTION 配合使用，可以确认插入是不是连续顺序插入，从而会影响 InnoDB 性能
PAGE_N_RECS	2	用户正常的记录数
PAGE_MAX_TRX_ID	8	存储该页最新的事务 ID，主要用于二级索引
PAGE_LEVEL	2	存储索引页层级，叶子节点为 0，依次往上，根节点索引层级最大
PAGE_INDEX_ID	8	存储索引 ID，表示该页属于该索引
PAGE_BTR_SEG_LEAF	10	存储叶子节点的段头，在为叶子节点分配页的时候，需要先从这里拿到段的信息
PAGE_BTR_SEG_TOP	10	存储根节点的段头，在为根节点分配页的时候，需要从这里拿到段的信息

2. 行的组织结构

在先前章节中，我们已经阐述了用户记录存储内容的差异性，鉴于其他情况下的数据存储相对简单，本节将专注于介绍聚簇索引叶子节点页中记录的格式。在探讨行记录格式之前，有必要先了解行记录可采用的几种格式。在 MySQL 的 InnoDB 存储引擎中，存在两种文件格式，它们由 `innodb_file_format` 参数所控制。在 MySQL 5.7.6 版本之前，默认采用的是 Antelope 格式，而自 5.7.6 版本起，默认转为 Barracuda 格式。需要注意的是，这一变化仅适用于用户表空间的数据文件，系统数据文件中始终沿用 Antelope 格式。Antelope 与 Barracuda 文件格式分别对应两种行格式，其中 Antelope 支持 REDUNDANT 和 COMPACT 行格式，而 Barracuda 则支持 DYNAMIC 和 COMPRESSED 格式。接下来，我们将逐一探讨这些行格式的具体存储方式。

首先，无论采用何种行格式，其基本结构是一致的，如图 6-8 所示。

名称	大小 / bit	描述
	1	未使用
	1	未使用
deleted_flag	1	删除标记
min_rec_flag	1	是否为预先定义的最小记录
n_owned	4	该记录所拥有的记录数量，主要是跟槽配合使用
heap_no	13	索引页堆中记录的序号
n_fields	10	此录中的字段数量，范围是 1～1023
1byte_offs_flag	1	如果每个字段起始偏移量的长度为 1B，则值为 1
next rec	16	指向下一条记录

offset 0	offset 1	offset n	NULL	record header	rowid	transaction id	roll pointer	column 0	column 1	column n
字段开始的偏移量			空值	位图	额外的位	系统字段			字段内容	

图 6-8 行格式的基本结构

在 MySQL 中，行记录中的内容主要分为以下 7 部分：

- `offset`。记录的是每个字段开始的偏移量，记录在磁盘中其实是以二进制数据的形式存在的，要解析该段数据中某个字段的值，就得知道该字段的开始位置和长度。这里记录的偏移量就是对应字段的开始位置，并且根据偏移量能计算出对应的字段长度——用下一个偏移量减去当前的偏移量，就得到字段长度了。在图 6-8 中，最开始存储的是偏移量数组，其实就是对应后面每个列的开始位置以及响应的长度。
- `NULL`。空值位图，只在 COMPACT、DYNAMIC、CPMPRESSED 格式下才有，该位图信息标记了列是否为空。
- `record header`。通常称之为行记录头，它总共存储了 48 位，合计 9 个字段，具体内容参考图 6-8。里面有几个重要的字段：`deleted_flag`，在记录标记删除的时候会将该位设置为 1；`n_owned`，该字段标识它拥有几条记录，跟槽配合使用，槽管理一个范围的记录，在最后一条记录上会将该范围的数量存储到 n_owned 字段上，其他记录 n_owned 字段默认情况是 0；`n_fileds`，标识该条记录共有多少个字段，也就是有多少列；`next_rec`，指向下一条记录的指针，它将所有记录串成一条单向链表。
- `rowid`。在表没有主键的情况下，会生成虚拟的唯一 id，也就是 rowid，该 rowid 作为聚簇索引的键。该字段只在没有主键的情况下存在。
- `transaction id`。每次操作该记录的时候，就会把当前对应的事务 id 记录到该字段中。该字段在每条记录中都存在。
- `roll pointer`。每次操作该记录的时候，就会把当前操作对应的回滚段指针记录到该字段中。在需要回滚的时候读取该字段，拿到对应的回滚记录进行回滚。该字段在每条记录中都存在。
- `column`。存储每列具体的数据。

刚刚已经详细介绍了行记录的格式，那么之前提到的不同行记录之间的区别在哪里呢？InnoDB 行格式的详细解释如表 6-9 所示。

表 6-9　InnoDB 行格式的详细解释

文件格式	行格式	区别
Antelope	REDUNDANT	存储所有字段的偏移量，小于 768B 的数据存储到行中，大于 768B 在外部页进行存储，用 20B 存储外部页的地址
Antelope	COMPACT	只存储变长字段的偏移量，小于 768B 的数据存储到行中，大于 768B 在外部页进行存储，在 offset 字段后用 20B 存储外部页的地址，新增一个字段存储 NULL 标志位
Barracuda	DYNAMIC	只存储变长字段的偏移量，超过空闲页空间的一半就会存储到外部页，在 offset 字段后用 20B 存储外部页的地址，新增一个字段存储 NULL 标志位
Barracuda	COMPRESSED	COMPRESSED 跟 DYNAMIC 本身存储的格式是一致的，只是 COMPRESSED 会进行压缩

这里可能有个问题，对于 `COMPACT`、`DYNAMIC`、`COMPRESSED` 行格式只存储变长字段的偏移量，那其他字段的偏移量如何得到？

前面提到，解析各字段值时，必须了解每个字段的起始偏移量及长度。对此，MySQL 实施了若干优化措施。尽管未存储定长字段的起始偏移量，但在解析过程中，MySQL 能够计算出定长字段的起始偏移量。由于定长字段的长度是固定的，因此在计算偏移量时，只需累加定长字段的长度，即可确定下一个字段的起始偏移位置。

接下来介绍一下 MySQL 中外部页的存储机制。在 MySQL 内部，该机制被称为 off-page。每次进行数据插入或更新操作时，系统会评估是否有必要将数据存储至外部页。外部页通常采用 `FIL_PAGE_TYPE_BLOB` 类型的页面。若数据需要压缩处理，则会使用 `FIL_PAGE_TYPE_ZBLOB` 类型的页面。图 6-9 所示为包含外部页的行结构，其中第 1 列数据（column 1）列专门用于标识外部页存储。

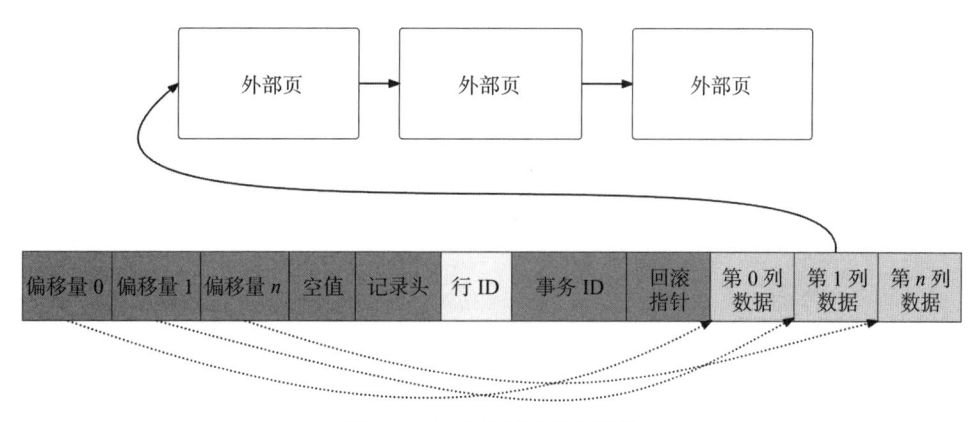

图 6-9　包含外部页的行结构

实际上，若要存储一条记录，我们仅需保存该记录中每个字段的数据，以及它们各自的偏移量和字段长度。可以观察到，为了适应不同场景的需求，MySQL 在行记录中嵌入了多种元数据和系统字段信息。例如，为了支持回滚操作，它加入了事务 ID 和回滚日志指针；为了满足索引特性，又增加了一些元数据信息。或许在未来版本中还会引入新的特性，相应地，行记录的格式也将随之调整。

至此，我们深入探讨了表空间、段、区、页、行的概念。通过这些内容的学习，读者应该能够理解页在 MySQL 的数据写入过程中是如何被分配的，以及数据是如何被存储到每一行中的。总体而言，MySQL 中的所有数据均存储于数据文件内，系统相关数据存放在系统数据文件中，用户数据则存放在用户数据文件中。表空间、段、区等逻辑概念实际上也存储在系统数据文件中，并在 MySQL 启动时加载到内存中，利用内存中的相应结构进行管理，从而实现页的分配与管理。用户数据最终被存储在索引页中，表中的每一行数据对应索引页中的每条记录。当用户进行数据操作时，实际上是将相应的索引页数据加载到内存中进行处理，操作完成后，再将该页写回数据文件中。后续章节将对此进行更详细的阐述。

3. 索引中的数据

前面详细阐述了索引页的构成，明确指出索引页是用于存储用户详细数据的。实际上，一个数据文件内存在多个索引页，这些索引页进一步细分为索引根节点页和索引叶子节点页。接下来，我们将探讨数据是如何在索引结构中进行组织的。在 MySQL 系统中，数据的组织依赖于索引，表内的所有数据均存储于聚簇索引的叶子节点中，聚簇索引的内部架构如图 6-10 所示。

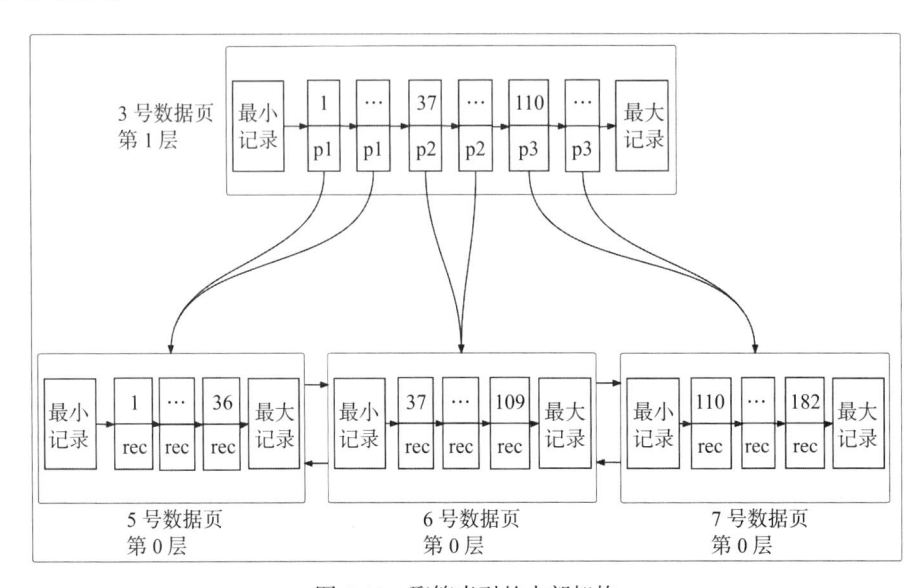

图 6-10 聚簇索引的内部架构

在图 6-10 中，sbtest1 表包含 182 条记录，其中 3 号数据页作为根节点页，包含超过 100 条记录，每条记录均指向相应的叶子节点页。5 号数据页、6 号数据页和 7 号数据页分别对应各个叶子节点页，每个页面存储特定范围的数据。具体而言，5 号数据页存储的是 id 为 1～36 的数据，6 号数据页存储的是 id 为 37～109 的数据，7 号数据页存储的是 id 为 110～182 的数据。在叶子节点页中，每条记录实际上存储了具体的用户数据，即表中的一行数据。关于用户记录的详细说明已在前面章节中阐述。

4. 数据文件中的索引

下面介绍索引在数据文件中是怎样组织的。在图 6-10 中，用户数据文件除去前三页系统管理页外，接下来依次排列的是聚簇索引的根节点索引页和叶子节点索引页。索引根节点页内的记录指向索引叶子节点页，所有索引叶子节点页共同构成一个双向链表，而每个索引页内的记录则形成一个单向链表，从而形成一个 B+ 树结构。图 6-10 是按照逻辑顺序绘制的，实际上物理存储并非顺序排列。此处描述的仅为单一索引结构，在一个数据文件中可能包含多个索引，这取决于表中索引的数量。然而，每个表中仅存在一个聚簇索引。

6.1.4 数据文件的更新操作

前面介绍了数据在数据文件中的组织，接下来介绍更新语句操作这些数据的流程。这里以 `update sbtest1 set pad="zbdba" where id = 10;` 语句为例，来具体分析下更新语句在数据文件中的操作流程。sbtest1 对应的表结构和索引如图 6-11 所示。

```
mysql> show create table sbtest1\G
*************************** 1. row ***************************
       Table: sbtest1
Create Table: CREATE TABLE `sbtest1` (
  `id` int(10) unsigned NOT NULL AUTO_INCREMENT,
  `k` int(10) unsigned NOT NULL DEFAULT '0',
  `c` char(120) NOT NULL DEFAULT '',
  `pad` char(60) NOT NULL DEFAULT '',
  PRIMARY KEY (`id`),
  KEY `k` (`k`)
) ENGINE=InnoDB AUTO_INCREMENT=78351 DEFAULT CHARSET=utf8 MAX_ROWS=1000000
1 row in set (0.00 sec)
```

图 6-11 sbtest1 对应的表结构和索引

MySQL 内部其实将更新语句主要分为两个阶段：第一个阶段检索数据，第二个阶段更新数据。

1. 检索数据

首先来看如何找到该条记录，根据上一小节的知识，id=10 这条记录应该存储在聚簇索引的叶子节点上。在 MySQL 中，寻找 id=10 这条记录的过程主要分为三个阶段。

阶段一，找到聚簇索引根节点页。首先需要找到聚簇索引的根节点在哪个页，在第 4 章中提到过，`innodb_sys_indexes` 表中记录了每个索引对应的根节点页编号。

阶段二，扫描聚簇索引根节点页。找到聚簇索引根节点页后，开始扫描该页，最终得到 10 这条记录指向的叶子节点页，因为数据最终是存储在聚簇索引的叶子节点页上的。扫描流程如下：

1）获取该页所有的槽的数量。

2）搜索 id=10 这条记录在哪个槽中。索引检索流程如图 6-12 所示，每个槽管理 4 条记录，第 0 个槽管理 id 为 1～4 的数据，第 1 个槽管理 id 为 5～8 的数据，依此类推。整个搜索流程采用二分查找的思想，首先从中间开始，比较 10 和该槽管理的最大值。如果小于则往左边搜索，如果大于则往右边搜索，最终可以确定下来 10 这个值在哪个槽的管理范围内。

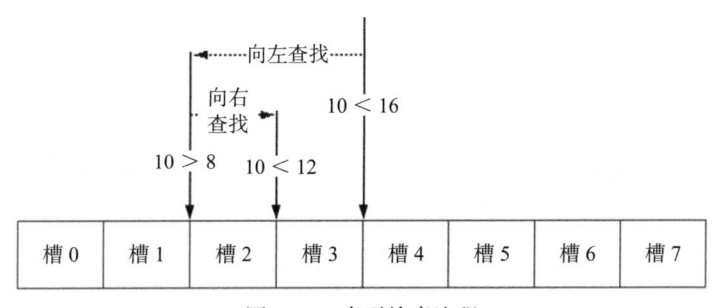

图 6-12 索引检索流程

3）得到对应的槽后继续搜索，直至找到 `id=10` 这条记录。我们知道，由于槽维护的是一个数据范围，这些数据是用单向链表串起来的，因此只需要遍历该链表就可以获取 `id=10` 的记录。索引顺序遍历的流程如图 6-13 所示，先从槽最开始的记录进行比较，第一条 `id=9`，跟 10 不相等，继续比较下一条，得到 `id=10` 这条记录。该条记录的值 rec 是一个指针，指向索引叶子节点，里面存储的是索引叶子节点的页编号。

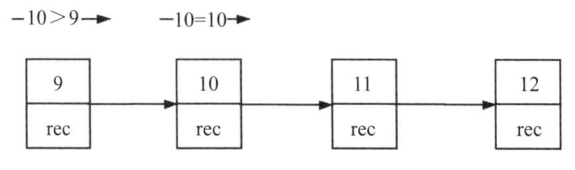

图 6-13　索引顺序遍历的流程

阶段三，扫描聚簇索引叶子节点页。得到叶子节点的页后，就开始扫描该页，其流程跟扫描根节点页的流程基本一致：

1）获取该页所有的槽的数量。
2）搜索 `id=10` 这条记录在哪个槽中。
3）在对应的槽中继续搜索，直到找到 `id=10` 的这条记录。
4）得到这 `id=10` 条记录，到这里就找到记录为 10 这一行的记录了。

注意　要读取数据文件的内容，需要先将对应的数据页加载到内存——缓冲区。这里不详细介绍缓冲区缓存页和持久化页的流程，参见 5.2 节。

刚刚介绍的只是等值查询的扫描方式，这里再介绍其他两种常见的扫描方式：**全表扫描**和**范围查询**。

全表扫描涉及对整个数据表进行数据检索。由于所有数据均存储于聚簇索引的叶子节点中，因此遍历聚簇索引的所有叶子节点页即可获取表中的全部数据。此外，聚簇索引还确保了记录的有序排列，从最小记录开始依次遍历链表中的后续记录，便能获取全表的记录。需要注意的是，这些叶子节点可能分布在多个页中。在 MySQL 中，每个页的 `Fil Header` 中包含指向前后页的指针，这些指针可以用来实现连续页的读取。当完成当前页的扫描后，系统会检查是否已到达最后一条记录。若检查结果为是，则系统将读取指向下一个页的指针，获取下一页的页编号，并继续进行数据扫描，直至扫描完所有的叶子节点页。

下面是全表扫描的具体流程：

1）获取聚簇索引根节点所在页。
2）获取该页最小记录，也就是 `Infimum` 记录。
3）获取最小记录的下一条记录，该记录就是用户最小的记录，可以获取该记录指向的叶子节点页。
4）获取该叶子节点页的最小记录，也就是 `Infimum` 记录。

5）获取 `Infimum` 指向的下一条记录，该记录就是全表最小的记录。

6）依次扫描后续的记录就可以得到全表的记录。

相比之下，范围查询是指查找一个数据范围，例如 `id>100`、`id<100`、`id>10` 且 `id<100`，其核心在于先找到对应的边界值。

- `id>100` 的情况：需要先找到 `id=100` 的这条记录，其流程与等值查询基本一样，拿到这条记录后，继续扫描后续记录即可。
- `id<100` 的情况：需要先找到该表最小的记录，流程跟全表扫描时查找最小记录一样，拿到最小记录后继续扫描后续记录，每次扫描时都需要对比下其 `id` 是否小于 100，如果不小于的话就停止扫描，说明已经到达边界值。
- `id>10` 且 `id<100` 的情况：首先找到范围最小记录，即 `id=10` 的记录，其流程与等值查询基本一样，找到这条记录后继续扫描后续记录，每次扫描都需要对比下其 `id` 是否小于 100，如果不小于的话就停止扫描，说明已经到达边界值。

2. 更新数据

获取到具体的记录后就开始更新操作，MySQL 中更新分为两种情况：第一种是在原有的记录上修改，在 MySQL 中称之为 in-place 方式，也叫乐观插入；第二种是删除之前的记录，然后插入新的记录，也叫悲观插入。

那么，如何判断什么时候用乐观插入，什么时候用悲观插入呢？以下两种情况使用悲观插入：

- 判断更新的字段值的长度跟原始长度是否相等，如果不相等则使用悲观插入。
- 判断该字段是否为外部存储字段，如果是则使用悲观插入。

注意 有些定长类型更新前后最终存储的长度都相等，这种情况直接使用乐观插入。

其他情况均使用乐观插入，继续以 `id=100` 的记录为例。首先介绍乐观插入，也就是在原有记录上修改的流程：

1）找到要修改的记录，即 `id=100` 的记录。

2）在修改之前记录回滚日志，这个在 6.3 节会详细介绍。

3）修改系统字段、事务 id 和回滚段指针。

4）直接修改记录对应字段的值。修改后的行记录如图 6-14 所示，倒数第二个字段，也就是对应表中的 `pad` 列，之前的值已经被改变，现在的值为 `zbdba`。

5）修改之后写入 redo。

悲观插入需要先删除数据，然后插入数据。具体流程如下：

1）找到要修改的记录。

2）在修改之前记录回滚日志。

3）删除数据，数据删除流程如图 6-15 所示，`id=10` 这条记录首先会被移出链表，然后加入回收区，也就是 `PAGE_FREE` 指向的链表。

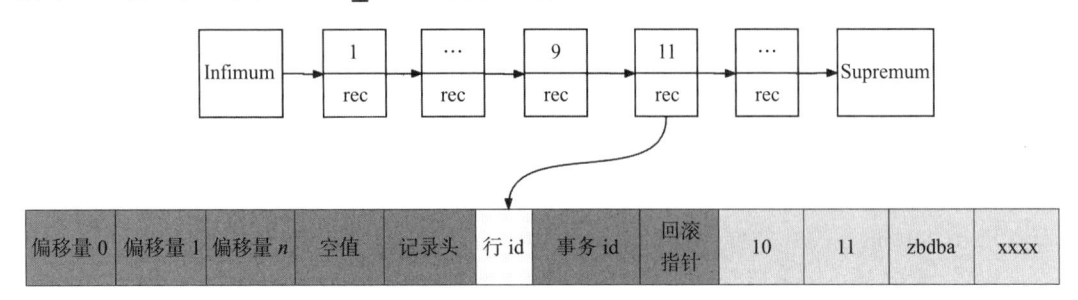

```
Infimum → 1 rec → ... rec → 9 rec → 11 rec → ... rec → Supremum
```

| 偏移量 0 | 偏移量 1 | 偏移量 n | 空值 | 记录头 | 行 id | 事务 id | 回滚指针 | 10 | 11 | zbdba | xxxx |

图 6-14　修改后的行记录

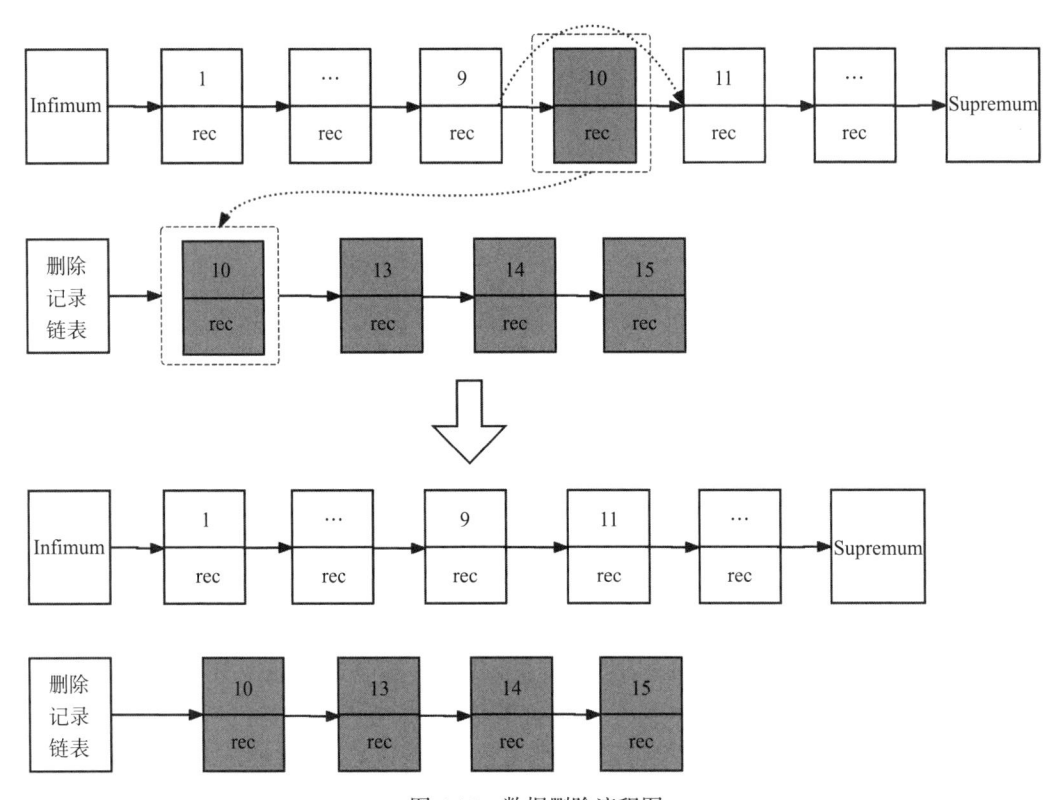

图 6-15　数据删除流程图

4）插入数据。根据我们修改后的值新生成一条 `id=10` 的记录，并将这条记录插入链表中，数据插入流程如图 6-16 所示。

至此，一条数据在数据文件中的更新就完成了。这里只是简单地介绍其主体流程，内部细节更为复杂，感兴趣的读者可以参考源码相关部分。

在本节中，我们深入探讨了数据在索引中的组织方式，以及数据文件中索引的结构，并详细阐述了数据更新的过程。先前我们提到，自行设计将大型数据表存储于文件时，采用 B+

树结构来组织数据，但在此过程中会遇到多次读取文件的问题。那么，MySQL 是如何进行优化的呢？实际上，MySQL 同样是利用 B+ 树来组织所有行记录的，但引入了页的概念，一个页可以包含多条记录。对于普通大小的表，在 MySQL 中的索引结构通常只有两层，因此定位一条数据通常只需读取两次数据文件，即提取两个页。在我们的设计中，数据读取是基于记录粒度进行的，而 MySQL 则采用基于页的粒度进行读取，这显著减少了读取次数。

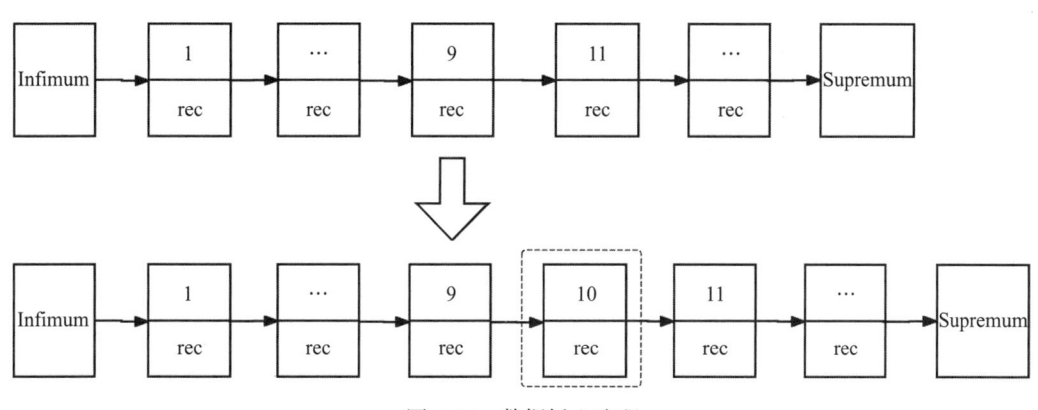

图 6-16 数据插入流程

6.2 重做日志文件

在 MySQL 数据库系统中，重做日志文件扮演着至关重要的角色，主要确保了数据操作的原子性和持久性。在事务提交之前，系统会先将重做日志写入磁盘，随后才能完成事务的提交。这一过程发生在事务提交的第一阶段，即 flush 阶段。系统参数 `innodb_flush_log_at_trx_commit` 默认值为 1，意味着每个事务在提交前都会执行日志的磁盘写入操作。当然，该参数的值可以根据需要进行调整。然而，调整后可能无法保证事务的原子性。因此，该参数的设置实际上是在原子性和系统性能之间进行权衡。在实际应用中，应根据具体的业务场景来决定参数的配置。如果没有特别的需求，建议保持默认设置。

在 MySQL 中，重做日志文件是分组的，每组默认包含两个日志文件，分别命名为 `ib_logfile0` 和 `ib_logfile1`，这两个文件位于 MySQL 的数据目录下。在先前介绍表空间时已经提到，这两个重做日志文件实际上也是由表空间进行管理的。至于重做日志文件中具体记录了哪些内容，以及 MySQL 是如何利用这些日志文件的，本节将重点探讨。

6.2.1 总体架构

在 MySQL 启动过程中，系统会自动开启两个重做日志文件，这些文件对于系统崩溃后的恢复至关重要。随着 MySQL 的运行，所有的事务处理都会涉及重做日志，因此在整个数据库的生命周期中，对重做日志的处理操作极为频繁。那么，重做日志究竟包含哪些信息呢？重做日志的总体架构如图 6-17 所示。

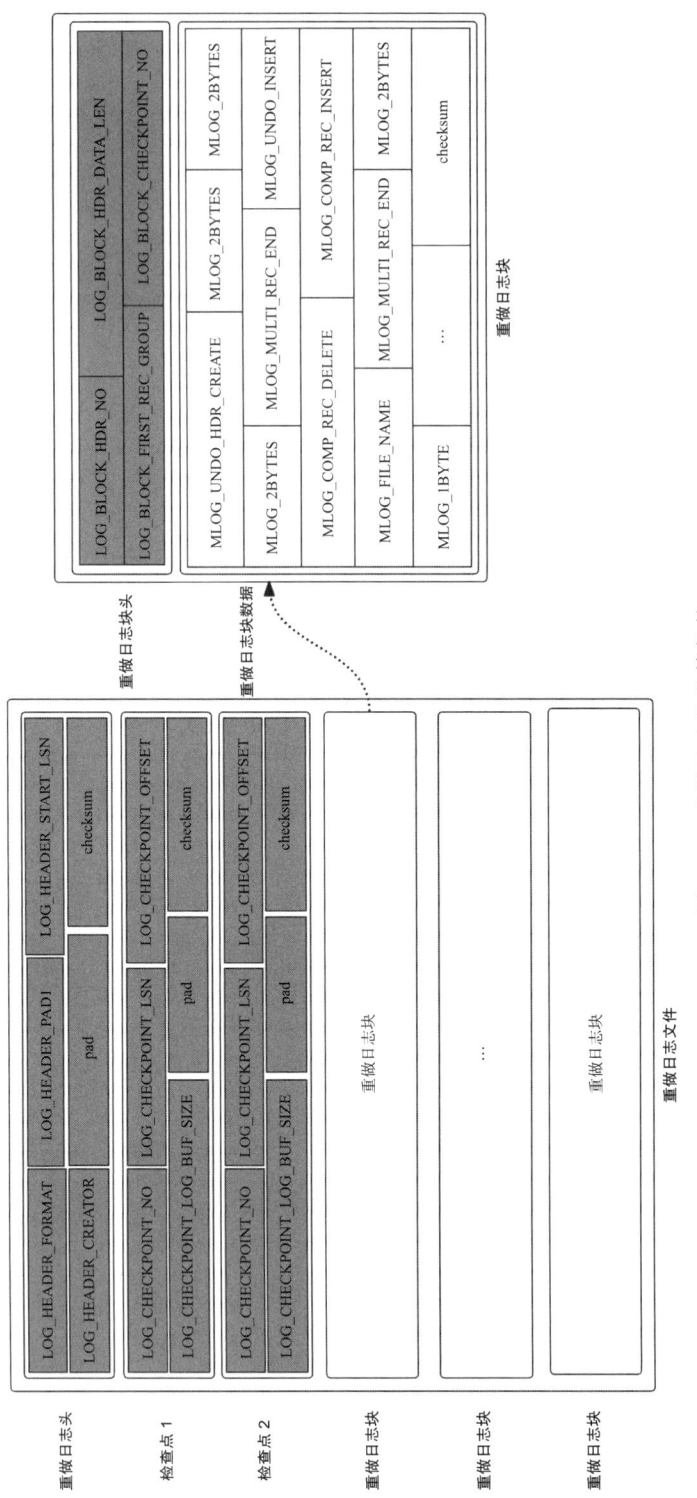

图 6-17 重做日志的总体架构

下面依次介绍各个部分。

1. 重做日志头

无论是重做日志头、检查点，还是具体的重做日志块，其大小均为 512B。MySQL 之所以采用这种设计，是为了确保每次写入操作均以 512B 为单位，而 512B 恰好对应于磁盘上一个扇区的容量。重做日志头字段的名称、偏移量及其说明如表 6-10 所示。

表 6-10　重做日志头字段的名称、偏移量及其说明

名称	偏移量	说明
LOG_HEADER_FORMAT	0	默认为 1，表示当前重做日志格式的版本，在之前的版本默认为 0，用于标示分组的 ID，默认只能支持一组
LOG_HEADER_PAD1	4	在当前版本未使用，在之前的版本用于填充空间，使重做日志头占满 512B
LOG_HEADER_START_LSN	8	当前重做日志文件起始的 lsn
LOG_HEADER_CREATOR	16	包含 ibbackup 字符串或者使用 mysqlbackup 创建出来的重做日志，这里存储日志创建的时间或者 MySQL 的版本
LOG_HEADER_CREATOR_END	48	上述 LOG_HEADER_CREATOR 结束标志
……		空闲空间，共占用 460B
checksum	508	存储校验值，占用 4B

2. 检查点

接下来将介绍两个检查点信息，对应图 6-17 中的检查点 1 和检查点 2，每个均占用 512B。MySQL 中会定期执行检查点操作，其主要目的是记录当前已写入磁盘的日志序列号 lsn，从而标识出在此之前的所有日志记录均可被覆盖重写。检查点字段的名称、偏移量及说明如表 6-11 所示。

注意　虽然此处所指的检查点与 MySQL 中的检查点概念相同，但这里的 CHECKPOINT 是大写的，表示字段。之前提到的 checkpoint 是 MySQL 的一个动作，通常是小写的。

表 6-11　检查点字段的名称、偏移量及说明

名称	偏移量	说明
LOG_CHECKPOINT_NO	0	存储检查点编号
LOG_CHECKPOINT_LSN	8	存储 MySQL 执行检查点操作时的 lsn
LOG_CHECKPOINT_OFFSET	16	存储当前 lsn 在日志组的偏移位置
LOG_CHECKPOINT_LOG_BUF_SIZE	24	存储重做日志缓冲区的大小，默认为 16MB
checksum	508	存储校验值，占用 4B

实际上，两个检查点在字段上是相同的，但 MySQL 为何要维护两个呢？分析源码可知，当 LOG_CHECKPOINT_NO 为奇数时，写操作会指向检查点 2；而当 LOG_CHECKPOINT_NO 为偶数时，则写入检查点 1。这两个检查点通过偏移量来区分。例如，检查点 1 的起始位置设为 512B，检查点 2 的起始位置则为 1024B。

那么，MySQL为何采用这样的设计呢？原因在于，若在检查点写入过程中发生崩溃，可能导致无检查点可用，因此两个检查点的设计可以提供一种冗余机制。此外，需要注意的是，检查点信息仅存储于第一个重做日志文件中。尽管第二个重做日志文件保留了检查点的位置信息，但并不写入具体数据。因此，在MySQL执行检查点操作时，仅会向第一个重做日志文件中的其中一个检查点写入相关信息。

3. 重做日志块

在检查点之后，便进入了实际存储日志的重做日志块，每个块的大小为512B。重做日志块主要由两部分组成：首先是重做日志块头，其次是重做日志块数据。重做日志块字段的名称、偏移量及说明如表6-12所示。

表6-12　重做日志块字段的名称、偏移量及说明

名称	偏移量	说明
LOG_BLOCK_HDR_NO	0	存储重做日志块编号，在初始化重做日志块的时候，用当前的LSN计算出编号
LOG_BLOCK_HDR_DATA_LEN	4	存储该重做日志块使用空间的大小
LOG_BLOCK_FIRST_REC_GROUP	6	存储该重做日志块第一组日志记录开始的位置
LOG_BLOCK_CHECKPOINT_NO	8	在重做日志块刷盘的时候存储LSN，占用4B
log data	12	存储具体的重做日志，占用空间根据实际使用来定
checksum	508	存储校验值，占用4B

了解重做日志块头的存储结构之后，接下来需探究重做日志块数据部分的具体存储方式。在MySQL系统中，重做日志块数据包含多种类型的重做日志记录。这些记录类型如表6-13所示。

表6-13　重做日志记录类型

名称	编号	说明
MLOG_1BYTE	1	存储1B的内容
MLOG_2BYTES	2	存储2B的内容
MLOG_4BYTES	4	存储4B的内容
MLOG_8BYTES	8	存储8B的内容
MLOG_REC_INSERT	9	存储插入记录相关信息
MLOG_REC_CLUST_DELETE_MARK	10	标记聚簇索引记录删除
MLOG_REC_SEC_DELETE_MARK	11	标记二级索引记录删除
MLOG_REC_UPDATE_IN_PLACE	13	原地更新
MLOG_REC_DELETE	14	删除记录
MLOG_LIST_END_DELETE	15	删除索引页记录链表中最后一个元素
MLOG_LIST_START_DELETE	16	删除索引页记录链表中第一个元素
MLOG_LIST_END_COPY_CREATED	17	复制页记录链表中最后一个元素到新创建的索引页中
MLOG_PAGE_REORGANIZE	18	用ROW_FORMAT=REDUNDANT格式重新组织索引页
MLOG_PAGE_CREATE	19	创建一个索引页

(续)

名称	编号	说明
MLOG_UNDO_INSERT	20	存储插入回滚信息
MLOG_UNDO_ERASE_END	21	删除一个回滚页
MLOG_UNDO_INIT	22	初始化一个回滚页
MLOG_UNDO_HDR_DISCARD	23	丢弃一个更新回滚日志头
MLOG_UNDO_HDR_REUSE	24	重用一个插入回滚日志头
MLOG_UNDO_HDR_CREATE	25	创建一个回滚日志头
MLOG_REC_MIN_MARK	26	标记一个索引记录未预定义最小记录
MLOG_IBUF_BITMAP_INIT	27	初始化插入缓冲位图页
MLOG_INIT_FILE_PAGE	29	当前版本已经废弃，之前用于记录该文件页开始使用
MLOG_WRITE_STRING	30	存储一个字符串到页
MLOG_MULTI_REC_END	31	一个 MTR 事务包含多个重做日志记录，该类型为结束标志
MLOG_DUMMY_RECORD	32	填充记录，用于将重做日志块填充满
MLOG_FILE_CREATE	33	当前版本已被移除
MLOG_FILE_RENAME	34	当前版本已被移除
MLOG_FILE_DELETE	35	存储删除表空间文件操作相关内容
MLOG_COMP_REC_MIN_MARK	36	标记一个 compact 类型的索引记录为预定义最小记录
MLOG_COMP_PAGE_CREATE	37	创建一个 compact 类型的索引页
MLOG_COMP_REC_INSERT	38	插入一个 compact 类型记录
MLOG_COMP_REC_CLUST_DELETE_MARK	39	标记 compact 类型聚簇索引记录删除
MLOG_COMP_REC_SEC_DELETE_MARK	40	标记 compact 类型二级索引记录删除
MLOG_COMP_REC_UPDATE_IN_PLACE	41	compact 记录原地更新
MLOG_COMP_REC_DELETE	42	从索引页中删除一个 compact 类型的记录
MLOG_COMP_LIST_END_DELETE	43	删除索引页中 compact 类型记录链表中最后的记录
MLOG_COMP_LIST_START_DELETE	44	删除索引页中 compact 类型记录链表中开始的记录
MLOG_COMP_LIST_END_COPY_CREATED	45	复制 compact 类型记录链表到新创建的索引页
MLOG_COMP_PAGE_REORGANIZE	46	重新组织一个 compact 类型的索引页
MLOG_FILE_CREATE2	47	记录创建一个 ibd 文件
MLOG_ZIP_WRITE_NODE_PTR	48	在一个压缩的非索引叶子节点页上写入一个记录的 node 指针
MLOG_ZIP_WRITE_BLOB_PTR	49	在一个压缩页上写入一个 blob 指针，指向外部存储列
MLOG_ZIP_WRITE_HEADER	50	写入压缩页头
MLOG_ZIP_PAGE_COMPRESS	51	压缩索引页
MLOG_ZIP_PAGE_COMPRESS_NO_DATA	52	压缩索引页并且不记录它的镜像
MLOG_ZIP_PAGE_REORGANIZE	53	重新组织一个压缩页
MLOG_FILE_RENAME2	54	重命名一个表空间文件
MLOG_FILE_NAME	55	记录检查点后第一个使用的表空间文件
MLOG_CHECKPOINT	56	记录检查点后所有缓存的日志写入
MLOG_PAGE_CREATE_RTREE	57	创建一个 R-Tree 的索引页

(续)

名称	编号	说明
MLOG_COMP_PAGE_CREATE_RTREE	58	创建一个 R-Tree 的 compact 类型索引页
MLOG_INIT_FILE_PAGE2	59	文件页被使用，用于替换 MLOG_INIT_FILE_PAGE
MLOG_TRUNCATE	60	记录表正在被删除（truncated），只在 file-per-table 模式下才记录
MLOG_INDEX_LOAD	61	索引树被加载的时候独立页没有写重做日志

在 MySQL 中，不同的类型存储的数据和长度都不一样。在后面的章节中会根据相关内容详细介绍几个日志记录存储的内容。

6.2.2 更新操作的重做日志

在深入探讨重做日志记录的内容之前，让我们先对重做日志记录的基本存储结构进行概述。重做日志记录主要由两大部分构成：**重做日志记录头**和**重做日志记录数据**。

重做日志记录头字段的名称、长度及说明如表 6-14 所示，默认所有的重做日志记录都包含这些信息。

表 6-14 重做日志记录头字段的名称、长度及说明

名称	长度	说明
日志类型	1B	存储重做日志记录类型
表空间 ID	压缩存储，根据实际情况计算长度	存储操作相关表空间的 ID
页编号	压缩存储，根据实际情况计算长度	存储操作相关页的编号

重做日志记录数据对于不同的重做日志记录，其内容有所不同。

接下来以如下 SQL 语句为例，看看执行它后会产生什么样的重做日志。

```
update sbtest1 set pad="zbdba" where id = 10;
```

当我们执行完一条语句后，采用 db_recovery（https://github.com/zbdba/db-recovery）工具解析重做日志，看看里面都有哪些重做日志记录。

在此模拟的非原地更新机制中，sbtest1 表的 pad 字段被更改为 varchar 类型，且更新后的 pad 字段长度超过了更新前的长度。模拟非原地更新场景的目的是同时引入插入与删除操作。实际上，sbtest1 表中的 pad 字段原本是 char 类型，属于定长字段，其更新过程通常会采用原地方式进行。该 SQL 语句生成的重做日志记录如表 6-15 所示。

表 6-15 SQL 语句生成的重做日志记录

重做日志类型	表空间 ID	作用
MLOG_UNDO_HDR_CREATE	0	创建一个回滚日志头
MLOG_2BYTES	0	记录当前事务的回滚日志起始点，大小为 2B
MLOG_2BYTES	0	记录该回滚页空闲空间的起始点，大小为 2B
MLOG_2BYTES	0	记录该组回滚日志中第一个回滚日志的起始位置，大小为 2B
MLOG_MULTI_REC_END	—	MTR 事务结束

(续)

重做日志类型	表空间 ID	作用
MLOG_UNDO_INSERT	0	存储插入回滚信息
MLOG_COMP_REC_DELETE	23	从索引页中删除一个 compact 类型的记录
MLOG_COMP_REC_INSERT	23	插入一个 compact 类型记录
MLOG_FILE_NAME	23	记录检查点后第一个使用的表空间文件
MLOG_MULTI_REC_END		MTR 事务结束
MLOG_2BYTES	0	记录当前回滚日志的状态，大小为 2B
MLOG_1BYTE	0	存储是否包含 XA 事务标志，大小为 1B
MLOG_4BYTES	0	存储 XA 事务相关信息，大小为 4B
MLOG_4BYTES	0	存储 XA 事务相关信息，大小为 4B
MLOG_4BYTES	0	存储 XA 事务相关信息，大小为 4B
MLOG_WRITE_STRING	0	将字符串写入到页中，这里其实写的是事务 ID 信息
MLOG_2BYTES	0	记录当前回滚日志的状态，大小为 2B，这里状态是可重用的状态
MLOG_4BYTES	0	将回滚日志加入到回滚日志历史链表中，修改链表回滚页中保存的相关节点地址
MLOG_2BYTES	0	将回滚日志加入到回滚日志历史链表中，修改链表回滚页中保存的相关节点地址
MLOG_4BYTES	0	将回滚日志加入到回滚日志历史链表中，修改链表回滚页中保存的相关节点地址
MLOG_2BYTES	0	将回滚日志加入到回滚日志历史链表中，修改链表回滚页中保存的相关节点地址
MLOG_4BYTES	0	将回滚日志加入到回滚日志历史链表中，修改链表回滚页中保存的相关节点地址
MLOG_2BYTES	0	将回滚日志加入到回滚日志历史链表中，修改链表回滚页中保存的相关节点地址
MLOG_4BYTES	0	将回滚日志加入到回滚日志历史链表中，修改链表回滚页中保存的相关节点地址
MLOG_2BYTES	0	将回滚日志加入到回滚日志历史链表中，修改链表回滚页中保存的相关节点地址
MLOG_4BYTES	0	更新回滚日志历史链表的长度
MLOG_8BYTES	0	将事务号写入到回滚页头中，大小为 8B
MLOG_2BYTES	0	将记录是否标记删除记录到回滚页头中，大小为 2B
MLOG_WRITE_STRING	0	将字符串写入页中，这里其实是将 binlog 位点信息写入事务页中
MLOG_MULTI_REC_END		MTR 事务结束

注意 上述表格有多项看起来是一样的，但实际的底层操作不一样，例如将回滚日志加入回滚日志历史链表中，修改链表回滚页中保存的相关节点地址。因为很多阶段都产生了不同类型的回滚日志，所以就对应了不同的重做日志记录。

在执行更新操作时，观察到生成了大量重做日志记录。这是由于在事务的生命周期内，每个阶段均会产生重做日志，其中大部分涉及对数据页（包括回滚页、索引页以及事务页）的修改。与数据操作密切相关的主要是三种类型的重做日志记录，即 **MLOG_UNDO_INSERT**、**MLOG_COMP_REC_DELETE**、**MLOG_COMP_REC_INSERT**，接下来将详细阐述这三种重做日志记录所存储的信息。

MLOG_UNDO_INSERT 类型中主要记录是回滚日志。具体内容在 6.3 节中会详细介绍。

MLOG_COMP_REC_DELETE 中存储的是与从索引删除记录相关的内容，如表 6-16 所示。

MLOG_COMP_REC_INSERT 类型存储的是与向索引中插入一条记录相关的内容，如表 6-17 所示。

表 6-16 **MLOG_COMP_REC_DELETE** 内部存储内容

名称	长度 /B
存储所有字段数量	2
存储唯一键字段数量	2
存储字段的长度	2
存储字段的长度	2
……	2

表 6-17 **MLOG_COMP_REC_INSERT** 内部存储内容

名称	长度 /B
存储所有字段数量	2
存储唯一键字段数量	2
存储字段的长度	2
存储字段的长度	2
……	2
存储上一个记录在对应页中的偏移量	2
写入记录结束段的长度	长度压缩存储，具体存储字节根据实际情况而定
写入信息和状态位	1
写入记录原始的偏移量	长度压缩存储，具体存储字节根据实际情况而定
写入不匹配的索引	1

从本节内容可见，重做日志文件所包含的信息相当复杂，且随着 MySQL 版本的更新，重做日志记录类型亦日益增多。尽管我们无须详细了解每种重做日志记录的具体内容，但必须理解它们的作用以及它们在事务处理流程中的角色。以本节所举的更新语句为例，重做日志主要记录了事务和回滚日志的相关信息。

与 PostgreSQL 等其他数据库系统中的重做日志不同，MySQL 中的重做日志主要记录的是逻辑日志而非物理操作数据。这种设计的优势在于节省存储空间，并且减少了写入重做日志的数据量，从而提升写入性能。然而，这也带来了不便，例如 MySQL 并不记录每个重做日志记录的长度，这在开发 db-recovery 工具时给作者带来了极大的挑战，因为要完整解析重做日志文件，必须能够解析所有类型的重做日志记录。

尽管如此，逻辑日志的记录方式也有其不足之处，即记录的数据变更并不完整，因此单个事务提交后，重做日志本身并不具备实际意义，无法像全物理日志那样用作同步介质。因此，在主从同步方面，MySQL 引入了 binlog 二进制文件，其详细内容将在第 9 章中进行介绍。

6.3 回滚日志文件

在 6.2 节中，我们已经提及了回滚日志的概念。回滚日志主要承担两项功能：首先，它为数据提供了**多版本支持**。MySQL 的 InnoDB 存储引擎通过实现 MVCC 机制，利用回滚日志来构建数据的历史版本。当一个事务正在更新某行数据，而该数据在数据文件中已被修改但尚未提交时，后续的事务将只能访问到修改前的数据版本，这一过程正是通过回滚日志来实现的。其次，回滚日志为事务提供了**回滚机制**。在执行 rollback 命令或在 MySQL 发生异常崩溃并进行恢复时，如果事务未提交但其更改已写入数据文件，此时就需要借助回滚日志将数据恢复至先前的状态。本节将深入探讨回滚日志的结构组成，并详细说明在事务执行过程中如何申请和记录回滚日志。

6.3.1 总体架构

为了深入理解回滚日志在 MySQL 中的运作机制，我们首先必须掌握回滚日志的结构组成。本小节将对回滚日志的结构组成进行详尽阐述。先前我们提到，回滚日志可能存在于 MySQL 的系统表空间内。若已设置 `innodb_undo_tablespaces` 参数，则回滚日志会被存储到独立的回滚表空间中。此外，回滚日志亦可保存于临时表空间内。无论其存储位置如何，回滚日志实际上是以回滚页的形式保存在这些文件中的，这些回滚页在数据文件中被识别为 `FIL_PAGE_UNDO_LOG` 类型的页。因此，接下来我们将重点探讨回滚页的构成，其内部架构如图 6-18 所示。

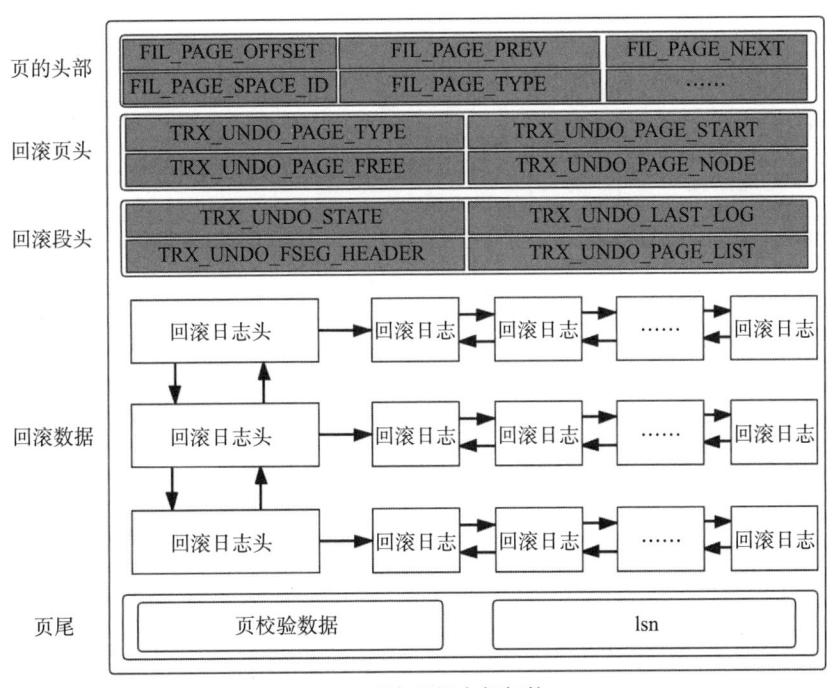

图 6-18 回滚页的内部架构

回滚页主要由以下 5 部分组成：
- 页的头部
- 回滚页头
- 回滚段头
- 回滚数据
- 页尾

下面将详细介绍这 5 部分的内容，Fil Header 和 Fil Trailer 在 6.1.3 节已经详述，这里就不再介绍。

首先看看回滚页头，它主要描述回滚页相关信息，例如回滚页的类型、回滚日志起始位置等，回滚页头字段名称、偏移量及说明如表 6-18 所示。

表 6-18 回滚页头字段名称、偏移量及说明

名称	偏移量	说明
TRX_UNDO_PAGE_TYPE	0	回滚页的类型，可以是 TRX_UNDO_INSERT 或者 TRX_UNDO_UPDATE，前者对应插入语句，后者对应更新和删除语句。这两种类型最终存储的回滚日志也不同
TRX_UNDO_PAGE_START	2	最近一个事务的回滚日志起始点
TRX_UNDO_PAGE_FREE	4	记录该回滚页空闲空间的起始点
TRX_UNDO_PAGE_NODE	6	主要存储上一个页和下一个页的地址，回滚段中所有的回滚页就是这样连接起来的

接下来是回滚段头，它只在回滚段的第一个页中存在，回滚段头名称、偏移量及说明如表 6-19 所示。

表 6-19 回滚段头名称、偏移量及说明

名称	偏移量	说明
TRX_UNDO_STATE	0	该回滚段的状态，它可以是 TRX_UNDO_ACTIVE、TRX_UNDO_CACHED 等
TRX_UNDO_LAST_LOG	2	记录当前页最近一个回滚日志头的起始位置，如果没有就是 0
TRX_UNDO_FSEG_HEADER	4	记录文件段信息，用于分配 undo 页
TRX_UNDO_PAGE_LIST	14	保存一个链表，该链表的节点就是对应每一个回滚页头中的 TRX_UNDO_PAGE_NODE，该链表只在回滚段第一个回滚页中保存，这样从第一个回滚页就能快速遍历该回滚段中所有的回滚页

然后是回滚数据，里面存储的就是回滚日志，下面看看回滚日志组成的部分。回滚日志以一个事务为单位存储，一个事务可能包含多条回滚日志，所以 MySQL 中一个事务对应的回滚日志组成部分如下：

```
undo log header
undo log
undo log
......
```

每个事务对应一个回滚日志头和多个回滚日志，由这个回滚日志头来管理后面的多个回滚日志。回滚日志头的名称、偏移量及说明如表 6-20 所示。

表 6-20　回滚日志头的名称、偏移量及说明

名称	偏移量	说明
TRX_UNDO_TRX_ID	0	存储事务 ID
TRX_UNDO_TRX_NO	8	存储事务编号，日志在回滚日志历史链表中才会定义
TRX_UNDO_DEL_MARKS	16	删除标记，只在类型为更新的回滚日志中存储，有删除标记就意味着后面要进行清理
TRX_UNDO_LOG_START	18	记录该组回滚日志中第一个回滚日志的起始位置
TRX_UNDO_XID_EXISTS	20	如果包含 XA 事务，就设置为 true
TRX_UNDO_DICT_TRANS	21	如果是创建表、索引或者删除就设置为 true，这些操作无法进行回滚
TRX_UNDO_TABLE_ID	22	存储对应的表 ID
TRX_UNDO_NEXT_LOG	30	存储下一个回滚日志头的起始位置
TRX_UNDO_PREV_LOG	32	存储上一个回滚日志头的起始位置
TRX_UNDO_HISTORY_NODE	34	如果回滚日志被加入到历史链表中，这里会存储相关信息，主要指向上一个和下一个回滚日志头

之前在介绍回滚页头的时候提到回滚页有两种类型，分别为 TRX_UNDO_INSERT 和 TRX_UNDO_UPDATE。下面介绍这两种类型分别都存储了什么内容。

TRX_UNDO_INSERT 字段的名称、偏移量及说明如表 6-21 所示。

表 6-21　TRX_UNDO_INSERT 字段的名称、偏移量及说明

名称	偏移量	说明
NEXT UNDO	0	存储下一个回滚日志的起始位置
UNDO LOG TYPE	2	存储回滚日志的类型，这里是 TRX_UNDO_INSERT_REC
UNDO NUMBER	—	存储回滚日志编号
TABLE ID	—	存储表 ID
UNIQ FILED OR PRIMARY FILED	—	存储唯一键的字段长度和字段内容
PREV UNDO	—	存储上一个回滚日志的起始位置

TRX_UNDO_UPDATE 字段的名称、偏移量及说明如表 6-22 所示。

表 6-22　TRX_UNDO_UPDATE 字段的名称、偏移量及说明

名称	偏移量	说明
NEXT UNDO	0	存储下一个回滚日志的起始位置
UNDO LOG TYPE	2	存储回滚日志的类型，这里可以是 TRX_UNDO_UPD_EXIST_REC、TRX_UNDO_UPD_DEL_REC、TRX_UNDO_DEL_MARK_REC
UNDO NUMBER	—	存储回滚日志编号
TABLE ID	—	存储表 ID
INFO BITS	—	存储更新或者删除记录对应的信息和状态位

（续）

名称	偏移量	说明
TRX ID	—	存储事务 ID
ROLL PTR	—	存储更新这条记录的回滚指针
UNIQ FILED OR PRIMARY FILED	—	存储唯一键的字段长度和字段内容
UPDATE FIELD LEN	—	存储更新的列的数量
UPDATE FILED	—	存储所有改变的字段的位置（该字段对应的列在行中属于第几列）、字段长度、字段内容
NEXT LEN	—	存储下面记录的长度
DELETE OR UPDATE FILED	—	记录为标记删除记录时或者更新记录会改变索引顺序时，存储这些字段的位置、字段长度、字段内容
PREV UNDO	—	存储上一个回滚日志的起始位置

可以看到，这两种类型的区别主要在于存储的用户数据，`TRX_UNDO_UPDATE` 类型的回滚日志多存了一些改变前的字段的内容等。

6.3.2 回滚日志的管理

前面我们已经了解了回滚日志的存储机制。接下来，我们将探讨 MySQL 是如何对这些回滚日志进行管理的。在 MySQL 系统中，共配置了 128 个回滚段，其中包括 32 个临时回滚段和 96 个标准回滚段。每个回滚段进一步细分为 1024 个槽，每个槽对应一个回滚页。

MySQL 将这 128 个回滚段的元数据信息存储于系统事务页内，回滚段中所包含的回滚页则被分散存储于不同的数据文件中。例如，临时回滚段的回滚页存放在临时表空间的数据文件内，而标准回滚段的回滚页则存储于系统表空间的数据文件或回滚表空间的回滚数据文件中。回滚日志管理的总体架构如图 6-19 所示。

由于篇幅有限，图 6-19 中只展示了回滚日志相关的内容，例如系统表空间只展示了事务页（`FIL_PAGE_TYPE_TRX_SYS`），临时表空间或者回滚表空间也只是展示了回滚页。首先我们来看在系统事务页中是如何保存 128 个回滚段信息的。

在事务页中共有 128 个槽，每个槽对应一个回滚段，在槽中记录对应回滚段头位于哪个表空间的哪个页下，由两个字段保存，保存回滚段的名称、偏移量及说明如表 6-23 所示。

有了上述信息就可以定位到回滚段头的具体位置，从而读取出来。在 MySQL 初始化的时候会创建 128 个回滚段，创建回滚段的时候首先会创建一个段头页，这个页保存了回滚段头信息，回滚段头字段的名称、偏移量及说明如表 6-24 所示。

每创建一个回滚段就会创建一个回滚段头，创建回滚段头的时候就会申请一个页，这里称之为段头页，回滚段头就存储在段头页中。然后将段头页所在的表空间 ID 和段头页的页编号存储到系统事务页对应的槽中。

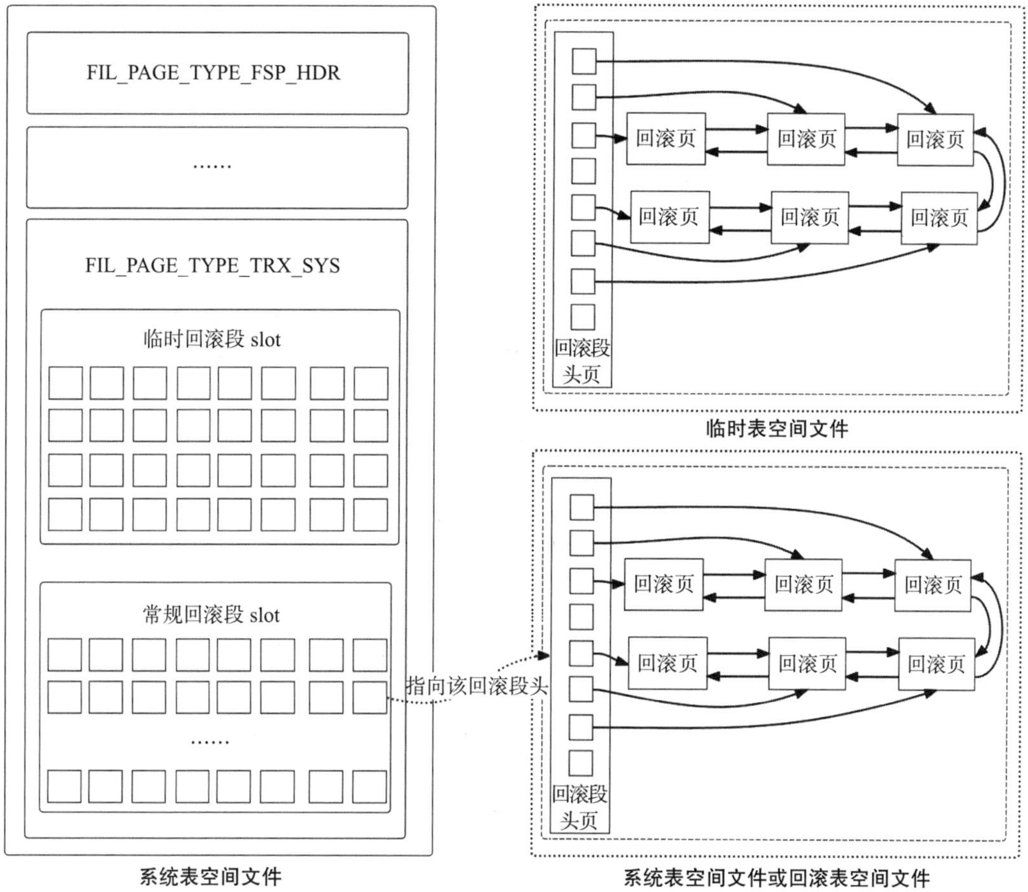

第6章 InnoDB文件组织 ❖ 193

图 6-19 回滚日志管理的总体架构

表 6-23 事务页中保存回滚段的名称、偏移量及说明

名称	偏移量	说明
TRX_SYS_RSEG_SPACE	0	存储回滚段头所在的表空间 ID
TRX_SYS_RSEG_PAGE_NO	4	存储回滚段所在表空间上的页编号

表 6-24 回滚段头字段的名称、偏移量及说明

名称	偏移量	说明
TRX_RSEG_MAX_SIZE	0	回滚段最大的空间
TRX_RSEG_HISTORY_SIZE	4	回滚日志历史链表中回滚页的数量
TRX_RSEG_HISTORY	8	存储回滚日志历史链表上一个回滚段头和下一个回滚段头地址，组成节点被链接到回滚日志历史链表上
TRX_RSEG_FSEG_HEADER	24	指向文件段，文件段就是前面介绍的数据文件中的段，存储在 inode 页中，这里存储的也是该 inode 对应的表空间、页和偏移量信息。文件段在这里用来分配回滚页
TRX_RSEG_UNDO_SLOTS	34	这里共有 1024 个槽，每个槽占用 4B，用于存储对应的页编号

注意 这里只会将普通回滚段的回滚头存储到事务页中，临时回滚段不会存储，所以每次启动 MySQL 的时候就需要重新创建临时回滚段，而普通的回滚段只用在 MySQL 第一次初始化的时候创建。

介绍完 MySQL 是如何在文件中存储的并且管理回滚段信息后，我们来看 MySQL 内存中是如何管理它的。

在 MySQL 启动的时候，会创建 128 个回滚段内存对象，用 `trx_rseg_t` 结构体表示。创建完 `trx_rseg_t` 对象后会将其加入 `trx_sys_t` 中的 `rseg_array` 数组，`trx_sys_t` 是 MySQL 集中管理的事务系统内存对象，可以在里面分配事务 ID 或者回滚段等。回滚段内存对象 `trx_rseg_t` 字段的名称及说明如表 6-25 所示。

表 6-25 `trx_rseg_t` 字段的名称及说明

名称	说明
id	回滚段 ID
mutex	互斥锁，用来保护该结构体中除 id、space、page_no 之外的常量字段
space	回滚段头存储的对应表空间的 ID
page_no	页编号
page_size	对应表空间的页大小
max_size	页中允许的最大空间
curr_size	页中当前的大小
update_undo_list	更新回滚日志链表
update_undo_cached	缓存的更新回滚日志链表，用于下次重新使用
insert_undo_list	插入回滚日志链表
insert_undo_cached	缓冲的插入回滚日志链表，用于插入重新使用
last_page_no	回滚日志历史链表中最近一个没有被清理的回滚页编号
last_offset	回滚日志历史链表中最近一个没有被清理的回滚日志头
last_trx_no	回滚日志历史链表中最近一个没有被清理的事务号
last_del_marks	设置为 true 表示回滚日志历史链表中最近一个回滚日志需要清理
trx_ref_count	记录多少个事务使用过该回滚段
skip_allocation	如果设置为 true，在分配回滚段的时候会跳过该回滚段

鉴于篇幅所限，这里不赘述 `trx_sys_t` 结构体的详细信息，仅需了解该结构体内部包含了一个回滚段数组即可。

现在我们了解了回滚日志文件的内部结构及其管理机制，在执行更新操作时，回滚日志是如何进行分配的？它又具体记录了哪些数据？接下来，我们以一条具体的更新语句为例来解答这两个问题：

```
update sbtest1 set pad="zbdba" where id = 10;
```

执行这条语句后，MySQL 会分配一个回滚段，也就是前面提到的从 `trx_sys_t` 结构体中保存的回滚段数组中分配,这里的分配机制是轮询分配。

在完成回滚段的分配之后,接下来的步骤是构建回滚日志内存对象。在此过程中,需要区分是更新回滚日志还是插入回滚日志类型。构建回滚日志内存对象时,将检查该回滚段是否含有可重用的更新回滚或插入回滚日志。具体而言,将从回滚段内存对象的 `update_undo_cached` 或 `insert_undo_cached` 链表中搜寻是否存在符合条件的、可供重复使用的回滚日志内存对象。若存在,则可直接进行重用;若无可用对象,则需创建一个新的回滚日志内存对象。

创建完回滚日志内存对象后就会分配回滚页,并将分配的回滚页编号存储到对应的槽中(之前提到回滚段管理着 1024 个槽,每一个槽对应的一个回滚页)。

有了回滚页后,MySQL 就可以写回滚日志了。一个回滚段有多个回滚页,这些回滚页组成一个双向链表,并且在第一个回滚页的回滚日志段中保存了该链表的信息。写满当前回滚页后会继续分配新的回滚页使用。

6.3.3 更新操作的回滚日志

了解了如何分配回滚页后,下面来介绍更新操作,继续以一条语句的执行为例:

`update sbtest1 set pad="zbdba" where id = 10`

更新语句回滚日志的详细信息如表 6-26 所示。

表 6-26 更新语句回滚日志的详细信息

名称	值
NEXT UNDO	2257
UNDO LOG TYPE	TRX_UNDO_UPD_EXIST_REC
UNDO NUMBER	0
TABLE ID	37
INFO BITS	0
TRX ID	19732
ROLL PTR	—
UNIQ FILED OR PRIMARY FILED	len:4 value:10
UPDATE FILED LEN	1
UPDATE FILED	Pos:5 len:60 value:97046275580-16268360531-72945875826-47298238930-80480867635
NEXT LEN	—
DELETE OR UPDATE FILED	—
PREV UNDO	2170

观察可知,回滚日志实际上并不记录更新行的所有字段,但这并不妨碍其作为历史版本的功能。MySQL 采取此策略是为了尽可能减少存储的数据量。由于回滚日志会被持久化至重做日志中,减少数据量不仅能提升性能,还能缩减存储空间。

> **注意** 在使用 MySQL 时，频繁更新的表上执行长时间事务可能会导致回滚日志积累过多。若回滚日志存储于系统数据文件中，可能导致系统文件体积过大，且事后难以缩减。然而，MySQL 通过引入回滚表空间机制，已经解决了这一问题。

6.4 总结

本章详尽阐述了数据文件、重做日志文件以及回滚日志文件的功能与作用。在一次数据更新操作中，我们可以观察到不同文件所扮演的不同角色。用户数据的修改首先在数据文件中进行，而在这些修改被写入数据文件之前，相关的更新操作会被记录在重做日志和回滚日志文件中。此外，回滚日志的内容也会被持久化到重做日志文件中。重做日志的记录旨在确保操作的原子性和持久性，而回滚日志的记录则为实现多版本并发控制和回滚功能提供了支持。基于第 5 章所述的组件以及本章介绍的文件，MySQL InnoDB 提供了一个完整的事务存储引擎，能够满足大多数 OLTP 应用的需求。

第 7 章　InnoDB 索引的实现

众所周知，MySQL 数据库中的数据是保存于磁盘上的。在 6.1 节，我们提出了若干问题，涉及如何迅速检索所需数据。在某些情况下，我们可能需要检索单行数据、一系列数据，或是整张数据表。若数据是简单地按照插入顺序追加到数据文件中，那么数据检索过程将变得异常缓慢。因此，索引的概念应运而生。本章先简单地介绍了索引，然后介绍了索引的结构，接着介绍了索引在内存中的管理以及索引的创建，之后以数据检索为例来帮助读者更好地理解索引的实现，最后会介绍索引的分裂、合并以及重组。

7.1　索引简介

大多数业务场景对数据表的操作主要涉及：
- 插入、删除、更新一条记录。
- 查找一条记录。
- 查找一个范围的记录。
- 查找整个表的记录。

在能处理上述操作的同时，还有一点至关重要，就是表在数据量增加时，其效率几乎不受影响。那么，何种数据结构能够高效地支持上述操作呢？需要具备精确查询与范围查询的能力，且在数据量增长时对性能影响甚微。针对这样的需求，我们首先会考虑树状数据结构。常见的树状数据结构包括以下几种：
- 普通的二叉树
- 红黑树
- B 树

❏ B+ 树

鉴于数据量庞大且需存储于磁盘，二叉树与红黑树便不是很适用，因其数据检索过程将导致频繁的 I/O 操作。余下的选择为 B 树与 B+ 树，接下来将着重阐释 B 树与 B+ 树之间的差异，并探讨 MySQL 采用 B+ 树的原因。

7.1.1 B 树和 B+ 树

上面提到 B 树和 B+ 树都可以用来构建索引，下面就来看看 B 树和 B+ 树的区别。首先来看看两者的结构。

B 树的结构如图 7-1 所示。

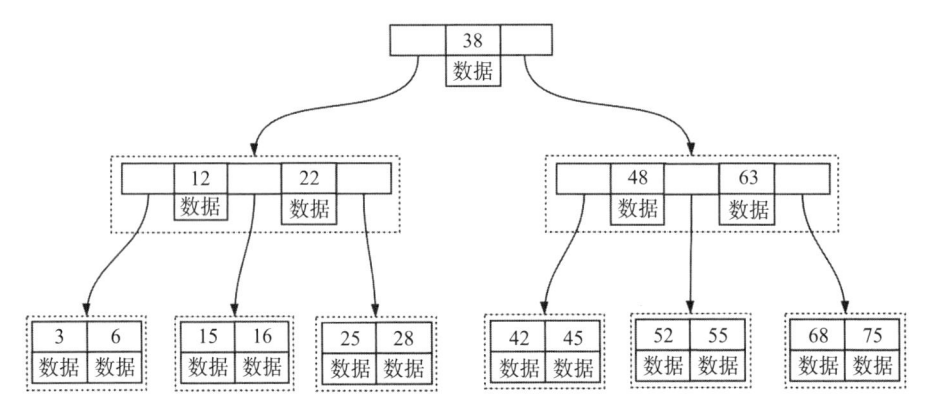

图 7-1 B 树的结构

其结构特点如下：
- 根节点、内节点、叶子节点都包含数据。
- 每个节点都是按照大小顺序进行排序的。
- 叶子节点没有被链接起来。

B+ 树的结构如图 7-2 所示。

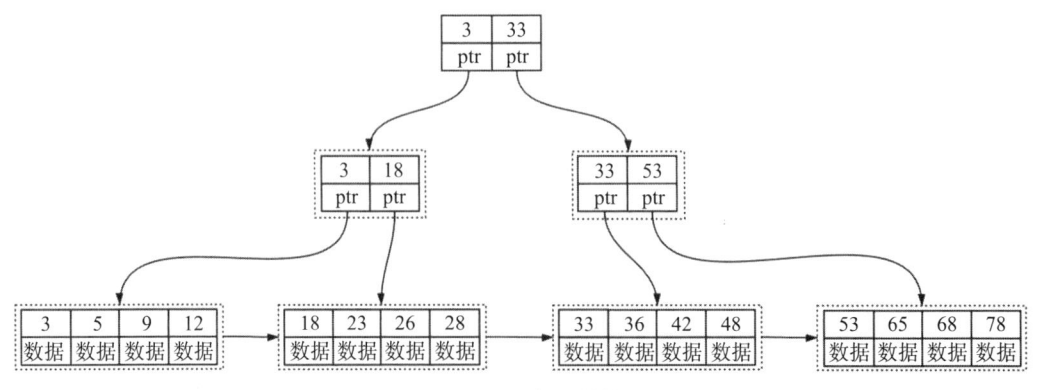

图 7-2 B+ 树的结构

其结构特点如下：
- 只有叶子节点存储数据，根节点和内节点不存储数据。
- 每个节点都是按照大小顺序进行排序的。
- 所有叶子节点都被链接起来了。

这里就不具体介绍 B 树和 B+ 树结构本身的一些规则了，感兴趣的读者可以自行研究。根据 B 树和 B+ 树的结构特点，我们可以看到它们主要有两点不一样：
- B 树所有节点都存储数据，B+ 树只有叶子节点存储数据。那么，在精准查询一条记录时，B 树的时间复杂度最低为 $O(1)$，B+ 树最低为 $O(\log n)$。B 树在精准查询一条记录时的性能可能优于 B+ 树。
- B 树的叶子节点没有被链接起来，B+ 树的叶子节点都被链接起来了。那么，在进行范围查询时，B 树进行遍历的时候需要不断遍历叶子节点上的父节点来找到后面的数据，B+ 树则直接遍历叶子节点即可。

通过这个对比，我们其实就知道 MySQL 为什么会选择 B+ 树来构建索引了。MySQL 作为关系数据库，经常会遇到表关联查询和范围查询，所以 B+ 树的结构会更加适合。非关系数据库（比如 MongoDB）喜欢把所有关联的表放在一个 JSON 对象里面，这样其实大部分的场景可能是单点查询，那么 B 树索引会更加适合它。

7.1.2 全文索引

通常我们在 MySQL 中执行的语句都是等值或范围查询，有时候也会执行模糊查询，例如下面的 SQL 语句：

```
select * from sbtest1 where pad like "zbdba%"
```

如果 `pad` 上有索引的话是可以用到的，并且可以高效地得到结果。相反，执行如下 SQL 语句时：

```
select * from sbtest1 where pad like  "%zbdba%"
```

就算使用了索引也是扫描每条记录进行比对，效率会比较差。这个时候就需要引入全文索引。简单来说，全文索引就好比存储一篇文章，我们能快速通过全文索引搜索到具体的关键字信息，这是由于全文索引存储了这篇文章的分词信息。在 MySQL 中使用全文索引也有对应的语法，如下所示：

```
select * from articles where match(content) against "zbdba"
```

上述是自然语言模式对应的查询语法，MySQL 还支持布尔模式的检索方式。由于篇幅所限，这里只简单介绍一下全文索引，感兴趣的读者可以自行研究相关细节。

7.2 索引的结构

了解 B+ 树的结构后,我们来看 MySQL 是如何组织这个 B+ 树结构的,以及索引的数据在 B+ 树上的存储方式。

7.2.1 聚簇索引的结构

聚簇索引的基本架构如图 7-3 所示。

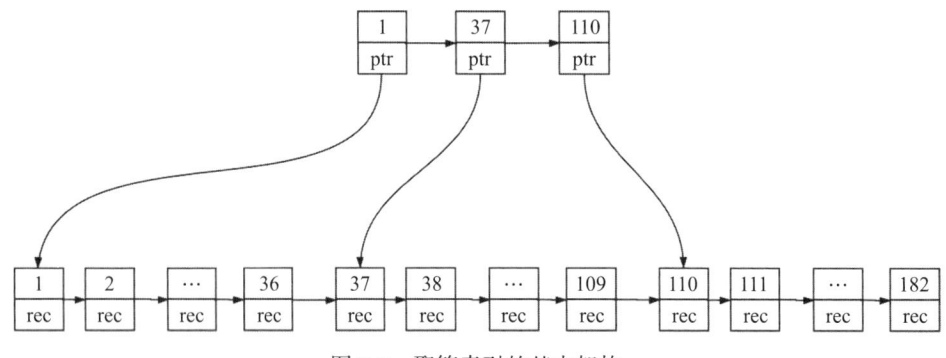

图 7-3 聚簇索引的基本架构

聚簇索引主要由根节点与叶子节点构成。无论是根节点还是叶子节点,均包含一对键值(Key-Value)。在此需特别指出,键值的概念仅在逻辑层面存在,在实际的物理存储中并未明确区分键与值,而是直接存储了一条完整的记录。接下来,我们将探讨根节点与叶子节点中键值各自对应的数值。

- **根节点**:Key 为聚簇索引列的值,它对应叶子节点页中最小的主键列的值;Value 为指向索引叶子节点页的页号。
- **叶子节点**:Key 为主键列具体值;Value 为具体的一行记录,行记录在数据文件的章节中已经详细介绍。

了解完根节点和叶子节点存储的具体数据后,我们来介绍这些节点是如何连接起来的。

我们知道 B+ 树索引的结构是所有的根节点组成一条单向链表,所有的叶子节点也组成一条单向链表,然后根节点需要指向叶子节点。在 MySQL 中,每个节点都会存储一个指针指向下一个节点,然后根节点会指向叶子节点页,这样根节点和叶子节点就连接起来了。刚刚提到在 MySQL 中多个节点由索引页进行管理,所以多个索引页还需要维护两个指针,分别指向它的上一个页和下一个页,这样所有的节点都已经连接完成。注意,这里的指针也是逻辑的概念,接下来,我们将深入探讨聚簇索引在 MySQL 数据文件中的具体组织方式。

我们知道,索引页负责管理一系列节点,而这些索引页又可以细分为根节点页和叶子节点页。在 6.1 节中,我们已经阐述了数据文件实际上是由多个页构成的,这些页具有不同的类型。在这些页中,数据页和索引页是存放用户数据的关键位置。因此,在数据文件的上下文中，聚簇索引是由多个索引页构成的集合。聚簇索引的逻辑架构如图 7-4 所示。

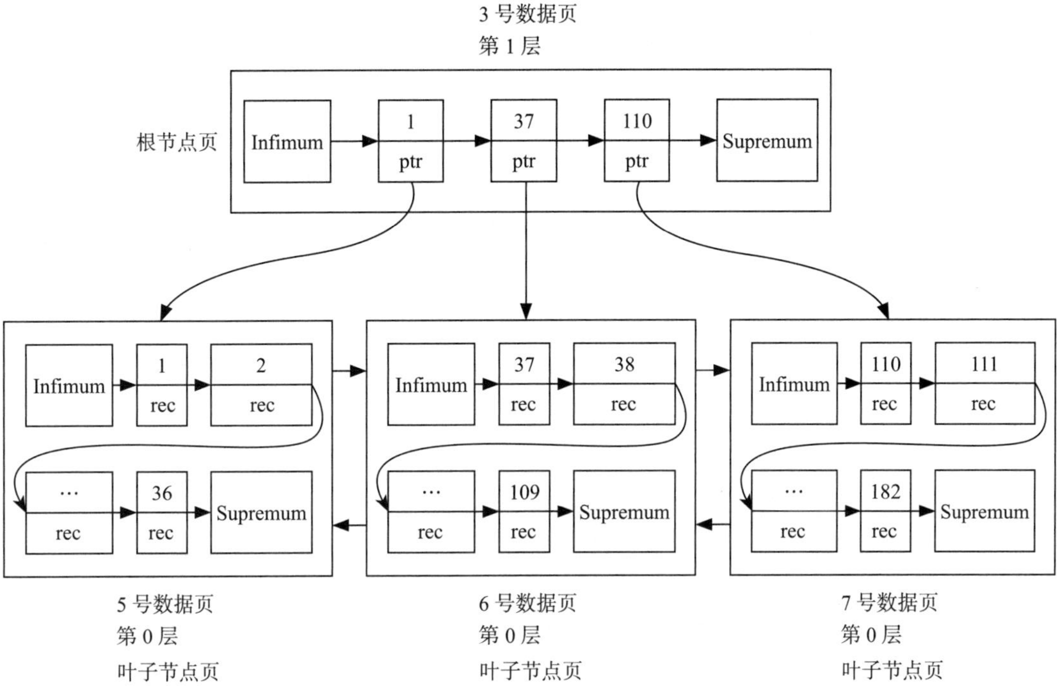

图 7-4　聚簇索引的逻辑架构

我们可以看到，索引页在数据文件中其实是无序的，而 B+ 树则是有序的，因此只能通过指针将各个索引页顺序地连接起来，索引页中的节点也是通过指针顺序地连接起来的。这样就可以保证逻辑上有序。那这里的指针到底存储的是什么内容呢？分三种情况进行介绍：

- **数据页之间的指针**。每个数据页都存储了上一个数据页和下一个数据页的页号，这样就将所有的数据页连接起来了。
- **记录之间的指针**。在记录的元数据中存储了下一个记录的文件偏移量位置，读取下一个记录时只需要加上对应的偏移量即可。
- **根节点和叶子节点之间的指针**。存储的是具体的叶子节点页的页号，在扫描的时候拿到页号就能拿到具体的叶子节点页。

聚簇索引的物理架构如图 7-5 所示。

可以看到，数据文件由多个页组成，数据页分布在不同的位置，可能是顺序的也可能是无序的，但索引页之间的指针能使所有的索引页逻辑上有序，在索引页中的记录也是如此。

至此，聚簇索引在数据文件中的存储方式介绍完毕。这里我们总结下，MySQL 在磁盘上组织的 B+ 索引主要分为两部分：第一部分是节点本身的内容，根节点和叶子节点存储的内容有所不同，根节点存储的是叶子节点页的页号，对于叶子节点而言，如果是聚簇索引则存储的是具体的一行数据，如果是二级索引则存储的是二级索引列的值和主键列的值；

第二部分就是要把所有的节点顺序地连接起来，在每个节点中都会保存对应的指针，指针里面记录的是文件的偏移量，从而让文件中无序的数据变得逻辑上有序，在节点的上一层由索引页管理，索引页中也存储了指向上一个页和下一个页的指针，这里存储的其实就是页号。这两部分内容一起构成一个完整的索引。

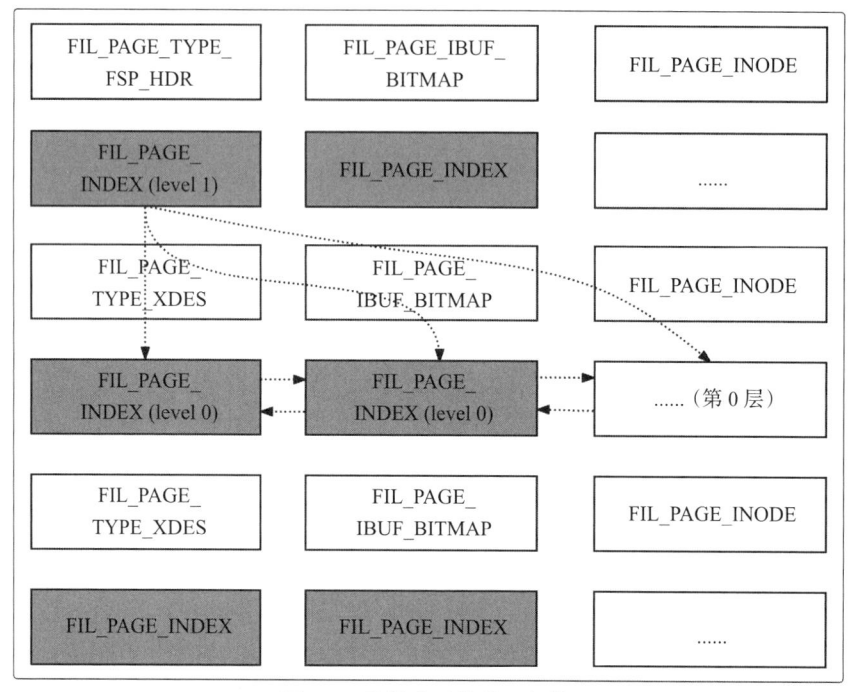

图 7-5　聚簇索引的物理架构

7.2.2　二级索引的结构

在上一小节中介绍了聚簇索引的数据是怎么组织的，其实二级索引的数据组织跟聚簇索引基本一致，区别主要在叶子节点存储的内容不太一样，下面来看二级索引的架构，如图 7-6 所示。

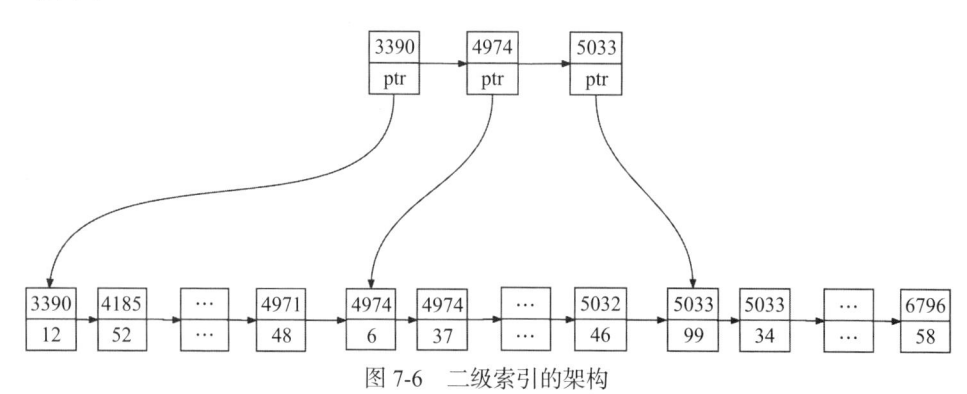

图 7-6　二级索引的架构

同样，我们来看下根节点与叶子节点中键值各自对应的数值。
- **根节点**：Key 为二级索引列对应的值，它对应叶子节点页中最小的主键列的值；Value 为指向叶子节点页的页号。
- **叶子节点**：Key 为二级索引列对应的值；Value 为对应的主键值。

这里各个节点的指针还是跟聚簇索引基本一致，区别在于聚簇索引的叶子节点 Value 为具体的一行记录，而二级索引的叶子节点 Value 为对应的主键值。

注意 这里大家很容易理解错误，以为二级索引的叶子节点 Value 存储的是指向主键值的指针。

二级索引在文件中的组织也跟聚簇索引基本一致，二级索引的逻辑架构如图 7-7 所示。

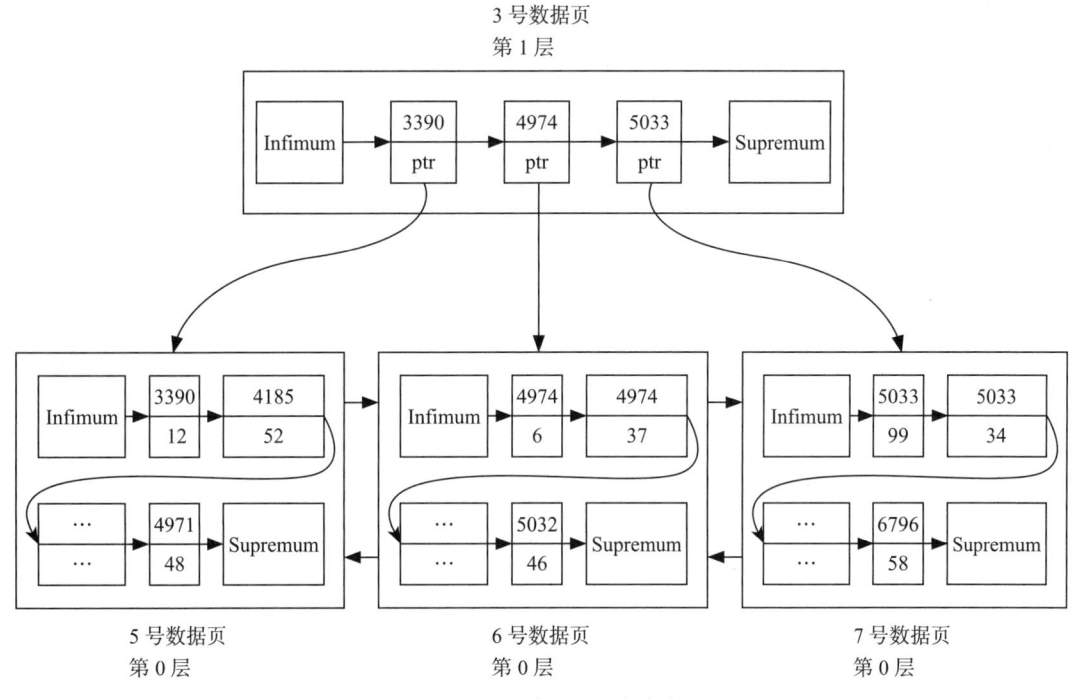

图 7-7 二级索引的逻辑架构

图 7-7 中细节已在前一小节中介绍，此处不再赘述。

7.2.3 复合索引的结构

前面我们分别探讨了聚簇索引与二级索引的结构。接下来，我们将深入分析复合索引的实现机制。复合索引是由多个字段组合而成的。为便于理解，我们将以聚簇复合索引为例进行介绍，而二级复合索引的构建原理与之类似。首先，让我们参考二级索引的架构来展开讨论，如图 7-8 所示。

```
         ┌─────┐   ┌─────┐   ┌──────┐
         │[1,8]│──▶│[37,3]│──▶│[110,1]│
         │ ptr │   │ ptr │   │ ptr  │
         └─────┘   └─────┘   └──────┘
```

图 7-8　二级索引的架构

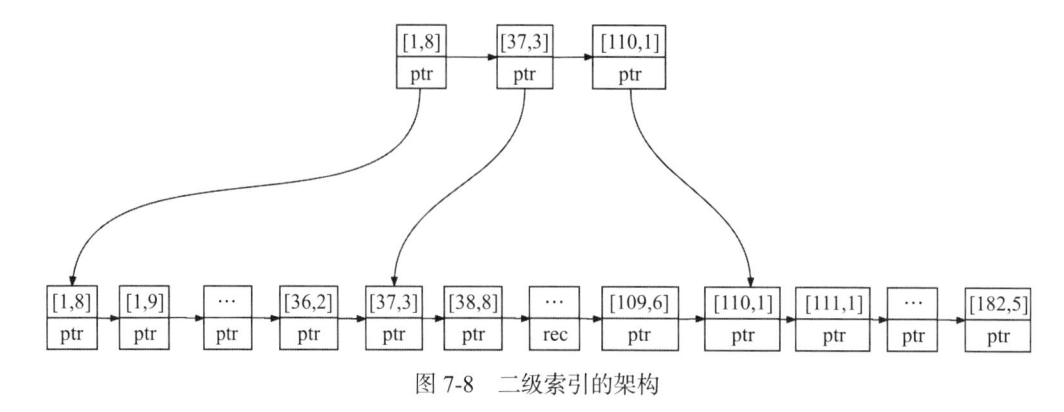

从图 7-8 中可以看到，聚簇复合索引其实将所有索引列的值都存储了下来。我们知道，在聚簇索引中，不管是根节点还是叶子节点的 Key 其实存储的都是具体索引列的值。之前举例说明的都是单列的索引，如果包含多列，根节点和叶子节点对应的 Key 就是多列的值。

在物理文件上的存储也是一样，这里不再赘述。这里重点要说一下复合索引的区别，MySQL 中的复合索引遵循向左优先的原则。假设为 A 列、B 列创建复合索引，那么在将它们插入索引中的时候，需要对比一下 A 列和 B 列的大小。

7.3　索引的管理

前面介绍了索引在文件中的组织，那索引在 MySQL 内存中是如何管理的呢？下面进行具体介绍。

7.3.1　索引在内存中的管理

在 MySQL 中，由 `dict_index_t` 结构体来管理内存中的索引，`dict_index_t` 结构体的名称及描述如表 7-1 所示。

表 7-1　`dict_index_t` 结构体的名称及描述

名称	描述
id	索引 ID
name	索引名称
table_name	表名称
space	表空间 ID
page	根节点页号
type	索引类型
n_fields	索引中的字段数量
fields	存储索引字段信息，从 `sys_fields` 数据字典表中读取
dict_index_t	索引链表节点，把该表所有的索引用链表连接起来
lock	读写锁，用于保护索引树

上述只是 `dict_index_t` 结构体的部分重要字段，感兴趣的读者可以去阅读源码了解其他字段。MySQL 通过这些字段来管理内存中的索引，先会从磁盘将索引加载到内存中。这里其实主要加载的是索引元数据和具体的数据页，加载完成后就存储到 `dict_index_t` 结构体对象中，然后通过该对象就能管理对应的索引。下面详细介绍索引的加载。

7.3.2 索引的加载

在第 4 章中，我们介绍过索引存储在 `SYS_INDEXES` 系统表中，索引的加载就是从该系统表中读取对应的数据。`SYS_INDEXES` 中的字段信息如下所示：

```
+-----------------+---------------------+------+-----+---------+-------+
| Field           | Type                | Null | Key | Default | Extra |
+-----------------+---------------------+------+-----+---------+-------+
| INDEX_ID        | bigint(21) unsigned | NO   |     | 0       |       |
| NAME            | varchar(193)        | NO   |     |         |       |
| TABLE_ID        | bigint(21) unsigned | NO   |     | 0       |       |
| TYPE            | int(11)             | NO   |     | 0       |       |
| N_FIELDS        | int(11)             | NO   |     | 0       |       |
| PAGE_NO         | int(11)             | NO   |     | 0       |       |
| SPACE           | int(11)             | NO   |     | 0       |       |
| MERGE_THRESHOLD | int(11)             | NO   |     | 0       |       |
+-----------------+---------------------+------+-----+---------+-------+
```

一般在打开表的时候，MySQL 会将该表所有的索引都打开，具体流程为：在打开表的时候可以知道对应的 `TABLE_ID`，根据 `TABLE_ID` 可以从 `SYS_INDEXES` 系统表中查询到该表对应的所有索引信息，通过这些信息就可以构造上述 `dict_index_t` 结构体对象。

现在只是知道了索引的基础信息，还需要索引的字段信息。字段信息需要从 `SYS_FIELDS` 表中获取，`SYS_FIELDS` 的字段信息如下所示：

```
mysql> desc innodb_sys_fields;
+----------+---------------------+------+-----+---------+-------+
| Field    | Type                | Null | Key | Default | Extra |
+----------+---------------------+------+-----+---------+-------+
| INDEX_ID | bigint(21) unsigned | NO   |     | 0       |       |
| NAME     | varchar(193)        | NO   |     |         |       |
| POS      | int(11) unsigned    | NO   |     | 0       |       |
+----------+---------------------+------+-----+---------+-------+
```

通过 `INDEX_ID` 在 `SYS_FIELDS` 表中获取对应的字段信息，然后填充到 `dict_index_t->fields` 中，这样索引的基本信息基本就完整了。

最终将索引加入到该表在内存维护的索引链表中。在 MySQL 中，由 `dict_table_t` 结构体对象来管理一张表，`dict_table_t` 中的 `indexes` 字段维护了一个链表来管理该表的所有索引（`table->indexes`）。

至此，索引的加载就完成了。后续如果要使用，就从 `table->indexes` 中获取。那么，这里大家可能有一个疑问，如何读取索引数据呢？

可以看到，其实在 `sys_indexes` 表中有一个 `page_no` 字段，这个字段存储的是索引根节点的页号，通过这个页号就能读取到索引根节点页。前面我们已经了解了索引在数据文件中是如何存储的，如果能读取到根节点页，自然就能扫描整个索引，因为根节点页中保存了指向索引叶子节点页的指针。

7.3.3 索引的创建

了解了索引在内存中的管理之后，我们来看索引是如何创建的。这里分二级索引和聚簇索引两部分进行介绍。

1. 二级索引的创建流程

前面我们已经知道了二级索引的数据组织，也了解了 MySQL 是如何在内存和磁盘中维护索引元数据信息的。综合可知，创建一个二级索引大概需要如下几步：

❑ 在内存中创建索引对象。
❑ 将索引信息持久化到数据字典中。
❑ 为二级索引构建数据。

第一步其实还是在内存中创建一个 `dict_index_t` 结构体对象，之前是从 SYS_INDEXES 读出索引相关元数据信息填充到 `dict_index_t` 中，而在创建的时候则需要根据创建索引的信息进行构造。例如，`dict_index_t` 中的 `table_name`、`index_name`、`space`、`type`、`n_fields` 这些字段信息可以从创建索引的语句中解析到，然后进行填充，索引 id 需要现场分配一个。

完成 `dict_index_t` 的创建及相关字段的初始化后，第二步就是把这些信息插入 SYS_INDEXES 和 SYS_FIELDS 表中。`dict_index_t` 里面有这两张表所需的字段，所以直接读取相关信息并插入即可。这一步完成后会将索引对象插入表对象维护的索引链表中，这样后续使用该索引就可以直接从该表对象中获取对应的索引对象。

最终，构建索引树结构成为一项关键步骤。在初始阶段，MySQL 将自动分配一个数据页作为根节点页。随后，该页的页号将被更新至 SYS_INDEXES 表的 `page_no` 字段中，从而便于后续直接定位到该索引的根节点页。一旦获取到根节点页，即可对整个索引进行操作。

上面步骤比较简单，主要是为索引创建元数据信息并持久化到数据字典中，第三步就是为该二级索引构造数据了。这一步里面包含大量的逻辑，因为需要考虑如何快速为索引构建数据，而且要提供在线的 DDL，也就是在创建索引的时候不锁表，这就需要处理在构建索引数据的时候该表产生的增量数据。

我们设计这部分逻辑的思路如下：

1）遍历聚簇索引，拿到所有行的记录。
2）处理每行的数据，通过解析拿到要创建索引的列的值、主键的值。

3）开始将其插入二级索引中，插入叶子节点 Key 为该索引列的数据，Value 为主键的值。

4）处理完表中所有的记录，就完成了二级索引的创建。

实际上，MySQL 的处理机制与上述思路大体一致。在最初版本中，MySQL 确实采取了这种方法。然而，随着时间的推移，MySQL 进行了优化，并且开始考虑在线的 DDL 操作的场景。接下来，我们将详细探讨 MySQL 的具体实现方式。

首先，我们来介绍 MySQL 在进行优化后是如何构建二级索引数据的。先前的处理方法是按照常规流程自上而下地插入索引。然而，优化后的逻辑是先对所有索引列的值进行排序，排序完毕后，再顺序地插入索引中。这种处理方式实际上是直接构建索引的叶子节点。相较于之前，每次插入索引时都需要查找相应位置，优化后的做法是预先对所有记录进行排序，然后直接构建叶子节点。具体的操作步骤如下：

1）循环遍历聚簇索引，拿到所有行的记录。

2）用聚簇索引记录构建二级索引记录并插入 `sort buffer` 中，`sort buffer` 的默认大小为 1MB。

3）每次 `sort buffer` 写满后就进行排序，排序后写入到 chunk 中，然后把内存中的 chunk 写到 merge 文件中，所以最终 merge 文件中可能有多个 chunk。

4）将所有记录进行排序，之前是 chunk 中的记录是有序的，现在整个 merge 文件中的记录都需要有序。这里采用归并排序，索引创建时使用的归并排序的流程如图 7-9 所示。

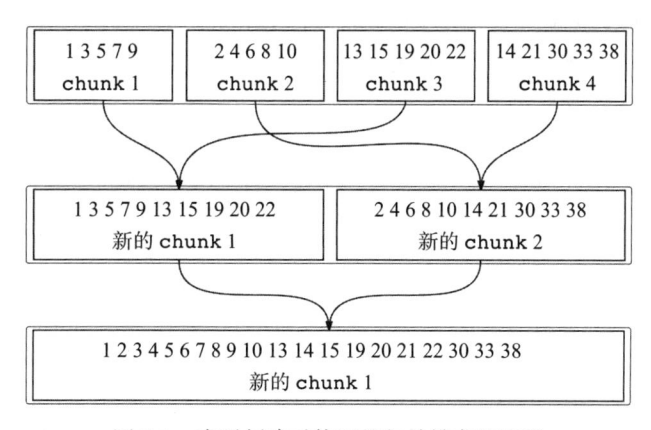

图 7-9　索引创建时使用的归并排序的流程

我们可以将图 7-9 中的数字看作二级索引列的值，归并排序的思路就是将每 2 个有序的 chunk 进行排序，一直循环下去，直到最后只剩下一个汇总的 chunk，这样所有的 chunk 就完成了排序。

5）将 merge 文件中排好序的记录直接插入索引叶子节点页。因为是顺序插入，所以速度会快于从根节点插入。

这就是 MySQL 快速将数据插入二级索引的机制。那么，对于这个过程中的增量操作，MySQL 又是如何处理的呢？

MySQL 其实为该索引创建了一个增量缓冲区，大小默认为 1MB，由 `index` 对象中的 `online_log` 字段维护。如果增量的写入涉及更新该二级索引，那么就将该条操作内容插入这个增量的缓冲区中。详细步骤如下：

1）在准备阶段就为索引申请一个缓冲区，用于存储该二级索引产生的增量数据。

2）将增量的二级索引记录和操作类型记录到 `online_log` 维护的缓冲区中。

3）等待索引创建完成后，由 `flushObserver` 对象将该表空间所有的脏页全部进行刷脏，而不是由后台的刷脏线程完成。

4）在创建索引的过程中，二级索引页的修改不会写入重做日志，会写入一条 `MLOG_INDEX_LOAD` 类型的重做日志记录，表示对该索引页的操作没有写重做日志。

5）给索引加写锁，将 `index->online_log` 中存储的二级索引操作记录取出，并应用到当前的二级索引中。这里应用比较简单，因为增量缓冲区中直接是索引类型的记录，所以直接根据对应的操作类型应用即可。

6）修改索引状态为 `ONLINE_INDEX_COMPLETE`，然后解锁。后续对二级索引的操作不再写入到增量缓冲区中，而是直接操作二级索引即可。

这里还有一个问题，二级索引的全量数据跟增量数据是如何衔接的？

其实在读取全量数据构建索引前，MySQL 会为创建索引做一些准备操作，也就是之前提到的在内存中创建索引对象和将索引信息持久化到数据字典中。在做准备操作前，MySQL 会加一个元数据锁，这个时候其他会话无法对该表进行操作。完成准备操作后，MySQL 会为当前会话分配一个 `read view`，然后提交之前对数据字典进行的修改。这里分配一个 `read view` 其实就是为全量数据记录一个快照点，后续读取全量数据时，就是根据该 `read view` 来判断是否需要构造历史数据。准备操作完成后，元数据锁会降级为共享锁，这个时候其他会话就能操作该表，增量的数据就能写入到增量的缓冲区中了，这样全量数据和增量数据就衔接起来了。

至此，创建二级索引的主要步骤介绍完毕。整个过程相对复杂，官方所指的在线的 DDL 并非意味着对线上业务无任何影响。实际上，通过前述步骤可知，在二级索引构建期间会施加排他类型的元数据锁，这将阻塞其他事务对相关表的操作。尽管如此，与以往不支持在线的 DDL 版本相比，其影响时长已大幅缩短。因此，在执行 DDL 操作时，建议选择业务低峰时段进行。

2. 聚簇索引的创建流程

接下来我们简单了解一下聚簇索引的创建流程。聚簇索引的创建过程相较于二级索引而言更为简洁。其主要差异在于处理全量数据的时候。创建聚簇索引时，必须重新组织数据。因此，MySQL 实际上会创建一个临时表，将原表中的数据读取出来插入这个临时表中，并在临时表中创建我们所指定的聚簇索引。至于增量数据的处理流程，它与二级索引的创建过程基本相同。由于篇幅限制，此处不再详细展开说明。

7.4 数据检索

本节将从在索引上进行检索、插入、删除、更新四个方面来介绍数据检索的方式，从而帮助读者进一步加深对索引的理解。

7.4.1 聚簇索引数据检索

聚簇索引的数据检索流程主要分为两步：
1）在根节点页中搜索符合条件的记录，该记录指向叶子节点页。
2）在叶子节点页中搜索符合条件的叶子节点。

除了等值查询的扫描方式，还有全表扫描和范围扫描。这部分内容已在 6.1.4 小节中详细介绍。

7.4.2 二级索引数据检索

二级索引数据检索前面的步骤与聚簇索引是一致的，只是最后拿到叶子节点的时候，需要判断是否需要去聚簇索引上获取数据：如果所需字段在二级索引上已经存在，则不需要；如果不存在，就需要去聚簇索引上获取，这也就是我们常说的回表查询。去聚簇索引上获取数据的流程跟前面介绍的主键等值查询流程完全一致，这里不再赘述。

注意 要读取数据文件的内容，需要先将对应的数据页加载到内存——缓冲区，这部分内容在第 5 章中详细介绍过。

7.4.3 插入数据

刚刚我们已经知道在 MySQL 中是如何检索数据的，那么数据的插入流程又是怎样的呢？其实数据的插入主要分为两步：检索需要插入的位置和插入记录。

首先来看检索的流程。在此，我们假设 `id=10` 并不存在。若需插入一条 `id=10` 的记录，必须先确定插入的位置，即 id 值小于 10 的记录 A 与 id 值大于 10 的记录 B 之间的位置。此流程与 6.1.4 节中介绍的大致相同。

然后是插入的流程。确定位置之后，便可在记录 A 之后进行插入操作，这里重点介绍具体流程：
1）获取要插入记录的大小。
2）在索引页上为该记录分配空间。
3）将记录复制到分配的空间上。
4）将记录插入记录链表，之前介绍过，索引页的记录链表是一个单向链表，索引插入的流程如图 7-10 所示。

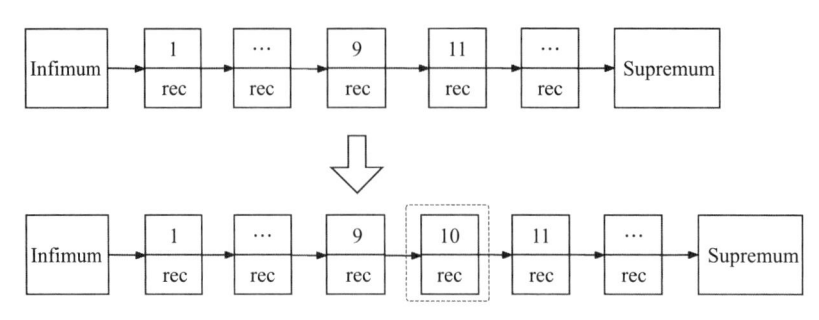

图 7-10 索引插入的流程

5）将该记录的 `owned` 值设置为 0。
6）将数据页的最近插入记录更新为当前记录。
7）更新该记录所在的槽中维护的 `owned` 值，将其 +1。一旦 `owned` 超过最大值，还会触发分裂，具体参见 6.1.4 节。

7.4.4 删除数据

删除数据和插入数据的流程基本一致，也主要分为两步：检索需要删除的记录和删除记录。

第一步其实就是通过主键等值查询获取对应记录。第二步其实就是从对应的数据页维护的单向记录链表中移除对应的记录，索引删除的流程如图 7-11 所示。

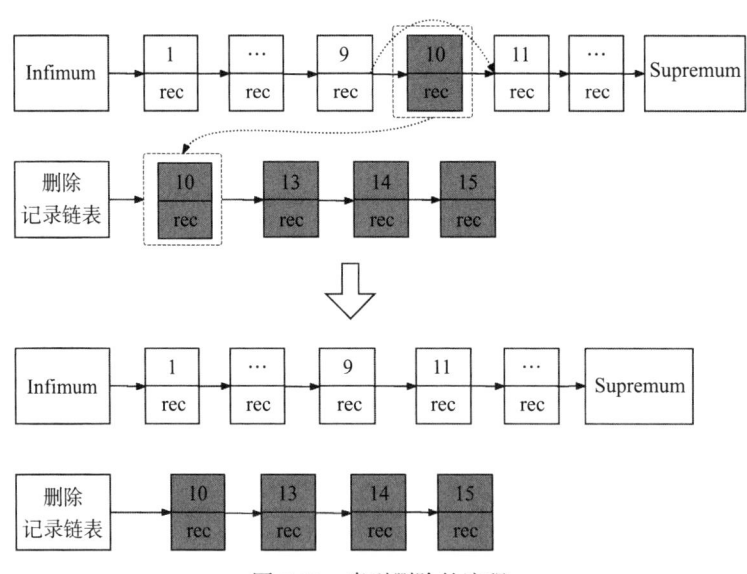

图 7-11 索引删除的流程

7.4.5 更新数据

更新数据和删除数据流程基本一致，主要分为两步，检索需要更新的记录和更新记录。

检索流程与之前一样。更新的流程分为两种情况：原地更新和插入更新。这两种情况都在 6.1.4 小节中介绍过，这里不再赘述。

7.5 索引分裂和合并

单个索引页能保存的记录是有限的，但如果一个索引页用满了，恰好又有一条记录需要插入该索引页，这时候应该怎么办呢？MySQL 内部用索引的分裂机制来处理这种情况，并且提供了索引的合并机制来提高空间利用率。下面详细介绍索引分裂和合并的流程。

7.5.1 索引页分裂

索引页的默认大小是 16KB，在空间不够的时候就需要进行索引页分裂。简单来说，索引页分裂就是新建一个索引页，然后根据插入记录的位置来判断是否需要将之前的索引页的一些记录迁移到新的索引页中。

注意 MySQL 正常都是乐观插入，如果乐观插入失败了，一般都是空间不够所致，接着就进行悲观插入，在悲观插入中就会进行索引页的分裂。

索引页的分裂架构如图 7-12 所示，大致说明了索引页的分裂逻辑。

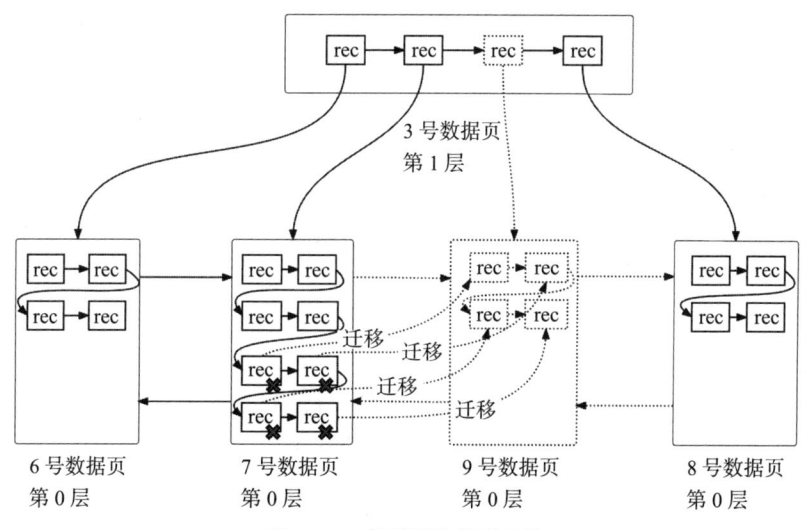

图 7-12 索引页的分裂架构

从图 7-12 中可以总结出索引的分裂步骤：
1）由一条插入语句触发，前提条件是当前数据页空间不够了。
2）为该索引分配一个新的索引页。
3）找到 `split_record`，也就是切分记录点。这里分两种情况：第一种是顺序插入，插入的记录位于索引页的最后一条记录后，这种情况该数据页中的记录不会迁移，只是分配一个新页，将新记录插入新页中即可；第二种是随机插入，插入的记录不在该索引页的最后一条记录后，这时候就需要计算索引页中间的记录，然后将索引页分裂 50% 出去。

4）将新建的索引页与之前的索引页用指针连接起来，这里是双向指针。如图 7-13 中的 9 号数据页所示。

5）将 `split_record` 后的记录迁移到新页中，如果是顺序插入，那么 `split_record` 后面就是 `supremum`，不需要进行记录迁移。否则就需要进行迁移，一般情况下迁移 50% 的记录。

6）从之前的索引页中删除被迁移的记录。

7）完成索引页的分裂后，再将之前的记录插入合适的位置。

分裂过程中的锁

在索引分裂的过程中其实是会加锁的，这里主要有两个锁：①保护整个索引树的读写锁，由 `dict_index_t` 结构体中的 `lock` 字段维护；②保护单个索引页的读写锁，由 `buf_block_t` 结构体中的 `lock` 字段维护。

索引树会加 SX 模式的锁，单个索引页会加 X 模式的锁。这就意味着在索引页分裂的时候，与该索引树相关的记录是只读的，不能进行修改，而被分裂的索引页是不能进行读写。SX 模式的锁是 MySQL 5.7 版本引入的，在 MySQL 5.6 中，索引树也是直接加 X 模式的锁，在索引页分裂的时候，整个索引都不能进行读写。这里其实应该还有优化的空间，只涉及一个索引页的分裂，为什么整个索引树都变成只读了呢？能不能把锁粒度变小？答案是肯定的，但还需要考虑很多细节。

那么，如果触发分裂的事务回滚怎么办？这里主要分如下两种情况：

- 在顺序插入的时候，索引页分裂其实就是新建一个索引页，将新的记录插入索引页中。如果这个时候进行回滚，会将新的数据删除，在数据删除的时候会主动调用索引页合并的流程，这个时候就会发现这个新的索引页没有数据，那么就会进行释放。
- 在随机插入的时候，索引页分裂是新建一个索引页并迁移之前索引页的记录到新的索引页上。如果这个时候进行回滚，会将新的数据删除，在数据删除的时候也会主动调用索引页合并的流程，这个时候就要区分情况了，主要看原有的索引页和新建的索引页谁的空间使用率小于 50%，小于的那个会被合并，合并完成之后该索引页的记录会被清除，然后释放这个索引页。

至此，我们了解了整个索引分裂的流程。大家想想看上述逻辑有没有问题。每次迁移 50% 的话，如果应用造成频繁的索引分裂，有没有可能导致空间使用率变低？其实行业内已经有公司发现这个问题并且提供了相应的解决方案，读者若有兴趣可以自行了解。还有一个点需要强调，为什么大家都建议采用自增主键？因为自增主键插入的时候是按照顺序插入，在批量插入的时候不会引起大量的索引页分裂。

7.5.2 索引页合并

在本小节中,我们将深入探讨索引页合并的详细流程。索引页合并是指当某个索引页的使用率降至特定阈值以下时,系统会主动尝试将其与相邻的、符合条件的索引页合并。合并成功后,原索引页将被删除,从而提升存储空间的使用效率。接下来,让我们详细看看索引合并的具体步骤。

一般在 purge 线程完成记录的彻底删除后,会检查该索引页是否符合合并的条件。具体主要会判断索引的使用率是否低于一个阈值,该阈值由 DICT_INDEX_MERGE_THRESHOLD_DEFAULT 变量控制,默认为 50%,低于该阈值即触发索引页合并。

合并的流程主要又分为向左合并和向右合并两种情况,这两种情况在合并记录时处理父节点的方式不太一样,下面进行详细介绍。

1. 向左合并

MySQL 会优先选择向左合并,因为向左合并的代价会小于向右合并。图 7-13 所示为索引向左合并的流程。

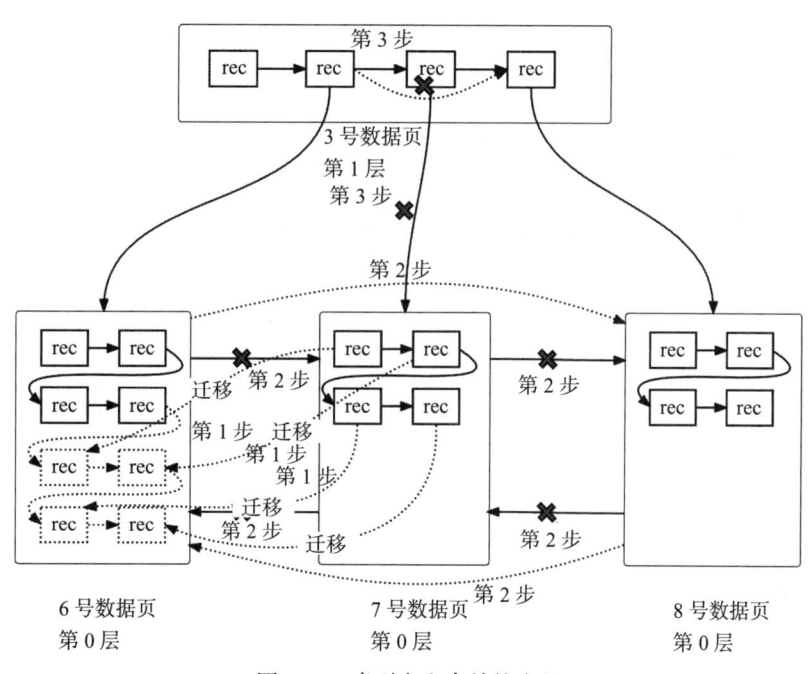

图 7-13 索引向左合并的流程

这个流程主要分为两个阶段:①判断左边的页是否符合条件,主要就是有没有足够的空间来存放被合并页的数据;②符合条件就开始合并,主要分为 3 个步骤。

1)迁移数据,对应图 7-13 中的第 1 步。向左合并迁移数据比较简单,遍历被合并页的所有记录并顺序插入左边的页中即可,因为被合并页的记录肯定比左边页最大的记录要大,所以直接在左边页最大用户记录后插入即可。然后删除被合并页对应的自适应哈希索引。

2）将被合并页从数据页链表中移除，对应图7-13中的第2步，其实就是从双向链表中移除一个节点。这里主要是修改左边页的页头，将其指向下一个页的字段修改为右边的页。然后修改右边页的页头，将其指向上一个页的字段修改为左边的页。

3）删除被合并页对应的父节点，对应图7-13中的第3步。

至此，这个数据页就被彻底删除了，并且它里面的记录也迁移到左边的页中了。

2. 向右合并

向右合并的步骤与向左合并大体一致，只是有些细节不太一样。图7-14所示为索引向右合并的流程。

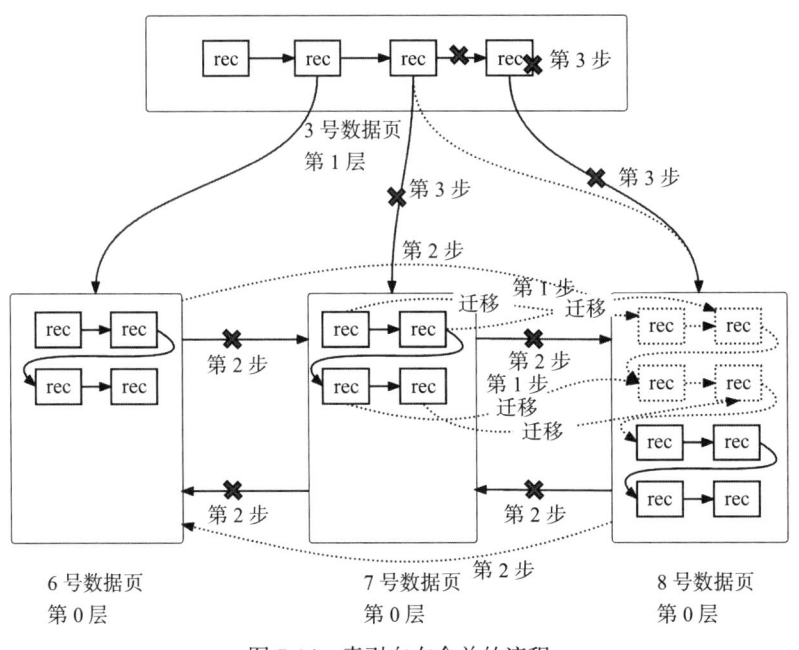

图 7-14　索引向右合并的流程

这个流程主要也分为两个阶段：如果左边的页不符合条件，就检查右边的页，也就是检查右边的页是否有足够的空间来存放被合并页的数据；符合条件就开始合并，同样主要分为3个步骤。

1）迁移数据，对应图7-14中的第1步。这一步比向左合并要复杂一些。因为右边的页的记录比被合并的页要大，所以合并的页中的每条记录在插入前都需要进行一次对比。然后删除被合并页对应的自适应哈希索引。

2）第2步与向左合并一样。

3）对应图7-14中的第3步，修改被合并页父节点中保存的叶子节点，修改为指向右边的页。然后将右边页对应的父节点删除。

索引页的合并介绍完毕。可以看到，索引的合并会有一些代价，特别是向右合并的时候。这里其实应该也还有一些优化的空间，比如可以先把被合并的页中的记录从小到大依次插入右边的页，把它们链接起来。最后把这一段记录和右边页的记录链接起来，也就是 Infimum 指向这段记录的最小记录，这段记录的最大记录指向之前 Infimum 指向的记录。这其实相当于一个批量插入操作，这样就省去了每次插入都需要遍历记录对比大小的流程，性能会有所提升。当然，肯定还需要考虑其他的一些因素，这里只是抛砖引玉，希望感兴趣的读者可以推动实现。

7.5.3　索引页重组

在索引页合并的时候，其实有个步骤涉及索引的重组，就是在判断左边或者右边的页空间是否符合条件的时候。如果不符合条件会尝试进行索引页重组，重组后再进行判断。

简单来说，索引页重组就是将该索引页的记录重新组织一遍，这样能清理掉碎片，释放出一些空间。

索引重组的流程其实很简单，主要分为以下几步：

1）申请一个临时页。
2）将索引页的数据复制到临时页中。
3）将索引页的页头相关字段和索引页中的记录清空。
4）将临时页中的数据插入索引页中，插入完成就完成了索引页的重组。

7.6　总结

本章主要介绍了 InnoDB 索引的实现。首先解释了索引的作用是提高数据检索效率，常见的树状数据结构有二叉树、红黑树、B 树和 B+ 树，由于数据量大且需要存储于磁盘，二叉树和红黑树不适用，MySQL 采用 B+ 树作为索引。B 树和 B+ 树的主要区别在于 B 树的所有节点都存储数据，而 B+ 树只有叶子节点存储数据；B 树的叶子节点没有被链接起来，B+ 树的叶子节点都被链接起来了。

接着介绍了索引的实现，包括聚簇索引、二级索引和复合索引。聚簇索引的叶子节点存储具体的数据行，二级索引的叶子节点存储主键值。复合索引由多个字段组合而成，有向左优先原则。

然后介绍了索引的管理，包括在内存中的管理、加载和创建。索引在内存中由 `dict_index_t` 结构体管理，加载时从系统表中读取数据。创建索引部分按二级索引和聚簇索引的创建流程分别进行了介绍。

最后介绍了数据检索，包括聚簇索引和二级索引的数据检索方式，以及插入、删除和更新数据的流程。还介绍了索引页的分裂、合并和重组，分裂时会加锁，合并分为向左合并和向右合并，重组是为了清理碎片释放空间。

第 8 章

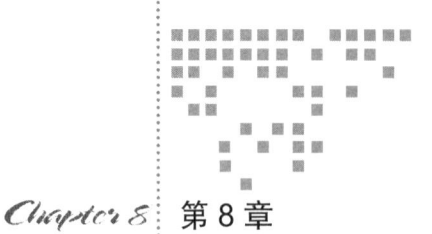

MySQL 并发控制

MySQL 能够承载的每秒查询数（Queries Per Second，QPS）通常可达数万，在如此高的并发水平下维护事务的 ACID 特性，是一项极其复杂的任务。众所周知，MySQL 采用的是多线程架构，因此并发性能可以通过多线程来提升。然而，为了确保事务的 ACID 特性，必须引入锁机制和 MVCC 等技术。本章将深入探讨 MySQL 是如何实现并发控制的。

8.1 MySQL 事务的实现

前面介绍过，MySQL 的多线程架构包括多个用户线程并发处理和后台线程并发处理，并保证了高并发的场景下事务的 ACID 特性。

8.1.1 事务的管理

MySQL 会为每个事务创建一个 `trx_t` 结构体对象，并用它来管理相应的事务。具体而言，MySQL 维护了一个 `trx_t` 对象池，创建事务的时候直接从对象池中分配。此外，MySQL 还维护了一个管理所有事务的全局对象，也就是 `trx_sys_t` 结构体。

`trx_t` 结构体中的字段名称和描述如表 8-1 所示。了解它们有利于我们理解整个事务的实现。

表 8-1 `trx_t` 结构体中的字段名称和描述

名称	描述
`mutex`	互斥锁，用于保护 `state` 和 `lock` 字段
`id`	事务 ID，MySQL 会为每个事务分配一个全局递增的 ID

(续)

名称	描述
state	事务状态，共有 5 种，后面将详细介绍
read_view	主要用于判断数据是否可见，后面将详细介绍
lock	事务锁
trx_list	事务链表节点，由 trx_sys_t 结构体的 mysql_trx_list 管理，最终将所有事务组成一个链表
no_list	事务序列化链表节点，由 trx_sys_t 结构体的 serialisation_list 管理
mysql_trx_list	读写事务链表节点，由 trx_sys_t 结构体的 rw_trx_list 管理
isolation_level	事务隔离级别，目前支持 4 种，后面将详细介绍
is_registered	用于在两阶段事务中确认是否注册到调度器上，后面将详细介绍
start_time	事务被设置为 TRX_STATE_ACTIVE 状态的时间
commit_lsn	事务提交时的 lsn
mysql_thd	事务对应的用户线程
rsegs	事务对应的回滚段
read_only	是否为只读事务
auto_commit	是否为自动提交
ddl	是否为 ddl，如果是的话，则为内部事务

上述字段只是 trx_t 结构体的一部分，MySQL 可以通过这些字段来对事务进行管理。下面再来看用于管理全局事务的 trx_sys_t 结构体中的字段，如表 8-2 所示。

表 8-2　trx_sys_t 结构体中的字段

名称	描述
mutex	互斥锁，保护该结构体的一些字段，例如 rw_max_trx_id、mysql_trx_list 等
mvcc	多版本控制对象，主要用来管理 read view
serialisation_list	事务序列链表，事务在提交的时候会加入该链表
rw_trx_list	读写事务链表，如果包含读写操作就会加入该链表
mysql_trx_list	所有事务链表，所有事务都加入该链表
rw_max_trx_id	当前未分配的最大事务 ID，事务 ID 就是从这里分配的，分配的时候会加上互斥锁
rw_trx_ids	保存所有的读写事务 ID
rseg_array	保存所有的回滚段
rseg_history_len	历史链表长度，表示最多可以保存多少个已经被提交事务的回滚日志
rw_trx_set	保存所有的读写事务 ID，这里用 MAP 来保存，方便查找

从这些信息可以看出，MySQL 在 trx_sys_t 结构体里面维护了一些链表来管理所有的事务，并且也维护了回滚段的信息来管理所有的回滚段，每个事务的 ID 也是从这个结构体的 rw_max_trx_id 字段分配的。

1. 事务对象池

MySQL 启动的时候会初始化一个事务对象池，并用一个队列对其进行管理。这个对象池的大小由 MAX_TRX_BLOCK_SIZE 变量控制，其值为 1024×1024×4。这个值无法通过参数控制，在 MySQL 代码中进行了硬编码。不过，MySQL 在启动的时候只初始化了 16 个事务对象，用完之后会触发对象池分批创建事务对象，最终这个对象池也会越来越大。MySQL 关闭的时候会销毁对象池中的所有事务对象，回收相关的内存。

初始化事务对象池时的主要工作是创建 `trx_t` 结构体对象，并将 `trx_t` 结构体中的一些字段设置为默认值，为一些字段分配对应的内存。这里的细节不多做介绍，感兴趣的读者可以参考 `ut0pool.h` 文件，事务对象池主要就是由这个文件里面的 `Pool` 和 `PoolManager` 两个结构体来管理的。

这里我们可以看到，事务对象池其实是 MySQL 做的一个优化，在高并发场景下，如果每次都需要创建事务对象，不但会影响性能，还会带来频繁的内存分配。

2. 事务的创建

事务的创建很简单，其实就是在打开表的时候调用 InnoDB 层的 `open` 逻辑触发分配事务。主要涵盖 3 个步骤：

1）从对象池中分配一个事务对象，也就是对应的 `trx_t` 结构体对象。
2）对 `trx_t` 中的字段进行初始化。
3）将事务加入 `mysql_trx_list` 链表中。

在初始化阶段主要完成以下设置：

- 设置自动提交为 `false`。
- 设置读写模式为 `true`。
- 设置事务状态为 `TRX_STATE_NOT_STARTED`。

事务提交之后，事务对象并不会归还给对象池，而是等待该用户线程再次使用，再次使用的时候只需要执行后两个步骤即可。

作为对比，MyISAM 这些引擎是没有事务的概念的，因为它们没有实现事务的逻辑。

3. 事务的删除

上面提到，事务对象并没有在事务提交之后立即释放回对象池，这个流程实际在用户线程退出的时候才会触发。事务对象释放的流程主要是将 `mysql_thd` 对象中的变量设置为默认值，并将事务对象放回对象池中。

8.1.2 事务的执行流程

下面我们根据事务的状态来了解事务的整个执行流程。在 MySQL 中，事务共有 5 个状态，如表 8-3 所示。

表 8-3 MySQL 事务状态

名称	描述
TRX_STATE_NOT_STARTED	表示事务未开启
TRX_STATE_ACTIVE	表示事务处于活跃状态

(续)

名称	描述
TRX_STATE_PREPARED	表示事务处于两阶段提交的准备阶段
TRX_STATE_COMMITTED_IN_MEMORY	表示事务处于两阶段提交的提交阶段
TRX_STATE_FORCED_ROLLBACK	表示事务被强制回滚,而不是用户主动回滚

下面就以一条更新语句为例来具体看看在该语句的执行流程中,哪些阶段对应事务的不同状态。首先手动开启显示事务:

```
mysql> begin;
Query OK, 0 rows affected (0.00 sec)
mysql> update zbdba.sbtest1 set pad='zbdba' where id = 10;
Query OK, 1 row affected (6 min 52.80 sec)
Rows matched: 1  Changed: 1  Warnings: 0
mysql> commit;
```

执行 begin 语句的时候其实并没有真正分配事务,分配事务在 update 语句执行的时候才开始,主要分为以下几个阶段:

1)打开表。这时在 InnoDB 层会触发事务对象分配,完成后会将事务的状态设置为 TRX_STATE_NOT_STARTED。

2)执行更新前会操作对应的数据页,在这之前会开启事务。开启事务主要涉及分配回滚段、事务 ID,以及将事务加入 rw_trx_list 读写事务链表中,最终设置事务的状态为 TRX_STATE_ACTIVE。这些逻辑在 row_search_mvcc 方法中通过调用 trx_start_if_not_started 方法触发。

3)更新语句执行完成后,执行 commit 进行提交。在 MySQL 内部,提交分为两阶段,细节会在后文中详细说明。在两阶段提交的第一阶段会将事务状态写入重做日志文件中,状态为 prepare,然后在内存中将事务状态设置为 TRX_STATE_PREPARED,该逻辑在 innobase_xa_prepare 方法中触发。

4)在两阶段提交的第二阶段会执行重做日志、binlog 日志刷盘、将事务加入 serialisation_list 链表等操作,然后将事务状态设置为 TRX_STATE_COMMITTED_IN_MEMORY。在设置该状态之前会将事务从 serialisation_list 和 rw_trx_list 链表中移除,将事务 ID 从 rw_trx_set 中删除,这些逻辑在 ordered_commit 方法中触发。

如果事务遇到死锁,则可能会被强制回滚。在提交的时候会判断事务是否被终止了,如果是,则将事务设置为 TRX_STATE_FORCED_ROLLBACK。事务回滚主要涉及通过回滚日志来找到历史数据,针对不同的 DML 有不同的操作。

- **对于 insert 语句**,回滚记录中只有主键或者唯一键。回滚的动作就是根据主键或者唯一键来删除这条记录。
- **对于 delete 语句**,在事务被真正提交前,相应的数据只是被标记删除,所以回滚记录中也只有主键或者唯一键。回滚的动作就是根据主键或者唯一键找到之前的记录，然后将标记删除标志去掉。
- **对于 `update` 语句**，主要分为两种情况。第一种是原地更新，回滚记录中记录的是主键或者唯一键的值再加上更新列被更新之前的值。回滚的动作就是根据主键或者唯一键找到对应的记录，然后用更新列之前的值构造更新向量，接着更新当前这行数据。第二种情况是空间不够，无法进行原地更新，这时就需要先删除再插入，回滚记录中记录的就是主键 ID，回滚的动作结合上面的 `insert` 和 `delete` 语句的处理方法即可。

> **注意** 上述操作既会处理聚簇索引，也会处理二级索引。

从上述流程可以看出，事务在更新语句执行的每个阶段都会更新状态或者做一些资源的管理，比如事务 ID、回滚段等。通过这些操作来管理整个事务的执行。除此之外，事务还需要保证 ACID 特性，其实上面的一些管理操作就是在为 ACID 提供支持。

8.1.3 事务的 ACID 实现

前面介绍了 MySQL 是如何管理事务的，以及一个事务执行的大致流程，本小节将详细介绍事务的执行流程中是如何保证 ACID 特性的。

1. 原子性

一个事务中的所有操作，要么全部完成，要么全部未完成，不会结束在中间某个环节。如果事务在执行过程中发生错误，会被回滚到事务开始前的状态。

如果事务全部执行完成，不发生异常，则按照前面介绍的事务执行流程就能保证事务中的所有操作全部执行。但如果发生异常，则没有办法进行恢复，所以 MySQL 引入回滚日志来解决这个问题。下面我们从两个方面来说明一下 MySQL 是如何实现数据回滚的。

第一个方面是**记录历史数据**：

- 回滚段的分配。在事务开启的时候会从事务全局管理对象（即 `trx_sys_t`）中分配回滚段。在 6.3 节中已经详细介绍过，MySQL 初始化的时候会初始化一批回滚段来分配回滚页。
- 回滚日志的分配。在操作数据页前会进行回滚日志的分配。
- 记录被修改列的数据。在修改数据页之前，会先将该行数据中被修改的列的数据和主键或者唯一键的数据存储到回滚日志中，具体格式参见 6.3 节。
- 记录事务的状态。在事务提交的时候记录事务的状态，事务是分两阶段提交的：首先会将 `prepare` 状态记录到回滚日志头中，对应 undo 的状态为 `TRX_UNDO_PREPARED`；然后在提交阶段将 `commit` 的状态记录到回滚日志头中，对应的状态为 `TRX_UNDO_CACHED`、`TRX_UNDO_TO_FREE` 或 `TRX_UNDO_TO_PURGE`。

> **注意** 这里记录的状态主要将事务状态持久化，用于在异常情况下对事务进行恢复。

第二个方面是**具体的数据回滚**：
- 历史版本数据构建。主要分为两部分。第一部分是基础数据，也就是当前在数据页中对应的记录。第二部分是历史数据，这部分数据需要在回滚日志中查找，怎么做呢？MySQL 中的每条记录都有一个记录回滚日志指针的 `roll_pointer` 系统字段，通过这个字段就可以找到对应的回滚日志。解析回滚日志就可以拿到对应改变的列，基于基础数据和改变的列就可以构建历史版本数据。

> **注意** 如果是删除的数据，情况会有所不同。MySQL 在删除数据的时候只是将数据标记为删除，在回滚日志中只是记录了主键或者唯一键的值以及对应的操作类型。所以在构造历史版本的时候其实就是直接取现有的数据。

- 数据回滚操作。如果数据需要回滚，需要先将回滚日志的历史版本数据和当前数据结合，构造出完整的历史版本数据并且更新回滚指针、事务 ID 等系统字段，然后再用这个历史版本数据覆盖当前的数据。如果要回滚删除的记录，则要去掉被标记删除的标志，然后更新该记录的系统字段。

通过上述流程我们可以看到，MySQL 在操作的时候记录了回滚日志。这样既可以人为回滚，又可以在系统发生异常而崩溃时根据事务状态进行回滚或者提交，从而保证事务的原子性。

2. 一致性

在 MySQL 中，事务开始和结束后，数据库的完整性没有被破坏，MySQL 通过重做日志文件、回滚日志文件、双写缓冲区来保证数据库即使遇到异常情况，也能将数据恢复到一致的状态。一致性还需要保证在事务开始和结束后并没有破坏约束，或者出现触发器操作、级联操作等。

如果数据库在异常情况下发生宕机，MySQL 在重启的时候需要结合重做日志文件、回滚日志文件、双写缓冲区来进行崩溃恢复操作，这在 8.1.5 节中会详细介绍。

3. 隔离性

隔离性是指 MySQL 允许多个并发事务同时对其数据进行读写和修改，这样可以防止多个事务并发执行时由于交叉执行而出现数据不一致的情况。事务隔离分为不同级别，包括未提交读、读已提交、可重复读和可串行化，如表 8-4 所示。

表 8-4 MySQL 的事务隔离级别

隔离级别	特性
未提交读	一个事务在操作完数据后没有提交，另一个事务能看见未提交的事务修改的数据。会出现脏读，不符合正常的业务逻辑，不建议使用
读已提交	一个事务在操作完数据后没有提交，另一个事务不能看见未提交事务修改的数据，只有事务提交了才能看见。解决脏读问题，会有不可重复读、幻读的问题
可重复读	保证在同一事务中多次读取的数据一致。解决脏读、不可重复读、幻读问题，引入了间隙锁
可串行化	保证事务串行执行。解决脏读、不可重复读、幻读问题，但由于是串行执行，性能较差

在 MySQL 内部主要通过快照读和锁来实现不同的隔离级别，下面将详细介绍 4 种隔离级别在 MySQL 中的实现。

（1）未提交读

我们知道在未提交读的隔离级别下会发生脏读，那么 MySQL 中是如何控制的？其实在这种隔离级别下不用做任何控制，它允许脏读，读不需要加锁，写才需要。在 MySQL 中，一个事务对一行数据的更新即使没有提交，数据也可能被写入对应的数据文件中。此时另一个事务来读取这条数据就可以看到最新的更改，而实际上这条数据并没有提交，这就产生了脏读的现象。下面来介绍具体的实现逻辑。

在 `row_search_mvcc` 方法中有如下逻辑控制，以下是伪代码实现，细节可以参考对应的方法。

```
/* 读取到对应的记录 */
rec = btr_pcur_get_rec(pcur);
......
/* 判断是否需要加锁，如果是快照读就不需要加锁，
其他场景，例如在可串行化隔离级别读、DML 操作、
select for update、select  for share in mode 等需要加锁 */
if (prebuilt->select_lock_type != LOCK_NONE) {
  /* 会判断需要加记录锁还是 next-key 锁 */
} else {
  /* 进行快照读 */
  if trx->isolation_level == TRX_ISO_READ_UNCOMMITTED {
    /* 不做任何事情 */
  } else {
    /* 剩下 RC 和 RR 隔离级别，判断是否需要构造历史版本 */
  }
}
```

可以看到，记录最开始就已经读取出来，MySQL 根据索引定位到具体的数据文件的数据页中对应的记录。后面则是根据各种隔离级别来看是否需要加锁或者构造历史版本。

（2）读已提交

我们知道读已提交解决了脏读的问题，但是会出现不可重复读和幻读的问题。首先还是结合上述未提交读的逻辑来看它是如何解决脏读的问题的。MySQL 默认情况下不做任何处理就会出现脏读的情况，如果要避免，就需要构造历史版本数据。参考上述伪代码逻辑，可以看到对应读已提交和可重复读级别会判断是否需要快照读。那这里是如何判断的呢？在读已提交隔离级别下，MySQL 会先为每条语句创建一个 `read view`，主要用于记录自己的事务 ID 和当前 MySQL 活跃的事务 ID。然后在获取到具体的记录后，会将这些事务 ID 进行对比，最终确认这条数据是否对该事务可见。其实这就是多版本控制协议的一个简单的描述，这在 8.1.4 节中会详细介绍。

下面再来介绍为什么会产生不可重复读。首先看一下不可重复的解释：在同一个事务中连续执行两次同样的 SQL，但是却返回了不同的结果。这里举例说明一下。

事务 A：

```
mysql> set tx_isolation='READ-COMMITTED';
Query OK, 0 rows affected (0.00 sec)

mysql> begin;
Query OK, 0 rows affected (0.00 sec)

mysql> select * from zbdba2.test1 where id = 19;
+----+--------+
| id | number |
+----+--------+
| 19 |     16 |
+----+--------+
1 row in set (4.55 sec)
```

事务 B：

```
mysql> set tx_isolation='READ-COMMITTED';
Query OK, 0 rows affected (0.00 sec)

mysql> begin;
Query OK, 0 rows affected (0.00 sec)

mysql>
mysql> update zbdba2.test1 set number=18 where id = 19;
Query OK, 1 row affected (3.46 sec)
Rows matched: 1  Changed: 1  Warnings: 0

mysql> commit;
Query OK, 0 rows affected (0.00 sec)
```

事务 A：

```
mysql> select * from zbdba2.test1 where id = 19;
+----+--------+
| id | number |
+----+--------+
| 19 |     18 |
+----+--------+
1 row in set (2.46 sec)
```

可以看到，事务 A 对两次同样的查询却返回了不同的结果，前面提到 MySQL 引入了 read view 通过读取历史版本来避免脏读问题，那为什么 read view 不能解决可重复读的问题呢？这与 read view 创建和释放的时机有关系。在读已提交隔离级别下，MySQL 会为每条语句创建 read view，语句执行完成后就释放掉了，所以事务 B 提交后，事务 A 再次执行创建出来的 read view 是可以看见事务 B 的修改的。

最后再来看为什么读已提交隔离级别会产生幻读。幻读是指，在同一个事务中连续两次执行同样的 SQL，但返回了不同的结果集。这里举例说明一下。

事务 A：

```
mysql> set tx_isolation='READ-COMMITTED';
Query OK, 0 rows affected (0.00 sec)

mysql> begin;
Query OK, 0 rows affected (0.00 sec)

mysql> select * from zbdba2.test1 where id < 20;
+----+--------+
| id | number |
+----+--------+
|  1 |      1 |
|  5 |      3 |
|  7 |      8 |
| 11 |     12 |
| 12 |     13 |
| 13 |     14 |
| 15 |     16 |
| 16 |     17 |
| 18 |     18 |
| 19 |     16 |
+----+--------+
10 rows in set (8.98 sec)
```

事务 B：

```
mysql> set tx_isolation='READ-COMMITTED';
Query OK, 0 rows affected (0.00 sec)

mysql> insert into zbdba2.test1() values(8,18);
Query OK, 1 row affected (1.40 sec)

mysql> commit;
Query OK, 0 rows affected (0.01 sec)
```

事务 A：

```
mysql> select * from zbdba2.test1 where id < 20;
+----+--------+
| id | number |
+----+--------+
|  1 |      1 |
|  5 |      3 |
|  7 |      8 |
|  8 |     18 |
| 11 |     12 |
| 12 |     13 |
| 13 |     14 |
| 15 |     16 |
```

```
| 16 |      17 |
| 18 |      18 |
| 19 |      16 |
+----+--------+
11 rows in set (7.82 sec)
```

可以看出，事务 B 中新插入的记录在事务 A 中可以查询到，这就是幻读的现象。要深入理解这个现象，我们需要了解两个概念。

- **快照读**，指对记录不加锁，根据回滚日志和当前记录构建出历史版本的记录。一般普通的查询语句就是快照读。
- **当前读**，或者叫锁定读。当前读需要对记录加锁，不构造历史版本数据，主要用于读取数据后马上进行更新等操作，一般用于 DML 或者查询语句指定 `for update`、`lock in share mode`。

刚刚举的例子其实就是快照读，那为什么快照读还发生了幻读呢？这个的原因其实跟前面不可重复读的原因一样，都是 `read view` 创建的时机导致新提交的事务可以被看到。下面介绍当前读的场景，这里再举一个例子。

事务 A：

```
mysql> set tx_isolation='READ-COMMITTED';
Query OK, 0 rows affected (0.00 sec)

mysql> begin;
Query OK, 0 rows affected (0.00 sec)

mysql> select * from zbdba2.test1 where id < 20 for update;
+----+--------+
| id | number |
+----+--------+
|  1 |      1 |
|  5 |      3 |
|  7 |      8 |
|  8 |     18 |
| 11 |     12 |
| 12 |     13 |
| 13 |     14 |
| 15 |     16 |
| 16 |     17 |
| 18 |     18 |
| 19 |     16 |
+----+--------+
11 rows in set (11.59 sec)
```

事务 B：

```
mysql> set tx_isolation='READ-COMMITTED';
Query OK, 0 rows affected (0.00 sec)
```

```
mysql> begin;
Query OK, 0 rows affected (0.00 sec)

mysql> insert into zbdba2.test1() values(9,18);
Query OK, 1 row affected (1.07 sec)

mysql> commit;
Query OK, 0 rows affected (0.00 sec)
```

事务 A：

```
mysql> select * from zbdba2.test1 where id < 20 for update;
+----+--------+
| id | number |
+----+--------+
|  1 |      1 |
|  5 |      3 |
|  7 |      8 |
|  8 |     18 |
|  9 |     18 |
| 11 |     12 |
| 12 |     13 |
| 13 |     14 |
| 15 |     16 |
| 16 |     17 |
| 18 |     18 |
| 19 |     16 |
+----+--------+
12 rows in set (12.16 sec)
```

可以看到，在读已提交隔离级别下，当前读还是产生了幻读。执行 `select * from zbdba2.test1 where id < 20 for update` 这条语句时，MySQL 内部其实为满足条件的每条记录都加了锁，但是对于 id 小于 20 并且不存在的记录是没有加锁的，例如那条 `id=9` 的记录，所以最终会产生幻读。

（3）可重复读

可重复读解决了脏读、不可重复读、幻读的问题，下面介绍 MySQL 在可重复读级别下是如何解决这些问题的。

- **脏读**。可重复读与读已提交隔离级别一样，采用了多版本控制协议，通过 `read view` 控制未提交的事务不可见。
- **不可重复读**。读已提交隔离级别产生不可重复读是因为 `read view` 创建时机的问题。为了解决这个问题，可重复读隔离级别改变了 `read view` 的创建时机，在可重复读隔离级别下开启事务并执行第一条语句的时候创建 `read view`，后续语句不再创建，直到事务提交后释放 `read view`。这样，只要事务创建了 `read view`，其他事务不管怎么提交都没有影响。
- **幻读**。回看读已提交隔离级别产生幻读的原因，分两种情况说明：第一种情况是**快**

照读，读已提交隔离级别产生幻读同样是因为 `read view` 创建的时机问题，刚刚已经提到可重复读创建 `read view` 是以一个事务为维度，所以快照读下产生的幻读问题可以被解决。第二种情况是**当前读**，读已提交隔离级别产生幻读是因为无法锁定范围内不存在的记录，或者说无法锁定一个范围。可重复读隔离级别引入了间隙锁和 `next-key` 锁，可以锁定一个范围，这在 8.2.4 节会重点介绍。锁定对应的范围后，其他事务就无法操作该范围内的数据，也就不可能产生幻读现象了。在上述例子中，在可重复读隔离级别下执行了 `select * from zbdba2.test1 where id < 20 for update` 语句，在每个匹配的记录上都加了 `next-key` 锁，结合起来其实就是锁定了小于 20 这个范围。其他事务如果尝试插入一条 `id<20` 的记录会造成锁等待，无法进行插入，这也就避免了幻读的问题。

目前业内对 MySQL 可重复读隔离级别是否彻底解决了幻读问题还有争论，因为在有的场景下还是会产生幻读，下面我们来看一个例子：

事务 A：

```
mysql> begin;
Query OK, 0 rows affected (0.00 sec)

mysql> select * from sbtest1 where id = 10;
Empty set (0.00 sec)
```

事务 B：

```
mysql> begin;
Query OK, 0 rows affected (0.01 sec)
mysql>
mysql> insert into sbtest1(id, k, c, pad) values(10, 10, 'zbdba', 'zbdba');
Query OK, 1 row affected (0.00 sec)
mysql> commit;
Query OK, 0 rows affected (0.00 sec)
```

事务 A：

```
mysql> select * from sbtest1 where id = 10;
Empty set (0.00 sec)

mysql> update sbtest1 set pad = 'zbdba1' where id = 10;
Query OK, 1 row affected (0.00 sec)
Rows matched: 1  Changed: 1  Warnings: 0

mysql> select * from sbtest1 where id = 10;
+----+----+-------+--------+
| id | k  | c     | pad    |
+----+----+-------+--------+
| 10 | 10 | zbdba | zbdba1 |
+----+----+-------+--------+
1 row in set (0.01 sec)
```

可以看到，事务 A 在查询 `id=10` 这条记录时显示不存在，在事务 B 插入了 `id=10` 这条记录后再次查询也是一样，这是多版本并发控制保证的。但事务 A 在更新的时候发现可以匹配到具体的记录，更新完成后再次进行查询，也可以查询到 `id=10` 这条记录，这样其实就产生了幻读。

为什么事务 A 可以更新 `id=10` 这条记录呢？因为更新记录是当前读，之前也提到了当前读不进行历史版本数据的构建，它会直接读取最新的数据，所以它能够拿到最新的数据进行修改。那更新完成后执行查询语句为什么又可以查询到数据呢？查询语句是快照读，按理说应该像之前一样读不到数据才对。这里，因为当前事务对 `id=10` 做了更新操作，所以 `id=10` 这条记录上记录的事务 ID 就是当前的事务 ID。根据 MVCC 事务可见性原则，这条记录就对当前事务可见，所以再次查询就能查询到该条记录。

上面我们用具体的例子证明了 MySQL 即使在可重复读隔离级别下也会产生幻读，那这是不是 MySQL 的漏洞呢？其实不是的，很早就有人发现了这个问题然后反馈给 MySQL 官方，官方做出了相应的解释，大致意思是这个实现是符合可重复读隔离级别的规定的。因为 ANSI SQL 规范中规定了可重复读隔离级别下是有可能发生幻读的现象的。MySQL 其实也可以通过加锁等方式来避免这种情况，只不过当前的场景对实际的业务并没有什么影响。就上述例子而言，在有些其他的数据库（例如 PostgreSQL）中，事务 A 后面更新 `id=10` 这条记录的时候是无法匹配到的，后续也无法读取该记录。每种数据库对隔离级别的实现细节会有一些不同，不过大体的思路还是一样的，整体也符合可重复读隔离级别的规定。

我们可以看到读已提交和可重复读隔离级别都基于多版本控制协议解决了脏读的问题，主要区别是 read view 创建的时机不同和可重复读隔离级别引入了间隙锁和 next-key 锁。

（4）可串行化

与可重复读隔离级别一样，可串行化隔离级别也解决了脏读、不可重复读、幻读的问题，下面介绍 MySQL 中是如何解决这些问题的。

总体来说，可串行化解决这些问题主要是用了锁。

- **脏读**。在可串行化隔离级别下，查询也需要加锁，查询语句的效果与 `select ... lock in share mode` 一致。这样查询和修改是互斥的，也就变成串行执行了。如果一个事务正在修改数据且没有提交，那么另一个事务会直接由于等待锁夯住，直到事务提交才能查询到对应的数据，这样保证不会出现脏读的问题。
- **不可重复读**。与脏读一样，因为加锁后查询和修改互斥，所以需要串行执行，也就不会出现不可重复读的问题了。
- **幻读**。在可串行化隔离级别下查询会加锁，并且也会根据情况加间隙锁、`next-key` 锁，这样的话就不会存在幻读的问题。注意这里没有快照读，只有当前读，所有的读都需要加锁。

4. 持久性

在 MySQL 中，一旦事务被提交，对数据的更改即成为永久性的，即使遭遇系统故障，这些更改也不会丢失。通常，数据的更改首先在内存中对相应的数据页进行修改，随后这些更改会被写入磁盘上对应的数据文件。然而，在写入磁盘的过程中，可能会发生断电、系统崩溃等异常情况，这可能导致数据丢失或损坏。为了确保数据的持久性，MySQL 必须解决这一问题。此外，为了确保数据的持久性，MySQL 所依赖的底层存储、操作系统和硬件也必须提供相应的持久性保障。

MySQL 引入了重做日志文件，通过保证日志先行来解决这个问题。在事务提交前会先将相应的重做日志写入磁盘中，然后再将数据页刷入。这样即使写入数据页失败，通过重做日志文件的内容也能进行恢复。这里重做日志的最小单位是 512B，对应磁盘的最小单位，所以它是原子写。另外，我们可能想到数据页默认是 16KB，可能会出现写部分失败的问题，这样会导致数据页被写乱。为了解决这个问题，MySQL 引入了双写缓冲区，这在 5.6 节已经详细介绍。

在 6.2 节中，我们详细说明了一条语句会产生哪些重做日志和记录什么内容。这里重点介绍 MySQL 是如何保证日志先行的，主要涉及以下两个地方：

- 在提交的时候，也就是 `ordered_commit` 方法中，第一个阶段就会将重做日志刷盘，第三个阶段才真正将事务提交。这在 8.1.6 节中会详细介绍。
- 后台刷脏线程在将数据页刷到磁盘中的数据文件前，会保证该数据页中记录的 LSN 前所有的重做日志都已刷盘。相关代码如下：

```
/* 刷盘之前要保证产生的日志先刷盘。*/
if (!srv_read_only_mode) {
  log_write_up_to(bpage->newest_modification, true);
}
```

细节可以参考 `buf_flush_write_block_low` 方法。

如果重做日志还没有来得及刷盘就异常宕机了，那么在 MySQL 启动的时候事务会被回滚；如果重做日志写入成功，刷盘失败了，就需要根据 `binlog` 中是否有事务的内容来判断是提交还是回滚。这些逻辑都是在崩溃恢复中进行控制的，这在 8.1.5 节中会详细介绍。

8.1.4 MVCC

MVCC 是实现隔离级别的一项重要技术，有很多数据库实现了 MVCC 机制，下面介绍 MySQL 是如何实现 MVCC 的。

MVCC 机制主要包含以下两部分内容：

- 判断数据是否对当前事务可见。
- 构建历史版本数据。

1. 判断数据是否对当前事务可见

这里涉及两个问题：怎么判断？在哪里判断？

MySQL 通过 `read view` 对象来判断数据对当前事务是否可见，下面来看其具体实现。ReadView 类中主要有如下几个字段：

- `m_low_limit_id`：当前系统未分配的最大事务 ID。

- **m_up_limit_id**：当前活跃链表中最小的事务 ID。
- **m_creator_trx_id**：当前会话对应的事务 ID。

在创建 read view 时会为上面几个字段赋值，数据是否对当前事务可见就是通过它们来判断的。MySQL MVCC read view 的结构如图 8-1 所示。

图 8-1　MySQL MVCC read view 的结构

判断事务是否可见的总体流程如下：

1）如果记录的事务 ID 小于 m_up_limit_id，说明该条记录的提交早于本事务，对本事务可见；如果记录的事务 ID 与 m_creator_trx_id 一样，说明它就是本事务操作的数据，也是可见的。

2）如果记录的事务 ID 大于 m_low_limit_id，说明该条记录的提交晚于本事务，对本事务不可见。

3）如果事务活跃链表中没有活跃的事务，那么也是可见的。

4）如果该记录的事务 ID 大于 m_up_limit_id 而又小于 m_low_limit_id，这个时候就要看它是否在活跃事务链表中，如果在的话，那么也不可见。如果不在，就要进一步分情况了：对于读已提交隔离级别是可见的，对于可重复读隔离级别是不可见的。

至此，我们就了解了 MySQL 如何判断一条数据对当前事务是否可见了，那一般在哪里判断呢？最简单的例子就是执行一个简单的查询，在聚簇索引上拿到一条具体的叶子节点记录的时候，会根据 read view 判断该记录是否对当前事务可见。如果可见则直接返回；如果不可见则需要构造历史版本数据。

这里我们来看一个实际的例子，相信一些读者使用过 mysqldump 逻辑备份，在 mysqldump 中最开始会执行如下语句：

START TRANSACTION /*!40100 WITH CONSISTENT SNAPSHOT */

这条语句执行完成后其实就分配了 read view 对象，后续 mysqldump 去查询所有要备份的表都用的是这个 read view 对象，这样就能保证拿到的数据是一个全局的一致性快照。

2. 构建历史版本数据

下面介绍 MySQL 是如何构建历史版本数据的。构建历史版本数据其实主要依赖的是回滚日志，其结构在第 6 章中详细介绍过，这里不再赘述。我们知道回滚日志中记录的是相关字段被修改前的值，那么要构建一个历史版本应该如何做呢？主要分为以下 4 步：

1）将当前记录复制一份，修改事务 ID、回滚段指针等系统字段。
2）从当前记录的回滚段指针中读取对应的回滚日志记录。
3）解析回滚日志记录，拿到对应字段的值。
4）将回滚字段中的相关字段组成更新向量，最终应用到复制的记录上。

那么，删除的数据是如何构建的呢？删除的数据在回滚日志中只会记录主键或者唯一键的值，所以需要读取原有的记录，但是原有的记录被删除了。记住，在 MySQL 中记录只是被标记删除，并没有彻底删除，只有在 purge 线程检查满足条件后才能彻底删除。删除记录构建历史版本数据是通过标记删除的记录进行构造的，然后也需要修改事务 ID、回滚段指针等系统字段。

至此，MVCC 主要的实现介绍完毕，其实其他数据库的 MVCC 实现也跟以上逻辑大同小异。

8.1.5 崩溃恢复流程

之前介绍事务特性的时候提到了事务的原子性、一致性、持久性，这些特性都依赖崩溃恢复机制。崩溃恢复在 MySQL 启动的时候触发，主要恢复损坏的数据页和不完整的事务，根据事务状态进行提交或者回滚，最终保证事务的原子性、一致性、持久性。

在介绍崩溃恢复的流程前我们可能会有如下几个问题：
- 数据页在服务器宕机等情况下损坏后是如何恢复的？
- 不完整的事务是如何恢复的？
- 能否保证主从一致？

下面我们带着这些问题来看 MySQL 崩溃恢复的具体流程，如图 8-2 所示。

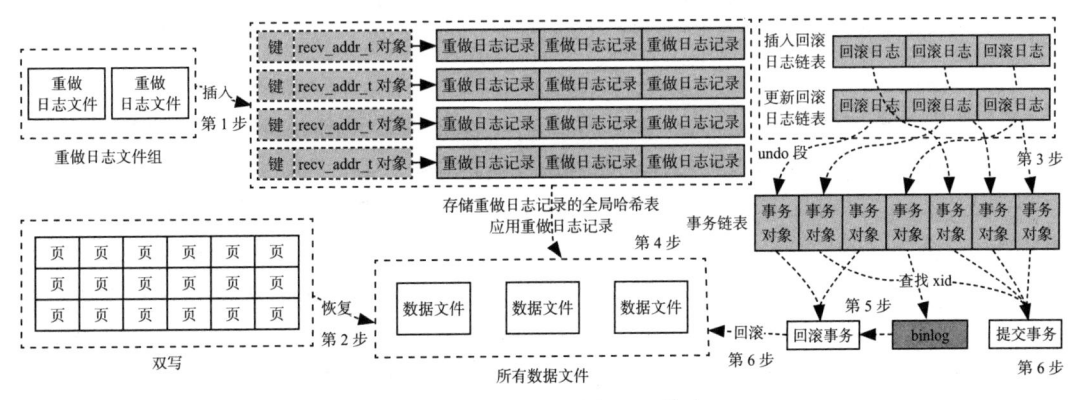

图 8-2 MySQL 崩溃恢复的具体流程

可以看到，崩溃恢复的流程较为复杂，依赖的组件也比较多，具体可以分为以下 6 步：

1）扫描重做日志文件并将其插入全局哈希表中。
2）利用双写缓冲区恢复损坏的数据页。
3）从回滚段中初始化事务链表。
4）将重做日志记录应用到数据文件。
5）扫描事务链表，根据事务的状态进行提交或者回滚。
6）回滚 `prepare` 状态的事务或者提交非 `prepare` 状态的事务。

1. 扫描重做日志文件

MySQL 崩溃恢复扫描重做日志如图 8-3 所示。

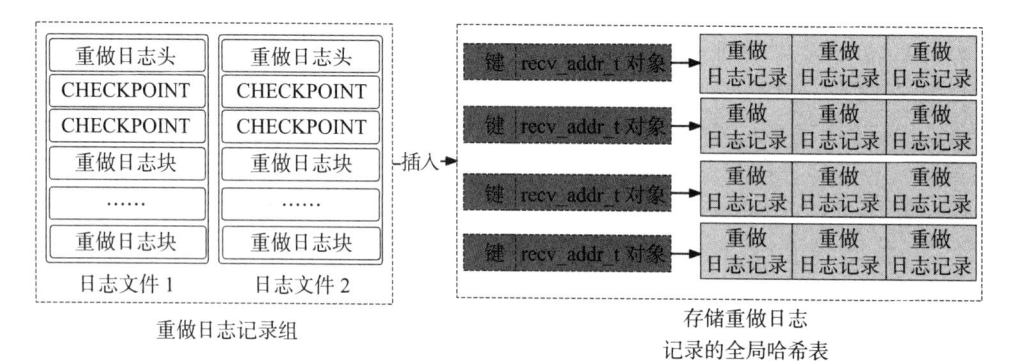

图 8-3 MySQL 崩溃恢复扫描重做日志

扫描重做日志主要分为两个阶段：

1）**获取最近的检查点**。每个重做日志文件都在 `CHECKPOINT` 字段中保存了检查点信息，但是每次 MySQL 进行检查点操作的时候只会写入第一个重做日志文件。并且在重做日志文件头上有两块区域存放检查点，MySQL 按照奇偶划分每次写入不同的区域，从而防止异常崩溃检查点被写坏。知道检查点存储的位置及写入的原理后，要找最近的检查点就比较简单了。MySQL 的做法就是扫描所有重做日志文件头的检查点找到最大的那个，它就是最近的检查点。

2）**从检查点后扫描重做日志**。找到检查点后就能知道对应的 LSN，通过 LSN 就能计算对应重做日志文件的偏移量，这样就能直接读取到重做日志。每次读取一个重做日志块，大小为 512B。将重做日志文件块读取到内存中后再进行解析，就得到了每个重做日志记录。在 6.2 节中，我们介绍了每个重做日志记录都包含重做日志记录头和重做日志记录数据，在重做日志记录头中记录了对应的表空间 ID 和数据页号。MySQL 将重做日志记录存储到全局的哈希表中，对应的键由表空间 ID 和数据页号取模生成，对应的值就是 `recv_addr_t` 对象，其中维护了该数据页对应的所有重做日志记录的链表。

```
/** 哈希页文件地址结构体 */
struct recv_addr_t{
  enum recv_addr_state state;
```

```
    /* 页的恢复状态 */
    unsigned    space:32;/* 表空间 ID */
    unsigned    page_no:32;/* 页号 */
    UT_LIST_BASE_NODE_T(recv_t)
      rec_list;/* 该页的重做日志记录列表 */
    hash_node_t    addr_hash;/* 哈希桶链中的哈希节点 */
```

最终扫描到的所有重做日志记录都存储到了全局哈希表中，以数据页为维度，每个数据页对应一批重做日志记录。

2. 恢复损坏的数据页

MySQL 崩溃恢复损坏的数据页如图 8-4 所示。

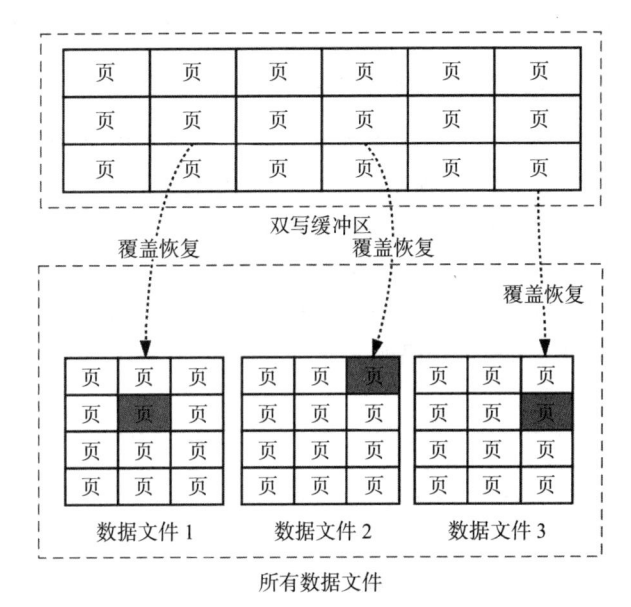

图 8-4　MySQL 崩溃恢复损坏的数据页

我们知道异常宕机的时候可能会出现数据页损坏的情况，为了保证数据的完整性和一致性，MySQL 引入了双写缓冲区。在数据写入的时候，首先会写入系统数据文件的双写缓冲区中，写入成功后才会写入数据文件。在恢复损坏的数据页时，并不会扫描所有数据文件中的数据页来判断是否存在损坏，而是根据双写缓冲区中存在的数据页来进行检查。通过这些页号找到对应数据文件中的数据页，主要使用数据页中记录的 `checksum` 来进行判断。如果数据页损坏了，则用双写缓冲区中的数据页进行覆盖恢复；如果没有损坏则不做任何操作。这样做的好处是扫描代价变低了，不用扫描所有数据文件的数据页。

3. 初始化事务链表

MySQL 崩溃恢复初始化的事务链表如图 8-5 所示。

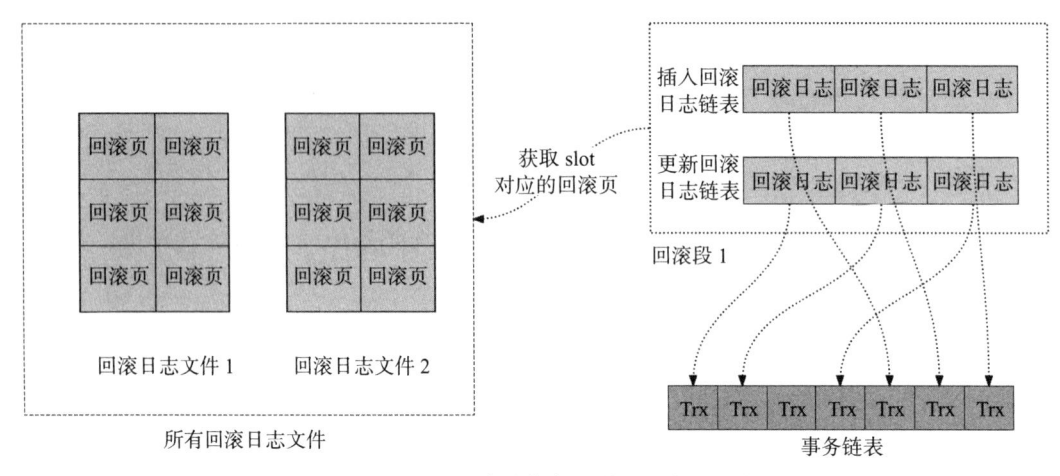

图 8-5 MySQL 崩溃恢复初始化的事务链表

不完整的事务其实是从回滚日志中构造出来的，在 MySQL 启动的时候会初始化 96 个段（默认有 128 个段，其中 32 个为临时段，所以初始化 96 个段）。每个段有 1024 个槽，每个槽对应一个回滚页。会扫描每个槽也就是每个回滚页最近的回滚记录，然后将回滚记录插入 `insert undo` 或者 `update undo` 链表中。

刚刚把所有回滚段的最近一个回滚记录找出来了，现在的任务就是扫描这些回滚记录，通过这些回滚记录构造事务对象，代码如下所示：

```
trx->rsegs.m_redo.rseg = rseg;
/* 对于存在活动数据的事务，其回滚段大小不会等于 1，或者不符合清除限制标准。因此，在没有互斥锁保
   护的情况下增加这个事务引用计数是安全的。*/
++trx->rsegs.m_redo.rseg->trx_ref_count;
*trx->xid = undo->xid;
trx->id = undo->trx_id;
trx->rsegs.m_redo.insert_undo = undo;
trx->is_recovered = true;
```

事务对象构造好后就插入事务链表，等所有的回滚段都处理完成，初始化事务链表也就完成了。

4. 应用重做日志记录

在第 1 步中，我们知道 MySQL 将检查点后的所有重做日志记录扫描存储在全局的哈希表中。这一步就是遍历哈希表，按照数据页的维度来应用重做日志记录。下面我们具体来看涉及哪些操作。

MySQL 中的重做日志记录多达 60 多种，每种记录的数据不一样，所以在应用的时候对应的操作也不一样。这里我们来介绍常见的 DML 语句产生的重做日志记录是怎么应用的。

- `MLOG_REC_INSERT` 类型。该类型是执行插入语句时产生的，记录的是插入的具体

某一行的数据。在应用这个类型的重做日志记录时，主要就是解析其保存的具体插入数据，然后生成对应的记录，最后插入对应的数据页中。
- `MLOG_REC_CLUST_DELETE_MARK` 类型。该类型是执行删除语句时产生的，记录的是将一条记录标记删除。在应用这个类型的重做日志记录时，主要就是解析到那条记录，然后在对应的数据页上将该条记录标记为删除。
- `MLOG_REC_UPDATE_IN_PLACE` 类型。该类型是执行更新语句时产生的，更新语句分为原地更新和先删除再插入两种情况。该类型对应的第一种情况，主要记录的是对应记录更新的字段。在应用这个类型的重做日志记录时，主要就是根据更新的字段构建更新向量，然后在对应的数据页上将该记录进行更新。

基于篇幅原因，这里只介绍了3种重做日志记录类型，感兴趣的读者可以参考 storage/innobase/log/log0recv.cc 文件中的 recv_parse_or_apply_log_rec_body 方法了解其他类型。

一个数据页的所有重做日志记录应用完成后，继续应用下一个数据页的，直到哈希表中保存的所有重做日志记录都被应用完成。

5. 回滚或者提交事务

当重做日志记录应用完成之后，数据库中所有数据文件的数据页就处于一致的状态，这时候就需要去处理事务链表了。处理事务链表的流程比较简单，主要就是遍历所有的事务，根据事务的状态进行处理，代码如下所示：

```
switch (state) {
case TRX_STATE_COMMITTED_IN_MEMORY:
  trx_sys_mutex_exit();
  ib::info() << "Cleaning up trx with id "
    << trx_get_id_for_print(trx);

  // 主要清理回滚日志信息
  trx_cleanup_at_db_startup(trx);
  // 回收事务对象
  trx_free_resurrected(trx);
  return(TRUE);
case TRX_STATE_ACTIVE:
  if (all || trx_get_dict_operation(trx) != TRX_DICT_OP_NONE) {
    trx_sys_mutex_exit();
    // 进行事务回滚
    trx_rollback_active(trx);
    // 回收事务对象
    trx_free_for_background(trx);
    return(TRUE);
  }
  return(FALSE);
// 事务状态为 prepare 的暂时不处理，需要后面结合 binlog 一起进行处理
case TRX_STATE_PREPARED:
```

```
  return(FALSE);
case TRX_STATE_NOT_STARTED:
case TRX_STATE_FORCED_ROLLBACK:
  break;
}
```

通过上述代码得知：

- **TRX_STATE_COMMITTED_IN_MEMORY** 状态的事务表示已经提交了，只需要做后续的收尾工作。
- **TRX_STATE_ACTIVE** 状态的事务直接进行回滚。
- 对于 **TRX_STATE_PREPARED** 状态（也就是我们常说的 prepare 状态）的事务，由于内部两阶段的问题，MySQL 需要结合 binlog 日志来判断是提交还是回滚。
- **TRX_STATE_NOT_STARTED** 和 **TRX_STATE_FORCED_ROLLBACK** 状态的事务不用处理。

6. 恢复 prepare 状态事务

MySQL 崩溃恢复 prepare 状态事务的流程如图 8-6 所示。

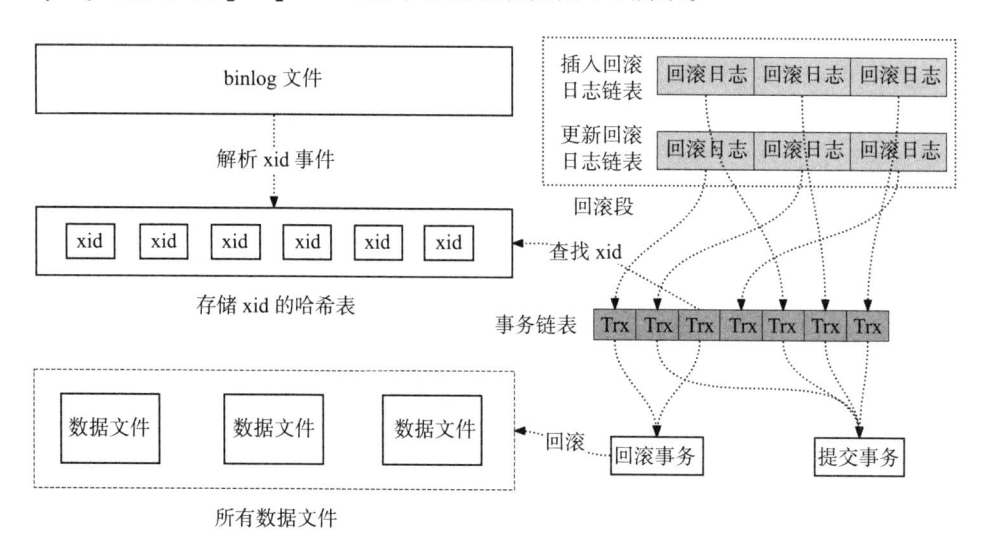

图 8-6 MySQL 崩溃恢复 prepare 状态事务的流程

第 5 步中还遗留了 prepare 状态的事务没有进行处理，这一步主要就是处理它们。处理 prepare 状态的事务需要结合 binlog，总体的思想就是：如果该事务对应的操作在 binlog 中存在，就将该事务进行提交；如果不存在就进行回滚。这里的重点是如何判断是否存在。

对 binlog 文件比较了解的读者可能会发现其中有一个 xid event。实际上，在每个事务结束后都会有一个 xid event，记录一个事务对应的 xid，并且在事务对象（Trx）中也保存了 xid，这个 xid 是内部 xa 事务的 ID。那么，判断 prepare 状态事务的 xid 在

binlog 文件中是否存在就可以判断对应事务的数据是否已经写入 binlog 中。

在 MySQL 中确实是这样做的。首先会解析最近的一个 binlog 文件，主要解析其 xid event 并拿到对应的 xid 插入一个全局的哈希表中。处理完 binlog 后，所有的 xid 都保存到了全局的哈希表中。然后遍历事务链表拿到 prepare 状态的事务，用其对应的 xid 去哈希表中查找是否存在，如果存在则进行事务的提交，如果不存在则进行事务的回滚。

处理完所有 prepare 状态的事务后，崩溃恢复阶段就完成了，数据库已经恢复到一个一致的状态。

这个部分主要涉及的参数是 **innodb_force_recovery**，该参数主要在 MySQL 无法启动的时候进行设置，MySQL innodb_force_recovery 的参数值如表 8-5 所示。

表 8-5 MySQL **innodb_force_recovery** 的参数值

值	对应操作
1	即使有损坏的页也能正常启动
2	阻止 master 线程，允许 purge 线程
3	不进行事务的回滚
4	阻止插入缓冲合并操作
5	不处理回滚日志，把所有不完整的事务看作提交状态
6	不做重做日志前滚，也就是不应用重做日志记录

正常情况下该参数值保持默认即可，千万不要在生产环境中设置该参数。如果 MySQL 无法启动，则需要深刻理解该参数的作用，之后才能进行配置启动。

至此，崩溃恢复的主要内容都已经介绍完毕。可以看到，崩溃恢复主要依赖回滚日志、重做日志、双写缓冲区、binlog 日志。不同的日志在不同的阶段有不同的作用，最终联动起来将数据库恢复到一致的状态。

8.1.6 组提交

在探讨 MySQL 事务时，不可避免地要提及 MySQL 事务的组提交机制，这是 MySQL 针对事务提交过程所实施的一项优化策略。简而言之，该机制旨在将多个事务分批次进行提交。然而，由于涉及的细节较为烦琐，其实施过程亦相对复杂，本小节将对此进行详尽的阐述。MySQL 组提交的流程如图 8-7 所示。

组提交主要分为三个阶段。在初始阶段（阶段 1），从一组事务中选举出一位领导者，通常是最先进入队列的事务担任此角色。随后，在接下来的两个阶段（阶段 2 和阶段 3）中，所有操作将由这位领导者独立完成，包括自行提交以及协助其他事务的提交。每个阶段均设有锁机制，只有当前阶段所有事务相关的工作均已完成，系统才会进入下一阶段，并在此过程中加锁，同时释放前一阶段的锁。这一机制确保了事务能够按阶段分组执行，避免了相互干扰。

将重做日志刷入磁盘中
将 GTID_EVENT 写入 binlog 文件中
将 binlog cache 写入 binlog 文件中

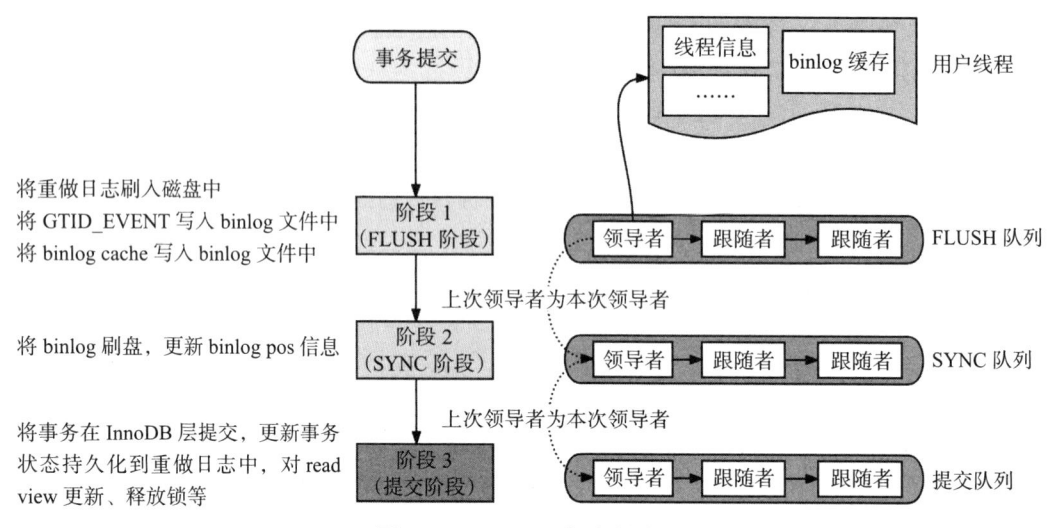

将 binlog 刷盘，更新 binlog pos 信息

将事务在 InnoDB 层提交，更新事务状态持久化到重做日志中，对 read view 更新、释放锁等

图 8-7　MySQL 组提交的流程

- 阶段 1 为 **FLUSH 阶段**。主要进行重做日志的刷盘，刷盘后会轮询将所有的事务对应的 `binlog` 缓存写入 `binlog` 文件中，不主动刷盘。这里的 `binlog` 缓存是维护在用户线程中的，每个线程单独使用，默认大小为 32KB。
- 阶段 2 为 **SYNC 阶段**。主要将 `binlog` 刷入磁盘中，然后将 `binlog` 的位点持久化。
- 阶段 3 为**提交阶段**。主要进行 InnoDB 层提交，关闭 `read view`，释放相关锁，将提交状态写入重做日志中。

由上述流程可知，只有高并发时事务才进行批量操作。因为如果在低并发甚至只有一个事务的时候，批量操作的性能可能还不如串行提交。在 MySQL 5.6 版本之前，事务就是串行提交的。为了尽量让事务并发执行，MySQL 提供了如下两个参数：

- `binlog_group_commit_sync_delay`。用于设置在进行 binlog 刷盘的时候等待多长时间，默认为 0，单位为 µs。
- `binlog_group_commit_sync_no_delay_count`。与 `binlog_group_commit_sync_delay` 结合使用，在等待一定时间后退出。

这两个参数能够在一定程度上让更多的事务并发提交，不过也不能设置太大，这样会影响响应时间。

至此，组提交介绍完毕。其实还有一些细节，例如在并行复制的时候如何利用组提交的特性，这个在 9.1.4 节会详细介绍。

8.1.7　分布式事务

分布式事务有多种实现，这里重点介绍基于两阶段提交实现的分布式事务。在 MySQL 中，两阶段提交分为内部两阶段提交和外部两阶段提交，也就是我们常说的内部 XA 和外部 XA。内部 XA 保证 Server 层的 `binlog` 和 InnoDB 存储引擎一致，外部 XA 提供 XA 命令来控制两阶段提交，整体的提交流程其实跟内部 XA 基本一致。实现 XA 命令的主要目的是提供外部分布式事务的能力，比如我们在 MySQL 上层实现的中间件，中间件要对多个 MySQL 实例进行事务提交，这个时候就需要采用分布式事务，主要采用 MySQL 提供的 XA 命令进行控制。

在分布式系统下，事务跨多个节点进行提交的时候需要保证事务的一致性，两阶段提交其实是一种协议，它引入了一个协调者来保证所有节点（参与者）事务都提交。具体来说，两阶段分为准备阶段和提交阶段。准备阶段主要询问各个阶段是否已经准备好提交，如果都准备好则进入提交阶段，提交阶段则依次将各个节点进行提交。如果中途有节点提交失败，则会回滚所有节点，或者在这个失败的节点重新进行提交。最终保证所有节点的事务都已经提交或者回滚。

1. 内部 XA

在 MySQL 中，Server 层与存储引擎层分离，导致提交需要保证 Server 层和存储引擎层一致，通常来说就是 `binlog` 和 InnoDB 存储引擎保持一致。这里 `binlog` 作为协调者，InnoDB 存储引擎作为参与者。MySQL 中共有三种协调者，`binlog` 是最常用的，还有 `TC_LOG_MMAP` 和 `TC_LOG_DUMMY`，感兴趣的读者可以自行研究。下面简单介绍内部 XA 的流程，主要分为以下两个阶段：

- 准备阶段。分别在 `binlog` 和 InnoDB 层执行，`binlog` 层的准备阶段基本不做任何事情，InnoDB 层的准备阶段主要将事务状态设置为 `prepare` 并持久化到重做日志文件中。其实就是在重做日志文件中记录事务的状态，然后在内存中将事务的状态设置为 `prepare` 状态对应 `TRX_STATE_PREPARED`。
- 提交阶段。分别在 `binlog` 和 InnoDB 层执行，在执行两阶段提交前会进行组提交，这在 8.1.6 节已经详细介绍过了。`binlog` 的提交阶段不做任何事情，InnoDB 层的提交阶段主要关闭 `read view`，设置事务状态并将其持久化到重做日志文件中，在内存中将事务修改为提交状态并释放相关锁。

2. 外部 XA

外部 XA 其实就是将内部 XA 的流程拆分成不同的命令，共有如下几种：

- `XA {start|begin} xid [join|resume]`。指定一个唯一的 xid 开启一个 XA 事务，设置 XA 事务状态为 `ACTIVE`。
- `XA end xid [suspend [for migrate]]`。执行完具体的 SQL 语句后，再执行 `XA end xid`，设置 XA 事务状态为 `idle`。
- `XA prepare xid`。设置 XA 事务状态为 `prepare`，这条命令对应内部 XA 准备流程，主要的区别在于，在 `binlog` 准备阶段需要把 `XA prepare` 命令持久化到 `binlog` 文件中，这里其实是直接调用组提交的 `ordered_commit` 方法最终将

binlog 文件刷盘。
- `XA commit xid [one phase]`。提交 XA 事务，设置事务状态为 commit，这条命令对应内部 XA 提交流程。
- `XA rollback xid`。回滚 XA 事务，内部流程与正常事务回滚基本一致。
- `XA recover [convert xid]`。用于恢复 prepare 状态的 XA 事务，一般用在分布式事务进行提交的时候节点异常宕机重启时，通过该命令找到未提交的 XA 事务进行提交。

上面已经介绍了外部 XA 相关的命令，下面举例说明一下如何使用外部 XA 命令来实现分布式事务。这里以 MySQL 分布式中间件为例。基于 MySQL XA 的分布式流程如图 8-8 所示。

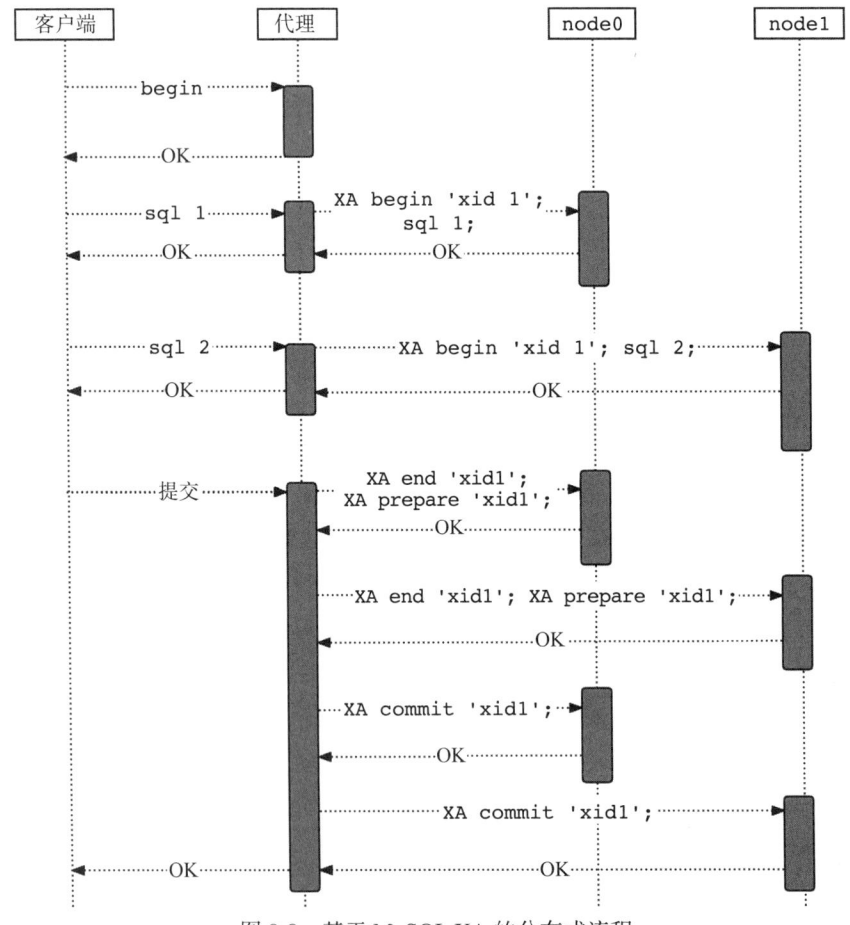

图 8-8 基于 MySQL XA 的分布式流程

在图 8-8 中共有 node0 和 node1 两个 MySQL 节点，分布式事务的提交流程如下：
1）客户端发送 begin 命令到分布式中间件上，分布式中间件开启事务，向客户端返回 OK。

2）客户端发送 sql 1 命令到分布式中间件上，分布式中间件将 sql 1 路由到 node1 上执行。同时执行 XA begin 'xid1';sql 1;。

3）客户端发送 sql 2 命令到分布式中间件上，分布式中间件将 sql 2 路由到 node2 执行。同时执行 XA begin 'xid1';sql 2;。

4）在 node1 上执行 XA end 'xid1'; XA prepare 'xid1'; 将 XA 设置为 prepare 状态。

5）在 node2 上执行 XA end 'xid1'; XA prepare 'xid1'; 将 XA 设置为 prepare 状态。

6）所有节点都进入准备阶段后，开始提交。

7）分别向 node1 和 node2 发送 XA commit 'xid1';。

8）提交成功后向客户端返回成功。

分布式事务提交流程介绍完毕。那 XA rollback 和 XA recover 用在哪里呢？上面是顺利提交的场景，如果准备阶段失败，则需要用 XA rollback 进行回滚。如果提交阶段 node2 宕机失败，则需要等待 node2 重启后采用 XA recover 进行恢复。

有分布式事务实战经验的读者可能会发现一个问题，就是我们所有阶段都是直接采用的 XA 事务，这样在生产环境中其实不利于管理。例如在 node1 上提交了，而在 node2 上失败了，在 node2 重启后我们虽然能拿到未提交的 XA 事务，但不能确定整个事务的状态，这时候就需要一个地方来维护全局事务的状态。一般的做法是找一个第三方来存储全局事务的状态，也可以采用将分布式事务中的第一个节点设置为普通事务的方式，然后将信息记录提交到元数据库中，这样后面在恢复事务的时候就能找到对应的全局事务信息。当然这里的细节还有很多，感兴趣的读者可以自行研究。

最终，必须指出当前 XA 事务所面临的问题。尽管 XA 事务的引入在多个方面尚未得到完善，导致问题频繁出现，但令人欣慰的是，近年来国内在业务场景中对 XA 事务的应用已使大部分问题得以暴露，并推动了 MySQL 官方进行相应的修复工作。然而，目前仍存在一个核心问题尚未得到解决（5.7 版本），那就是 MySQL 异常崩溃可能导致数据不一致。

首先看 XA prepare 持久化是怎么做的，其实就是在 binlog 准备阶段调用组提交的 ordered_commit 方法将 XA prepare 这条语句写入 binlog 中。这个方案会有一个问题，就是 XA prepare 这条语句是先写入了 binlog 中的，此时在重做日志文件中是没有记录准备状态的，如果这个阶段 MySQL 崩溃了，那么在崩溃恢复时，这个准备阶段的 XA 事务会丢失，但这个 XA 事务在从库上还是会存在。

目前这个问题 MySQL 官方还没有进行修复，不过业内的一些厂商已经进行了修复，大致的思路就是先在重做日志文件中记录 prepare 状态，然后再写入 binlog。

关于 MySQL 的 XA 事务问题，鉴于篇幅限制，这里不再深入探讨，有兴趣的读者可自行进一步研究。

至此，事务的实现机制介绍完毕。可以看到，为确保事务的 ACID 特性，MySQL 使用了多种组件及相应机制，包括重做日志、回滚日志以及双写缓冲区等。通过崩溃恢复机制，MySQL 能够在异常崩溃后恢复未完成的事务，以确保数据的完整性。同时，为优化事务提交的性能，MySQL 实现了组提交机制。为了支持分布式事务，MySQL 将内部的 XA 事务封装为特定命令，使外部应用能够利用这些命令实现分布式事务处理。

8.2 MySQL 锁实现

我们深知，在程序并发执行的过程中，为了确保并发访问资源的安全性和一致性，必须采取加锁机制进行控制。数据库系统亦遵循此原则，以 MySQL 为例，其锁机制设计尤为复杂，这主要是因为 MySQL 架构中 Server 层与存储引擎层是分离的。Server 层的锁机制是通用的，但在某些情况下，加锁操作还需与存储引擎层进行协调。由于不同的存储引擎针对不同的应用场景，它们内部实现的锁机制也存在差异。为了提高并发性能，MySQL 设计了多种不同粒度的锁，并且每种锁都具备多种锁定模式。InnoDB 存储引擎的锁机制尤为复杂，本节将详细介绍。

在此，我们将对锁定协议进行进一步阐释。在 MySQL 数据库管理系统中，主要采纳的是两阶段锁定协议。该协议的基本原理可划分为两个阶段：首先是加锁阶段，在此阶段中，加锁操作是被允许的，而解锁操作则不被允许；其次是解锁阶段，在这一阶段，解锁操作是可行的，而加锁操作则被禁止。然而，两阶段锁定协议存在导致死锁的可能性，这也是 MySQL 中可能出现死锁现象的根源所在。关于死锁的详细讨论，将在后续章节中单独展开。

8.2.1 简介

在 MySQL 中，锁的机制相当复杂，通常我们从两个方面来深入理解它们：一是锁的类型，二是锁的模式。了解完这两个方面之后，一般就能理解常见语句都加什么锁。

1. 锁的类型

MySQL 的 Server 层和 InnoDB 存储引擎层的锁有多种不同的类型，主要分为**表锁**、**行锁**、**内部锁**三大类，MySQL 锁的总体架构如图 8-9 所示。

其中表锁包括：

❏ **元数据锁** 主要保护表在并发访问时的安全性，在 MySQL Server 层实现。它可以锁定表结构信息，也可以锁定表数据。只要涉及打开表的语句就会加元数据读锁，例如 `show tables`、`select * from tables` 等；只要涉及更改表结构的语句就会加元数据写锁，例如 `alter table test add column` 等 DDL 语句。元数据锁不仅可以锁定表对象，还可以锁定 schema、存储过程、全局等。

❏ **Server 层表锁** 指的是锁定一个表对象。其实最开始的时候只有表锁，元数据锁是后来引入的，现在是表锁跟元数据锁配合使用。表锁主要是在 MySQL Server 层实现，部分存储引擎有自己的实现。执行 `lock table test read/write` 会加表锁，在 MyISAM 引擎下进行表的读写也会直接加表锁。
- **意向锁**　InnoDB 层的一种表锁类型，一般在操作 InnoDB 存储引擎表中的一条记录时，在加记录锁之前需要先加意向锁。意向锁的主要意义是快速处理表锁和行锁的冲突。在加排他类型的表锁时，如果有意向锁的话，判断当前是否有互斥的记录锁将更加方便快速，在后面章节中会详细介绍。
- **自增锁**　也是 InnoDB 层的一种表锁类型，在插入带有自增字段的表时会触发自增锁。注意，默认情况下需要设置 `innodb_autoinc_lock_mode` 为 1 才能触发。

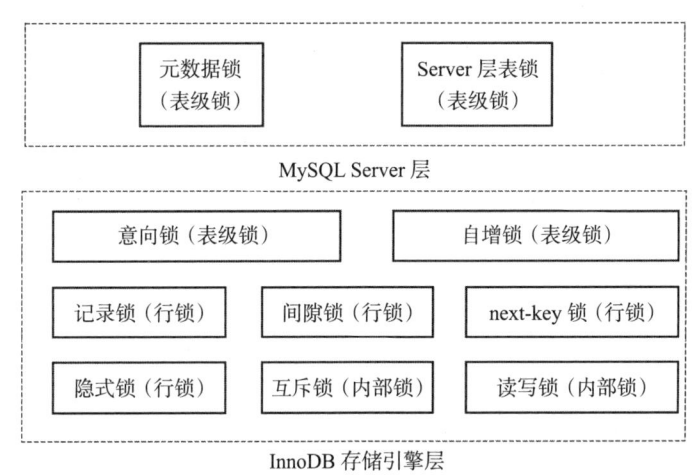

```
┌─────────────────────────────────────────────────┐
│    元数据锁              Server 层表锁            │
│   （表级锁）              （表级锁）               │
└─────────────────────────────────────────────────┘
                    MySQL Server 层

┌─────────────────────────────────────────────────┐
│   意向锁（表级锁）          自增锁（表级锁）        │
│                                                 │
│   记录锁（行锁）  间隙锁（行锁）  next-key 锁（行锁）│
│                                                 │
│   隐式锁（行锁）  互斥锁（内部锁）  读写锁（内部锁） │
└─────────────────────────────────────────────────┘
                   InnoDB 存储引擎层
```

图 8-9　MySQL 锁的总体架构

行锁包括：
- **记录锁**　指的锁定一行具体的记录，在需要访问到对应的某行记录时需要加记录锁，例如 select * from table where id=8。
- **间隙锁**　其实也是行锁的一种实现，只是锁定的范围不太一样，间隙锁锁定一个记录范围，它主要用于解决幻读问题。间隙锁需要在可重复读的隔离级别下才会产生，间隙锁的场景有些复杂在后面章节会详细说明。
- **next-key 锁**　指的同时加行锁和间隙锁，next-key 锁也是需要在可重复读的隔离级别下才会产生，具体场景在后面章节会详细说明。
- **隐式锁**　在 MySQL 中隐式锁其实就是不加锁，针对插入一条语句的场景，A 线程插入一条记录默认情况下是不会对这条记录加锁，B 线程尝试对这个记录加锁，这个时候会检测这个记录当前是否有对应的活跃事务，如果有那么就需要为这个记录加锁。注意这里是由 B 线程为 A 线程创建一个记录锁。

内部锁包括：
- **互斥锁**　用于锁定 MySQL 内部的一些共享资源，在 MySQL 中很多地方用到了互斥锁，具体场景在后面会详细说明。
- **读写锁** 可以说是一种更小粒度的互斥锁，也是用于锁定 MySQL 内部的一些资源，在 MySQL 中很多地方也用到了读写锁，具体场景在后面会详细说明。
- **页锁** 指的是锁定一个数据页，其实页锁就是数据页对象中维护了一个读写锁，并没有单独实现页锁。类似还有索引树的锁，也是在索引树对象中维护了一个读写锁。在需要访问到数据页的时候都会加页锁，例如查询语句、DML 语句。

2. 锁的模式

常见的锁的模式有如下几种：
- S（共享锁）
- X（排他锁）
- IS（意向共享锁）
- IX（意向排他锁）

它们的兼容关系如下所示：

```
            | Type of active   |
 Request    |  scoped lock     |
  type      | IS(*)  IX  S  X  |
------------+------------------+
 IS         |  +     +   +  +  |
 IX         |  +     +   -  -  |
 S          |  +     -   +  -  |
 X          |  +     -   -  -  |
```

加号表示兼容，减号则表示不兼容。上述仅为最基本的锁模式，元数据锁等其他锁模式更为复杂。在具体阐述相应锁机制时，将结合锁模式详细介绍。

3. 常见语句都加什么锁

如果给定一条语句，要判断加什么锁，需要提前知道几个条件：存储引擎、隔离级别和表结构。

这里我们先把三个条件提前设置好，再看对应的语句都加什么锁。存储引擎选择 InnoDB 存储，隔离级别为 RR，表结构如下：

```
CREATE TABLE `sbtest1` (
`id` int(10) unsigned NOT NULL AUTO_INCREMENT,
`k` int(10) unsigned NOT NULL DEFAULT '0',
`c` char(120) NOT NULL DEFAULT '',
`pad` char(60) NOT NULL DEFAULT '',
PRIMARY KEY (`id`),
KEY `k` (`k`)
) ENGINE=InnoDB;
```

（1）普通查询语句

例如：`select * from sbtest2 where id = 10;`

加 `MDL_SHARED_READ` 模式的元数据锁，不会加行锁，因为 InnoDB 存储引擎采用的是快照读。

1) `select ... for update` 语句。例如：`select * from sbtest2 where id = 10 for update;`

加 `MDL_SHARED_WRITE` 模式的元数据锁、`LOCK_IX` 排他意向锁，在聚簇索引 id=10 这条记录上加 `LOCK_X` 排他模式的记录锁。

2) `select ... lock in share mode` 语句。例如：`select * from sbtest2 where id = 10 lock in share mode;`

加 `MDL_SHARED_READ` 模式的元数据锁、`LOCK_IS` 共享意向锁，在聚簇索引 id=10 这条记录上加 `LOCK_S` 共享模式的记录锁。

（2）插入语句

例如：`insert into sbtest2(k, c, pad) values(1000, 'zbdba', 'zbdba');`

加 `MDL_SHARED_WRITE` 模式的元数据锁，在 innodb_autoinc_lock_mode 为 0 时加 `LOCK_AUTO_INC` 模式的自增锁，在 innodb_autoinc_lock_mode 为 1 时加 `LOCK_IX` 排他意向锁，加隐式锁。

（3）删除语句

例如：`delete from sbtest2 where id = 10;`

加 `MDL_SHARED_WRITE` 模式的元数据锁、`LOCK_IX` 排他意向锁，在聚簇索引 id=10 这条记录上加 `LOCK_X` 排他模式的记录锁。

（4）更新语句

例如：`update sbtest2 set pad='zbdba' where id = 10;`

加 `MDL_SHARED_WRITE` 模式的元数据锁、`LOCK_IX` 排他意向锁，在聚簇索引 id=10 这条记录上加 `LOCK_X` 排他模式的记录锁。

（5）删除非唯一索引语句

例如：`delete from sbtest2 where k = 1000;`

加 `MDL_SHARED_WRITE` 模式的元数据锁，加 `LOCK_IX` 排他意向锁，在 k 列对应的索引上对 k = 1000 这条记录加 `LOCK_X` 排他模式的 next-key 锁，同时在聚簇索引对应的记录上加 `LOCK_X` 排他模式的记录锁。

（6）删除唯一索引语句

例如：`delete from sbtest2 where k = 1000;`

这里假设 k 列上的索引为唯一索引，会加 `MDL_SHARED_WRITE` 模式的元数据锁、`LOCK_IX` 排他意向锁，在 k 列对应的索引上对 k = 1000 这条记录加 `LOCK_X` 排他模式的记录锁，同时在聚簇索引对应的记录上加 `LOCK_X` 排他模式的记录锁。

（7）删除没有索引的语句

例如：`delete from sbtest2 where pad = 'zbdba' ;`

加 `MDL_SHARED_WRITE` 模式的元数据锁、`LOCK_IX` 排他意向锁，在聚簇索引的所有记录上加 `LOCK_X` 排他模式的 next-key 锁，如果在 RR 级别下 `innodb_locks_unsafe_for_binlog` 为 true，那么 pad 列不等于 zbdba 的聚簇索引上的锁将被释放。

（8）删除主键上一条不存在的记录

数据如下：

```
mysql> select * from sbtest2 where id < 10;
+----+------+-------+-------+
| id | k    | c     | pad   |
+----+------+-------+-------+
|  1 | 4997 | zbdba | zbdba |
|  2 | 5048 | zbdba | zbdba |
|  3 | 4997 | zbdba | zbdba |
|  9 | 4856 | zbdba | zbdba |
+----+------+-------+-------+
4 rows in set (0.00 sec)
```

例如：`delete from sbtest2 where id =8;`

加 `MDL_SHARED_WRITE` 模式的元数据锁、`LOCK_IX` 排他意向锁，在聚簇索引 id=9 的这条记录上加间隙锁。

1）**use database/show tables/desc sbtest1**。加 `MDL_SHARED_HIGH_PRIO` 模式的元数据锁。

2）**lock tables**。例如：`lock table sbtest2 read;`

加 `MDL_SHARED_READ_ONLY` 模式的元数据，如果设置 autocommit=0,innodb_table_locks=1，会加 `LOCK_S` 模式的 InnoDB 层表锁。

例如：`lock table sbtest2 write;`

加 `MDL_SHARED_NO_READ_WRITE` 模式的元数据锁，如果设置 autocommit=0,innodb_table_locks=1，加 `LOCK_X` 模式的 InnoDB 层表锁。

3）DDL：创建表。

```
CREATE TABLE `zbdba_test` (
`id` int(10) unsigned NOT NULL AUTO_INCREMENT,
`k` int(10) unsigned NOT NULL DEFAULT '0',
`c` char(120) NOT NULL DEFAULT '',
`pad` char(60) NOT NULL DEFAULT '',
PRIMARY KEY (`id`),
KEY `k` (`k`)
) ENGINE=InnoDB;
```

先加 `MDL_SHARED` 模式的元数据锁，然后升级为 `MDL_EXCLUSIVE` 模式。

4）DDL：为表加一列。例如：`alter table sbtest1 add column addr varchar(10);`

加 `MDL_SHARED_UPGRADABLE` 模式的元数据锁，在 DDL 准备阶段升级 `MDL_EXCLUSIVE`

排他模式，之后降级为 `MDL_SHARED_UPGRADABLE` 模式，最后在 DDL 提交阶段加 `LOCK_X` 排他模式的 InnoDB 表锁。

5）`flush table with read lock`。加 `MDL_SHARED` 模式的元数据锁。

可以看到，不同的 SQL 语句在执行时会加不同的锁，并且在 MySQL 内部会加互斥锁或者读写锁。上述有些锁类型或者模式在后面的章节中会详细介绍。

8.2.2 元数据锁

元数据锁的作用在前面已有介绍，本小节主要介绍元数据锁的实现原理和加锁、锁等待、解锁等流程。MySQL 元数据锁的整体流程如图 8-10 所示。

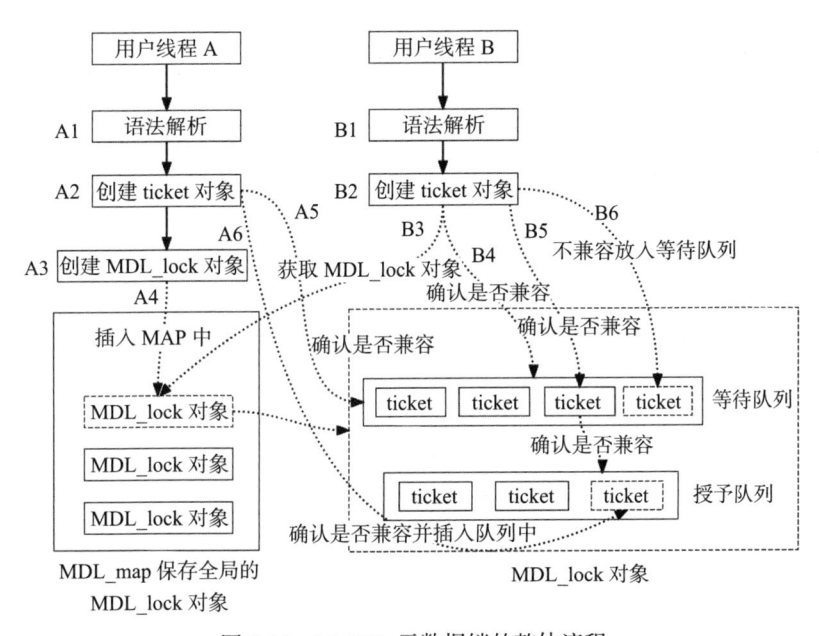

图 8-10　MySQL 元数据锁的整体流程

图 8-10 描述的是两个用户线程同时去操作相同的表，从图 8-10 中可以看出，每个会话会创建一个 `ticket` 对象（`MDL_ticket`），然后创建一个 `MDL_lock` 对象存放在 `MDL_map` 中。注意这里只由一个会话来创建 `MDL_lock` 对象，一张表对应一个。在创建 `MDL_lock` 锁对象前会从 `MDL_map` 中检查该表对应的 `MDL_lock` 是否存在，如果存在就不用再创建了。所有的会话都会去 `MDL_lock` 对象中请求锁，这个对象里面维护了等待和授予队列，等待队列中是正在等待获取锁的 `MDL_ticket` 对象，授予队列中是已经获取锁的 `MDL_ticket` 对象。本次请求的 `MDL_ticket` 对象会分别跟等待队列和授予队列中已经存在的 `MDL_ticket` 比较，看是否兼容。如果都兼容就可以获取到锁，`MDL_ticket` 对象就会被插入授予队列中。下面介绍详细的流程。

1. 锁对象

在 MySQL 中,元数据锁由 `MDL_lock` 类对象进行管理。针对多个会话,一个表只创建一个 `MDL_lock` 对象,但每个会话都需要创建一个 `MDL_ticket` 类对象。`MDL_lock` 对象的名称及描述,如表 8-6 所示。

表 8-6 `MDL_lock` 对象的名称及描述

名称	描述
Ticket_list	用于管理元数据锁中的 ticket 对象,在获取锁的时候首先会从锁对象中申请一个 ticket
key	锁定的资源,key 由 mdl_namespace + database name + table name 组成
m_granted	被授予锁的 ticket 队列
m_waiting	等待锁的 ticket 队列
m_rwlock	读写锁,用来保护 MDL_lock 对象中的一些变量

上面提到的 `mdl_namespace` 是元数据锁对应的命名空间,共有如下几种:

```
enum enum_mdl_namespace { GLOBAL=0,
                         TABLESPACE,
                         SCHEMA,
                         TABLE,
                         FUNCTION,
                         PROCEDURE,
                         TRIGGER,
                         EVENT,
                         COMMIT,
                         USER_LEVEL_LOCK,
                         LOCKING_SERVICE,
                         /* This should be the last ! */
                         NAMESPACE_END };
```

之前提到元数据锁不只是锁定表,还可以锁定 `schema`、存储过程等,在加锁的时候就会选择对应的类型,也就是上述的命名空间。

根据 `MDL_lcok` 对象中的字段可知,其实加一个元数据锁就是创建一个 `MDL_lock` 对象,并且将对应的 `namespace`、库、表的信息设置到 `MDL_lock` 锁对象中的 `key` 字段中,这样就锁定了一张表。那如何判断一个表有没有对应的 `MDL_lock` 锁对象呢? 在 MySQL 中用了一个全局哈希表来存储所有的 `MDL_lock` 对象。在每次创建 `MDL_lock` 锁对象的时候会去该哈希表中查询锁对象是否存在,如果不存在就进行创建,如果存在就取出来直接使用。该哈希表由 `MDL_map` 对象维护,哈希表的 `key` 就对应 `MDL_lock` 对象中的 `key`,这里不再详述。`MDL_ticket` 结构体的名称及描述如表 8-7 所示。

表 8-7 `MDL_ticket` 结构体的名称及描述

名称	描述
m_type	保存元数据锁的类型

(续)

名称	描述
`m_duration`	保存锁持久的类型，分别为 `MDL_STATEMENT`、`MDL_TRANSACTION`、`MDL_EXPLICIT`，后面会详细介绍
`m_lock`	指向它对应的 `MDL_lock` 对象
`m_is_fast_path`	是否有用快速加锁方式

这里只重点介绍了 `MDL_lock` 和 `MDL_ticket` 这两个重点对象，其实在 MySQL 中还有其他的对象用于辅助整个加锁和解锁流程，感兴趣的读者可以自行研究。

2. 锁模式

锁对象中存在多种锁定模式，不同的 SQL 语句对应不同的锁定模式。刚刚提到，元数据锁在锁定不同资源的时候会区分命名空间，在锁模式下也会根据命名空间来区分对象锁策略和范围锁策略，不同策略下对应的锁模式不一样，兼容情况也不一样。

在 `GLOBAL`、`TABLESPACE`、`SCHEMA`、`COMMIT` 这几个命名空间下采用范围锁策略，其他命名空间下采用对象锁策略，具体逻辑如以下代码块所示：

```
case MDL_key::GLOBAL:
case MDL_key::TABLESPACE:
case MDL_key::SCHEMA:
case MDL_key::COMMIT:
  m_strategy= &m_scoped_lock_strategy;
  break;
default:
  m_strategy= &m_object_lock_strategy;
  break;
```

平常主要的元数据锁是针对表对象的，对应的是对象锁策略，这里先详细介绍对象锁策略下的锁模式及使用场景，如表 8-8 所示。

表 8-8　对象锁策略下的锁模式及使用场景

锁模式（缩写）	使用场景
`MDL_INTENTION_EXCLUSIVE(IX)`	意向排他锁，适用于范围锁
`MDL_SHARED(S)`	共享锁，只读取表元数据，不打算读取表的数据
`MDL_SHARED_HIGH_PRIO(SH)`	高优先级共享锁，只读取表元数据，该模式下加锁的时候优先级会高于正在等待的排他锁
`MDL_SHARED_READ(SR)`	共享锁，打算读取表中的数据，一般用于 `SELECT` 查询语句、`subqueries` 子查询语句和 `LOCK TABLE ... READ` 语句
`MDL_SHARED_WRITE(SW)`	共享锁，打算修改表中的数据，一般用于 `INSERT`、`UPDATE`、`DELETE`、`SELECT ... FOR UPDATE` 语句，不适用于 `LOCK TABLE ... WRITE`、DDL 语句
`MDL_SHARED_WRITE_LOW_PRIO(SWLP)`	打算修改表中的数据，一般用于 DML 语句中指定了 `LOW_PRIORITY` 选项

(续)

锁模式（缩写）	使用场景
MDL_SHARED_UPGRADABLE(SU)	升级的共享锁，允许并发的更新和读取表中的数据，一般用于 ALTER TABLE 语句的第一阶段
MDL_SHARED_READ_ONLY(SRO)	共享锁，需要从表中读取数据并且阻塞所有的并发修改，一般用于 LOCK TABLES READ 语句
MDL_SHARED_NO_WRITE(SNW)	升级的共享锁，阻塞该表所有更新操作，只允许读操作，一般用于 ALTER TABLE 语句的第一阶段，主要是在复制数据的时候允许并发读但是不允许更改
MDL_SHARED_NO_READ_WRITE(SNRW)	升级的共享锁，允许其他会话读取表的元数据信息，但是不允许读取表中的数据，一般用于 LOCK TABLES WRITE 语句
MDL_EXCLUSIVE(X)	排他锁，允许本连接读取表元数据和表中的数据，其他会话不能拿到该表对应的任何模式的元数据锁，一般用于 CREATE、DROP、RENAME 语句

可以看到，元数据锁共有 11 种模式，每种模式用于不同的场景并且对应不同的语句，那么这些模式的兼容性又是怎样的呢？

由于 MDL_lock 锁对象维护了等待锁和授予锁队列，并且元数据锁模式中有高优先级、升级锁等模式，所以兼容性分两种情况：一种是被授予锁时的兼容性，另外一种是等待锁时的兼容性。在获取锁的时候首先会跟等待锁队列中的 MDL_ticket 对象比较看是否兼容，然后跟授予锁队列中的 MDL_ticket 对象比较。

等待锁时的兼容性列表如下：

```
Request    |          Pending requests for lock                    |
 type      | S   SH   SR   SW   SWLP   SU   SRO   SNW   SNRW   X   |
-----------+-------------------------------------------------------+
S          | +   +    +    +    +      +    +     +     +      -   |
SH         | +   +    +    +    +      +    +     +     +      +   |
SR         | +   +    +    +    +      +    +     +     -      -   |
SW         | +   +    +    +    +      +    -     -     -      -   |
SWLP       | +   +    +    +    +      +    -     -     -      -   |
SU         | +   +    +    +    +      +    +     +     +      -   |
SRO        | +   +    +    -    +      +    +     -     -      -   |
SNW        | +   +    +    +    +      +    +     +     -      -   |
SNRW       | +   +    +    +    +      +    +     +     -      -   |
X          | +   +    +    +    +      +    +     +     +      +   |
```

授予锁时的兼容性列表如下（加号代表兼容，减号代表不兼容）：

```
Request    |          Granted requests for lock                    |
 type      | S   SH   SR   SW   SWLP   SU   SRO   SNW   SNRW   X   |
-----------+-------------------------------------------------------+
S          | +   +    +    +    +      +    +     +     -      -   |
SH         | +   +    +    +    +      +    +     +     -      -   |
SR         | +   +    +    +    +      +    +     -     -      -   |
SW         | +   +    +    +    +      +    -     -     -      -   |
```

```
SWLP   | + + + + + + - - - - |
SU     | + + + + + - + - - - |
SR0    | + + + - + + + - - - |
SNW    | + + + - - - + - - - |
SNRW   | + + - - - - - - - - |
X      | - - - - - - - - - - |
```

在 MySQL 中，会事先计算每个锁模式对应的不兼容的锁模式，然后存储到数组中，再根据这个数组判断锁模式是否兼容，具体如下：

```
{
  0,
  MDL_BIT(MDL_EXCLUSIVE),
  MDL_BIT(MDL_EXCLUSIVE),
  MDL_BIT(MDL_EXCLUSIVE) | MDL_BIT(MDL_SHARED_NO_READ_WRITE),
  MDL_BIT(MDL_EXCLUSIVE) | MDL_BIT(MDL_SHARED_NO_READ_WRITE) |
    MDL_BIT(MDL_SHARED_NO_WRITE) | MDL_BIT(MDL_SHARED_READ_ONLY),
  MDL_BIT(MDL_EXCLUSIVE) | MDL_BIT(MDL_SHARED_NO_READ_WRITE) |
    MDL_BIT(MDL_SHARED_NO_WRITE) | MDL_BIT(MDL_SHARED_READ_ONLY),
  MDL_BIT(MDL_EXCLUSIVE) | MDL_BIT(MDL_SHARED_NO_READ_WRITE) |
    MDL_BIT(MDL_SHARED_NO_WRITE) | MDL_BIT(MDL_SHARED_UPGRADABLE),
  MDL_BIT(MDL_EXCLUSIVE) | MDL_BIT(MDL_SHARED_NO_READ_WRITE) |
    MDL_BIT(MDL_SHARED_WRITE_LOW_PRIO) | MDL_BIT(MDL_SHARED_WRITE),
  MDL_BIT(MDL_EXCLUSIVE) | MDL_BIT(MDL_SHARED_NO_READ_WRITE) |
    MDL_BIT(MDL_SHARED_NO_WRITE) | MDL_BIT(MDL_SHARED_UPGRADABLE) |
    MDL_BIT(MDL_SHARED_WRITE_LOW_PRIO) | MDL_BIT(MDL_SHARED_WRITE),
  MDL_BIT(MDL_EXCLUSIVE) | MDL_BIT(MDL_SHARED_NO_READ_WRITE) |
    MDL_BIT(MDL_SHARED_NO_WRITE) | MDL_BIT(MDL_SHARED_READ_ONLY) |
    MDL_BIT(MDL_SHARED_UPGRADABLE) | MDL_BIT(MDL_SHARED_WRITE_LOW_PRIO) |
    MDL_BIT(MDL_SHARED_WRITE) | MDL_BIT(MDL_SHARED_READ),
  MDL_BIT(MDL_EXCLUSIVE) | MDL_BIT(MDL_SHARED_NO_READ_WRITE) |
    MDL_BIT(MDL_SHARED_NO_WRITE) | MDL_BIT(MDL_SHARED_READ_ONLY) |
    MDL_BIT(MDL_SHARED_UPGRADABLE) | MDL_BIT(MDL_SHARED_WRITE_LOW_PRIO) |
    MDL_BIT(MDL_SHARED_WRITE) | MDL_BIT(MDL_SHARED_READ) |
    MDL_BIT(MDL_SHARED_HIGH_PRIO) | MDL_BIT(MDL_SHARED)
}
```

当需要加元数据锁的时候，首先需要获取要加的锁模式，然后通过上述数组获取到它不兼容的锁模式，最终跟对应的等待链表和授予链表中已有的 `MDL_ticket` 对象对应的锁模式进行位运算，就可以判断是否兼容，具体可以参考 `MDL_lock::can_grant_lock` 方法。在 `can_grant_lock` 方法中，首先会判断当前锁模式跟等待队列中的 `MDL_ticket` 对象对应的锁模式是否兼容，如果兼容再判断它跟授予队列中的 `MDL_ticket` 对象对应的锁模式是否兼容，如果都兼容则获取到锁，否则进行锁等待。

前面介绍的只是授予锁时判断锁模式是否兼容的数组，等待锁时判断锁模式是否兼容会更加复杂些，分了四种情况，主要是对应的锁模式数量如果超过 `max_write_lock_count` 参数的值，就会使用不同的不兼容数组，这里主要是防止锁饿死的情况。由于篇幅问题，这里不再详述，感兴趣的读者可以自行研究，具体逻辑在 `mdl.cc` 文件中，对应的数组定义在 `MDL_lock::m_object_lock_strategy` 方法中。

介绍完对象锁策略后，我们再来简单看看范围锁策略。MySQL 范围锁策略的四种锁模式及使用场景如表 8-9 所示。

表 8-9　MySQL 范围锁策略的四种锁模式及使用场景

锁模式	使用场景
IS	意向共享锁
IX	意向排他锁
S	共享锁
X	排他锁

授予锁兼容情况如下：

```
              | Type of active    |
  Request     |   scoped lock     |
   type       | IS(*)  IX   S   X |
  ------------+-------------------+
  IS          |  +      +   +   + |
  IX          |  +      +   -   - |
  S           |  +      -   +   - |
  X           |  +      -   -   - |
```

等待锁兼容情况如下：

```
              |    Pending        |
  Request     |  scoped lock      |
   type       | IS(*)  IX   S   X |
  ------------+-------------------+
  IS          |  +      +   +   + |
  IX          |  +      +   -   - |
  S           |  +      +   +   - |
  X           |  +      +   +   + |
```

由于篇幅原因，这里不再介绍对应的不兼容数组，感兴趣的读者可以自行研究，具体逻辑在 `mdl.cc` 文件中，对应数组在 `MDL_lock::m_scoped_lock_strategy` 中。

3. 加锁流程

下面介绍一条 SQL 语句执行加锁的流程，这里以之前的更新语句为例。

```
update zbdba.sbtest1 set pad="zbdba" where id = 10;
```

当我们执行这条 SQL 语句的时候，加元数据锁的流程如下：

1）语法解析器会根据语义来设置对应的锁模式，对应图 8-10 中的 A1 步骤，这条更新语句的锁模式为 `MDL_SHARED_WRITE(SW)`。

2）创建 `MDL_ticket` 对象，对应图 8-10 中的 A2 步骤，如果 `MDL_ticket` 对象存

在，则复用即可。

3）去 `MDL_map` 中根据 `key` 查找是否有对应的 `MDL_lock` 对象，如果没有就创建一个，对应图 8-10 中的 A3、A4 步骤，这里的 `key` 其实就是 3（`namespace` 中 3 对应的位置就是 `TABLE`）+zbdba+sbtest1。

4）`ticket` 对象会从 `MDL_lock` 锁对象中获取锁权限，看请求的锁模式跟 `MDL_lock` 锁对象维护的等待队列中的锁模式是否兼容，对应图 8-10 中的 A5 步骤。

5）如果兼容，再看请求的锁模式跟 `MDL_lock` 锁对象维护的授予队列中的锁模式是否兼容，对应图 8-10 中的 A6 步骤。最终如果都兼容，则获取到锁权限，然后将 `ticket` 对象加入到 `MDL_lock` 锁对象维护的授予队列中。

至此，加锁流程就完成了。如果都不兼容的话，拿不到锁就会将 `ticket` 对象加入 `MDL_lock` 锁对象维护的等待队列中。

4. 锁等待流程

在加入 `MDL_lock` 锁对象维护的等待队列后，当前线程是怎么被阻塞住的呢？其实最终该线程调用了 `pthread_cond_timedwait` 方法。这个方法是 Linux 标准的 `pthread` 包提供的，调用该方法会一直监听对应的条件变量，直到有其他线程发送对应的信号量过来，等待才会退出。注意 `pthread_cond_timedwait` 方法中会传入一个时间，这个就是等待超时时间，由 `lock_wait_timeout` 参数进行控制。超时就会退出，然后报锁等待超时。`pthread_cond_timedwait` 方法及其参数如下所示：

```
int pthread_cond_timedwait(pthread_cond_t *restrict cond,pthread_mutex_t
   *restrict mutex,const struct timespec *restrict abstime);
```

5. 释放锁流程

首先需要知道什么时候释放锁，在之前介绍 `MDL_ticket` 的 `m_duration` 字段时，我们知道 MySQL 元数据锁的持久化时间分为三种类型，如表 8-10 所示。

表 8-10　MySQL 元数据锁持久化时间的三种类型

类型	释放时机
`MDL_STATEMENT`	在语句执行完成后会自动释放
`MDL_TRANSACTION`	在语句执行完成后会自动释放
`MDL_EXPLICIT`	需要显示释放，例如 `unlock tables`

我们刚刚举的例子其实执行完语句后立马就会触发释放锁逻辑。知道什么时候释放之后，下面就来看下释放的大体流程：

1）从 `MDL_lock` 授予队列中将该 `MDL_ticket` 对象移除。

2）移除后会判断等待队列中的 `MDL_ticket` 对象是否能够拿到锁。流程与之前一样，先看等待队列，再看授予队列，检查是否都兼容。如果都兼容，就拿到这个 `MDL_ticket` 对应的条件变量并调用 `pthread_cond_signal` 方法发送信号量进行通知。之前一直处于阻塞等待状态的线程在收到信号量后会退出等待状态。然后将该 `MDL_ticket` 对象从等待队列中移除并加入到授予队列中，这样这个 `MDL_ticket` 对象就拿到锁，可以继续做后面的事情了。`pthread_cond_signal` 方法和参数为：`pthread_cond_broadcast(pthread_cond_t *cond);`

3）释放 `MDL_ticket` 对象。

上面列举的是对象锁的例子，下面我们简单看看范围锁的例子：

```
flush TABLE WITH READ LOCK;
```

这个语句的元数据锁模式是 `MDL_SHARED`，一旦它获取到锁之后，后续所有的变更操作都会被阻塞住，这里加锁和释放锁的流程基本跟上一个例子一致，就不再详述了。

8.2.3 表锁

在 8.2.2 小节中，我们已经详细了解了元数据锁，可以看到元数据锁主要控制表的元数据和表中数据的访问。表锁其实也是控制表中数据的访问，下面来介绍表锁相比元数据锁有什么不同。图 8-11 所示为 MySQL InnoDB 表锁的流程。

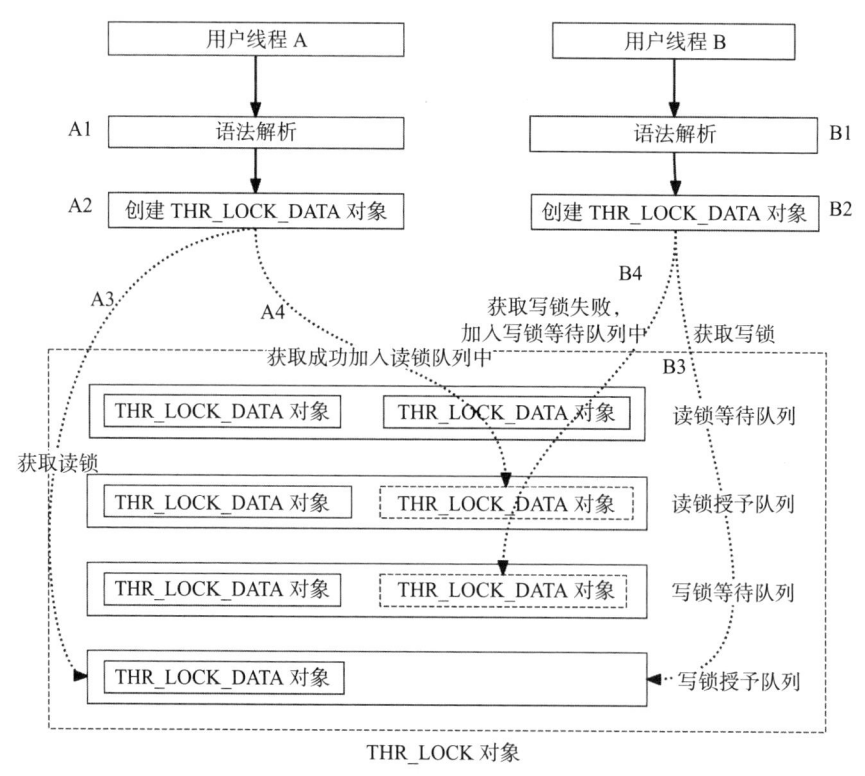

图 8-11　MySQL InnoDB 表锁的流程

可以看出，每个线程首先创建 `THR_LOCK_DATA` 对象，然后请求锁，请求锁的流程就

是跟 `THR_LOCK` 对象维护的读锁持有队列、读锁等待队列、写锁持有队列、写锁等待队列中保存的 `THR_LOCK_DATA` 对象进行比较，看是否兼容。如果兼容则获取锁成功，就把该 `THR_LOCK_DATA` 对象插入读锁持有队列或者写锁持有队列中，如果不兼容就把该锁插入读锁等待队列或者写锁等待队列中，详细流程将会在后面进行介绍。

1. 锁对象

首先还是看锁对象。在 MySQL 中，表锁主要由 `THR_LOCK_DATA(st_thr_lock_data)` 和 `THR_LOCK(st_thr_lock)` 两个结构体对象管理，其中 `THR_LOCK` 用于管理表中所有的锁实例，具体每个锁实例由 `THR_LOCK_DATA` 对象管理。下面介绍这两个结构体的字段信息，首先来看 `THR_LOCK` 结构体的名称及描述，如表 8-11 所示。

表 8-11 `THR_LOCK` 结构体的名称及描述

名称	描述
mutex	互斥锁，用来保护该结构体的一些字段
read_wait	读锁等待队列，队列中元素类型为 `THR_LOCK_DATA`
read	读锁持有队列，队列中元素类型为 `THR_LOCK_DATA`
write_wait	写锁等待队列，队列中元素类型为 `THR_LOCK_DATA`
write	写锁持有队列，队列中元素类型为 `THR_LOCK_DATA`
write_lock_count	记录写锁数量

可以看到，`THR_LOCK` 主要用于管理 `THR_LOCK_DATA` 对象，维护了读锁等待队列、读锁持有队列、写锁等待队列、写锁持有队列。在 MySQL 启动的时候，会为对应的表创建 `THR_LOCK` 对象。

注意 只有依赖 MySQL Server 层表锁实现的存储引擎（比如 MyISAM）的表才会创建 `THR_LOCK` 对象，InnoDB 的表不会创建。

`THR_LOCK_DATA` 结构体对象在每个会话请求表锁时创建，`THR_LOCK_DATA` 结构体的名称及描述如表 8-12 所示。

表 8-12 `THR_LOCK_DATA` 结构体的名称及描述

名称	描述
owner	保存当前线程 ID 和对应的条件变量
next	指向下一个 `THR_LOCK_DATA` 对象
prev	指向上一个 `THR_LOCK_DATA` 对象
lock	指向 `THR_LOCK` 对象，这个 `THR_LOCK` 对象负责管理该结构体对象
cond	该对象对应的信号量，在锁等待的时候会将该信号量赋值给 owner 字段中的条件变量，对应的线程就会一直夯住，等待该信号量
type	锁类型或模式

可以看出，`THR_LOCK_DATA` 维护了其所属线程信息，以及指向上一个和下一个 `THR_LOCK_DATA` 对象的指针。其实就是组成了一个双向链表，也就是 `THR_LOCK` 中维护的队

列。除此之外，`THR_LOCK_DATA` 还维护了信号量、锁类型等信息。

读者可能还有一个疑问：表锁锁定的是一个表，那底层到底锁定的是什么资源？在上一节中我们了解到，元数据锁有一个 key 保存了 `namespace+db name+table name` 信息，锁定这个信息就相当于锁定了这个表。表锁中其实没有这样的 `key`，底层实际上锁定的是表对象，一个 `THR_LOCK` 对应一个表对象。要判断表中有没有表锁，就去表对象对应的 `THR_LOCK` 对象维护的读锁持有队列和写锁持有队列中查看有没有对应的锁即可。

2. 锁模式

了解完锁对象后，下面来看 InnoDB 表锁都有哪些模式，如表 8-13 所示。

表 8-13　InnoDB 表锁模式

锁模式（缩写）	使用场景
TL_IGNORE	在某些异常场景下，用于忽略锁请求
TL_UNLOCK	用于解锁状态
TL_READ_DEFAULT(RD)	只在解析器中使用，在后续会转换为 TL_READ 或者 TL_READ_NO_INSERT 状态，主要根据 binlog 的格式来判断
TL_READ(R)	普通的读锁，在 MyISAM 引擎中，执行普通的查询语句（例如 select * from test where id = 10）时会加该模式的锁
TL_READ_WITH_SHARED_LOCKS(RWSL)	共享读锁，一般用于 select * from table lock in share mode 语句
TL_READ_HIGH_PRIORITY(RHP)	高优先级读锁，比 TL_WRITE 优先级要高，在锁定的情况下允许并发插入
TL_READ_NO_INSERT(RNI)	读锁，不允许并发插入，在执行 lock table test read 时会加该模式的锁
TL_WRITE_ALLOW_WRITE(WAW)	写锁，允许其他线程进行读写，主要用于 BDB 引擎的表
TL_WRITE_CONCURRENT_DEFAULT(WCD)	只在解析器中使用，主要用于带有 low_priority 标记的 SQL 语句
TL_WRITE_CONCURRENT_INSERT(WCI)	写锁，用于并发插入，允许读，在 MyISAM 引擎中执行普通的插入语句 insert into test() values(1) 时会触发加该模式的锁
TL_WRITE_DEFAULT(WD)	在解析器中使用，主要用于带有 low_priority 标记的 SQL 语句
TL_WRITE_LOW_PRIORITY(WLP)	写锁，主要用于带有 low_priority 标记的 SQL 语句，优先级低于 TL_READ
TL_WRITE(W)	普通的写锁，执行 lock table test write 时会加该模式的锁
TL_WRITE_ONLY(WO)	写锁，如果有新的锁请求会直接终止并返回错误

下面介绍锁模式的兼容关系。由于 MySQL 表锁区分等待队列和授予队列，并且有的模式是具备高优先级的，因此跟元数据锁一样，锁模式的兼容关系也区分等待时的和授予时的。MySQL 表锁判断互斥的条件比较混乱，以下兼容关系是笔者基于 MySQL 加锁判断逻辑整理出来的。

表锁在等待时的兼容关系如下所示：

	RD	R	RWSL	RHP	RNI	WAW	WCD	WCI	WD	WLP	W	WO
RD	+	+	+	+	+	+	+	+	+	+	−	−
R	+	+	+	+	+	+	+	+	+	+	−	−
RWSL	+	+	+	+	+	+	+	+	+	+	−	−
RHP	+	+	+	+	+	+	+	+	+	+	+	+
RNI	+	+	+	+	+	+	+	+	+	+	−	−
WAW	+	+	+	+	+	+	+	+	−	−	−	−
WCD	+	+	+	+	+	+	+	+	−	−	−	−
WCI	+	+	+	+	+	+	+	+	−	−	−	−
WD	+	+	+	+	+	−	−	−	−	−	−	−
WLP	+	+	+	+	−	−	−	−	−	−	−	−
W	−	−	−	+	−	−	−	−	−	−	−	−
WO	−	−	−	+	−	−	−	−	−	−	−	−

表锁在授予时的兼容关系如下所示：

	RD	R	RWSL	RHP	RNI	WAW	WCD	WCI	WD	WLP	W	WO
RD	+	+	+	+	+	+	+	+	−	−	−	−
R	+	+	+	+	+	+	+	+	−	−	−	−
RWSL	+	+	+	+	+	+	+	+	−	−	−	−
RHP	+	+	+	+	+	+	+	+	−	−	−	−
RNI	+	+	+	+	+	+	+	−	−	−	−	−
WAW	+	+	+	+	+	+	−	−	−	−	−	−
WCD	+	+	+	+	−	−	−	−	−	−	−	−
WCI	+	+	+	+	−	−	−	−	−	−	−	−
WD	−	−	−	−	−	−	−	−	−	−	−	−
WLP	−	−	−	−	−	−	−	−	−	−	−	−
W	−	−	−	−	−	−	−	−	−	−	−	−
WO	−	−	−	−	−	−	−	−	−	−	−	−

3. 加锁流程

MySQL 中 Server 层和 InnoDB 层分离的设计决定了加锁流程上需要这两层相互配合。有的引擎直接依赖 Server 层的锁机制，也有些存储引擎不依赖 Server 层的锁机制而是在存储引擎层实现自己的锁机制。下面我们来介绍详细的加锁流程，主要分为三个阶段：**询问存储引擎是否使用默认机制**（阶段一）；**通知存储引擎即将要操作数据**（阶段二）；**进行加锁**（阶段三）。

阶段一调用 `store_lock` 方法实现。每个存储引擎都会实现 `store_lock` 方法，如果采用默认机制，则该方法的底层实现逻辑基本上不用处理，例如 MyISAM、MEMRORY 存储引擎就是如此。如果不采用默认机制，存储引擎也可以修改对应的加锁类型，例如 ARCHIVE 存储引擎就是如此。对于 InnoDB 存储引擎来说，它基本不依赖表锁，所以其实相当于只是走个流程，并不在 Server 层加表锁。

在 `store_lock` 方法中，存储引擎可以把锁类型修改为其他或者进行其他操作，例如：
❏ MyISAM 引擎，采用默认锁类型，不进行转换。
❏ ARCHIVE 引擎，将表锁类型修改为行锁类型，这样可以允许其他线程进行读写。

- InnoDB 存储引擎，直接忽略锁，会根据当前的锁类型设置 InnoDB 层的锁类型，在 InnoDB 层加行锁或者表锁时会用到。
- 分区表引擎，为多个子表加锁。

注意，除了上面的步骤之外，`store_lock` 方法中还有关键的一步，就是将存储引擎 `handler` 对象维护的 `THR_LOCK` 锁对象返回。如果是 InnoDB 存储引擎则没有 `THR_LOCK` 锁对象。前面提到，一个 `THR_LOCK` 对象代表一个锁对象，有了这个锁对象后就进入加锁流程。

阶段二主要调用 `external_lock` 方法实现。跟 `store_lock` 方法有些区别的是，不是每个存储引擎都会实现这个方法，比如 ARCHIVE、MEMORY 等存储引擎就没有实现。MySIAM 和 InnoDB 存储引擎实现了该方法，我们主要看看这两种存储引擎实现的 `external_lock` 方法都做了什么事情。

- InnoDB 存储引擎主要将 `external_lock` 方法用于开启事务，在语句执行结束后也会调用 `external_lock` 结束事务，如果是 RC 隔离级别还会关闭 `read view`。
- MyISAM 存储引擎主要将 `external_lock` 方法用于锁定索引文件，不过默认情况下都不会进行锁定。

阶段三才真正进行加锁，不过对于 InnoDB 存储引擎而言，该阶段基本不做任何事情。MyISAM 等引擎才有加锁流程，下面我们主要看 MyISAM 的加锁流程。

锁机制的核心操作在 `THR_LOCK` 方法中实现，该方法提供了一种统一的实现方式，而非由各个存储引擎分别实现。接下来，我们将探讨锁机制的整体操作流程，该流程包括读锁和写锁的获取。在判断锁的兼容性时，可能会出现一定的复杂性。为此，笔者已将相关条件整理如下，以便读者能够结合前述的兼容性关系深入理解。

首先判断要加的锁类型是加读锁还是加写锁。

如果是**加写锁**，接着判断目前写锁持有队列中是否有数据，这里的写锁持有队列就是上一节中介绍的 `THR_LOCK` 对象维护的写锁持有队列。

如果写锁持有队列中有数据，先判断写锁持有队列中的锁是否为 `TL_WRITE_ONLY` 类型。如果是则直接返回错误；如果不是则进入下一个判断。

```
if （当前请求锁的类型是 TL_WRITE_ALLOW_WRITE &&  锁等待队列中没有数据（THR_LOCK 对象维护的锁
    等待队列）&& 已经加锁的类型为 TL_WRITE_ALLOW_WRITE）|| 目前已经加的锁是当前会话加的 {
    // 加写锁
}
```

如果满足上述条件就可以获取到写锁，加写锁主要流程其实就是将 `THR_LOCK_DATA` 对象插入 `THR_LOCK` 对象维护的写锁持有队列中。如果不满足上面的条件则进入锁等待流程。

前面说的是写锁持有队列中有数据的情况，下面介绍写锁持有队列中没有数据的情况。首先会判断写锁等待队列中是否有数据，如果没有数据会判断是否有读锁，如果满足如下条件则可以加写锁：

```
if 读锁持有队列中没有数据 ||( 请求锁类型 <=TL_WRITE_CONCURRENT_INSERT && (( 请求锁类型不等
    于 TL_WRITE_CONCURRENT_INSERT && 请求锁类型不等于 TL_WRITE_ALLOW_WRITE) || 没有 TL_
    READ_NO_INSERT 类型的读锁 )) {
// 加写锁
}
```

上述加写锁流程还是将 `THR_LOCK_DATA` 对象插入 `THR_LOCK` 对象维护的写锁持有队列中，如果不满足则需要进入锁等待流程。

如果是**加读锁**，首先看当前是否有写锁，如果有写锁就需要看跟写锁是否兼容，判断条件如下：

```
if 当前持有写锁的线程是否就是当前加读锁的线程 || ( 写锁的锁类型小于 TL_WRITE_CONCURRENT_
    INSERT || ( 写锁的类型等于 TL_WRITE_CONCURRENT_INSERT && 请求锁的类型小于 TL_READ_
    HIGH_PRIORITY)) {
// 加读锁
}
```

如果兼容，则进行加锁流程，将 `THR_LOCK_DATA` 对象插入 `THR_LOCK` 对象维护的读锁持有队列中。如果不兼容则进入锁等待流程。

上述是有写锁的流程，如果没有写锁的话需要满足下面的条件才可以加读锁：

```
if 写锁等待队列中没有数据 || 如果写锁等待队列中有数据那么等待的写锁类型需要小于 TL_WRITE_LOW_
    PRIORITY || 或者请求的读锁类型为 TL_READ_HIGH_PRIORITY || 当前会话已经加了一个读锁 {
// 加读锁
}
```

满足上述条件则可以加读锁，将 `THR_LOCK_DATA` 对象插入 `THR_LOCK` 对象维护的读锁持有队列中，如果不满足则进入锁等待流程。

至此，加锁流程介绍完成。可以看到，加锁流程主要进行的工作是判断锁兼容和将锁插入对应的队列中。上述没有加锁成功的情况则需要进入锁等待流程，下面会接着介绍。

4. 锁等待流程

前面提到，如果当前有锁或者锁等待了，请求的锁不兼容就只能进入锁等待流程，锁等待流程主要分为以下几个步骤：

1）将锁插入对应的锁等待队列中——读锁插入读锁等待队列，写锁插入写锁等待队列。

2）将 `THR_LOCK` 维护的条件变量赋值给 `THR_LOCK_DATA` 维护的 cond 字段。

3）进入等待流程，调用 `pthread_cond_timedwait` 方法监听对应的条件变量，这个条件变量在 `THR_LOCK_DATA` 的 cond 字段中维护。

进入等待流程后，线程会一直夯住，直到收到其他线程发送过来对应的信号量。

5. 锁释放流程

了解了加锁和锁等待流程后，我们继续介绍锁释放流程。释放锁的主要流程如下：

❑ 将当前锁从对应的队列中移除，并将锁的状态设置为 `TL_UNLOCK`，也就是解锁的状态。

- 唤醒其他等待的锁，在介绍锁等待的时候我们已经知道，锁等待的线程会一直夯住直到等到对应的信号量。这里其实就是给满足条件的线程发送信号量。

唤醒等待的锁也分写锁和读锁两种情况。在释放等待的读锁或写锁的过程中，必须对当前持有的锁队列以及锁等待队列中的锁进行兼容性判断。只有当锁之间相互兼容时，方可进行释放操作；若存在不兼容的情况，则无法执行释放。具体操作步骤如下：

1）看当前有没有活跃的读锁，如果没有开始释放等待的写锁。释放前需要满足如下条件。

```
if 写锁等待队列中需要有数据 || 锁的类型不能为 TL_WRITE_LOW_PRIORITY || 读锁等待队列中没有数
    据 || 读锁等待队列中有数据的话锁类型小于 TL_READ_HIGH_PRIORITY {
    // 将等待的写锁从等待队列中移除
}
```

2）满足上述条件后，将等待的写锁从等待队列中移除，然后加入到写锁持有队列中，并且调用 `pthread_cond_signal` 方法向该锁对象 `THR_LOCK_DATA` 的 `cond` 字段维护的条件变量发送信号量，之前监听该条件变量的线程收到信号量之后就会退出等待，进入后面的流程。如果不满足上述条件则不能释放写锁。

3）释放完写锁后，看有没有可能释放读锁。首先看读锁等待队列中有没有数据，如果有数据就开始释放读锁。不过释放读锁需要有一个条件，就是刚刚从等待队列中拿到的写锁的类型需要是 `TL_WRITE_CONCURRENT_INSERT` 或者 `TL_WRITE_ALLOW_WRITE`，这两种写锁类型跟读锁类型不互斥。

4）如果满足上述条件则开始释放读锁。流程跟释放写锁基本一致，就是从读锁持有队列中将读锁移除并插入读锁持有队列中。然后调用 `pthread_cond_signal` 方法向该锁对象 `THR_LOCK_DATA` 的 `cond` 字段维护的条件变量发送信号量。如果有多个读锁则循环进行释放。

刚刚说的是没有活跃的读锁的情况，如果有活跃的读锁，要释放等待的写锁需要满足如下条件：

```
if 写锁等待队列中有数据 && 等待的写锁类型需要小于 TL_WRITE_CONCURRENT_INSERT && ( 等待的写
    锁类型不等于 TL_WRITE_CONCURRENT_INSERT && 不等于 TL_WRITE_ALLOW_WRITE 类型 ) || 目前
    没有活跃的读锁类型为 TL_READ_NO_INSERT {
    // 释放等待的写锁
}
```

满足上述条件则可以释放等待的写锁，释放流程跟前述一致。释放完写锁再看是否能够释放读锁，释放读锁的条件主要是写锁等待队列中没有数据，并且读锁等待队列中有数据。

注意 释放等待的锁的一个前提是目前写锁持有队列中没有数据。

至此，关于 MySQL 表锁的介绍已全部完成。可以观察到，无论是加锁流程还是锁释放过程，整体逻辑都显得较为复杂。这主要是由于锁的互斥关系设计存在缺陷，导致在每次加锁和释放锁时，必须经过多层判断以确定锁的兼容性。这种设计是 MySQL 早期表锁机制的特点。然而，随着时间的推移，这种表锁设计逐渐被 MDL 所取代。通过研究 MDL 的相关章节，我们可以发现，MDL 在判断锁互斥方面的设计更为简洁明了。此外，值得注意的是，主流的 InnoDB 存储引擎实际上已经很少依赖于 MySQL 服务器层的表锁，其对表锁的依赖主要是为了满足接口调用的流程需求。尽管 MyISAM 存储引擎仍然依赖于表锁，但其大部分逻辑实际上是由 MDL 所控制的。例如，在 MyISAM 表中发生的读写冲突，通常在元数据锁层面就已经实现了互斥控制，而无须上升至 MySQL Server 层的表锁处理。

8.2.4　InnoDB 行锁

前面探讨了 Server 层表级别的锁定机制，本小节将深入介绍 InnoDB 行锁，即记录锁的概念。无论是表锁还是行锁，它们的工作原理都大体相似，均涉及锁对象的定义、锁定模式以及兼容性规则。锁的获取、等待以及释放流程基本上也遵循先判断锁是否冲突，随后执行加锁、等待或释放的步骤。MySQL InnoDB 行锁的流程如图 8-12 所示。

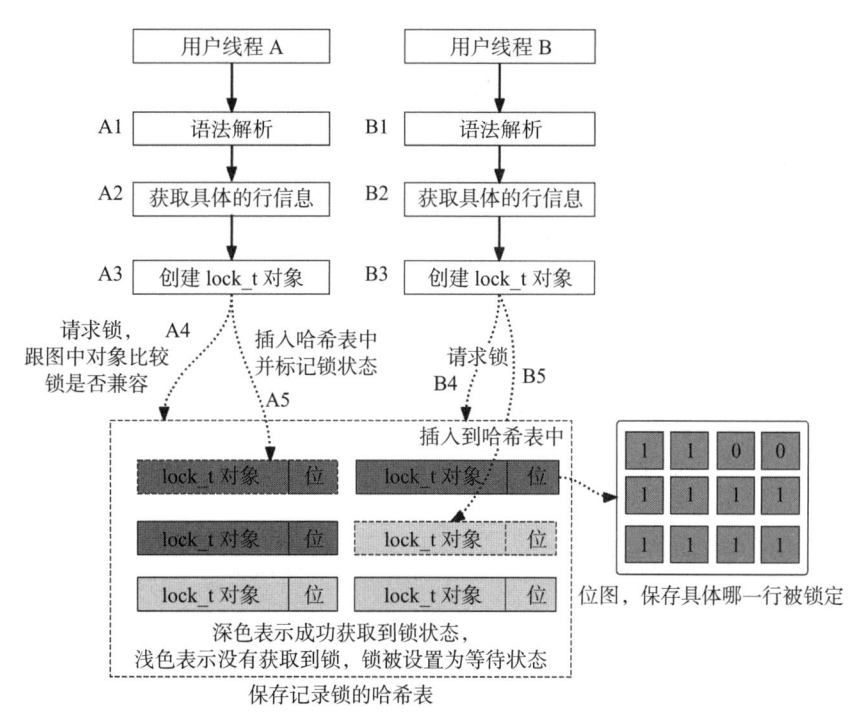

图 8-12　MySQL InnoDB 行锁的流程

在图 8-12 中，会话在经历语法解析后其实就能判断对应的锁定模式，然后定位到具体的一行数据。对该行数据创建对应的 `lock_t` 锁对象并设定对应的锁模式，然后跟全局哈希表中保存的 `lock_t` 锁对象进行兼容性比较。最后，无论是否兼容都会将 `lock_t` 对象插入哈希表中。如果兼容就设置成功获取锁状态，如果不兼容就设置等待状态。在同一个事务中，如果要多次对一个数据页中的多条记录进行加锁，MySQL 做了一个优化，不用每次请求加锁都创建 `lock_t` 对象。对于这种情况，MySQL 在 `lock_t` 对象中维护了一个位图，里面可以标记该数据页对应的行号是否加锁。以上是行锁的大体流程，后续将详细介绍。

1. 锁对象

在 MySQL 中，行锁由 `lock_t` 结构体对象进行管理。`lock_t` 结构体的名称及描述如表 8-14 所示。

表 8-14 `lock_t` 结构体的名称及描述

名称	描述
trx	拥有这个锁的事务对象
trx_locks	行锁会作为一个节点插入事务管理的锁链表中，该字段就是对应的节点
index	行锁对应的索引，表示锁定这个索引下的某些记录
hash	行锁会插入对应的哈希表中，该字段表示哈希表的节点
un_member	锁定的详细内容，这里分为表锁和行锁信息，表锁指的是 InnoDB 层表锁信息，这个在后面章节会详细介绍。行锁信息主要包含 `space`（表空间 ID）、`page_no`（数据页号）、`bit` 位置（数据行在数据页中的序号）
type_mode	存储锁定类型和锁定模式，在下面将详细介绍

根据上述字段可知，行锁锁定的资源其实就是能唯一确定具体的一行记录，根据表空间 ID+ 数据页号 + 数据行号来定位到具体的一行数据。由于同一个事务 + 同样的锁定模式 + 一个数据页其实是共用一个行锁对象，那这样同一个数据页可能生成多个行锁对象。我们知道行锁对象是存储到哈希表中的，那么一个页对应多个行锁对象，处理方法就是将多个行锁对象用链表管理起来，这也是大部分哈希表处理碰撞的最常用做法。每个行锁申请了一个位图来保存该数据页中相关记录是否有加锁，主要是将数据行号映射到位图上。如果加了锁，对应的位置就标记为 1，没有加锁则默认为 0。这样做的好处就是不用维护多个行锁对象，并且不用频繁地申请和释放行锁对象，在加锁和释放锁的时候只需要操作对应的位即可。`lock_t` 对象除了维护锁定的详细内容外，还维护了锁定类型。

2. 锁类型

在 MySQL InnoDB 存储引擎中，InnoDB 的锁类型及使用场景如表 8-15 所示。

表 8-15 InnoDB 的锁类型及使用场景

锁类型	使用场景
LOCK_TABLE	InnoDB 层的表锁
LOCK_REC	InnoDB 层的行锁
LOCK_WAIT	锁等待标记，当锁没有被授予的时候会设置该标记
LOCK_ORDINARY	next-key 类型的锁，表示同时会加上记录锁和间隙锁
LOCK_GAP	InnoDB 层间隙锁
LOCK_REC_NOT_GAP	InnoDB 层记录锁

(续)

锁类型	使用场景
LOCK_INSERT_INTENTION	当插入记录的时候会设置该标记来判断是否需要等待，该标记跟间隙锁不兼容
LOCK_PREDICATE	主要用于锁定 GIS 索引中的相关记录
LOCK_PRDT_PAGE	主要用于锁定 GIS 索引中的相关页

注意 这里不仅记录了行锁的类型，还有 InnoDB 表锁的类型。lock_t 对象其实不仅用于管理行锁，也用于管理 InnoDB 表锁。

这些锁类型就存储在 lock_t 对象维护的 type_mode 字段中，不过 type_mode 字段并非只能存储一种锁类型，通过位运算可以存储多种锁类型。比如一个请求锁类型可能包含 LOCK_REC_NOT_GAP 和 LOCK_REC 标记，表示是行锁，类型是记录锁类型。LOCK_REC_NOT_GAP、LOCK_GAP、LOCK_ORDINARY 这三种锁类型在我们日常操作中用得比较多，下面简单介绍下。

记录锁（LOCK_REC_NOT_GAP）指的是锁定一行具体的记录，由表空间 ID + 数据页号 + 行号定位到具体一行记录。例如，如果我们要更新一条记录，这个时候会在该记录上加行锁。

表结构和数据如下：

```
CREATE TABLE `sbtest1` (
  `id` int(10) unsigned NOT NULL AUTO_INCREMENT,
  `k` int(10) unsigned NOT NULL DEFAULT '0',
  `c` char(120) NOT NULL DEFAULT '',
  `pad` char(60) NOT NULL DEFAULT '',
  PRIMARY KEY (`id`),
  KEY `k` (`k`)
) ENGINE=InnoDB AUTO_INCREMENT=10;
```

数据如下：

```
mysql> select * from sbtest10;
+----+------+-------+-------+
| id | k    | c     | pad   |
+----+------+-------+-------+
|  1 | 4971 | zbdba | zbdba |
|  2 | 5506 | zbdba | zbdba |
|  3 | 4842 | zbdba | zbdba |
|  8 | 3479 | zbdba | zbdba |
|  9 | 5024 | zbdba | zbdba |
| 10 | 5023 | zbdba | zbdba |
+----+------+-------+-------+
6 rows in set (0.07 sec)
```

执行如下 SQL 语句：

```
update sbtest1 set pad="test" where id = 10;
```

MySQL InnoDB 行锁加锁的流程如图 8-13 所示。

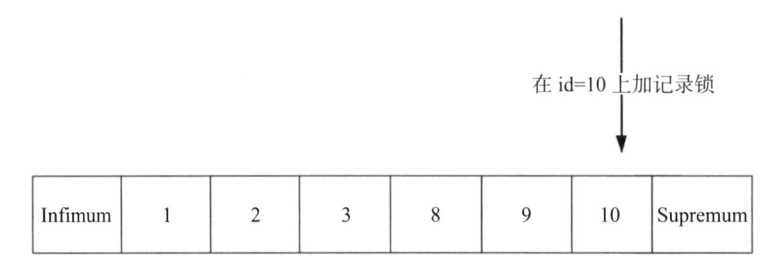

```
                                  在 id=10 上加记录锁
                                         ↓
┌─────────┬───┬───┬───┬───┬───┬────┬──────────┐
│ Infimum │ 1 │ 2 │ 3 │ 8 │ 9 │ 10 │ Supremum │
└─────────┴───┴───┴───┴───┴───┴────┴──────────┘
```

图 8-13　MySQL InnoDB 行锁加锁的流程

间隙锁（`LOCK_GAP`）指的是锁定一个记录之间的间隙，它其实跟行锁一样，也是由表空间 ID+ 数据页号 + 行号定位到具体一行记录。并且它也跟行锁使用同样的锁对象，唯一不同的是它会为锁对象的类型添加间隙锁的标记，表明这是一个间隙锁。间隙锁主要在可重复读隔离级别引入以解决幻读问题，在其他隔离级别下不存在间隙锁。例如，我们更新一条不存在的记录会产生间隙锁，表结构和数据跟前面记录锁的例子一样。

执行如下 SQL 语句：

```
update sbtest1 set pad = "zbdba" where id = 6;
```

InnoDB 间隙锁加锁的流程如图 8-14 所示。

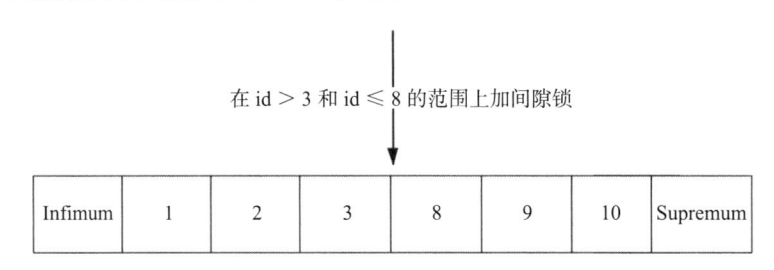

```
                          在 id > 3 和 id ≤ 8 的范围上加间隙锁
                                         ↓
┌─────────┬───┬───┬───┬───┬───┬────┬──────────┐
│ Infimum │ 1 │ 2 │ 3 │ 8 │ 9 │ 10 │ Supremum │
└─────────┴───┴───┴───┴───┴───┴────┴──────────┘
```

图 8-14　InnoDB 间隙锁加锁的流程

间隙锁底层是记录锁，图 8-14 实际上是在 `ID=8` 这条记录上创建了一个记录锁，然后将记录锁的类型设置为间隙锁，并且锁定 id > 3 和 id ≤ 8 的范围。

注意　如果将 `innodb_locks_unsafe_for_binlog` 参数设置为 `on`，那么即使是 RR 隔离级别，MySQL 也不会加间隙锁，所以默认情况下不建议修改这个参数。

next-key 锁（`LOCK_ORDINARY`）指的是一条记录既加了间隙锁又加了记录锁，它一般在范围操作的情况下使用。例如，我们更新一个范围的数据，表结构和数据还是跟前面记录锁的例子一样。

执行如下 SQL 语句：

```
update sbtest1 set pad = "zbdba" where id < 10 and id > 3;
```

InnoDB `next-key` 锁加锁的流程如图 8-15 所示。

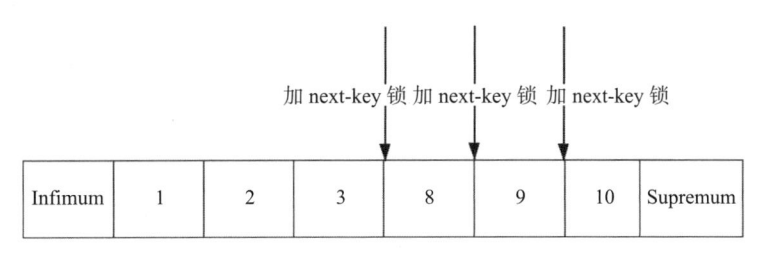

加 next-key 锁　加 next-key 锁　加 next-key 锁

| Infimum | 1 | 2 | 3 | 8 | 9 | 10 | Supremum |

图 8-15　InnoDB `next-key` 锁加锁的流程

从图 8-15 中可以看出，分别在 `id=10`、`id=9`、`id=8` 上加了 `next-key` 锁。

3. 锁模式

InnoDB 层的行锁和 InnoDB 层的表锁共用了一套锁模式。不过在这些锁定模式中，有些只能表锁使用，有的表锁和行锁都可以使用，InnoDB 锁模式如表 8-16 所示。

表 8-16　InnoDB 锁模式

锁模式（缩写）	使用场景
LOCK_IS(IS)	意向共享锁，用于表锁，例如 `select … lock in share mode.` 语句
LOCK_IX(IX)	意向排他锁，用于表锁，例如常用的 DML 语句
LOCK_S(S)	共享锁，可以用于表锁也可以用于行锁，表锁主要应用在 DDL 的准备阶段，行锁主要应用在 `select … lock in share mode.` 语句，注意普通的查询走的是快照读不会加行锁
LOCK_X(X)	排他锁，可以用于表锁也可以用于行锁，表锁主要应用在 DDL 的提交阶段，行锁主要应用在 DML 语句上，注意对应 `insert` 语句不一定会加行锁，它加的是隐式锁，后面章节会详细介绍
LOCK_AUTO_INC(AI)	自增列锁，用于表锁，例如在插入一条数据到带有自增 ID 的表中时，不过这里不一定会加自增锁，在后面章节会详细说明
LOCK_NONE	用于初始化，没有实际意义

知道了锁模式和使用场景后，下面再来看看这些锁模式的兼容情况，加号表示兼容，减号表示不兼容：

```
 *    IS IX S  X  AI
 * IS  +  +  +  -  +
 * IX  +  +  -  -  +
 * S   +  -  +  -  -
 * X   -  -  -  -  -
 * AI  +  +  -  -  -
```

在 MySQL 中，定义如下数组能快速判断两个锁模式是否兼容：

```
static const byte lock_compatibility_matrix[5][5] = {
 /**        IS     IX     S      X      AI */
 /* IS */ { TRUE,  TRUE,  TRUE,  FALSE, TRUE},
```

```
/* IX */ {  TRUE,   TRUE,   FALSE,  FALSE,  TRUE},
/* S  */ {  TRUE,   FALSE,  TRUE,   FALSE,  FALSE},
/* X  */ {  FALSE,  FALSE,  FALSE,  FALSE,  FALSE},
/* AI */ {  TRUE,   TRUE,   FALSE,  FALSE,  FALSE}
};
```

在判定时，只需要调用 `lock_compatibility_matrix[mode1][mode2])` 即可。

4. 加锁流程

在进入加锁流程前，首先介绍一个事务锁结构体对象 `lock_sys_t`，它用于管理 InnoDB 全局的行锁和表锁，`lock_sys_t` 结构体名称及描述如表 8-17 所示。

表 8-17 `lock_sys_t` 结构体名称及描述

名称	描述
mutex	互斥锁，在 InnoDB 层加行锁或者表锁时都会先加互斥锁
rec_hash	用于保存全局行锁的哈希表
prdt_hash	用于保存全局谓词锁的哈希表，主要用于 GIS 索引
prdt_page_hash	用于保存全局页锁的哈希表，主要用于 GIS 锁

所以无论是在加行锁还是加 InnoDB 层的表锁时，都会先加一个互斥锁。这非常影响性能，在 MySQL 8.0.21 版本中进行了优化，主要思想就是把它拆成多个分区，从而降低互斥锁的粒度。

了解完行锁的锁对象和锁类型及模式后，下面来看看行锁的加锁流程是怎样的。主要分为以下几个步骤：

1）确定行记录信息。前文提到，锁定一行记录需要用到表空间 ID+ 数据页号 + 行号，首先要确定这些信息。

- 表空间 ID。在数据字典和表空间中都有存储，打开表时即可获取。
- 数据页号。在定位一条记录的时候需要在数据页中扫描，数据页号记录在数据页的页头。
- 行号。在 6.1 节中我们知道，一行记录中有一部分信息是这一行的元数据信息，其中 `heap_no` 字段就是存储的该行在数据页中的行号。

通过这三部分内容就能定位到具体的一行数据。

2）尝试快速加锁。快速加锁是什么意思呢？MySQL 首先会确定这个数据页中有没有对应的记录锁，如果没有的话就可以进行快速加锁。快速加锁就不会有判断锁互斥等流程。下面介绍快速加锁的流程。

- 根据数据页号去全局保存记录锁的哈希表中查询是否有对应的记录锁。
- 如果没有就直接创建锁对象，创建锁对象就是创建 `lock_t`，并初始化其中维护的字段，特别是 `un_member`，这里面维护了表空间 ID+ 数据页号 + 行号信息。
- 创建完对象之后再把该锁对象加入全局哈希表中，对应的 Key 是由表空间 ID+ 数据页号生成的，Value 就是 `lock_t` 对象指针。

❑ 如果在全局哈希表中找到了对应的锁对象，这个时候会判断锁对象维护的位图中该行号对应的位置是否有被标记，如果有被标记则说明已经上锁，这个时候就没有办法快速加锁。如果没有标记则说明该行记录没有被加锁，直接加锁即可，加锁的步骤就是对对应的"位"进行标记。

总的来说，主要就是看对应的数据页、行有没有上锁，没有的话直接上锁即可。如果有锁就需要进入正常加锁的流程。

3）正常加锁。相比快速加锁，正常加锁的流程主要是要判断锁是否能够兼容，步骤如下：

❑ 确定当前事务没有持锁，并且当前请求的锁对象跟已经持有的锁对象兼容，通过上面提到的 `lock_compatibility_matrix` 数组进行判断。

❑ 如果不兼容就需要判断由于间隙锁造成等待的情况，例如插入数据的时候带了 `LOCK_INSERT_INTENTION` 标志，遇到间隙锁就需要进行等待。

❑ 如果满足如下条件，表示跟当前锁兼容：

```
if (请求的锁是锁定supremum记录 || 请求锁的类型包含间隙锁标记) && (请求锁的类型不包含插入意
    向锁标记) {
    // 不带LOCK_INSERT_INTENTION标记，不用等待任何类型的锁，锁兼容。
}

if (请求的锁类型不包含插入意向锁标记 && 目前持有锁的类型为间隙锁类型) {
    //   next-key锁和记录锁不用等待间隙锁，锁兼容
}

if (请求锁类型包含间隙锁标记 && 目前持有的锁类型不包含间隙锁的标记) {
    // 间隙锁不用等待记录锁，锁兼容。
}
```

如果满足请求锁类型包含插入意向锁标记条件，则表示当前锁兼容，这里表示不用等带有 `LOCK_INSERT_INTENTION` 标记的锁。

如果上述条件都不满足，则表示请求的锁跟当前持有的锁不兼容。

其实上述条件主要是跟间隙锁有关，非记录锁通过 `lock_compatibility_matrix` 数组中保存的兼容关系即可判断。

如果最终判断请求的锁跟持有的锁兼容，就可以加锁成功。如果不兼容就需要新增 `LOCK_WAIT` 锁类型标记，然后进入等待流程，后面会详细介绍。

4）将锁加入哈希表中。无论是快速加锁还是正常加锁，或者获取到锁和没有获取到锁进行等待，都需要将锁插入全局保存记录锁的哈希表中，哈希表就是在本小节最开始介绍的 `lock_sys_t` 字段中维护的。这里是行锁，对应的哈希表为 `rec_hash`，主要就是确定哈希表中的 `Key` 和 `Value`。

`Key` 是根据表空间 ID+ 数据页号生成的，`Value` 则是锁对象指针生成了 `Key` 和 `Value` 后直接插入哈希表中即可。这里还需要注意，不同的事务或者不同的锁模式会造成为同一个表空间 ID+ 同一个数据页号创建多个锁对象，这个时候插入哈希表中就会出现冲突，冲

突之后 MySQL 还是按照正常的解决冲突方案处理的，也就是将冲突的元素维护成一个单向链表。

5）将锁加入到事务锁链表中。每个事务对象都维护了一个锁链表，用于保存 `lock_t` 对象，它可以是记录锁也可以是 InnoDB 层表锁，主要目的是维护当前事务持有的锁对象，在上述锁对象插入哈希表之后，就会继续将其插入事务锁链表中。

5. 锁等待流程

刚刚提到，如果加锁遇到互斥的情况就无法拿到锁，只能等待，这里其实跟之前表锁和元数据锁的等待机制基本一样，外层函数看到锁类型包含 `LOCK_WAIT` 标记时会调用 `pthread_cond_timedwait` 方法监听该事务中保存的条件变量，然后一直夯住，直到收到其他线程发送过来对应的信号量。

> **注意** 在进入等待状态前，会先进行死锁诊断，死锁诊断的流程会在 8.2.9 节中详细介绍。

6. 锁释放流程

行锁的释放主要在事务提交的最后阶段，也就是在 InnoDB 层进行提交的时候进行。主要分为以下几个步骤：

1）顺序扫描当前事务维护的锁链表。
2）将对应的记录锁对象从全局保存记录锁的哈希表中移除。
3）将对应的记录锁对象从事务维护的锁链表中移除。
4）检查有没有其他事务等待当前锁。检查的方式就是从哈希表中获取该数据页对应的锁对象，如果同一个数据页有多个事务锁定，那么应该对应一个链表，链表中维护多个锁对象。接着遍历该链表看锁对象是否兼容，如果兼容则释放等待的锁。
5）释放等待锁的流程其实就是获取该锁对象对应的事务监听的条件变量，然后调用 `pthread_cond_signal` 方法向该条件变量发送信号量，之前在等待中的线程收到该信号量后就会退出，进行后面的流程。`lock_t` 中保存有 `Trx` 事务对象，条件变量就保存在这个事务对象中。

至此，该事务所有对应的锁对象就释放完毕。

7. 隐式锁

隐式锁在之前的章节中提到过，它是针对插入场景的一种优化，如果数据不发生冲突就不加锁，这其实是一种乐观锁的实现。我们之前介绍的 MySQL 中的锁其实都是悲观主义类型的，都是预先把锁加上才能去操作其保护的资源。

那隐式锁为什么只针对插入的场景呢？这里笔者总结了几个原因。

❑ 插入一条数据，表示这条数据之前不存在。那么发生冲突的概率其实就比较低。相信很少有业务插入了一条数据后没有提交就马上去进行访问。

- 对于普通的查询语句，我们知道它走的是快照读，其实不用加记录锁。
- 对于 `delete` 和 `update` 语句，为什么不用隐式锁呢？笔者猜想 `delete` 和 `upadte` 场景出现冲突的概率较高，预先加上记录锁可能代价会低一些。

了解隐式锁的大致思想后，我们来看它在 MySQL 中是怎么实现的。下面简单介绍隐式锁的加锁流程。

1）插入记录的时候默认加隐式锁，也就是不加锁。

2）其他会话如果要对该记录进行操作，就需要检查这条记录上对应的事务 ID，看对应的事务是否处于活跃状态。

3）如果事务处于活跃状态，那么这条记录就是另外的会话刚插入的，加的是隐式锁。

4）这个时候因为存在互斥的情况了，在当前会话请求锁之前需要先为插入记录的会话对这条记录加显式锁。

5）加完显式锁之后，当前会话再请求锁时就会发现该记录上已经有锁了，并且锁的模式也是互斥的，那么就进行锁等待了。

其实这里的重点就是发现冲突的处理，其他会话需要为插入这条数据的会话加上对应的记录锁，其实也就是创建 `lock_t` 锁对象。创建成功之后，当前会话再进行记录锁的请求流程，这个在上面的内容中已经详细介绍过了。

至此，行锁的实现原理和加锁、解锁的流程介绍完毕。可以看到，行锁的加锁和解锁的流程其实基本上跟元数据锁、表锁一样。不过，相比元数据锁和表锁，行锁中定义了好几种锁的类型，不同类型的锁用于不同的场景，但底层实现基本一致，主要靠锁定的范围来进行区分。

8.2.5 InnoDB 表锁

前面介绍了 MySQL Server 层的表锁，InnoDB 存储引擎中也实现了自己的表锁，它跟 Server 层的表锁不是一个概念，作用也有所不同。InnoDB 层的表锁主要是为某些场景提供锁定整张表的功能，主要有如下应用场景：

- 提供意向锁。
- 提供自增锁。
- 在 DDL 某些阶段加表锁。

InnoDB 层的表锁实现方式其实跟它的行锁一致，锁对象共用 `lock_t` 结构体，其字段前面已经介绍过，这里只提一个跟表锁有关系的字段——`un_member`。如果是行锁，它对应的是 `lock_rec_t`，里面记录一行的信息；如果是表锁，它对应的是 `lock_table_t`，里面记录的是表对象信息。

回顾一下表 8-16，可以看到 `LOCK_IS` 和 `LOCK_IX` 用于意向锁，`LOCK_AUTO_INC` 用于自增锁，`LOCK_S` 和 `LOCK_X` 在表锁的情况下主要用于在 DDL 阶段中加表锁。下面将重点介绍意向锁和自增锁。

1. 意向锁

之前简单介绍过意向锁的作用，它主要是为了提升发现表锁和行锁是否兼容的速度。在没有意向锁之前，如果要对一张 InnoDB 存储引擎表加表锁，就需要去保存记录锁的全局哈希表中查找是否有不兼容的记录锁，而遍历哈希表是成本比较高的操作。在引入意向锁之后，每次操作数据会先加意向锁，意向锁和行锁是共存的。例如，`update` 语句先加 `LOCK_IX` 排他意向锁，然后在对应的记录上加 `LOCK_X` 排他锁。不过需要注意的是，在一个事务中同样的表和同样的锁定模式只会创建一次意向锁。有了意向锁之后，在加表锁的时候直接扫描意向锁就可以判断是否兼容。所以我们经常说意向锁是用于连接表锁和行锁的。

由于意向锁的表对象跟行锁其实一样，就不详细介绍了，这里重点介绍下意向锁的加锁和解锁流程。

在执行一条 `update` 语句的时候会触发加意向锁，具体流程如下：

1）检查当前事务之前有没有加同样模式的意向锁，如果有则直接返回加锁成功。这里主要是去遍历事务对象上维护的锁链表，看是否有匹配的锁对象。

2）如果没有就开始请求加锁，首先看是否跟当前已有的锁兼容，已有的锁保存在表对象维护的锁链表中。这里主要就是遍历这个链表，比较锁模式，比较方式跟之前行锁的比较方式一样，也是采用 `lock_compatibility_matrix` 数组即可知道两种锁模式是否兼容。

3）检查是否兼容，如果兼容就开始创建锁对象，也就是创建 `lock_t` 对象并为相关字段赋值。创建的锁对象会插入表对象维护的锁链表中。最后返回加锁成功。

4）如果锁模式不兼容，则需要进行锁等待。不过还是会创建锁对象，只是锁的状态为 `LOCK_WAIT`，同样也会插入表对象维护的锁链表中。

5）进行死锁检测，这在后续章节会详细介绍，最后返回锁等待状态。

6）意向锁等待状态跟行锁一样，在外层函数看到锁类型包含 `LOCK_WAIT` 标记时会调用 `pthread_cond_timedwait` 方法监听该事务中保存的条件变量，然后一直夯住，直到收到其他线程发送过来对应的信号量。

下面再来看看释放锁的流程：

1）在执行事务提交的时候，会进行锁的释放。

2）将锁对象从表对象和事务对象维护的事务链表中移除。

3）释放等待的锁，主要是从表对象维护的锁链表中进行扫描，获取等待状态的锁，看该锁是否跟当前链表中所有的锁都兼容，如果都兼容就可以获取到锁。

4）开始锁的授予，其实主要是修改锁和事务的状态，去掉等待状态。最重要的一步是给对应的条件变量发送信号量，这样之前等待的线程收到信号量后就会退出等待，进行后面的流程。

这就是意向锁的全部内容，其实意向锁的加锁和解锁流程与 InnoDB 层表锁的加锁和解锁流程一致，只有针对自增锁时才会有单独的逻辑进行处理，接下来将详细介绍。

2. 自增锁

自增锁在表带有自增列的时候才会出现，但现在默认情况下表带有自增列也不一定会有自增锁，这是为什么呢？这是由于 MySQL 对于自增锁做了优化，主要体现在 `innodb_autoinc_lock_mode` 这个参数上，它有如下三个选项：

- 0。表示传统模式，传统模式每次插入都会加自增锁，在语句执行完成后就进行释放，而不是等到事务结束后。该模式比较严格，在之前的老版本中使用，比较影响性能。
- 1。表示连续模式，`insert…select/replace…select/load data` 这样的提前不知道插入多少行的语句就需要加自增锁。除此之外，简单的提前知道插入多少行的插入语句，在每次插入的时候会加一个互斥锁，然后再看该表是否加了自增锁。如果没有，就在申请到自增值之后将互斥锁释放掉，方便后续会话快速申请自增 ID；如果有，就会释放掉互斥锁并退化成传统的模式，等待自增锁。连续模式大幅提升了插入效率，`innodb_autoinc_lock_mode` 参数的默认值就为 1。不过，在连续模式下可能会出现浪费自增 ID 的情况。
- 2。表示交叉模式，交叉模式其实就是连续模式的升级版。不管是什么类型的插入语句，在每次插入的时候都会加一个互斥锁，不一样的地方是它不会退化成自增锁模式。它是插入性能最高的，不过在 `binlog` 为 `statement` 格式时会有主从数据不一致的风险。

可以看到，默认情况下是有可能不会加自增锁的，为了方便分析，我们把 `innodb_autoinc_lock_mode` 参数调整为 0。下面来看自增锁是如何实现的。

```
CREATE TABLE `sbtest1` (
  `id` int(10) unsigned NOT NULL AUTO_INCREMENT,
  `k` int(10) unsigned NOT NULL DEFAULT '0',
  `c` char(120) NOT NULL DEFAULT '',
  `pad` char(60) NOT NULL DEFAULT '',
  PRIMARY KEY (`id`),
  KEY `k` (`k`)
) ENGINE=InnoDB AUTO_INCREMENT=10004 DEFAULT CHARSET=utf8 MAX_ROWS=1000000;

mysql> insert into sbtest9(k, c, pad) values (1000, 'zbdba', 'zbdba');
```

上述语句在 `innodb_autoinc_lock_mode` 为 0 的情况下会申请自增锁。其实自增锁的锁对象跟意向锁一样都是 `lock_t`，区别是锁的模式不一样，自增锁的模式为 `LOCK_AUTO_INC`。而且自增锁和意向锁的加锁和解锁流程方法逻辑也一样，只是针对自增锁有一些单独的处理，下面将详细说明：

- **在锁申请的时候**——自增锁在全局每个表只有一个，并且预先申请好了保存在锁对象中。申请自增锁时直接将这个锁对象指针赋予创建的锁对象即可，然后在表对象中的 `autoinc_trx` 字段记录当前的事务指针，表示当前事务拿到了自增锁。最后会将自增锁对象保存到事务维护的自增锁对象集合中。
- **在锁释放的时候**——其实就是将表对象中的 `autoinc_trx` 字段设置为空，然后从事务维护的自增锁对象集合中将这个自增锁对象移除。最后再释放等待的自增锁对象，这里的等待机制跟意向锁是一样的。

至此，InnoDB 层的表锁介绍完毕。可以看到，InnoDB 层的表锁实现相对简单，它区分了几种类型来满足不同场景下的并发。表锁的粒度其实很大，非常影响性能，所以 InnoDB 层的表锁应用场景都不是高频的——自增锁是高频的场景，但被优化掉了。意向锁无论是共享模式还是排他模式，互相并不互斥，对性能的影响也比较小。MySQL 为了提升并发的性能做了很多优化的工作。

8.2.6 互斥锁

在 MySQL 中，互斥锁被用来保护被多线程访问的资源，它默认就是排他模式的，一个线程拿到互斥锁后，其他线程就只能等待。

在 MySQL 中，互斥锁的应用场景非常多，这里列举比较常见的几种：
- **后台锁超时检查线程**。每次检查前会加互斥锁，锁对象为 `lock_sys_t->wait_mutex`。
- **后台刷脏线程**。开始前会修改缓冲池中的初始化刷脏状态，修改前需要加互斥锁，锁类型为 `buf_pool_t->mutex`，修改完成之后再释放。
- **分配事务的时候**。在将事务加入到全局事务链表中时会加互斥锁，锁对象为 `trx_sys_t->mutex`。
- **执行 DML 语句的时候**。在事务提交的过程中，复制事务中的重做日志记录到重做日志缓冲区的时候，需要加全局互斥锁，锁对象为 `log_t->mutex`。注意这个锁在 MySQL 8.0 中被去掉了。

上面只列举了四种常见的情况，在 MySQL 中还有非常多的采用互斥锁的场景。互斥锁也是影响 MySQL 性能的一个关键，可以看到，在 MySQL 每个大版本的迭代中基本都会对互斥锁进行拆分优化，或者直接去掉。

介绍了互斥锁的使用场景后，我们来看互斥锁在 MySQL 中是怎么实现的。

首先来看锁对象，跟元数据锁、表锁和行锁不太一样的是，互斥锁有四种不同的实现。并且互斥锁是通用的，与行锁锁定一行记录不一样，互斥锁本身锁定的是一个固定的变量。在 MySQL 中互斥锁有如下四种实现：
- `TTASFutexMutex`
- `TTASMutex`
- `OSTrackMutex`
- `TTASEventMutex`

这四种实现对应四个结构体对象，分别都实现了相同的方法，主要的区别在于锁等待的机制不一样。下面按照锁获取、锁等待、锁释放的顺序分别进行详细介绍。

1. TTASFutexMutex

首先是锁获取，其实主要就是对 m_lock_word 变量进行原子修改，底层调用的是操作系统层面提供的 __atomic_compare_exchange 方法。该方法主要有三个参数，分别是 obj、expected、val。在上层方法调用的时候，obj 对应 m_lock_word，expected 对应 MUTEX_STATE_UNLOCKED，val 对应 MUTEX_STATE_LOCKED，如下所示：

```
return(CAS(&m_lock_word,MUTEX_STATE_UNLOCKED,MUTEX_STATE_LOCKED));
```

__atomic_compare_exchange 方法的逻辑是：如果 m_lock_word 的值跟 expected 一致，就将 m_lock_word 设置为 MUTEX_STATE_LOCKED 然后返回，表示锁获取成功；如果不相等则将 expected 的值设置为 m_lock_word 并返回，表示锁获取失败。获取失败后会进行重试，默认 30 次，每次从 0 ～ 6ns 内随机选择一个时间进行等待，等待时调用操作系统的 pause 指令，这个指令实际上还是占用操作系统 CPU 时间片的，所以不能重试太长时间。超过 30 次就会进入锁等待。

从名字就可以看出，TTASFutexMutex 实现的锁等待依赖的是操作系统提供的 sys_futex 技术。所以等待流程其实是进行了一个系统调用，调用了操作系统的 SYS_futex 指令，如下所示：

```
syscall(SYS_futex, &m_lock_word, FUTEX_WAIT_PRIVATE, MUTEX_STATE_WAITERS, 0, 0, 0);
```

上述系统调用会进行阻塞等待，m_lock_word 的值跟 MUTEX_STATE_WAITERS 不相等时才会退出等待。这里 m_lock_word 的值由持锁的线程在锁释放的时候修改。

最后是锁释放，主要包含如下两个步骤：

1）将 m_lock_word 变量设置为 MUTEX_STATE_UNLOCKED。
2）进行系统调用释放等待的锁，如下所示：

```
syscall(SYS_futex, &m_lock_word, FUTEX_WAKE_PRIVATE, 1, 0, 0, 0);
```

执行了上述系统调用后，之前等待的线程就会退出等待。

2. TTASMutex

TTASMutex 的锁获取也是对 m_lock_word 变量进行原子修改，但是底层调用的操作系统方法不一样，这里调用的是 __atomic_exchange 方法。该方法主要有两个参数，分别是 obj、val。在上层方法调用的时候，obj 对应 m_lock_word 变量，val 对应 MUTEX_STATE_LOCKED，如下所示：

```
return(TAS(&m_lock_word, MUTEX_STATE_LOCKED)
  == MUTEX_STATE_UNLOCKED);
```

`__atomic_exchange` 方法的逻辑是：将 `obj` 的值修改为 `val`，然后返回 `m_lock_word` 修改之前的值。其实就是将 `m_lock_word` 的值设置为 `MUTEX_STATE_LOCKED`。

如果返回的值等于 `MUTEX_STATE_UNLOCKED`，也就是等于 0，说明可以获取到锁；如果返回的值不等于 `MUTEX_STATE_UNLOCKED`，说明无法获取到锁。

与 `TTASFutexMutex` 一样，获取不到锁时就会进行重试，重试的次数也默认为 30，每次从 0 ~ 6ns 内随机选择一个时间进行等待。等待的机制也一样，调用操作系统的 `puase` 指令。重试超过 30 次后就会主动让出 CPU 时间片，再接着尝试对 `m_lock_word` 变量进行原子修改，如果不成功又进行刚刚的重试流程，一直这样循环下去。

可以看到，它没有拿到锁会一直循环重试，所以不像 `TTASFutexMutex`，它没有单独的锁等待机制。因此，它在释放锁的时候也只是简单地将 `m_lock_word` 变量设置为 `MUTEX_STATE_UNLOCKED`。如果其他线程在重试的时候发现 `m_lock_word` 的值为 `MUTEX_STATE_UNLOCKED`，就可以成功获取锁。

3. `OSTrackMutex`

`OSTrackMutex` 的锁获取实现有些不同，它不对 `m_lock_word` 变量进行原子修改，而是直接调用操作系统层面提供的 `pthread_mutex_lock` 方法。这里的逻辑比较简单，获取、等待和释放全部依赖 `pthread_mutex_lock` 的实现。如果能获取到锁就直接返回，如果获取不到就一直阻塞。

4. `TTASEventMutex`

`TTASEventMutex` 的锁获取也是对 `m_lock_word` 变量进行原子修改，其实现方式与 `TTASMutex` 基本一致，这里不再赘述。

如果重试了 30 次还是拿不到锁的话，就会主动让出 CPU 时间片，然后进入等待流程。它的等待机制是基于操作系统提供的 `pthread_cond_wait` 方法实现的，跟之前介绍的元数据锁、表锁、行锁比较相似。

在释放锁时，调用操作系统提供的 `pthread_cond_broadcast` 方法发送信号量，其他等待的线程收到信号量了就会退出。

5. 总结及相关参数

下面来总结下四种互斥锁的实现：

- **`TTASFutexMutex`**。先加自旋锁，如果获取不到锁就利用操作系统提供的 `futex` 机制完成锁等待和锁释放，这是一种优化后的操作系统锁同步机制，性能会比较好。
- **`TTASMutex`**。它是纯自旋锁，会一直循环等待下去，比较耗费 CPU。
- **`OSTrackMutex`**。它依赖操作系统提供的 `pthread_mutex_lock` 和 `pthread_mutex_unlock` 方法来完成锁等待和锁释放。
- **`TTASEventMutex`**。它跟 `TTASFutexMutex` 类似，先加自旋锁，然后调用 `pthread_cond_wait` 和 `pthread_cond_broadcast` 方法来完成锁等待和释放。

除了 `OSTrackMutex` 之外，其他三种实现的第一阶段其实都可以理解为自旋锁，也就是占用着 CPU 快速重试，所以在调整参数的时候需要注意，重试次数或者重试时间的增多会导致 CPU 占用率升高。

前面提到的重试次数和等待时间分别可以通过 `innodb_sync_spin_loops` 和 `innodb_spin_wait_delay` 参数进行调整，具体调整范围可以参考官方文档。

除了 `OSTrackMutex` 以外，其他三种互斥锁对象其实最终锁定的是自己维护的 `m_lock_word` 变量，该变量的默认值为 0，可以修改为以下三种状态：

- `MUTEX_STATE_UNLOCKED`，互斥锁为空闲状态。
- `MUTEX_STATE_LOCKED`，互斥锁为锁定状态。
- `MUTEX_STATE_WAITERS`，互斥锁为竞争的状态，表示有其他线程在等待这个互斥锁。

所以多线程争用同一个互斥锁，其实主要是看能否成功将 `m_lock_word` 变量由 `MUTEX_STATE_UNLOCKED` 状态修改为 `MUTEX_STATE_LOCKED` 状态。

至此，互斥锁介绍完毕。可以看到，互斥锁的四种实现主要都依赖了操作系统提供的锁机制，感兴趣的读者可以自行深入了解操作系统层面的锁。

8.2.7 读写锁

跟互斥锁一样，读写锁也被用于在 MySQL 中保护被多线程访问的资源，不过它的粒度更小。线程加了互斥锁后其他线程都不能访问，而对于读写锁而言，多个读锁是可以兼容的，读锁和 SX 模式的锁也是兼容的。某些资源可以允许多个线程共同读取，但是不允许同时写，这个时候就可以使用读写锁。下面来看看在 MySQL 中哪些场景使用了读写锁：

- **插入数据**。获取重做页、索引页进行操作前会加写锁，锁对象为 `buf_block_t->lock`，`buf_block_t` 在内存中表示一个数据页，在对应的事务提交的时候进行释放。
- **`purge` 线程获取对应的数据页**。删除数据之前会加写锁，锁对象也是 `buf_block_t->lock`。
- **`purge` 线程读取重做记录**。从缓冲池中获取对应的回滚页时会加读锁，锁对象为 `hash_table_t->rw_locks`。不过在缓冲池中维护了一个读写锁的数组，每次会根据页 id 取模再获取对应的读写锁。
- **查询数据**。查询数据时会给对应的数据页加读锁，锁对象为 `dict_index_t->lock`，这里的加锁和释放流程由 `Mtr` 来管理。
- **索引页分裂**。索引页分裂时会对整个索引加读写锁，锁模式为 SX，锁对象为 `dict_index_t->lock`。

这里介绍的只是部分，MySQL 中还有很多会用到读写锁的场景，感兴趣的读者可以自行研究。

了解了读写锁的作用以及使用场景后，下面就来介绍在 MySQL 中是如何实现的。

首先是锁对象。在 MySQL 中，读写锁是由 `rw_lock_t` 结构体对象管理的，它的结构体名称及描述如表 8-18 所示。

表 8-18 `rw_lock_t` 结构体名称及描述

名称	描述
lock_word	默认值为 536870912，主要用于在获取锁时对该变量进行原子修改
waiters	设置为 1 表示有其他线程在等待锁
sx_recursive	记录授予 SX 锁的数量
writer_thread	记录写线程的 ID
event	用于保存条件变量，在锁等待和释放的时候使用

这里比较重要的就是 `lock_word` 变量，主要用于在获取锁的时候对该变量进行原子修改。不过跟互斥锁不太一样的地方是，读写锁需要考虑两种锁类型，后面会详细介绍。

在 MySQL 5.7.2 版本之前，读写锁只有两种模式：一种是 S 锁，也就是读锁；一种是 X 锁，也就是写锁。在 5.7.2 版本之后引入了 SX 锁，它们之间的兼容关系如下所示：

```
*    S  X  SX
* S  +  -  +
* X  -  -  -
* SX +  -  -
```

与元数据锁不同，读写锁虽然有互斥关系，但内部并没有保存数组来判断锁是否兼容，而是通过能否修改原子变量来进行判断，下面会详细介绍。

这里可能还有一个问题，为什么 MySQL 要引入 SX 模式锁呢？其实主要跟索引页的分裂和合并有关系。在引入 SX 模式锁之前，如果乐观插入或者更新失败，就会进入悲观流程，从而引起索引页的分裂。在分裂的过程中，首先会对整个索引加 X 模式锁，然后将需要分裂的索引加 X 模式锁。这样的话整个索引都不能进行读写，影响面非常大。为了解决这个问题，MySQL 就引入了 SX 模式的锁，在索引页分裂或者合并的时候对整个索引加 SX 模式的锁，这个时候其他线程是可以读取这个索引的，但不能进行写入操作，这样影响面就降低了。不过，大家可以看到，即使加了 SX 模式锁，在高并发场景下影响还是较大，在锁定了索引页后能不能把索引上的锁去掉呢，这里涉及非常多的细节，大家有兴趣可以自行研究。

1. 锁获取

这里锁获取需要区分是获取读锁、写锁还是 SX 模式锁。

获取读锁其实主要是对 `lock_word` 变量进行原子修改，如下所示：

```
local_lock_word = lock->lock_word;
while (local_lock_word > threshold) {
  if (os_compare_and_swap_lint(&lock->lock_word,
      local_lock_word,
      local_lock_word - amount)) {
```

```
    return(true);
}
local_lock_word = lock->lock_word;
```

这里 `lock_word` 变量的默认值为 536 870 912，`threshold` 的值为 0，`amount` 的值为 1，最终其实就是将 `lock_word` 的值减去 1。

底层主要调用了操作系统层面的 `__sync_bool_compare_and_swap(ptr, old_val, new_val)` 方法，该方法的逻辑是：如果 `ptr` 和 `old_val` 的值一样，就将 `ptr` 的值设置为 `new_value`。其实这是一种 CAS 的思想，防止在修改 `lock_word` 变量的时候，其他线程同时也进行修改。如果成功则表示加读锁成功。

除了最后 `lock_word` 变量的值的设置不太一样外，**获取写锁**的逻辑跟获取读锁其实基本一样。还是参照上述代码，`lock_word` 的值默认值为 536 870 912，`local_lock_word` 的值等于 `lock_word`，所以也是 536 870 912，`threshold` 的值为 268 435 456，`amount` 的值为 536 870 912。

如果 `local_lock_word > threshold`，就进行原子修改，将 `lock_word` 变量的值设置为 `local_lock_word - amount`，也就是 0。

除了最后 `lock_word` 变量的值的设置不太一样外，**获取 SX 模式锁**的逻辑跟获取写锁基本一样。还是参照上述代码，`lock_word` 的值默认值为 536 870 912，`threshold` 的值为 268 435 456，`amount` 的值为 268 435 456。

如果 `local_lock_word > threshold`，就进行原子修改，将 `lock_word` 变量的值设置为 `local_lock_word - amount`，也就是 268 435 456。

至此，锁获取流程介绍完毕。可以看到，锁获取的流程非常简单。这里大家可能会有一个疑问，读写锁是如何判断互斥的呢？答案就在上面的代码中。在代码中每次都会判断 `local_lock_word > threshold` 这个条件是否满足，如果不满足就无法修改 `lock_word` 变量，获取不到锁。下面进行具体介绍，这里先提前说明锁对象的 `lock_word` 的默认值为 536 870 912。

- **加读锁**。`threshold` 为 0，其实只要 `lock_word` 的值不等于 0 都可以加读锁。什么情况下 `lock_word` 的值等于 0 呢？刚刚提到，加写锁成功后 `lock_word` 的值会设置为 0，所以一旦加了写锁，这里就无法满足条件，从而无法获取到锁，就会进入等待流程。

- **加写锁**。`threshold` 的值为 268 435 456，只要 `lock_word` 的值不小于 268 435 456，就可以满足条件。不过在加写锁时，并不是满足条件后修改 `lock_word` 的值就可以拿到锁。这个时候只是成功了一半，还需要判断当前有没有读锁，如果有读锁就需要进入等待流程。怎么判断有没有读锁呢？只要判断 `lock_word` 的值是否小于 0 即可，如果有读锁，那么加写锁的时候 `lock_word-amount` 的值肯定小于 0。MySQL 这么设计是为了防止写锁饿死，一开始就满足条件并成功修改

`lock_word` 变量，就相当于优先抢占了锁，其他新请求的读锁将不满足条件。这里加写锁的流程只需要等待之前加的读锁释放就可以成功拿到锁。

- 加 SX 模式锁。`threshold` 的值为 268 435 456，只要 `lock_word` 的值不小于 268 435 456，就可以满足条件。它跟写锁不一样，在这里满足条件后其实就可以拿到 SX 锁了，因为它跟读锁是兼容的。

2. 锁等待

就锁等待而言，读锁、写锁以及 SX 模式锁的实现方法虽然不一样，但思想是一致的，这里就统一介绍。等待的流程跟互斥锁的流程基本一样，也分为两个阶段：spin lock 阶段和阻塞等待阶段。

`spin lock` 阶段跟互斥锁基本一致，还是会重试 30 次，每次会等待 0 ~ 6ns 的随机时间。在每次重试的时候还会判断 `lock_word` 的值，如果满足条件会提前退出重试。

当重试次数超过 30 次时，就不再重试，主动让出 CPU 时间片，调用操作系统的 `pthread_cond_wait` 方法进行阻塞等待。

可以看到，读写锁的等待跟互斥锁中 `TTASEventMutex` 的实现最为相似，都是先 `spin lock`，然后调用 `pthread_cond_wait` 方法。

3. 锁释放

锁释放主要分两个步骤，不过读锁、写锁以及 SX 模式锁的情况有些不一样。

释放读锁：

1) 将原子修改 `lock_word` 变量的值再加回去，也就是加 1。

2) 判断 `lock_word` 的值是否等于 0，如果等于 0 就说明有写锁，此时就需要释放等待的写锁，这个步骤比较简单，就是调用 `pthread_cond_broadcast` 方法发送信号量来通知之前等待的线程，等待的线程收到后就会退出阻塞，进行后续的流程。

释放写锁：

1) 将原子修改 `lock_word` 变量的值再加回去，也就是加 536870912。

2) 通过 `rw_lock_t` 结构体中的 `waiters` 字段确定是否有等待的线程，如果有就释放其他线程，释放流程跟前面一样，也是调用 `pthread_cond_broadcast` 方法。

释放 SX 模式锁：

1) 将原子修改 `lock_word` 变量的值再加回去，也就是加 268435456。

2) 通过 `rw_lock_t` 结构体中的 `waiters` 字段确定是否有等待的线程，如果有就释放其他线程，释放流程跟前面一样，这里就不再赘述。

锁释放的流程比较简单，主要是将原子修改 `lock_word` 变量的值再加回去，然后如果有等待锁的线程就释放即可。

至此，读写锁介绍完毕。可以看到，读写锁其实跟互斥锁比较类似，是互斥锁的一个粒度更小的实现。通过 `lock_word` 变量的值来判断是否能上锁，从而达到锁之间的互斥。

锁等待的机制则跟互斥锁中 `TTASEventMutex` 的实现基本一致。

8.2.8 锁升级和锁降级

  MySQL 中还有锁升级和锁降级的概念，主要是在有的场景下，整个执行流程可能需要不同粒度的锁，这样能尽可能地提升并发效率。那么，是否每种锁都有锁升级和锁降级的场景呢？其实不是的，目前主要是元数据锁有这个场景。"没有索引行锁升级为表锁"这种经常可以在网上的文章中看到的表达其实是错误的，或者至少是不严谨的。

  在 InnoDB 存储引擎下，即使是全表扫描，MySQL 也会对所有行加上行锁，从表面上看，这样这个表的任何数据都无法操作了，会让人误解它是加了表锁。其实不然，它底层还是加的行锁，只是行锁这时的作用确实相当于表锁。然后有的读者可能会怀疑，如果表有很多行，每一行都加行锁的代价会不会很高？

  其实 MySQL 是按照数据页的粒度来创建锁对象的，然后在锁对象中存储一个位图来标记该数据页中哪条记录被加了锁，这样就节约了内存。为每条记录加锁，操作上也是直接操作锁对象上的位图，代价也比较低。通过这种巧妙的设计，MySQL 并没有将行锁升级为表锁。

  不过在某些数据库系统中，确实加大量行锁可能升级为页锁或者表锁，这主要是为了节约内存和降低加锁频率。下面我们就来重点介绍元数据锁的锁升级和锁降级的场景。

1. 锁升级场景

  MySQL 元数据锁的锁升级主要在执行 DDL 语句（例如创建表、为表增加一列）时发生。下面我们就看为表增加一列时锁是如何升级的。例如，执行如下 DDL 语句：

```
alter table test5 add column addr varchar(10), algorithm=copy;
```

  这个语句指的是为 `test5` 的表增加一列，用的是数据复制的方式。我们知道，DDL 有两种模式：一种是 `in-place`，一种是数据复制。因为锁升级会在这种数据复制的模式下发生，所以这里就显式指定了。下面来看具体的加锁和锁升级流程：

  1）在 DDL 开始的时候会为表加 `MDL_SHARED_UPGRADABLE` 模式的锁，这种锁是允许其他会话对该表进行读写的。

  2）在数据复制阶段前，需要从 `MDL_SHARED_UPGRADABLE` 模式升级为 `MDL_SHARED_NO_WRITE` 模式，这个阶段是不允许其他会话对该表进行更新的，但是可以进行读操作。

  3）在原来的表和临时表替换表名的阶段，需要从 `MDL_SHARED_NO_WRITE` 模式升级为 `MDL_EXCLUSIVE` 排他模式的锁，这个阶段不允许其他会话对原来的表有任何操作。

  创建表也会有锁升级的流程，最开始加的是 `MDL_SHARED` 模式的锁，如果确定该表不存在就直接升级为 `MDL_EXCLUSIVE` 模式的锁。当然还有其他场景，这里就不一一列举了，大家后续遇到相关场景时可以结合进行分析。

2. 锁降级场景

锁降级其实也主要发生在 DDL 语句中，下面看一个具体的场景。例如，执行如下 DDL 语句：

```
alter table test5 add column country varchar(10);
```

这个语句指的是为 `test5` 的表增加一列，跟上面锁升级的语句基本一致，只是这里我们显式指定了 `in-place` 的方式。下面来看具体的加锁和锁降级流程：

1）在 DDL 开始时会为表加 `MDL_SHARED_UPGRADABLE` 模式的锁，这种锁是允许其他会话对该表进行读写的。

2）在 DDL 准备阶段前，先从 `MDL_SHARED_UPGRADABLE` 模式升级为 `MDL_EXCLUSIVE` 排他模式的锁，在准备阶段不允许其他会话对该表进行操作。

3）在准备阶段后，将 `MDL_EXCLUSIVE` 排他模式的锁降级为 `MDL_SHARED_UPGRADABLE` 模式的锁。注意，这是 InnoDB 存储引擎的默认选项，其他存储引擎可能不一样，比如可能降级为 `MDL_SHARED_NO_WRITE` 模式的锁。在 InnoDB 存储引擎下，准备阶段后允许其他会话进行读写。

4）在原来的表和临时表替换表名的阶段，需要从 `MDL_SHARED_UPGRADABLE` 模式升级为 `MDL_EXCLUSIVE` 排他模式的锁。这个阶段不允许其他会话对原来的表有任何操作。

现在我们知道了锁升级和锁降级的应用场景，那么在 MySQL 内部是怎么实现的呢？其实也比较简单，我们简单看下。

锁升级流程：

1）利用新的锁模式去请求锁。在上述锁升级的场景中，由于是一个线程，即使之前加了 `MDL_SHARED_UPGRADABLE` 模式的共享锁，也还能继续加 `MDL_EXCLUSIVE` 排他模式的锁。

2）加完 `MDL_EXCLUSIVE` 排他模式的锁后，会将之前的 `MDL_SHARED` 共享模式的锁从授予队列中移除，也就是移除对应的 `ticket` 对象。不过 MySQL 这里为了方便后续的使用，还是用的之前的 `ticket` 对象，新创建的 `ticket` 对象会被从授予队列中移除。

3）此时两个 `ticket` 对象都移除了，再将原来的 `ticket` 对象的 `type` 由 `MDL_SHARED` 修改为 `MDL_EXCLUSIVE`，改完类型后再将之前的 `ticket` 对象插入授予队列中。

锁降级的流程比较简单，就是将之前的 `ticket` 对象从授予队列中移除，然后将 `ticket` 中的 `type` 字段（也就是锁的模式）修改为需要降级的模式，修改完成后再将 `ticket` 对象加入到授予队列中。

至此，锁升级和锁降级流程介绍完毕。MySQL 为了减少执行 DDL 语句时影响的范围和时间，引入了锁升级和锁降级的概念。DDL 分为不同的阶段，每个阶段可以加不同粒度的锁，这样在有些阶段其他会话就能操作该表或者进行数据的读取。而且根据锁升级和锁降级的流程来看，其成本也比较低。

8.2.9 死锁

本章最开始的时候提到，基于两阶段协议的锁是有可能产生死锁的。死锁的逻辑其实很简单，但是结合不同的应用场景就比较复杂。下面先简单介绍一下死锁是如何产生的：两个会话相互等待对方释放锁，这个时候就会产生死锁。以如下场景为例。

会话 A 执行：

```
begin;
select * from sbtest3 where id = 120 for update;
```

执行成功

会话 B 执行：

```
begin;
select * from sbtest3 where id = 121 for update;
```

执行成功

会话 A 执行：

```
select * from sbtest3 where id = 121 for update;
```

进行锁等待，等待会话 B 进行 `id=121` 这条记录锁的释放。

会话 B 执行：

```
select * from sbtest3 where id = 120 for update;
```

进行锁等待，等待会话进行 `id=120` 这条记录锁的释放。

这样会话 A 和会话 B 就产生了死锁。这只是最简单的造成死锁的场景，实际中还有更加复杂的。

上述造成死锁的锁类型是记录锁，那么其他锁会造成死锁吗？其实元数据锁、互斥锁或者读写锁也能造成死锁。只要它们满足上述条件，在相互等待对方释放资源就可能发生死锁。

那么，针对死锁我们有什么好的办法吗？其实 MySQL 已经为我们解决了这个问题，那就是会进行死锁的检测。当发生死锁的时候，你会看到如下的报错：

```
ERROR 1213 (40001): Deadlock found when trying to get lock; try restarting
  transaction
```

MySQL 内部检测出了死锁，然后选择了一个事务进行回滚。我们有时候在手动处理死锁时，也是选择一个会话终止掉，这时被中止的会话所加的锁都会被释放，自然另外等待的线程就能正常地拿到锁，死锁的问题就解决了。下面将详细介绍死锁检测在 MySQL 内部是怎么实现的。

刚刚提到，MySQL 的行锁、元数据锁、内部互斥锁和读写锁都有可能发生死锁。因为这三种锁各自实现的方式不一样，并且锁存储的地方也不一样，所以 MySQL 针对这三种锁分别实现了死锁检测的逻辑。

不过，虽然分别实现了，但它们的思想都是一样的。这里先简单介绍下行锁的死锁检测的思想。MySQL 死锁的检测流程如图 8-16 所示。

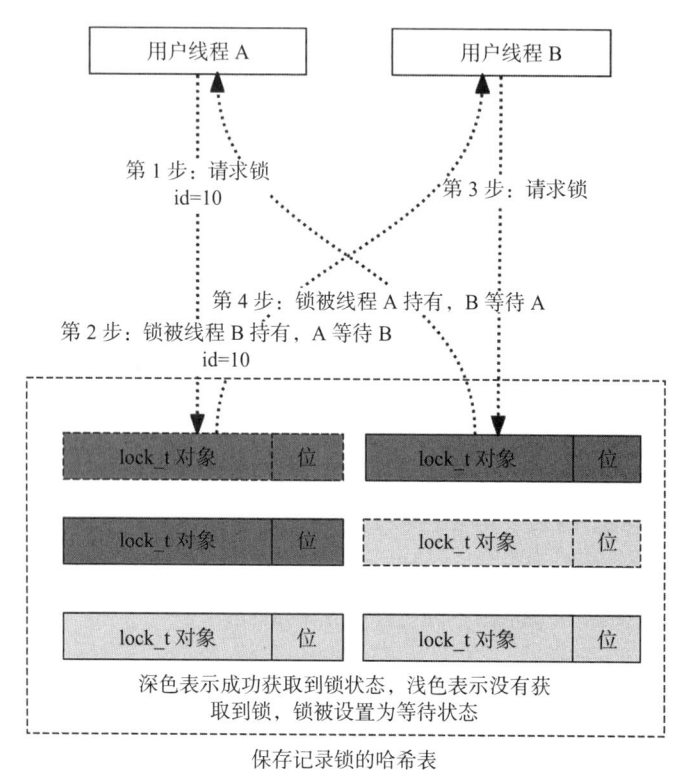

图 8-16　MySQL 死锁的检测流程

可以看出，用户线程 A 请求的锁被用户线程 B 持有，然后用户线程 B 请求的锁被用户线程 A 持有，这样第 1 步、第 2 步、第 3 步、第 4 步实际上构成了一个环形，这样就形成了死锁。下面介绍行锁死锁检测的流程：

1）当前事务为 A，为记录 `id=10` 加锁，发现 `id=10` 已经被其他会话加锁了，只能进行等待。

2）进入等待前会进行死锁检测。

3）保存所有记录锁的全局哈希表中查找 `id=10` 的锁对象。

4）找到对应的锁对象后，查看拥有该锁对象的事务，这里为事务 B。

5）查看事务 B 是否处于等待状态。

6）如果是等待状态，就看事务 B 等待的锁对象。

7）检查拥有该锁对象的是否为事务 A，如果是就形成了环形，这个时候就相当于事务

A 和事务 B 在相互等待，形成了死锁。

8）从这两个事务中选择一个较小的事务进行回滚，这里比较的其实就是事务对应的 `undo_no`+ 事务拥有的锁数量。

元数据锁、互斥锁和读写锁的死锁检测逻辑思想跟前文一样，都是看是否形成了环形。只是它们的锁对象不一样，存储的地方不一样。

然而，即便 MySQL 提供了死锁检测功能，我们仍不能完全忽视死锁的可能性。实际上，建议开发者谨慎设计业务逻辑，以尽量避免死锁的发生。对于行锁引发的死锁检测，建议慎重考虑关闭该检测机制，这可以通过设置 `innodb_deadlock_detect` 参数来实现。在高并发环境下，开启死锁检测可能会显著影响系统性能，因为死锁检测需要遍历并比较全局行锁哈希表。有相关性能测试显示，在某些高并发场景下，关闭行锁死锁检测可使性能提升 1～2 倍。不过，MySQL 8.0.18 版本对死锁检测进行了改进，将检测逻辑移至后台线程，从而减轻了对用户线程性能的影响。

8.3 总结

至此，MySQL 的锁实现全部介绍完毕。本章重点介绍了 MySQL Server 层和 InnoDB 存储引擎层的锁。当然，其他存储引擎还有一些锁，大家有兴趣可以自行了解。我们可以看到，MySQL 随着它的发展引入了不同的锁，在最开始的版本中只有表锁，跟当时的 MyISAM 引擎结合得非常紧密，MyISAM 也是主要提供表锁。后来由于 InnoDB 存储引擎的引入，支持更加细粒度的行锁，这样 Server 层的表锁设计就显得不太友好，所以 InnoDB 存储引擎只是实现了 Server 层表锁的接口而没有真正依赖它的机制，并且自己维护了表锁。后来，由于 DDL 的发展，又在 Server 层引入了元数据锁，元数据锁在功能上基本能替代 Server 层的表锁。

MySQL 的互斥锁其实也跟着 MySQL 版本的迭代在发展。一方面由于操作系统的发展，互斥锁实现了四个不同的版本；另一方面其实是针对应用场景的优化，我们可以看到，MySQL 每个大版本的优化基本上都会把互斥锁的粒度拆分得更小，或者用一些算法彻底去除互斥锁。总的来说，锁是 MySQL 进行并发控制最关键的机制，但它也会影响并发的性能，所以在后续的版本中，要提高性能依然离不开对锁的优化。而且在 MySQL 中有非常多加锁的地方，会针对不同的场景进行优化。

最后介绍了 MySQL 死锁的机制，MySQL 实现了死锁检测机制来防止死锁带来长时间的影响。当然，我们应该尽量避免死锁而不是依赖 MySQL 的死锁检测。

第 9 章

MySQL 高可用实现

在生产环境中部署的数据库，高可用性乃其核心要求之一。通常，数据库实现高可用性的方法主要有以下两种：

- **主从复制**。数据写入到主库上会自动同步到从库上。
- **集群**。集群的实现方式有很多种，包括中心化和去中心化的实现。大部分数据库都采用的是中心化的思想，用多套主从组成，然后上层用中间件做数据分片，将元数据存储在一个公共的存储上。另外一种是去中心化的实现（例如 Cassadra），数据分布在不同的节点上，利用 gossip 协议来进行元数据的同步。

MySQL 目前已经实现了上述两种架构，但基于第二种架构的 MGR 集群技术成熟较晚。因此，大多数企业目前仍然主要采用主从复制模式。然而，在 MySQL 8.0 版本后，MGR 已经经历了大量改进，业界也开始逐渐采纳这一技术。

9.1 MySQL 主从复制

主从复制作为 MySQL 的一项成熟技术，其发展历程包含若干关键节点，如下所示。

- 在 2000 年开始支持主从复制。
- 在 2003 年发布 MySQL 4.0 版本时，MySQL 开发者重写了从库的逻辑，将从库分为两个线程：一个是 I/O 线程；一个是 SQL 线程。
- 在 2005 年发布 MySQL 5.1 版本时，开始支持 `binlog` 为 `row-base` 格式的复制，在这之前只支持 `statement` 方式的复制。
- 在 2009 年发布 MySQL 5.5.0 版本时，MySQL 以插件的方式支持了半同步复制。

- 在 2011 年发布 MySQL 5.6.3 版本时，开始支持从库并行复制，支持基于库级别的并行复制。
- 在 2012 年发布 MySQL 5.6.5 版本时，开始支持基于 GTID 模式的复制。
- 在 2015 年发布 MySQL 5.7.6 版本时，支持 `LOGICAL_CLOCK` 方式的并行复制，利用主库组提交的方式在从库进行并行回放。
- 在 2018 年发布 MySQL 5.7.22 版本时，支持 `WriteSet` 方式的并行复制，这种方式的性能会优于之前的并行方式。

从 MySQL 的发展历程可以看到，除了对问题的修复之外，最为关键的进展之一便是从库支持并行复制的能力。当前，主从复制的延迟问题仍然普遍困扰着 DBA。然而，随着 `WriteSet` 并行复制技术的引入，大部分延迟问题得到了有效解决。

9.1.1 数据同步流程

在 MySQL 主从复制中，数据同步流程主要分为如下两个阶段：
- 全量同步阶段。
- 增量同步阶段。

1. 全量同步阶段

该阶段在 MySQL 8.0 之前需要在主库上进行备份，然后利用备份恢复来创建从库。备份可以选择冷备和热备，冷备直接停机进行复制即可，热备需要利用 `mysqldump` 工具和 `xtrabackup` 工具进行，它们分别对应逻辑和物理备份方式。从 MySQL 8.0 版本开始支持 `Clone Plugin` 特性，从库能够自动拉取主库的全量数据，`Clone Plugin` 的实现原理跟 `xtrabackup` 基本一致。无论何种方式，都需要记录当时的主库位点信息，如果是基于 GTID 复制则不用关心位点信息，如果是基于 `binlog` 文件 +`position` 的方式则需要记录当时的主库对应的位点信息。这主要是为了保证全量和增量能衔接上，而不会导致数据冲突或者不一致。

利用备份进行全量同步比较简单，这里就不详细介绍了。如果读者对热备能保证数据一致比较感兴趣，可以了解一下 `mysqldump` 工具和 `xtrabackup` 工具的实现原理，前者可以参考 MVCC 机制，后者可以参考崩溃恢复机制。

2. 增量同步阶段

该阶段主要基于 `binlog` 日志复制，主库在事务提交的时候会将修改的数据或者 SQL 语句写入一份到 `binlog` 日志中，然后将其发送给从库，从库基于这些 `binlog` 日志实现数据同步的功能。

在介绍增量同步的流程前，我们首先需要了解一个概念，那就是全局事务标识（Global Transaction Identifier，GTID）。这是 MySQL 5.6.5 版本引入的一个特性，其核心思想就是一套主从中一个事务对应一个 GTID，表示方式如下：

```
uuid:number
```

它可以表示执行的位置，比如在主库上执行到了 `uuid:30`，在从库上执行到了 `uuid:25`，那么从库就比主库延迟了 5 个事务。在 GTID 引入之前，复制的位点信息是用 `binlog` 文件号和 `binlog` 文件中的位置一起表示的。

引入 GTID 最大的一个好处就是在主从切换的时候，从库会自动同步差异的数据。而旧的方式需要我们自己找到差异的 `binlog` 进行补齐，这是 MHA（Master High Availability）等一些高可用工具中的一个主要步骤。

在增量同步中，从库上主要执行两条命令：第一条是 `change master to`；第二条是 `start slave`。MySQL 增量同步的时序图如图 9-1 所示。

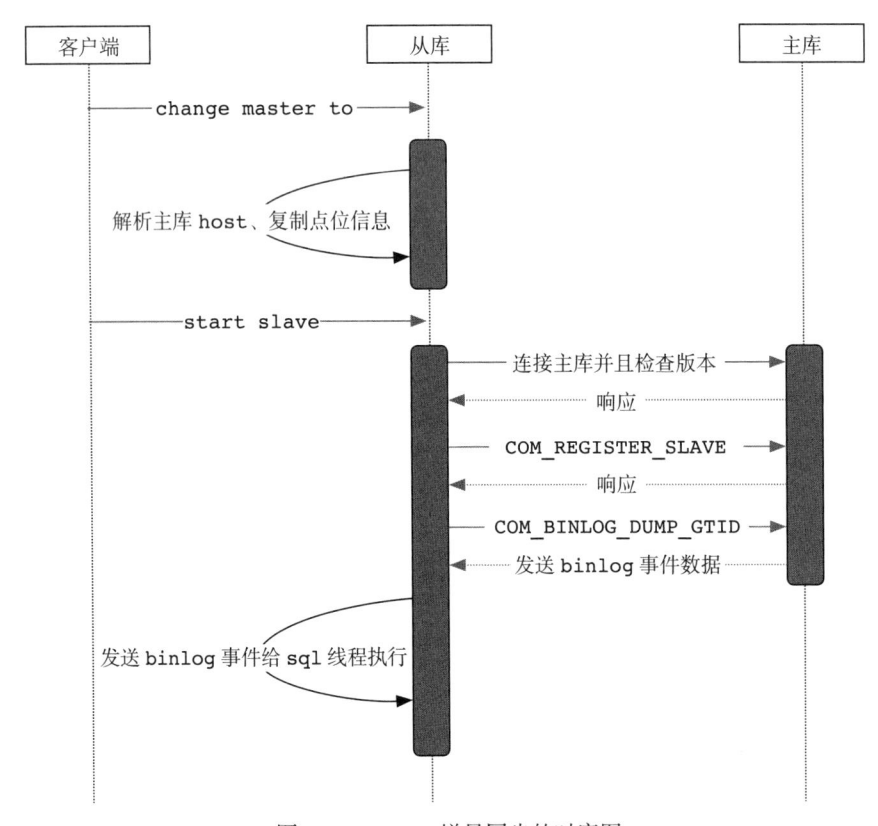

图 9-1　MySQL 增量同步的时序图

首先看 `change master to`。在全量数据同步到从库上后，就可以开始进行增量同步了，增量同步在从库上由如下语句触发。

`binlog` 文件加上 `position` 方式：

```
change master to master_host='10.10.10.10', master_user='root', master_password='zbdba', master_log_file='binlog.0001', master_log_pos=768;
```

GTID 方式：

```
change master to master_host='10.10.10.10', master_user='root', master_
  password='zbdba', master_auto_position=1;
```

下面来详细介绍上述语句的执行流程：

1）检查从库 I/O 线程和 SQL 线程是否正在运行，如果是将报错。

2）检查是否指定了 binlog 文件和 position，如果是就不能指定 master_auto_position=1。

3）检查是否指定了 master_auto_position=1，如果是就需要开启 GTID，如果没有开启会报错。

4）判断是否需要清理中继日志。

5）检查 change master 语句中的 master_host 是否为空。

6）将 change master 命令中的一些参数设置到 Master_info 对象的对应字段中。

7）如果需要清理中继日志，就进行清理。

可以看到，change master to 语句主要是进行一些检查和准备工作，还没有跟主库发起连接请求。

然后是 start slave。执行 start slave 命令后又分为开启 I/O 线程和 SQL 线程两步。I/O 线程负责向主库发起 binlog 请求，并且接收主库发来的 binlog 事件，然后写入到中继日志中。SQL 线程负责读取中继日志中的事件并应用。

开启 I/O 线程：

1）开始连接主库。

2）在主库上设置一些会话变量，包括 master_heartbeat_period、master_binlog_checksum、slave_uuid。

3）检查主从的 binlog 版本。

4）如果 binlog 版本大于 1，则向主库发送 COM_REGISTER_SLAVE 命令，用于在主库上注册从库信息。

5）向主库发送 COM_BINLOG_DUMP 或者 COM_BINLOG_DUMP_GTID 命令，用于向主库请求 binlog。

6）从网络缓冲区中读取主库发送过来的 binlog 事件数据。

7）将事件写入中继日志中。

其中相关协议包括 COM_REGISTER_SLAVE、COM_BINLOG_DUMP、COM_BINLOG_DUMP_GTID，它们的内容分别如表 9-1 ～表 9-3 所示。

表 9-1　COM_REGISTER_SLAVE 协议内容

名称	长度 /B	描述
server_id	4	从库的 server_id，由 server_id 参数控制
slave_hostaname	hostaname 的具体长度	从库的 hostname

（续）

名称	长度 /B	描述
slave_user	从库用户的具体长度	从库指定的复制用户名
slave_password	从库用户密码的具体长度	从库指定的复制用户的密码
slave_port	2	从库指定的端口号
replication_rank	4	默认为 0，目前忽略
master_id	4	默认为 0，在主库上会将该字段设置为主库的 server_id

表 9-2　COM_BINLOG_DUMP 协议内容

名称	长度 /B	描述
binlog_pos	4	指定要从主库拉取的 binlog 对应的位置信息
flags	2	目前只能设置 BINLOG_DUMP_NON_BLOCK，表示在主库没有 binlog 事件可以发送的时候，也就是 binlog 发送完成后，会发送一个 EOF 包而不是一直阻塞这个连接
server_id	4	从库的 server_id
binlog-filename	具体 binlog 的长度	指定要从主库拉取的 binlog 信息

表 9-3　COM_BINLOG_DUMP_GTID 协议内容

名称	长度 /B	描述
flag	2	有 BINLOG_DUMP_NON_BLOCK、BINLOG_THROUGH_POSITION、BINLOG_THROUGH_GTID 三个选项，第一个在上面已经介绍，后面两个主要确定是否采用 GTID 方式
server_id	4	指定从库的 server_id
binlog-filename-len	4	保存 binlog 的长度
binlog-filename	binlog 的实际长度，也就是上面的字段值	binlog 名称，默认会设置为空
binlog_pos	8	binlog 对应的位置，默认为 0
data-len	4	存储 gtid 的长度
data	存储 data 实际的长度，也就是上面字段的值	存储从库 executed GTID

开启 SQL 线程：

1）设置并发模式为 database 或者 logical_clock 或者 WriteSet。

2）初始化 SQL 线程。主要是初始化 THD 对象中的一些字段，设置当前状态为 Waiting for the next event in relay log，SQL 线程跟用户线程一样也是用 THD 对象进行管理的。

3）开启工作线程。不过，如果 slave_parallel_workers 设置为 0，就不开启工作线程，默认用当前线程来应用后续读取到的中继事件。

4）根据中继日志的名字和位置打开中继日志。

5）设置状态为 Reading event from the relay log。

6）从中继日志中读取事件数据。

7）如果没有开启并行模式，那么执行应用对应的事件即可；如果开启了并行模式，就将事件发送到对应的队列中。

8）每种事件在应用时都有其对应的逻辑，应用事件前首先需要根据它的编码方式进行解析，得到具体的内容再进行应用。例如，rotate event 解析到具体的内容后执行一次中继日志的切换，而 QUERY_EVENT 解析到具体内容后得到具体的 SQL 语句在从库中执行。

在后面会详细介绍开启并行复制的情况。

对于图 9-1 右侧的主库处理逻辑，它的详细逻辑如下：

1）收到从库发来的连接请求，初始化对应的 THD 对象并建立连接信息。

2）接收从库发来的设置会话级别的参数请求，设置 master_heartbeat_period、master_binlog_checksum、slave_uuid 的值。

3）接收从库发送的 COM_REGISTER_SLAVE，将从库信息插入主库维护的哈希表中。

4）接收从库发送的 COM_BINLOG_DUMP 或者 COM_BINLOG_DUMP_GTID 命令，主库处理这两个命令的逻辑基本一样，下面统一介绍。

主库收到 dump 命令之后，创建一个 binlog sender 线程，其底层还是 THD 对象。然后根据从库发送过来的 binlog 文件名称和 position 点读取对应的 binlog 文件。如果这里是 GTID 方式，首先会根据从库发送过来的 GTID 信息从第一个 binlog 开始扫描，查看该 GTID 是否在对应的 binlog 文件中。扫描到之后，就从该 binlog 最开始的位置按照顺序读取，每次读取一个事件，并判断该事件是否在从库执行过。判断的逻辑是每次读取到事件后会将当前的 GTID 和从库的 gtid_executed 进行对比，如果执行了就直接跳过，不再执行后面的步骤，如果未执行就将事件发送给从库。

循环上述步骤，直到所有的 binlog 日志都发送完成。如果当前的 binlog 日志发送完成后主库没有新的写入，就进入等待状态，等待一个条件变量。等待状态有一个超时时间，就是发送 heartbeat event 的时间，发送完成后会尝试继续读取 binlog，如果还没有数据又会进入等待状态。如果主库有新的写入，ordered_commit 方法刷新 binlog 后会向 binlog sender 线程等待的条件变量发送信号量，binlog sender 收到信号量之后就退出等待，然后尝试去读取新产生的 binlog 记录。

由此可见，GTID 与 binlog 文件加上 position 的方式在初始读取二进制日志时存在比较大的差异。后者能够直接定位至特定二进制日志文件的确切位置。相对地，前者则需先通过从库的 gtid_executed 集合确定相应的 binlog 文件，随后在读取该文件时与 gtid_executed 进行比对，从而过滤掉已在从库执行过的 binlog 事件。对于尚未执行的 binlog 事件，则将其传输至主库。

9.1.2 binlog 日志详解

在主从同步机制中，我们了解到增量同步依赖于 binlog 文件的传递，以实现主从数据库间的数据实时同步。那么 binlog 日志文件究竟包含哪些信息？MySQL binlog 文件的内部架构如图 9-2 所示。

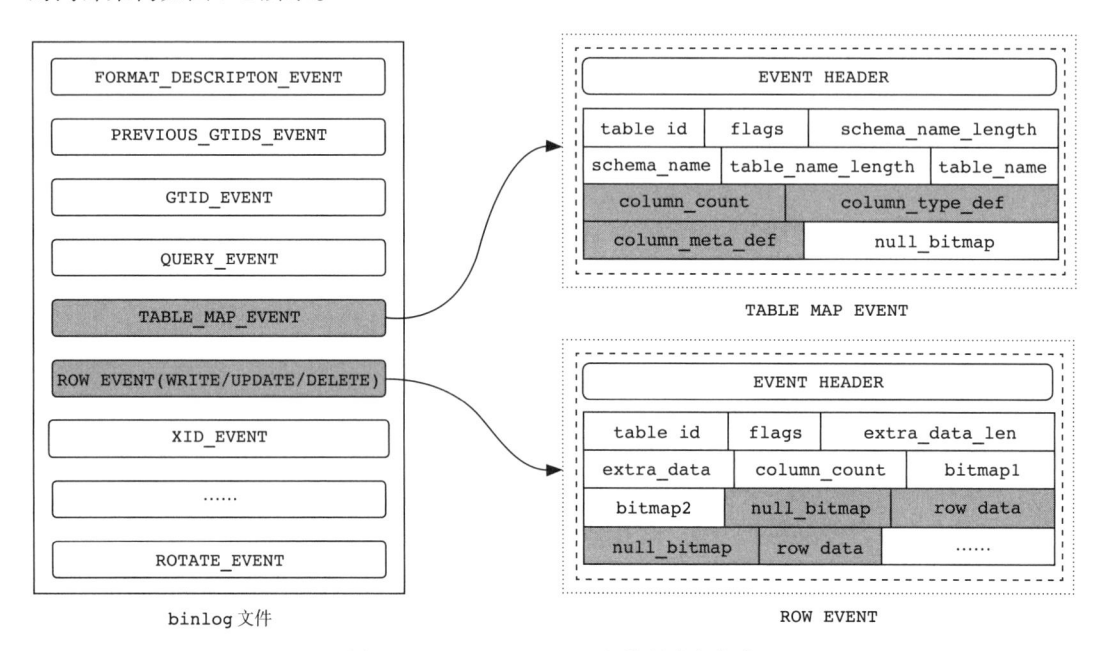

图 9-2　MySQL binlog 文件的内部架构

可以看到，binlog 文件实际是由多个 binlog 事件组成的，在 MySQL 5.7.19 版本中，有 38 种 binlog 事件类型。不同类型的事件存储不同类型的数据，常用的 binlog 事件如表 9-4 所示。

表 9-4　常用的 binlog 事件

事件名称	描述
UNKNOWN_EVENT	表示不确认的事件类型
START_EVENT_V3	在 binlog version 1～3 中，START_EVENT_V3 表示 binlog 的第一个事件
QUERY_EVENT	用于存储 SQL 语句，例如 begin、commit 语句。binlog 文件如果设置为 statement 格式，就会产生大量的 QUERY_EVENT
STOP_EVENT	标志着一个 binlog 文件的结束，当 MySQL 服务器完成对一个 binlog 文件的写入操作，并且准备切换到下一个 binlog 文件时，会在当前 binlog 文件的末尾写入一个 STOP_EVENT
ROTATE_EVENT	位于 binlog 文件末尾，用于记录下一个 binlog 的信息
INTVAR_EVENT	存储会话整型变量
USER_VAR_EVENT	存储用户会话变量值

(续)

事件名称	描述
FORMAT_DESCRIPTION_EVENT	在 binlog version 4 中，该事件也是 binlog 的第一个事件，但用于存储 binlog 版本、MySQL 版本等信息
XID_EVENT	用于存储 2 阶段提交的事务 ID
TABLE_MAP_EVENT	记录表字段的元数据信息，跟 row 事件结合使用
WRITE_ROWS_EVENTv0	存储插入语句的数据，版本 5.1.0 ～ 5.1.15
UPDATE_ROWS_EVENTv0	存储更新语句的数据，版本 5.1.0 ～ 5.1.15
DELETE_ROWS_EVENTv0	存储删除语句的数据，版本 5.1.0 ～ 5.1.15
WRITE_ROWS_EVENTv1	存储插入语句的数据，版本 5.1.15 ～ 5.6.x
UPDATE_ROWS_EVENTv1	存储更新语句的数据，版本 5.1.15 ～ 5.6.x
DELETE_ROWS_EVENTv1	存储删除语句的数据，版本 5.1.15 ～ 5.6.x
HEARTBEAT_EVENT	在主库生成，不记录到中继日志中，主要用于更新从库的 Seconds_Behind_Master 值
WRITE_ROWS_EVENTv2	存储插入语句的数据，版本 5.6.x 及以上
UPDATE_ROWS_EVENTv2	存储更新语句的数据，版本 5.6.x 及以上
DELETE_ROWS_EVENTv2	存储删除语句的数据，版本 5.6.x 及以上
GTID_EVENT	开启 GTID 模式后，每个事务开始的时候都会生成 GTID_EVENT 用于记录事件信息

了解了常见的 binlog 事件及其作用后，下面以一条普通的 SQL 语句为例，看看会产生哪些 binlog 事件。执行如下 SQL 语句：

```
begin;

update sbtest1 set pad='zbdba' where id = 10;

commit;
```

上述 SQL 语句为一个完整的事务，会产生如下 binlog 事件：

```
QUERY_EVENT
TABLE_MAP_EVENT
UPDATE_ROWS_EVENTv2
XID_EVENT
```

这里重点介绍一下 QUERY_EVENT、TABLE_MAP_EVENT、ROWS_EVENT 这三个事件的内部组成。

无论 binlog 事件是什么类型的，都由 EVENT HEADER 和 EVENT DATA 部分组成，其中 EVENT DATA 又分为 Post-header 和 Variable part 两块，这里我们统称为 EVENT DATA。EVENT HEADER 存储的是一些元数据信息，而 EVENT DATA 存储的是事件具体的数据。EVENT HEADER 是定长的，一般是 13 B 或 19 B，视具体的 binlog 版本而定，目前我们的 MySQL 版本对应的 EVENT HEADER 长度基本都是 19 B。EVENT HEADER 字段的名称及描述如表 9-5 所示。

表 9-5 `EVENT HEADER` 字段的名称及描述

名称	描述
`timestamp`	存储当前的时间戳
`event_type`	存储 binlog 事件的类型
`server_id`	存储 master 的 server id
`event_size`	存储 EVENT DATA 的大小
`log_pos`	存储下一个事件的 position
`flags`	存储一些标记位

可以看到，`EVENT HEADER` 中主要存储的是事件的类型、`server id`，还有 `EVENT DATA` 的大小等。

接着看 `EVENT DATA` 的内容。不同类型的事件存储的 `EVENT DATA` 不一样，下面对这三个事件分别进行介绍。

首先是 `QUERY_EVENT`，`QUERY_EVENT` 的主要字段名称及描述如表 9-6 所示。

表 9-6 `QUERY_EVENT` 的主要字段名称及描述

名称	描述
`status_vars_length`	存储 status-vars 的长度
`status_vars`	存储一些变量的值，例如字符集、时区等
`schema`	存储数据库名称
`query`	存储具体的 SQL 语句

上例中的 SQL 语句产生了一个 `QUERY_EVENT`，该 `QUERY_EVENT` 的 `query` 字段存储的就是 `begin` 语句。如果 binlog 的格式为 statement，那么 `update sbtest1 set pad='zbdba' where id = 10;` 这条 SQL 语句也会生成一个 `QUERY_EVENT`，存储到对应的 `query` 字段中。

接着是 `TABLE_MAP_EVENT`，`TABLE_MAP_EVENT` 的主要字段名称及描述如表 9-7 所示。

表 9-7 `TABLE_MAP_EVENT` 的主要字段名称及描述

名称	描述
`table_id`	存储 table id
`flags`	存储一些标记位
`schema_name_length`	存储数据库名称的长度
`schema_name`	存储数据库名称
`table_name_length`	存储表名称长度
`table_name`	存储表名称
`column_count`	存储表中列的数量
`column_type_def`	存储表中所有列的数据类型
`column_meta_def`	存储表中所有列数据类型对应的元数据信息，例如长度等
`null_bitmap`	存储空值位图

可以看到，TABLE_MAP_EVENT 中主要存储的是表的一些元数据信息，其中最重要的就是表中各个字段的数据类型。

最后是 ROWS_EVENT，它又分为 WRITE_ROWS_EVENT、UPDATE_ROWS_EVENT、DELETE_ROWS_EVENT。其中 WRITE_ROWS_EVENT 对应 insert 语句，存储后镜像数据，也就是插入的数据；UPDATE_ROWS_EVENT 对应 update 语句，存储前镜像、后镜像的数据，也就是更新之前和更新之后的数据；DELETE_ROWS_EVENT 对应 delete 语句，存储前镜像数据，也就是被删除前的数据。

虽然 ROWS_EVENT 分为三种类型，但内部的存储格式基本一致，ROWS_EVENT 字段的名称及描述如表 9-8 所示。

表 9-8 ROWS_EVENT 字段的名称及描述

名称	描述
table_id	存储表 id
flags	存储一些标记位，例如是否检查外键或者唯一键
extra_data_len	存储 extra_data 的长度
extra_data	根据需要存储额外的数据
lenenc_int	存储列的数量
columns-present-bitmap1	存储列对应的状态，如果该列的状态没有设置，则说明该行数据中没有该列的数据。主要用于 WRITE_ROWS_EVENT、DELETE_ROWS_EVENT
columns-present-bitmap2	存储列对应的状态，如果该列的状态没有设置，则说明该行数据中没有该列的数据。主要用于 UPDATE_ROWS_EVENT
nul-bitmap	存储该行空值位图
value	存储该行所有列的值，按照顺序存储

最后两个字段表示一行数据，如果有多行数据就对应多组 nul-bitmap 和 value 字段。了解了 binlog 常见的几种事件存储的格式后，如果我们想解析 ROWS_EVENT 中存储的数据，需要怎么操作？

1）解析 TABLE_MAP_EVENT 事件，拿到该表各个字段的数据类型。

2）解析 ROWS_EVENT，我们可以解析到表 id，根据这个表 id 去刚刚解析到的 table map 中获取信息。

3）解析 lenenc_int，拿到一行有多少列数据。

4）解析 columns-present-bitmap1 或者 columns-present-bitmap2，它们的作用是表示列对应的状态，如果该列的状态没有设置，则说明该行数据中没有该列的数据。

5）解析具体每行的数据了，在解析每行数据的时候，先解析 nul-bitmap，这个用来判断哪一列为 NULL。到这里就开始解析具体每列的数据了，解析每列的数据需要知道什么信息？第一是列的长度，第二是列的类型。根据数据类型不同，对应列的长度也会不一样。有的是定长列，比如 int 数据类型，有的是变长列，比如 varchar 数据类型。那么针对变长的数据类型怎么拿到具体的长度？这就要靠刚刚解析的 TABLE_MAP_EVENT 数据

中的 `column_meta_def` 项，结合这里面的元数据信息，就可以知道该列具体占用了多少字节。当然元数据并不只是可以计算出占用的字节数，在有的数据类型中，比如在一些时间类型上，元数据也会用来辅助解析时间。MySQL `binlog` 行数据的架构如图 9-3 所示。

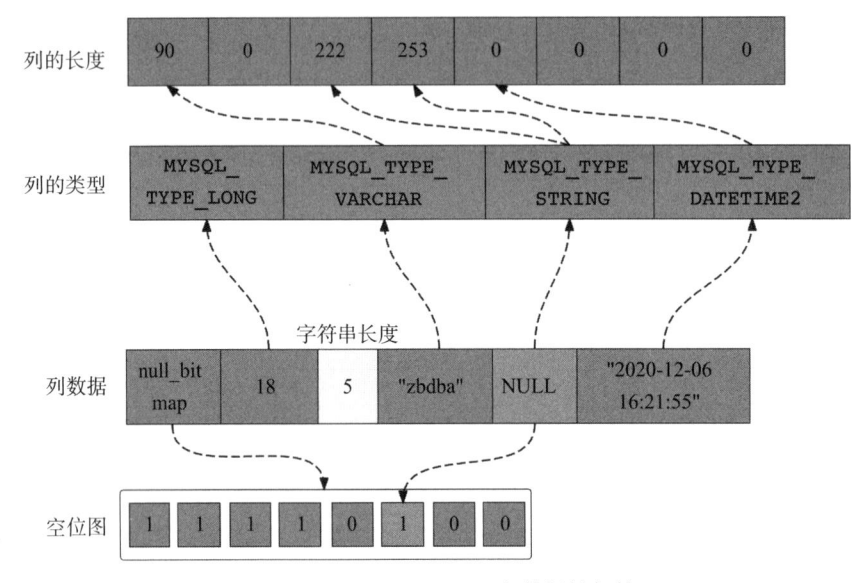

图 9-3　MySQL `binlog` 行数据的架构

以上简单介绍了 `binlog` 文件的整体组成和内部常规存储的内容，这可以方便我们理解在主从复制中数据是如何存储到 `binlog` 文件中的，最终复制到其他节点上。同时，一些 `binlog` 解析工具或者 DTS（Data Transmission Service）迁移类软件的核心实现其实也就是参考 `binlog` 文件的内部组成和每个事件的编码来进行解析的。

9.1.3　半同步复制

MySQL 的主从复制机制本质上是异步的。在主从数据同步过程中，主库提交的事务生成的 `binlog` 将会传输至从库。由于主库的提交与从库应用 `binlog` 之间存在时间差，因此可能会出现数据丢失的情况。例如，在主从延迟较大的情况下，若主库所在机器发生异常宕机且无法恢复，从库可能会丢失部分数据。

为了应对这一问题，MySQL 在 5.0 版本中引入了半同步复制插件。该插件的工作原理是，在主库提交事务时，系统会等待至少一个从库接收到该事务的事件并将其写入从库中继日志，之后才向主库返回 ACK 确认信息，随后主库完成提交。

之所以称之为半同步复制而非完全同步复制，是因为在当前的实现机制中，从库仅需将 `binlog` 事件写入中继日志即可向主库返回 ACK 信息，而非等到从库对应的事务提交之后才返回确认。

MySQL 半同步复制的架构如图 9-4 所示。

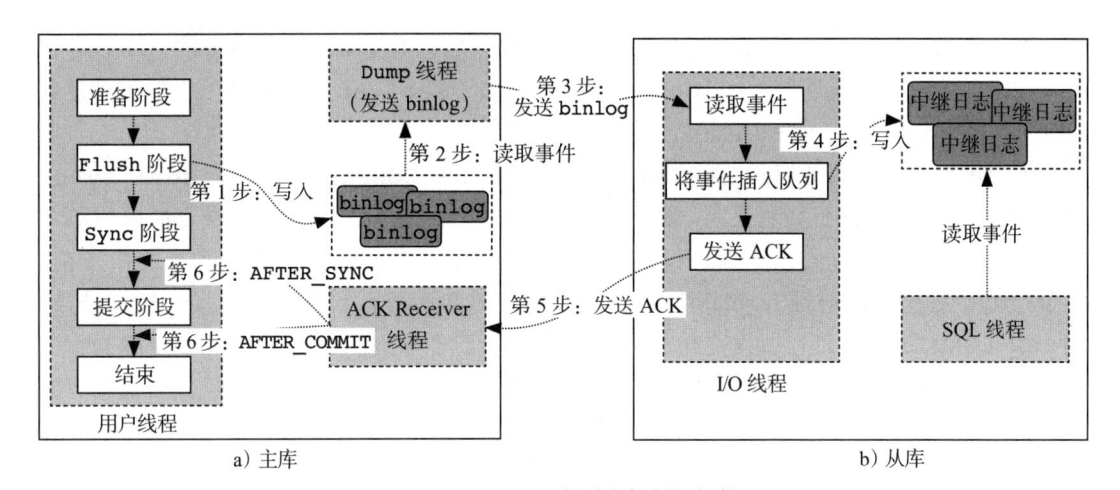

图 9-4　MySQL 半同步复制的架构

其主要流程如下：

第 1 步是写入 binlog。主库进行事务提交，提交分为三个阶段，在 flush 阶段将该事务的 binlog 事件写入 binlog 文件中。然后这里会判断是否开启了半同步复制，判断 rpl_semi_sync_master_wait_point 是否设置为 AFTER_SYNC，如果上述条件都满足，就对比从库返回当前主库的 binlog 位点是否大于等于当前事务的 binlog 位点。如果满足这个条件，则说明从库已经收到这个事务的 binlog，可以继续后续的事务提交流程；如果不满足，就需要进入等待状态，这里的等待同样是监听一个条件变量。

第 2 步是读取事件。主库的 Dump 线程开始读取该事务对应的事件，将其依次发送给从库。在发送的时候会判断是否开启了半同步复制，以及当前事件是否为事务结束的事件，也就是 XID_EVENT，如果满足上述两个条件，那么 MySQL 将在 XID_EVENT 的 header 中将对应的 ACK 标记位设置为 1，表示需要从库回复 ACK 信息。

第 3 步是发送 binlog。主库将对应的 binlog 日志发送给从库。

第 4 步是写入。从库收到主库发过来的 binlog 事件时，首先会将 binlog 事件写入到中继日志中，每个事件写入完成后，这里会判断是否开启了半同步复制，以及当前事件的 header 中 ACK 标记是否为 1，如果上述两个条件都满足，说明读取到一个事务结束的 XID_EVENT，那么从库需要给主库回复 ACK 信息，ACK 信息中主要包含当前事件对应的 binlog_name 和 binlog_pos 信息。

第 5 步是发送 ACK。主库的 ACK Reciver 线程会一直监听 ACK 信息，当从库向主库发送 ACK 信息时，该线程会立即收到并进行处理，具体主要是将 ACK 信息中的 binlog 位点信息解析出来并更新到内存变量中。在更新完成后，ACK Reciver 线程会对比从库返回的和主库的 binlog 位点，如果前者大于等于后者，则会唤醒刚刚等待的提交线程，唤醒的方式就是向其监听的条件变量发送信号量。

第 6 步是 AFTER_SYNC 或 AFTER_COMMIT。主库的提交线程收到信号量后就退出等待，然后继续对比从库返回当前主库的 `binlog` 位点是否大于等于当前事务的 `binlog` 位点。注意，此时从库返回的 `binlog` 位点已经被 `ACK Reciver` 线程更新了，如果满足就继续后续的提交流程，如果不满足就继续等待。

半同步可以设置两种模式：`AFTER_SYNC` 和 `AFTER_COMMIT`，由 `rpl_semi_sync_master_wait_point` 参数控制。两种模式的区别主要是等待从库 ACK 恢复的阶段不一样。`AFTER_SYNC` 模式在上面已经提到，它是在组提交的 `Sync` 阶段后和提交阶段前，由于这个事务这时没有在 InnoDB 层提交，所以其他会话看不到这个事务操作后的结果；`AFTER_COMMIT` 模式是在组提交的提交阶段后，这个时候事务已经在 InnoDB 层提交，其他会话可以看到这个事务操作后的结果。在极端情况下，`AFTER_COMMIT` 模式可能会有问题，如果事务进入等待状态时主库宕机了，并且 `binlog` 还没有来得及发送给从库，但在宕机前一些会话已经读取到当前事务操作的结果。这个时候如果发生主从切换了，从库就读取不到主库上最近的 `binlog` 数据，就会产生主从数据不一致的问题。要解决这个问题，只需要将模式设置为 `AFTER_SYNC` 即可。

除此之外，相关参数还有 `rpl_semi_sync_master_timeout` 和 `rpl_semi_sync_master_wait_for_slave_count`。前者表示等待从库返回 ACK 信息的最大时间，默认为 10s，如果超过这个时间就会退出等待，继续后续的提交动作，这个时候就相当于退化成了异步复制。在上述流程的第 1 步中，进入等待时会设置超时时间，这个时间就是由该参数控制的。后者表示等待返回 ACK 信息的从库个数，在上述流程的第 4 步中进行设置，默认为 1 个。如果将其设置为 2，表示需要等待 2 个从库都返回 ACK 信息。

9.1.4 并行复制

由于 MySQL 主从复制默认是异步复制，因此有很多情况可能造成主从复制延迟增大，这也是困扰数据库管理员多年的问题。MySQL 从 5.6 到 8.0 版本一直以来都在提升从库的性能。

在没有并行复制的时候，主库可能是多线程写入，从库还是只有一个 SQL 线程来应用中继日志，这样主库并发一多必然造成延迟。在 MySQL 5.6 中引入了数据库级别的并行复制后，虽然从库可以根据数据库的维度进行并行复制，但如果只有一个数据库或者批量操作都集中在一个数据库中，就没有明显的效果。

在 MySQL 5.7 中引入了 MTS（Multi-Thread Slave）后，从库依赖主库的组提交进行并行复制，只要是主库中在同一个组提交的事务，就认为它们可以在从库上并行回放。该模式在高并发的时候效果较为明显，相比数据库级别的方式更为实用。不过该模式也无法彻底解决延迟的问题，在实际应用中，有一些业务场景每组的事务数量并不多，这样实际的并行回放效果也不好。

在 MySQL 8.0 中引入了 WriteSet，其实最早在 MySQL 5.7.22 版本中就发布了最初的版本。WriteSet 的主要思想是，只要数据不冲突就可以进行并行回放，不管是不是在一个组提交的。WriteSet 在 MTS 的基础上进一步提升了并发的效率，它的引入基本上能解决大部分常见的延迟问题。

了解了 MySQL 并行复制的发展历史后，下面我们对每个版本的实现原理详细进行介绍。

1. MySQL 5.6 并行复制

前面提到，在 MySQL 5.6 版本中首次支持了从库的并行复制，并行的粒度是数据库级别的，其主要逻辑在从库 SQL 线程中实现，将原有的单个 SQL 线程拆分为一个调度线程和多个工作线程，由调度线程进行中继日志事件的路由分发，工作线程负责事件应用。MySQL 5.6 的并行复制架构如图 9-5 所示。

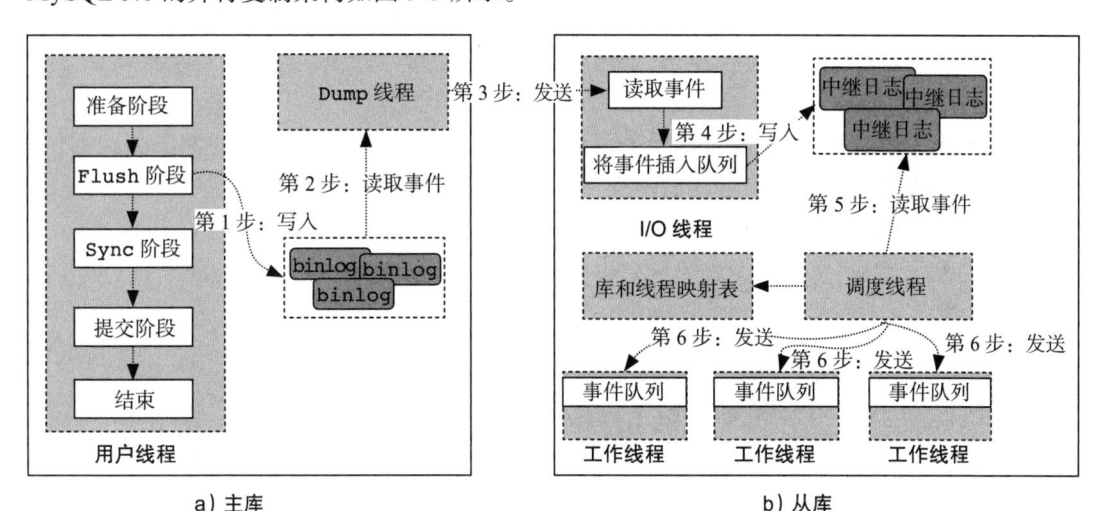

图 9-5　MySQL 5.6 的并行复制架构

从库并行复制的大致流程如下：

第 1 步是写入，主库进行事务提交，将 `binlog` 日志写入 `binlog` 文件。

第 2 步是读取事件，`Dump` 线程从 `binlog` 中读取事件。

第 3 步是发送，`Dump` 线程将 `binlog` 日志发送给从库。

第 4 步是写入，从库 I/O 线程收到主库发送过来的 `binlog` 事件，将事件写入中继日志。

第 5 步是读取事件，从库调度线程从中继日志中读取 `binlog` 事件。

第 6 步是发送，从库调度线程将 `binlog` 事件进行路由分发。

从库的调度线程要在数据库级别进行并发，参考 9.1.2 节中介绍的具体执行一条 SQL 语句产生的事件。可以看到，只有 `TABLE_MAP_EVENT` 中有数据库的信息。那 MySQL 具体是怎么实现的？下面来看看详细的路由分发逻辑：

1）将 `GTID_EVENT`、`QUERY_EVENT` 暂时存储在临时的内存数组中。

2）解析 `TABLE_MAP_EVENT` 得到具体的数据库，然后根据数据库去全局维护的哈希表查找对应的工作线程信息，MySQL 维护了一个全局哈希表，用于存储数据库和工作线程映射关系。如果数据库在哈希表中没有找到，那么需要分配一个工作线程给当前的数据库，分配的规则就是选择一个执行事务较少的工作线程，这里不是用哈希取模进行计算，这样的好处是可以避免分配不均匀的问题。在完成分配后，会将数据库和分配的工作线程插入哈希表中，后续的事务如果是同样的数据库就能从哈希表中找到对应的工作线程了，到时候就能直接路由到这个工作线程上。

3）在找到对应工作线程之后，该事务所有的事件都应该分发到这个工作线程中。所以先将之前暂存的 `GTID_EVENT` 和 `QUERY_EVENT` 发送给对应的工作线程，就是发送到工作线程维护的队列中，工作线程会实时监听这个队列，如果有发送事件，工作线程能立即收到事件并开始解析进行执行。在发送完 `GTID_EVENT` 和 `QUERY_EVENT` 后会继续发送 `TABLE_MAP_EVENT`，然后会将该事务的工作线程暂存到内存中，该事务后面的事件会直接采用这个工作线程。

4）将 `DELETE_ROWS_EVENT` 和 `XID_EVENT` 发送到对应的工作线程维护的队列中。工作线程收到事件进行应用，应用的流程跟原有的 SQL 线程一样。

后续的事务也按照上述流程执行。可以看到，数据库级别的并行复制需要依赖 `TABLE_MAP_EVENT` 中的数据库信息，如果事务中没有 `TABLE_MAP_EVENT`，那么就不能并行执行。

2. MySQL 5.7 并行复制

MySQL 5.7 并行复制主要依赖主库组提交的逻辑，组提交将同一组的事务通过 `sequence_number` 和 `last_committed` 两个字段标识到一组，并且将这两个字段写入每个事务 `GTID_EVENT header` 中，从库还是由一个调度线程和多个工作线程组成，调度线程主要参考 binlog 中的 `sequence_number` 和 `last_committed` 字段来判断事务是否为一组，如果是一组那么就可以并发执行。MySQL 5.7 的并行复制架构如图 9-6 所示。

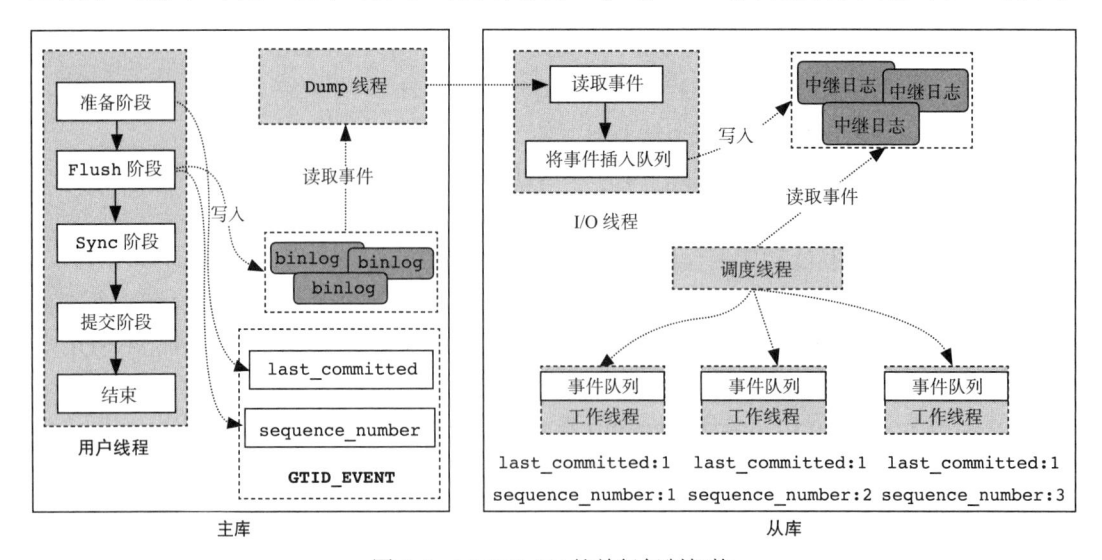

图 9-6　MySQL 5.7 的并行复制架构

在主库端，主要是在提交阶段生成 `last_committed` 和 `sequence_number` 两个值。我们知道 MySQL 是两阶段提交，分为准备阶段和提交阶段，其中提交阶段就对应组提交阶段。组提交又分为三个阶段：Flush 阶段、Sync 阶段和提交阶段。下面介绍 `last_committed` 和 `sequence_number` 都在哪个阶段生成。

- `last_committed` 在准备阶段获取，值为最近一个 `sequence_number`（也就是上一次提交对应的 `sequence_number` 的值）。
- `sequence_number` 在组提交 Flush 阶段生成 `GTID_EVENT` 的时候获取，其值为上一个 `sequence_number` + 1。如果是该组的第一个事务，则 `sequence_number` 为当前 `last_committed` + 1。

`sequence_number` 每次递增，一组事务 `last_committed` 的值相同。

例如，第一组事务：

```
last_committed=2        sequence_number=3
last_committed=2        sequence_number=4
last_committed=2        sequence_number=5
```

第二组事务：

```
last_committed=5        sequence_number=6
last_committed=5        sequence_number=7
last_committed=5        sequence_number=8
```

每个事务在生成 `last_committed` 和 `sequence_number` 后，最终会将它们存储到 `GTID_EVENT` 中，然后再写入 `binlog` 文件。这样从库在解析 `GTID_EVENT` 后就能知道当前事务是否能够并行。

从库端的 I/O 线程逻辑没有变化，这里不再赘述，下面来介绍 SQL 线程。

1）调度线程从中继日志中读取事件，事务开始是 `GTID_EVENT`，解析 `GTID_EVENT` 后可以拿到 `last_committed` 和 `sequence_number` 的值。

2）用 `last_committed` 跟当前正在执行的事务最小的 `sequence_number` 进行比较，如果大于就说明当前的事务跟正在执行的事务不是同一组，就不能并行执行，这时候就需要进行等待。

3）如果小于等于就可以并行执行，这时候为事务分配一个工作线程。跟数据库级别不一样的是，MTS 级别是直接获取一个空闲的工作线程，之后同样还是将事件发送到工作线程维护的队列中。

4）当工作线程监听到队列中有消息后，拿到事件进行解析执行，最终执行完成后会通知正在等待的调度线程，同样也是给调度线程监听的条件变量发送信号量。

5）调度线程收到信号量则退出等待，然后再次判断当前事务的 `last_committed` 是否小于当前正在执行的事务最小的 `sequence_number`，如果满足条件则可以调度执行，如果不满足就继续进入等待状态。

通过上述流程可以看到，MySQL 巧妙地通过组提交用两个字段标识事务是同一组提交的，这样从库只要识别对应的标识就能进行并行回放。

这里可能会有一个疑问，在从库开启并行复制的时候，它的应用顺序是否能够跟主库提交的时候顺序完全一致？

答案是肯定保证不了一致，按照目前的分发逻辑，同一组事务会被分发到不同的工作线程，它们执行完成的顺序就可能不一致。不过，MySQL 为我们提供了一个参数 `slave_preserve_commit_order`，设置该参数后，在开启并行复制的时候就能严格按照中继日志中的顺序执行，也就跟主库的提交顺序保持一致了。下面介绍该参数的实现原理。

开启该参数后，在 MySQL 中会维护了一个全局的 `Commit_order_manager` 对象，该对象维护了一个队列，在调度线程将事务分配给对应的工作线程之后，就会将工作线程加入 `Commit_order_manager` 对象维护的队列中。然后在提交的时候会进行判断，如果当前工作线程不是 `Commit_order_manager` 对象维护队列中的第一个元素，那么就进行等待，否则就进行提交。

总结一下就是，调度线程读取中继日志是顺序的，分发到对应的工作线程也是顺序的，但是每个事务的情况不一样，最终提交的顺序可能不一致。`Commit_order_manager` 对象的目的就是把工作线程按照分发的顺序进行管理，在提交的时候如果工作线程不是第一个元素，那就表示它之前还有工作线程没有提交完成，需要进行等待。

3. MySQL 8.0 并行复制

在 MySQL 8.0 中引入了 WriteSet，前面提到 WriteSet 其实是在 MTS 的基础上进一步进行的优化，它主要是在主库上改变了 `last_committed` 和 `sequence_number` 的值，让本来不在一个组提交的事务的 `last_committed` 值也一样。这样其实就提高了并发度，从库进行并行执行的逻辑没有变化。MySQL 8.0 的并行复制架构如图 9-7 所示。

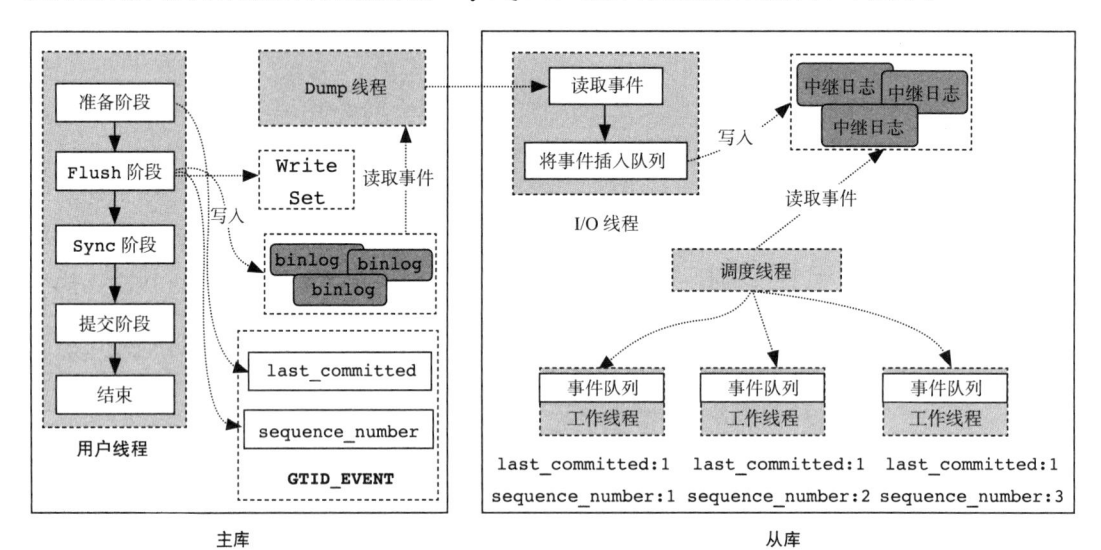

图 9-7 MySQL 8.0 的并行复制架构

由于并行复制是对 MTS 的进一步优化，这里我们重点只介绍 WriteSet 的优化点，即在主库组提交阶段如何改变 `last_committed` 和 `sequence_number` 的值，让更多的事务能够并发执行。

这里可能会有一个问题，不在同一组提交的事务能并行执行吗？答案是肯定的。并行复制的核心思想是事务没有冲突即可，进一步说就是事务中操作的数据互相没有冲突即可。MTS 的思想是利用组提交，组提交保证了一组事务肯定没有冲突，但是组提交有一个要求，就是各个事务提交的时间要基本上很接近，这就导致并发的事务数可能不是很多，从而导致从库并行的效率不高。而 WriteSet 的思想其实就是，只要事务中操作的数据不冲突，那么它们就可以并行执行。

那如何确保事务中操作的数据不冲突？其核心就是要确定具体的一条记录，这可以通过主键或者唯一键进行确认。只要多个事务没有操作同一条数据，那么它们就没有冲突，不过也要考虑外键等情况，在下面将详细介绍。

下面介绍 WriteSet 是如何判断多个事务中操作的数据是否冲突的。开启 WriteSet 后，MySQL 会维护一个全局的向量 `m_writeset_history`，向量里面的一个元素能确定一条唯一的记录，它存储了两个信息，第一个是能唯一确定一行记录的值，其生成方式如下：

```
example :

    CREATE TABLE db1.t1 (i INT NOT NULL PRIMARY KEY, j INT UNIQUE KEY, k INT
                    UNIQUE KEY);

    INSERT INTO db1.t1 VALUES(1, 2, 3);

    // 生成规则（索引名称 + 数据库名称 + 数据库名称长度 + 表名称 + 表名称长度 + 字段值 + 字段值长度）
    // 主键：
    // i -> PRIMARYdb13t1211    => PRIMARY is the index name (for primary key)

    // 唯一键 j：
    // j -> jdb13t1221           => 'j' is the index name (for first unique key)

    // 唯一键 k：
    // k -> kdb13t1231           => 'k' is the index name (for second unique key)

    // 上述生成的值最终再进行哈希计算
```

第二个是该行记录对应事务的 `sequence_number`，也就是在组提交 Flush 阶段生成的 `sequence_number`。

全局向量 `m_writeset_history` 里面会存储近期事务操作的所有记录对应的唯一值信息，默认存储 25 000 条记录，由 `binlog_transaction_dependency_history_size` 参数决定。

那事务中的数据行是在什么时候生成 WriteSet 记录的？答案是数据写入 `binlog cache` 的时候。

知道全局向量 `m_writeset_history` 存储的元素是什么信息后，我们再看下提交的时候是如何判断数据是否冲突的。在组提交的 Flush 阶段，会去全局维护的历史的 WriteSet 向量 `m_writeset_history` 中查询当前事务产生的 WriteSet 记录是否存在。相关逻辑如下：

```
// 将 last_parent 设置为 m_writeset_history_start, 它是当前 m_writeset_history 中最小的
    last_commit 信息（TODO：confirm）。last_parent 后续会被设置为该事务的 last_committed。
    如果在下面判断没有冲突的记录, 那么 last_committed 就被设置成为 m_writeset_history_
    start, 这样它在从库上就能跟之前的事务并行执行了。如果发生冲突了, 就会修改 last_parent 的值。
    这样它在从库上就不能和其他事务并行执行。
int64 last_parent = m_writeset_history_start;

// 循环遍历当前事务的 WriteSet 向量, 看里面的元素是否在全局 m_writeset_history 里面。
for (std::vector<uint64>::iterator it = writeset->begin();
     it != writeset->end(); ++it) {
  Writeset_history::iterator hst = m_writeset_history.find(*it);
  if (hst != m_writeset_history.end()) {
    // 如果在 m_writeset_history 里面存在, 那就说明有冲突。
    if (hst->second > last_parent && hst->second < sequence_number)
      // 将 last_parent 的值设置为之前元素对应的 sequence_number 的值, last_parent 的值后
         续会设置为当前事务的 last_committed 的值。
      last_parent = hst->second;

    // 那么把之前相同的记录对应的 value 值改成当前的 sequence_number, 这里的 value 其实对应的
       是当时事务的 last_sequence
    hst->second = sequence_number;
  } else {
    if (!exceeds_capacity)
      // 如果不存在, 那么就将该元素插入 m_writeset_history 向量中
      m_writeset_history.insert(
          std::pair<uint64, int64>(*it, sequence_number));
  }
}
```

`m_writeset_history` 中 `m_writeset_history_start` 的值在每次清空 history WriteSet 的时候会赋值成当前事务 `sequence_number` 的值。

上述流程有一个前提，就是事务操作对应的行必须有主键或者唯一键，如果没有的话就不能确定唯一性，那么上述逻辑就不能使用。所以没有主键或者唯一键的还是会沿用 MTS 的逻辑，也就是 WriteSet 不干预 `last_committed` 的值，这个时候对应的事务到从库上去的时候也不能跟之前的事务并行执行。

那如果事务中操作的记录包含外键怎么办？我们知道，外键的操作是需要有顺序性保证的，在从库并行回放的时候需要保证顺序性，不然就会报错。

外键只能操作子表，操作子表的时候，除了把子表的主键和唯一键都生成 WriteSet 元素之外，还会检查该表是否有外键，如果有外键就会找到父表，父表被参考的字段也会

生成 WriteSet 元素。这样，在有其他的事务操作父表的外键字段的时候，会检测出冲突，在从库就不能进行并行执行。

至此，MySQL 的并行复制功能介绍已完结。可以观察到，从 5.6 版本至 8.0 版本，MySQL 不断对并行复制功能进行优化。在 MySQL 8.0 版本中，基于 WriteSet 的方法已经基本能够解决主从复制的问题。然而，在实际应用中，主从复制延迟的原因比较多样化，例如从库所在机器性能不足等。在这些情况下，即便采用基于 WriteSet 的并行复制技术，仍然可能出现延迟。

9.2 组复制

在我们使用或者维护 MySQL 的时候，经常会遇到两个棘手的问题：
- **高可用**。在 MGR 出现之前，MySQL 没有提供自动切换的方案，这就需要数据库维护人员部署开源高可用方案或者自行开发。无论何种方案，要想稳定运行都需要经过各种场景的长期验证。
- **数据一致性**。在本章前面介绍主从复制及半同步复制的时候，我们知道 MySQL 默认的异步复制是存在数据丢失的风险的，即使是半同步复制，在极端情况下还是会存在数据丢失的问题。

为了解决上述问题，在 MySQL 5.7 版本中引入了 MGR，基于一致性协议 Paxos 实现底层数据同步，在协议上保证数据的一致性，并且提供了节点自动故障转移功能。同时，MGR 还支持单主模式和多主模式，这就意味着应用可以在多个节点上同时写入。下面介绍 MGR 是如何实现这些功能的。

9.2.1 总体架构

MGR 是以插件方式实现的，它跟半同步插件类似，最终通过回调函数来调用对应的方法。不过 MGR 的实现较为复杂，主要原因是它在底层实现了 Paxos 协议的变种，不仅要实现数据流和控制流，跟上层 MySQL Server 交互，还需要处理多种异常情况。MySQL MGR 的主要结构，如图 9-8 所示。

MGR 插件主要包含 4 层：**插件管理相关**、**GCS（Group Communication System）层**、**GCS XCOM Proxy 层**、**XCOM 层**。其中插件管理相关包括插件初始化、启动、UDF 函数、相关参数设置等功能模块，由于篇幅原因在图 9-8 中未体现。下面我们具体介绍 GCS 层、GCS XCOM Proxy 层、XCOM 层。

1. GCS 层

GCS 层包含 GCS 模块、应用模块、选举切换模块等，主要负责跟上层 MySQL Server 以及下层 XCOM 模块的交互，具体包括：

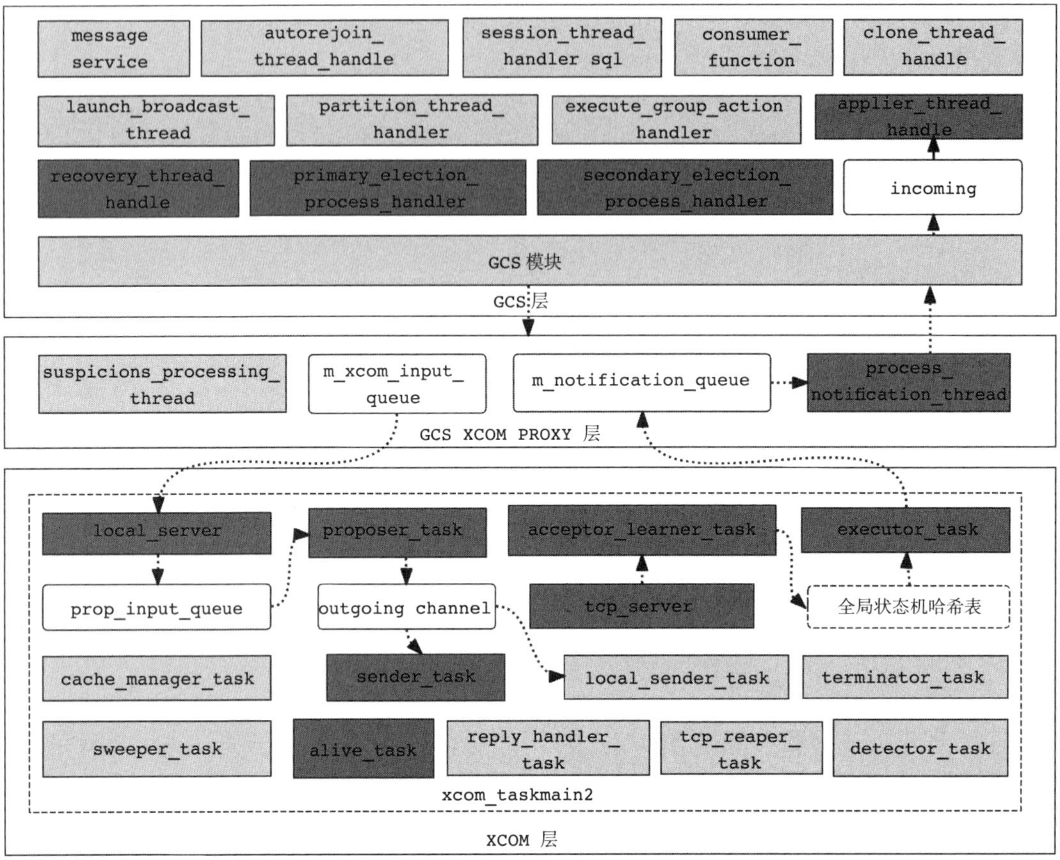

```
┌─────────────────────────────────────────────────────────────────────────────┐
│  ┌──────────┐  ┌──────────────┐  ┌──────────────┐  ┌─────────┐  ┌──────────┐│
│  │ message  │  │ autorejoin_  │  │session_thread│  │consumer_│  │clone_    ││
│  │ service  │  │ thread_handle│  │ handler sql  │  │function │  │thread_   ││
│  │          │  │              │  │              │  │         │  │handle    ││
│  └──────────┘  └──────────────┘  └──────────────┘  └─────────┘  └──────────┘│
│  ┌──────────────┐ ┌──────────────┐ ┌──────────────────┐ ┌──────────────────┐│
│  │launch_broadcast│ │partition_thread│ │execute_group_action│ │applier_thread_││
│  │  thread       │ │   handler    │ │    handler       │ │    handle        ││
│  └──────────────┘ └──────────────┘ └──────────────────┘ └──────────────────┘│
│  ┌──────────────┐ ┌──────────────┐ ┌──────────────────┐ ┌──────────────────┐│
│  │recovery_thread│ │primary_election│ │secondary_election│ │   incoming      ││
│  │   handle     │ │process_handler│ │ process_handler │ │                  ││
│  └──────────────┘ └──────────────┘ └──────────────────┘ └──────────────────┘│
│                              GCS 模块                                        │
└─────────────────────────────────────── GCS 层 ──────────────────────────────┘

┌─────────────────────────────────────────────────────────────────────────────┐
│ ┌────────────────┐ ┌────────────┐ ┌──────────────────┐ ┌──────────────────┐ │
│ │suspicions_     │ │m_xcom_input│ │m_notification_   │ │   process_       │ │
│ │processing_     │ │   queue    │ │    queue         │ │notification_thread│ │
│ │   thread       │ │            │ │                  │ │                  │ │
│ └────────────────┘ └────────────┘ └──────────────────┘ └──────────────────┘ │
└────────────────────────────── GCS XCOM PROXY 层 ────────────────────────────┘

┌─────────────────────────────────────────────────────────────────────────────┐
│ ┌──────────────┐  ┌──────────────┐ ┌────────────────────┐ ┌───────────────┐ │
│ │ local_server │  │ proposer_task│ │acceptor_learner_task│ │ executor_task │ │
│ └──────────────┘  └──────────────┘ └────────────────────┘ └───────────────┘ │
│ ┌──────────────┐  ┌──────────────┐ ┌────────────────────┐ ┌───────────────┐ │
│ │prop_input_   │  │outgoing_     │ │    tcp_server      │ │全局状态机哈希表│ │
│ │    queue     │  │  channel     │ │                    │ │               │ │
│ └──────────────┘  └──────────────┘ └────────────────────┘ └───────────────┘ │
│ ┌──────────────┐  ┌──────────────┐ ┌────────────────────┐ ┌───────────────┐ │
│ │cache_manager_│  │ sender_task  │ │  local_sender_task │ │ terminator_task│ │
│ │    task      │  │              │ │                    │ │               │ │
│ └──────────────┘  └──────────────┘ └────────────────────┘ └───────────────┘ │
│ ┌──────────────┐ ┌───────────┐ ┌────────────┐ ┌────────────┐ ┌───────────┐ │
│ │ sweeper_task │ │alive_task │ │reply_handler│ │ tcp_reaper │ │detector_  │ │
│ │              │ │           │ │    task    │ │    task    │ │   task    │ │
│ └──────────────┘ └───────────┘ └────────────┘ └────────────┘ └───────────┘ │
│                             xcom_taskmain2                                  │
└──────────────────────────────── XCOM 层 ────────────────────────────────────┘
```

图 9-8　MySQL MGR 的主要结构

- **message service**。该模块启动 `launch_message_service_handler_thread` 线程，主要用于在插件内跟 MySQL Server 层完成消息交互。
- **autorejoin_thread_handle**。该模块会开启 `autorejoin_thread_handle` 线程，在节点异常宕机或者重启时会根据情况重新加入集群。
- **session_thread_handler sql**。该模块会开启 `session_thread_handler` 线程，主要负责执行一些内部命令，例如设置只读、杀掉会话、等待 GTID 执行完成等。
- **consumer_function**。由 `consumer_function` 线程负责，主要负责将打印日志输出到 MySQL 错误日志文件中，日志模块还实现了异步写入。详细可参考 `plugin/group_replication/libmysqlgcs/src/interface/gcs_logging_system.cc` 文件。
- **clone_thread_handle**。该模块会开启 `clone_thread_handle` 线程，主要用于在集群创建的时候自动同步存量的数据。在克隆特性引入之前，需要通过

mysqldump、xtrabackup 等方式将存量数据导入到其他实例中。
- **launch_broadcast_thread**。主要负责两部分工作，一部分是进行事务冲突检测，由应用线程触发，另外一部分是开启 launch_broadcast_thread 线程，该线程定期开启流控和广播已经执行的 GTID 信息到集群中。
- **partition_thread_handler**。处理网络分区的情况。
- **execute_group_action_handler**。主要处理单主转换为多主、主动切主等消息。
- **applier_thread_handle**。应用线程，主要处理数据流和控制流的消息。例如，MySQL 层的事务最终就是由该线程进行应用的。
- **recovery_thread_handle**。该模块会开启 recovery_thread_handle 线程，当节点发生切换后，或者加入到集群的时候，会根据情况看是否需要进行数据恢复补齐。
- **primary_election_process_handler**。在集群切换的时候，负责处理领导者切换相关动作，例如等待事务应用完成、退出只读模式等。
- **secondary_election_process_handler**。在集群切换的时候，负责处理跟随者切换相关动作，例如设置只读模式、等待事务应用完成等。
- **incoming**。用于数据流和控制消息的传输，主要由 applier_thread_handle 线程进行消费处理。
- **GCS 模块**。从 MySQL Server 层接收消息，进行处理后发送到 XCOM 层，同时从 XCOM 层接收消息进行处理。这些消息包括数据流消息、控制流相关消息，例如节点加入和移除等，详细可参考 plugin/group_replication/src/gcs_event_handlers.cc 文件。

2. GCS XCOM Proxy 层

GCS XCOM Proxy 层的主要作用是衔接 GCS 层和 XCOM 层，里面定义了很多接口和方法，限于篇幅，这里不会详细介绍，感兴趣的读者可以参考 plugin/group_replication/libmysqlgcs/src/bindings/xcom/ 下的文件。这里主要介绍其开启的两个比较重要的线程以及对应的两个队列，在图 9-8 中从左到右依次为：

- **suspicions_processing_thread**。处理有问题的节点，节点如果超时就从本地节点列表中移除节点，如果没有超时就检查是否有丢失消息，有丢失消息就设置丢失消息标志位并且打印 warning 日志。
- **m_xcom_input_queue** 队列。用于 GCS 层发送控制流消息和数据流消息给 XCOM 层，主要是用户线程发送事务消息到该队列，local_server 任务从该队列进行消费处理。
- **m_notification_queue** 队列。该队列用于传递一些节点管理的对象消息以及事务处理的回调对象消息。由 process_notification_thread 线程消费处理。

❑ **process_notification_thread**。主要用于节点管理相关消息的传递，例如节点添加、节点删除等。

3. XCOM 层

XCOM 层实现 Paxos 协议的变种，其中包含 Paxos 通信、消息传输、成员变更等功能，主要调度的是一些处理 Paxos 协议消息交互的任务。

MGR 插件的底层就是 XCOM 层，在这之前 MySQL 使用的是 Corosync 组件实现，在后期采用全部自研。XCOM 层主要包含 **xcom_taskmain2** 模块，它开启了一个线程，并在该线程中实现了一个协程机制，定期调度不同的任务。表 9-9 所示为 xcom_taskmain2 调度的常见任务。

表 9-9　xcom_taskmain2 调度的常见任务

任务名称	描述
local_server	用于获取本地 GCS 层发来的消息，然后进行处理
proposer_task	负责发送消息给本地节点和远程节点，默认有 10 个 proposer_task 任务
acceptor_learner_task	读取 tcp_server 接收到的数据进行处理，也就是处理其他节点发送过来的 Paxos 消息
executor_task	读取 Paxos 协议层的消息，然后执行已经到 learn 阶段的消息
tcp_server	用于监听套接字端口，并且创建对应的任务进行处理
cache_manager_task	维护状态机缓冲，每隔 0.1s 就检查是否扩容或者收缩状态机缓存
sender_task	接收本地 proposer_task 发来的消息，然后发送给远程节点
local_sender_task	接收本地 proposer_task 发来的消息，然后本地进行处理
terminator_task	用于延迟终止 xcom 实例
sweeper_task	用来跳过 noop 消息，在后续会详细介绍
alive_task	当节点空闲超过 0.5s 的时候，会每秒定时向其他节点发送 i_am_alive_op 心跳信息，当发现某个节点超过 4s 没有回复的时候，会发送 are_you_alive_op 类型的心跳消息
reply_handler_task	跟 acceptor_learner_task 的逻辑相似，不过它只监听用于发送消息的套接字，所以它主要用于处理发送消息后的回复，一般用在最开始协议协商的阶段
tcp_reaper_task	负责清理长时间空闲的连接
detector_task	定期向其他节点发送 view 消息

另外，跟上述任务协作的还有两个队列和一个哈希表：

❑ **prop_input_queue** 队列。用于数据流消息和控制流消息的传输，由 **local_server** 任务生产，由 **proposer_task** 任务进行消费处理。

❑ **outgoing channel** 队列。主要用于将消息传递给 sender_task 任务，在 MGR 中有多个 outgoing 队列，每个队列对应一个 sender_task 任务，最终由 sender_task 任务将消息发送给其他节点。主要由 proposer_task 任务生产。

❑ **全局状态机哈希表**。用户缓存全局 Paxos 状态机。

至此，MGR 插件的主要模块介绍完毕。可以看到，MGR 插件的实现较为复杂，各个线程分工明确，不同的模块负责的工作不同，并且模块之间还会有交互。下面介绍数据流，以及这些模块是如何协作运行起来的。

9.2.2 数据流

数据流分为四层：
- **MySQL Server 层**。在事务提交的之前会调用回调函数将事务数据发送到 GCS 层。
- **GCS 层**。将事务数据转换成 GCS 层对应的对象。
- **GCS XCOM Proxy 层**。将 GCS 对应的事务对象进行数据序列化，转换成 Paxos 消息需要的格式。
- **XCOM 层**。这层逻辑最为复杂，是实现 Paxos 协议的关键地方。

在详细介绍数据流之前，我们需要大概了解一下 Paxos 协议。Paxos 协议是一个分布式强一致协议，相对比较复杂，由于篇幅原因，这里只介绍相关概念以及大概流程，方便后续章节的理解。首先看看常见的数据库集群方案：

- **MySQL 异步复制**。MySQL 默认的同步策略为异步复制，在写入量较大的时候从库会发生延迟，这个时候主库宕机可能造成从库数据未追平，从而导致数据丢失。
- **MySQL 半同步复制**。半同步复制是以 MySQL 插件的方式提供的，它的核心思想是保证主库的事务在提交前要写入从库的中继日志中，这样就解决了异步复制的数据丢失问题。不过，默认情况下在主从延迟过大的时候会退化到异步复制下，这样跟异步复制一样会造成数据丢失。当然，如果强制设置不进行退化就可以保证数据一致性，这里其实就可以理解为同步复制了，同步复制会牺牲可用性，如果从库宕机，主库将无法写入。
- **多数派读写**。在集群有领导者且单点写入的时候，这个时候是可以保证强一致的，例如 MongoDB 在 Primary 写入，设置 Write Concern 策略为 Majority，保证写入到大部分节点。如果集群多个节点可写入，就可能会造成数据不一致。例如早期版本的 Cassandra，它只能保证线性一致，如果多个节点操作同一条数据就可能造成数据不一致。不过 Cassandra 在 2.0 版本的时候基于 Paxos 协议实现了分布式强一致。

大部分主流数据库都未实现分布式强一致，在一些极端的场景下可能会发生数据丢失等情况。根据上述集群方案，可以总结表述为，一个可用性较高的分布式强一致协议需要具备以下特性：

- **可用性保证**，至少需要三个节点。
- **强一致性保证**，需要是多数派的写入。
- **分布式特性**，能提供多节点写入。

上述三个特性是分布式强一致协议最基础也是最重要的特性。可以看到，要实现分布式强一致协议，其实在多数派读写上进一步优化即可。多数派写入的核心问题是在多个节点同时操作一样的数据时可能造成不一致。那么我们尝试解决这个问题。

多个节点同时操作一条数据有问题，其核心是无法保证顺序性。如果把操作的数据加上版本信息？在写入之前先读取数据的版本信息，然后在写入的时候确认版本信息没有变化再进行写入。这种思想跟 CAS（Check-And-Set 或 Compare-And-Swap）协议相似，在 Memcache 中就采用该协议解决了并发操作同一个键的问题。但这里有一个问题，Memcache 是单节点，获取版本和写入都只用考虑单个节点。下面举例来看看多节点的分布式强一致性协议基于这种思想会有什么问题。

假设有 A、B、C 三个节点，有 2 个客户端同时操作一个名为 a 的键，客户端 1 执行 $a=1$，客户端 2 执行 $a=2$。如果它们同时执行，那么都需要进行多数派读来确定版本信息，因为同时执行时它们拿到的版本信息是一致的。这个时候它们再同时写入，会发生什么？

如果客户端 1 在 A 节点上执行，客户端 2 在 C 节点上执行。最终可能有如下 3 种情况：

- **客户端 1 执行成功，客户端 2 执行失败**。这种情况是在客户端 2 执行的时候，客户端 1 已经执行完成并且同步给所有节点了。客户端 2 再执行的时候发现版本信息不对，就退出执行。
- **客户端 1 执行失败，客户端 2 执行成功**。这种情况跟上面一样，就是客户端 2 比客户端 1 快。
- **客户端 1 执行成功，已同步到大部分节点，客户端 2 执行异常**。客户端 1 在 A 和 B 上执行成功，客户端 2 在 C 上执行成功。这个时候无论客户端 1 的数据同步到 C 还是客户端 2 的数据同步到 A 或 B 都会发生冲突。

可以看到，在数据有版本的时候，可以在一定程度上解决多节点操作同一条数据的问题，不过并不能完全解决，在最后一种情况下是有问题的。这个时候就需要相关的处理策略，主要思想是让客户端 1 和客户端 2 要有全局的顺序性，如果发生了冲突则需要有对应的策略进行处理。这也接近了 Paxos 协议的思想，下面就来简单看看 Paxos 协议是如何实现的。

先来介绍 Paxos 协议的相关概念：

- client（客户端）。发送请求给分布式集群。
- proposer（提议者）。它接收客户端的请求，将请求发送给接受者，同时它也是一个提议者，处理数据发生冲突等情况。
- acceptor（接受者）。用于接收提议者发来的请求。
- learner（学习者）。当提议者发送的请求在所有接受者中达到多数派标准之后，最终将请求发送给学习者节点，由学习者节点负责执行，不过一般情况下学习者和接受者为同一个节点。
- leader（领导者）。这里的领导者也是一个提议者，是所有节点选举出来的。
- proposal number and agreed value（提议号和商定值）。在每次提议者发送请求的时候，都会携带一个唯一的 proposal number 还有需要同步的数据，也就是 agreed

value。接受者收到之后会比较发送过来的 proposal number 和本地的谁大，如果发送过来的较大则接收请求，然后将 agreed value 保存在本地，如果较小则拒绝请求并不做回应。
- quorum（多数派）。在提议者发送请求后，需要多数派的接受者做出回复才能进入下一阶段。
- state machine（状态机）。状态机是一种数据模型，在 Paxos 中，一系列有序的 Paxos 日志组成了 Paxos 状态机。不同的节点要达到相同的状态，需要借助状态机进行相同顺序的执行。

知道了 Paxos 协议的相关概念后，我们来介绍 Paxos 协议的执行流程。在最基础的 Paxos 协议中，客户端发送过来的请求会经历两个阶段：准备阶段和接受阶段。

先来介绍**准备阶段**。提议者接收客户端的请求，然后发送准备消息，其实就是发送带有 proposal number 的消息给所有的接受者，注意这里不携带对应的值。接受者收到后，会对比发送过来的 proposal number 和最近收到的 proposal number。如果发送过来的较大，则接收请求，然后将发送过来的 proposal number 保存在接受者中，后续将忽略所有小于该 proposal number 的请求。如果在这之前接受者已经接收过其他提议者发来的值了，则返回接受的提议者对应的 proposal number 和值，如果没有接受过则返回 promise 消息即可。如果小于或者等于最近收到的 proposal number，则忽略这个请求，不做任何回复。针对这种情况，这里有个优化，就是接受者可以回复拒绝消息，提议者收到后就可以及时终止本轮请求。

这里有个问题，如何判断接受者已经接收过值了？其实 Paxos 的维度是针对该轮请求来判断，例如客户端 1 和客户端 2 分别从 A 节点和 C 节点发起请求，它们都在同一轮发起请求。那这个时候它们肯定会产生冲突，注意这里的冲突并不是发送的消息内容冲突，而是 Paxos 协议顺序性的冲突。为了解决该冲突就有上述的判断，判断 proposal number 的大小和接受者是否在本轮已经接收过值了，注意已经接收过值说明某个客户端的请求已经到达了第二阶段，因为第一阶段的请求是不带值的。所以一般 Paxos 的实现内部都会创建多个状态机对象，里面保存了 Paxos 消息内容，各个阶段情况，他们以消息编号作为唯一确定的值，通过消息编号就能找到对应的状态机对象。在状态机对象中保存每一阶段的值和 proposal number，这样就可以进行判断了。

在这里又引入了两个问题：① Paxos 协议层解决的是其协议请求执行顺序的冲突，那上层应用的数据冲突谁来解决呢？例如 MGR 的场景在两个节点写入可能会造成事务冲突，MGR 则实现事务认证、冲突模块来解决，在后续章节会详细介绍。② Paxos 协议层冲突的核心原因是请求发送都在同一轮里面，正常如果只有一个提议者发送请求，其实是没有冲突情况的，这个时候是不是可以省略第一阶段。如果是多个提议者我们能不能让它们在发起请求的时候就不在同一轮里面呢，这样它们是不是也不会冲突。这里说的其实就是 Paxos 的 multi paxos 的优化思想，MGR 已经实现，在后续的章节中会详细介绍。

再来介绍**接受阶段**。当准备阶段提议者收到多数派接受者节点回复的时候，表示请求可以继续，这个时候提议者再次向所有的接受者节点发送请求，请求内容包括 proposal number 和对应的值，注意这次需要携带值，这里发送的 proposal number 和值可能是自己的也可能是其他客户端的，在准备阶段的时候接受者如果已经接受了其他提议者的值，这时候给提议者返回的就是它接受的 proposal number 和对应的值，提议者收到之后需要将该 proposal number 和对应值发送给所有的接受者，这里其实是一种修复，之前的客户端可能由于各种异常最终没有完成整个请求，那么这种情况下其他提议者收到之后就协助其完成整个请求。同样接受者在收到请求的时候，会对比发送过来的 proposal number 和最近收到的 proposal number，如果较大或者等于则将值保存到本节点上，然后发送返回的请求给提议者节点表示已经接受消息。如果较小，则忽略该请求，不做任何回复。

下面我们举例说明两阶段情况。第一种情况的 Paxos 两阶段流程如图 9-9 所示，客户端 1 首先向 A 节点发送请求，此时 A 为本次请求的提议者，提议者向其他接受者（A、B、C 节点）发送请求，注意 A 也是接受者，`proposal number` 为 1，`slot` 为 1，这里的槽可以表示消息号，也是确定当前轮次的唯一值。由于在第一个槽期间，三个节点都没有接收请求，所以本次请求的 `proposal number` 都大于接受者节点的 `proposal number`。所以所有的接受者都接受了请求。此时所有的接受者会把接收到的 `proposal number` 保存到本节点上。

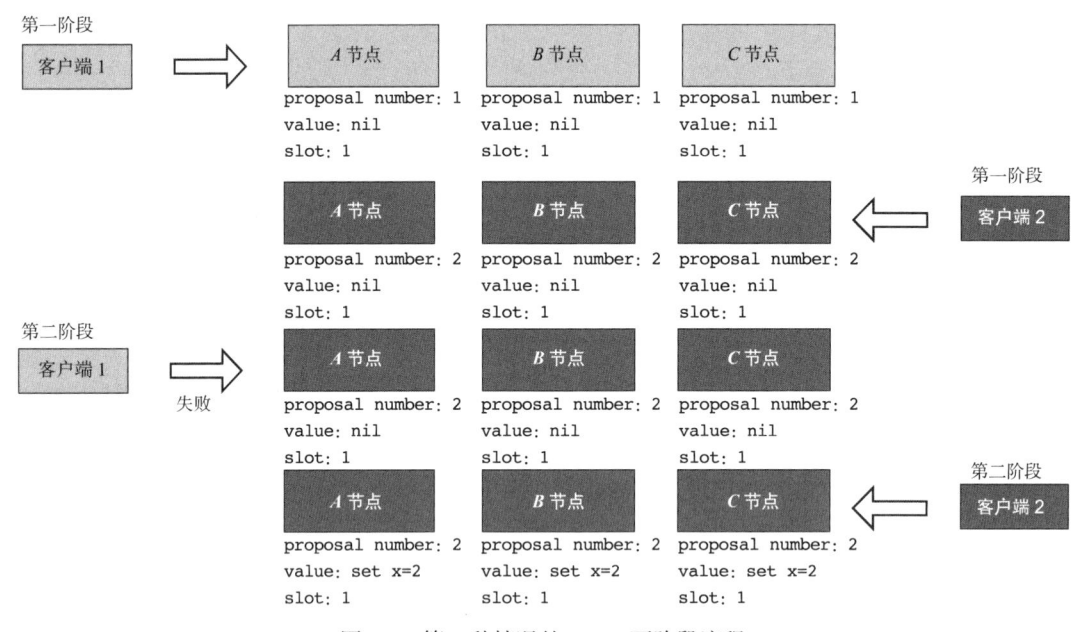

图 9-9　第一种情况的 Paxos 两阶段流程

然后客户端 2 向 C 节点发送请求，此时 C 节点为本次请求的提议者，提议者向其他接受者（A、B、C 节点）发送请求，注意 C 节点也是接受者，`proposal number` 为 2，`slot` 为 1。

由于在槽 1 期间所有的接受者已经接受了客户端 1 的请求，所以对应的 `proposal number` 为 1，由于本轮请求的 `proposal number` 为 2，所以所有的接受者会接受请求。最终所有接受者会把接收到的 `proposal number` 保存到本节点上。

此时客户端 1 的请求进入第二阶段，由提议者（A 节点）发送请求给所有的接受者（A、B、C 节点）。请求的内容为（`proposal number: 1, value: set x=1`）。当所有的接受者接受到这个请求时，对比发现提议者发送过来的 `proposal number` 小于自己的，这时候接受者会忽略该请求。

然后客户端 2 的请求进入第二阶段，由提议者（C 节点）发送请求给所有的接受者（A、B、C 节点）。请求的内容为（`proposal number: 2, value: set x=2`）。当所有的接受者接受到这个请求时，对比提议者发送过来的 `proposal number` 跟自己相等，这个时候接受者会接受该请求，然后对应的值保存到本节点上。

上述例子比较简单，下面再看看第二种情况，第二种情况的 Paxos 两阶段流程如图 9-10 所示。

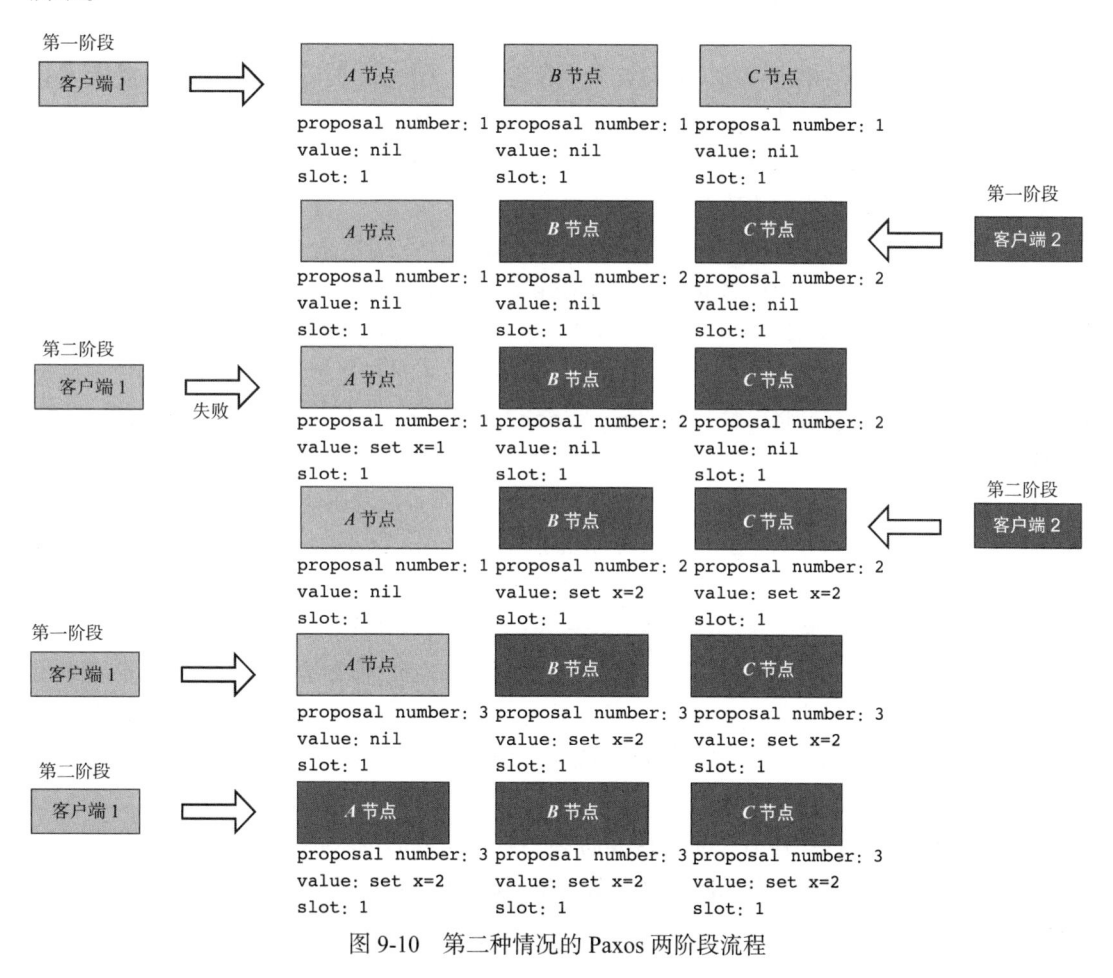

图 9-10　第二种情况的 Paxos 两阶段流程

首先客户端 1 向 A 节点发送请求，此时 A 节点为本次请求的提议者，提议者向其他接受者（A、B、C 节点）发送请求，proposal number 为 1，slot 为 1。由于在第 1 个 slot 期间，三个节点都没有接受请求，所以本次请求的 proposal number 都大于接受者节点的 proposal number。所以所有的接受者都接受了请求。此时所有的接受者会把接收到的 proposal number 保存到本节点上。

然后客户端 2 向 C 节点发送请求，此时 C 节点为本次请求的提议者，提议者向其他接受者（A、B、C 节点）发送请求，proposal number 为 2，slot 为 1。由于在第 1 个 slot 期间所有的接受者已经接受了客户端 1 的请求，所以对应的 proposal number 为 1，由于本轮请求的 proposal number 为 2，所以所有的接受者会接受请求。最终 B 节点接受者已经把接收到的 proposal number 保存到本节点上，A 节点还未收到请求。

此时客户端 1 的请求进入第二阶段，由提议者（A 节点）发送请求给所有的接受者（A、B、C 节点）。请求的内容为（proposal number：1，value：set x=1）。当所有的接受者接受到这个请求时，对比发现提议者发送过来的 proposal number，此时节点 B 和 C 会忽略该请求。

然后客户端 2 的请求进入第二阶段，由提议者（C 节点）发送请求给所有的接受者（A、B、C 节点）。请求的内容为（proposal number：2，value：set x=2）。当所有的接受者接受到这个请求时，对比发现提议者发送过来的 proposal number，这个时候 B 节点接受者已经接受该请求，A 节点还未收到请求。

然后客户端 1 向 A 节点再次发送请求，此时 A 为本次请求的提议者，提议者向其他接受者（A、B、C 节点）发送请求，proposal number 为 3，slot 为 1。当所有的接受者接受到这个请求时，对比发现提议者发送过来的 proposal number。接受者的 proposal number 都比 3 小，都接受了提议者请求。不过接受者在 slot1 任期里面已经接受过值了，这个时候会将已经接受的 proposal number（2）和对应的值（set x=2）返回给提议者。

此时客户端 1 的请求进入第二阶段，由提议者（A 节点）发送请求给所有的接受者（A、B、C 节点）。请求的内容为（proposal number：3，value：set x=2）。当所有的接受者接受到这个请求时，对比发现提议者发送过来的 proposal number，所有接受者值都相等，这个是把提议者发送过来的值（set x=2）保存在本节点中。

上述情况比较特殊，一般在 C 节点跟 A 节点通信有延迟等情况下产生。这也很好地模拟网络分区时 Paxos 请求发生冲突的处理，最终可以看到冲突处理其实以谁最先完成第二阶段为主，未完成的节点后续也是对已完成节点的一个修复工作，最终保证在所有的节点上执行成功。

其实在 Paxos 协议中还有一个阶段是将第二阶段完成的请求再发送给学习者节点，一般情况下学习者节点跟接受者是同一个节点，在 MGR 中也是这样的，最终到了 learn（学习）阶段后就可以进行应用执行了。

至此 Paxos 协议已经介绍完毕，我们可以看到 Paxos 相比之前我们提到的多数派读写，在同一轮或者同一任期中，它提供了 proposal number 来控制执行顺序。又通过一些策略来控制冲突，比如在上述例子中最终冲突了则选择已经完成两阶段的请求，其他冲突的请求则失败，并且为成功的请求做修复。

简单了解了 Paxos 协议后，我们就能更好地理解 MGR 内部的数据执行流程了。在 MGR 中，数据流比较复杂，它不仅涉及 Paxos 协议，还需要跟上层 MySQL 交互，领导者端处理事务提交流程，跟随者端处理事务应用的流程。并且在多主等情况下还需要处理数据冲突的情况。MySQL MGR 数据流的架构如图 9-11 所示。

由于篇幅问题，图 9-11 中只展示了一个领导者和跟随者节点，实际场景中会有多个跟随者或者多个领导者。接下来分模块进行详细介绍。

（1）MySQL 层（领导者）

在领导者端的 MySQL 层，客户端发起请求到 MySQL 层，MySQL 层进行处理，最终进行事务提交。在正常的流程中，事务提交就会调用存储引擎的接口，随即完成提交。不过在 MGR 中，在进行存储引擎层的提交之前会调用回调函数，回调函数会调用 MGR 插件的底层方法对事务数据进行处理，然后通过 Paxos 协议发送到其他的跟随者中。图 9-11 左上角中的详细步骤如下：

1）提交第 1 步，用户线程开始进行事务提交，如果开启了 MGR 插件，则会调用对应的回调函数，也就是 `group_replication_trans_before_commit` 方法。

2）提交第 2 步，回调方法会将事务数据，也就是用户线程中的 `binlog` 缓存数据发送到 GCS 层，然后会加锁进行等待，等待 MGR 进行事务数据的处理和发送到其他跟随者节点。

3）提交第 3 步，等待 MGR 处理完成之后，会将锁释放。

4）提交第 4 步，释放锁之后继续进行事务提交流程，进行后续的存储引擎层提交。

（2）MGR GCS 层（领导者）

GCS 层在收到上层 MySQL 发来的 `binlog` 缓存数据后，开始进行处理，主要就是生成 MGR 需要的事务数据，然后最终序列化成 Paxos 的消息。主要经历如下几个阶段：

1）生成 `Transaction_msg` 对象数据，它的内部结构如图 9-12 所示。

可以看到，`Transaction_msg` 分为以下三部分：

- **`transaction context event`**。这是在 GCS 生成的事件，是 MGR 新增的事件类型，它主要存储 `server uuid`、线程 ID、GTID 集合，以及后续用于冲突检测的 `WriteSet`，其生成方式跟之前介绍的基于 `WriteSet` 并行复制的逻辑一致。
- **`GTID_EVENT`**。这里的 `GTID_EVENT` 也在 GCS 层生成，因为事务的 `GTID_EVENT` 是在 InnoDB 存储引擎层生成的，这里回调函数是在之前调用的，所以 binlog 缓存中没有 `GTID_EVENT`，需要 MGR 自己生成。注意这里生成的 GTID 信息其实是没有 `gno` 的，`gno` 会在后续申请，在 9.2.4 小节中会详细介绍。

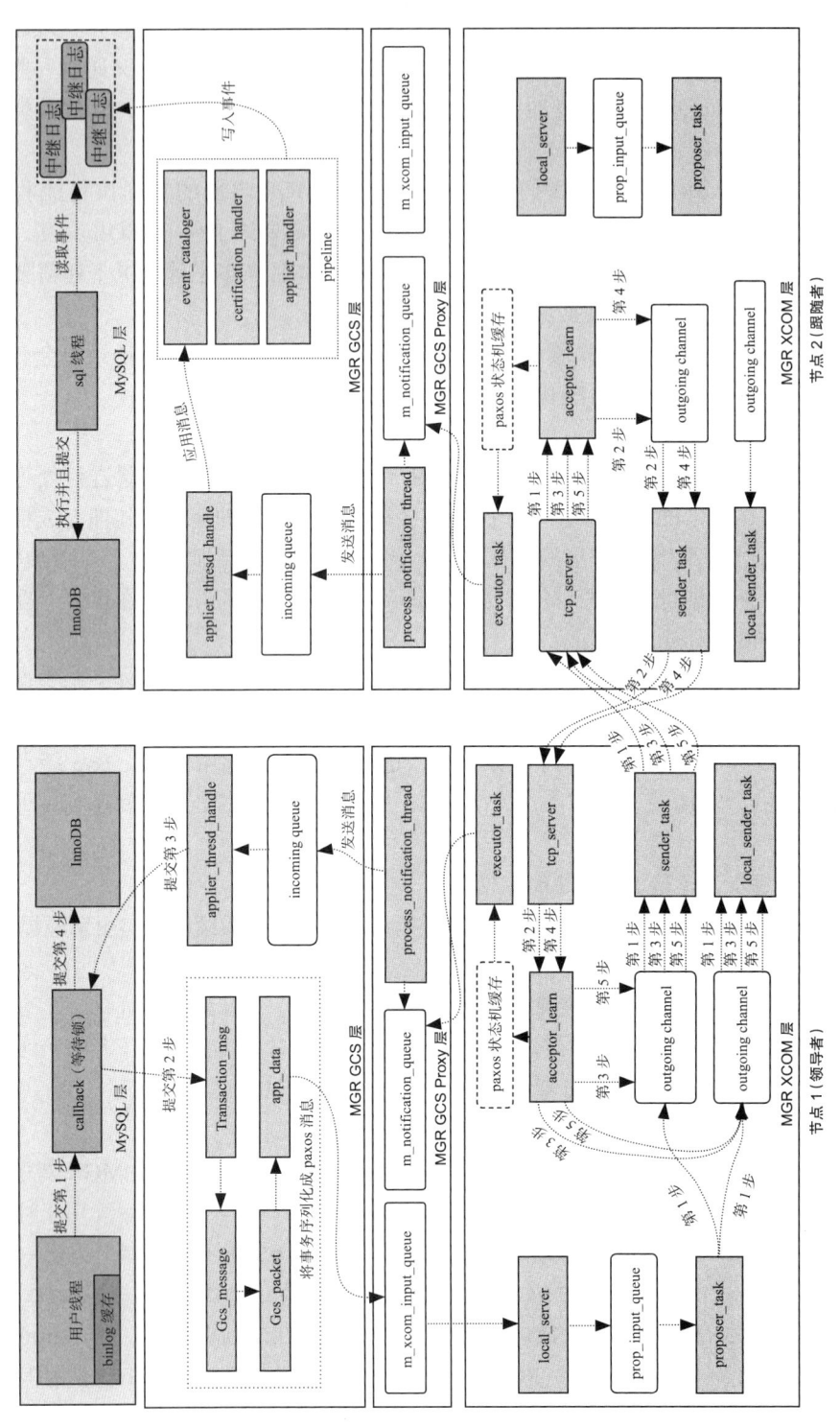

图 9-11 MySQL MGR 数据流的架构

```
         transaction
          context
           event

         GTID_EVENT

         QUERY_EVENT
       TABLE_MAP_EVENT
         ROWS_EVENT
          XID_EVENT
         binlog 缓存
```

图 9-12　Transaction_msg 的内部结构

- **binlog 缓存**。由上层 MySQL 传递下来，里面包含整个事务产生的 binlog 事件，例如 QUERY_EVENT、TABLE_MAP_EVENT、ROWS_EVENT、XID_EVENT 等，根据不同的事务，最终 binlog 缓存中包含的事件也不一样。

最终，Transaction_msg 其实就是申请了一块内存，将 transaction context event、GTID_EVENT、binlog 缓存复制到内存中。

2）转换成 Gcs_message 对象。到了 GCS 层后，事务消息需要封装成 GCS 层对应的 Gcs_message 对象，Gcs_message 的内部结构如图 9-13 所示。

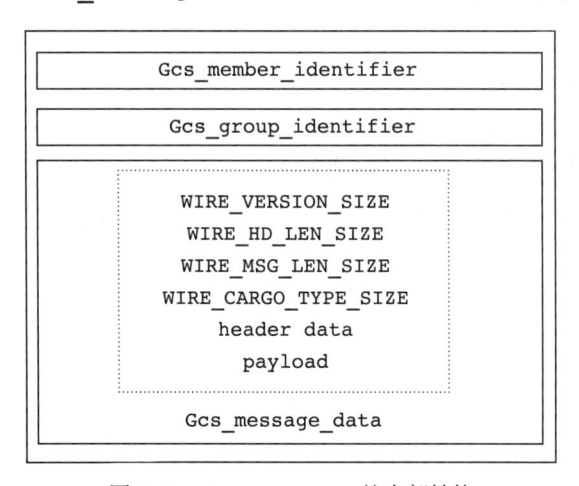

```
       Gcs_member_identifier

       Gcs_group_identifier

        WIRE_VERSION_SIZE
        WIRE_HD_LEN_SIZE
        WIRE_MSG_LEN_SIZE
       WIRE_CARGO_TYPE_SIZE
           header data
            payload

        Gcs_message_data
```

图 9-13　Gcs_message 的内部结构

可以看到，Gcs_message 同样分为三部分，内容如下：
- Gcs_member_identifier，是存储当前节点在集群中的 member id，主要标识消息的发送来源。

- **Gcs_group_identifier**，存储集群 group id 信息，标识消息属于哪一个集群。
- **Gcs_message_data**，存储之前生成的 Transaction_msg 数据，不过这里进行了简单的序列化，例如上图所示，Transaction_msg 存储在 payload 字段中，在之前还存储了一些头信息。

3）转换成 Gcs_packet 对象，从而将数据组装成更好的形式发送到网络缓冲区中。Gcs_packet 的内部结构如图 9-14 所示。

可以看到，Gcs_packet 分为以下四部分：
- **fixed header**，用于存储一些头部信息，主要是记录协议版本的信息、消息类型等。
- **dynamic headers**，在各个阶段生成的动态头信息，主要是用于压缩和分裂相关阶段。
- **stage metadata**，存储在各个节点的一些元数据信息。

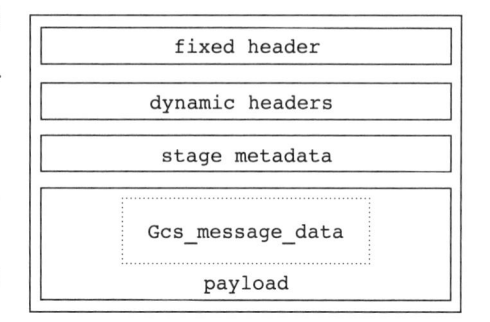

图 9-14 Gcs_packet 的内部结构

- **payload**，存储 Gcs_packet 中的 Gcs_message_data 数据，这里面包含了 Transaction_msg 的数据。

4）转换成 app_data 对象。最终在发送到 XCOM 层的时候，需要封装成 app_data 对象，这是 MGR 中 Paxos 消息对象中的一个元素，在 XCOM 中收到 GCS 发来的 app_data 对象会新建一个 Paxos 消息对象，然后将 app_data 保存在 Paxos 消息对象中。这里将 Gcs_packet 的所有部分都序列化成对应的字符数组，最终存储到 app_data 中。app_data 中的相关字段比较多，就不一一介绍了。

经过以上一系列的转换和序列化，最终将 binlog 缓存的内容序列化存储在 app_data 对象中，然后将 app_data 对象发送到 m_xcom_input_queue 队列，接着发送到 XCOM 层。

（3）MGR XCOM 层（领导者/跟随者）

在 XCOM 层中，xcom_taskmain2 通过调度 local_server 消费 m_xcom_input_queue 队列中的消息，拿到 app_data 对象后生成 Paxos 消息对象。Paxos 消息对象的主要内容如下：

```
node_no to              // 消息发送的目标端。
node_no from            // 消息发送的源端。
uint32_t group_id       // 消息所属的复制组。
synode_no max_synode    // 当前节点最大的 msgno。
start_t start_type      // 消息所属的阶段，启动或者恢复阶段。
ballot reply_to         // 返回的 paxos 消息的 proposal number。
ballot proposal         // 发送的 paxos 消息的 proposal number。
pax_op op               // 定义 paxos 操作类型，主要是几个阶段的操作消息，例如：prepare_op、
                        // ack_prepare_op、accept_op、ack_accept_op 等。
synode_no synode        // 定义 message number。
pax_msg_type msg_type   // 定义消息类型，主要是有 normal、no_op、multi_no_op 三种消息类型。
```

```
bit_set *receivers              // 用位图保存该消息所有的接受者，通过该字段可以来判断消息是否达到
                                   majority。
app_data *a                     // app_data 在上述已经提到，它用于存储事务数据。
snapshot *snap                  // 当 op 类型为 snapshot 类型，则存储 snapshot 数据。
gcs_snapshot *gcs_snap          // 当 op 类型为 gcs_snapshot_op，则存储 gcs_snapshot 数据。
client_reply_code cli_err       // 返回错误码，主要有 REQUEST_OK、REQUEST_FAIL、REQUEST_
                                   RETRY 三种类型。
bool_t force_delivery           // 强制投递消息，即使是上阶段消息没有达到 majority。
int32_t refcnt                  // 记录 reference count。
synode_no delivered_msg         // 广播上一次投递的消息。
xcom_event_horizon event_horizon                          // -
synode_app_data_array requested_synode_app_data           // -
```

在生成 Paxos 消息对象后，`local_server` 任务会将 Paxos 消息对象发送到 `prop_input_queue` 队列中，`proposer_task` 任务进行消费，这里就代表着 Paxos 协议正式开始了。

前面提到最基础的 Paxos 主要包含两阶段流程（准备阶段和接受阶段），在 MGR 中则分别定义了三阶段和两阶段流程。三阶段有 prepare、proposer、learn，两阶段有 proposer、learn。那什么时候需要三阶段，什么时候需要两阶段呢？在以下几种情况需要进行三阶段：

- 发送的消息类型是 `add_node_type`、`remove_node_type`、`force_config_type`，也就是增删节点、改变集群配置时。
- 调用 `modify_configuration` 方法时，其实也是改变集群配置。

剩下的情况都是可以进行两阶段的，例如正常的数据写入。其实相比原生的 Paxos 协议，这里的三阶段是与之一致的，也就是把 learn 阶段也算在接受阶段内了，而这里的两阶段是省略了原生 Paxos 协议的第一阶段。这里为什么可以省略呢？

其实第一阶段主要进行写前读取，第二阶段才进行真正地写入。在一些情况下是可以省略第一阶段的，比如集群只有一个节点接受客户端的请求，那么此时也就是只有一个提议者。在只有一个提议者的时候是不会发生冲突的，那么此时直接进行第二阶段不会有什么问题。那我们知道 MGR 是支持单主跟多主模式的，多主模式下是可以有多个节点接受客户端的写入请求的。这个时候为什么还可以省略第一阶段呢？这里其实是 MGR 对 Paxos 的一个优化，在 9.2.3 节中会详细介绍。

虽然三阶段处理的都是控制流的消息，这里还是以三阶段为例来介绍整个流程，方便读者有一个全局的理解，并且三阶段其实也是包含两阶段流程的。

在开始介绍之前，我们先来了解一下 MGR 中的状态机对象。针对每个消息，MGR 在每个节点中都有一个状态机对象，状态机对象中保存了这个消息不同阶段的信息，具体的字段如下所示：

```
/* Paxos 实例定义信息 */
struct pax_machine {
  linkage hash_link;
  stack_machine *stack_link;
```

```c
    lru_machine *lru;
    // 消息号
    synode_no synode;
    double last_modified;
    linkage rv;              /* 任务可能会在此处休眠，直到发生有趣的事情。*/

    // 接收到发送来的 proposer 请求，相关信息会保存在这里。
    struct {
      ballot bal;            /* 我们正在处理的当前投票。*/
      // bitmap，用来记录多少节点回复了请求
      bit_set *prep_nodeset; /* 已经对我的预操作请求做出回应的节点。*/
      ballot sent_prop;
      bit_set *prop_nodeset; /* 已经对我的提议做出回应的节点。*/
      pax_msg *msg;          /* 我们正试图推送的值。*/
      ballot sent_learn;
    } proposer;

    // 接受了某个节点的消息会保存在这里。
    struct {
      ballot promise;        /* 承诺不接受任何低于此(值)的提议。*/
      pax_msg *msg;          /* 我们已经接受的值。*/
    } acceptor;

    // 消息到达 learn 阶段会保存在这里
    struct {
      pax_msg *msg;          /* 我们已经得知的值。*/
    } learner;
    int lock;
    pax_op op;
    int force_delivery;
    int enforcer;

#ifndef XCOM_STANDALONE
    char is_instrumented;
#endif
};
```

Paxos 协议整个生命周期都在该状态机下完成。在 MGR 中还维护了一个全局的状态机缓存，它的底层是用一个哈希表存储的。可以通过消息号在全局的状态机缓存中获取到对应的状态机对象，如果获取不到则需要新创建，创建完成之后会插入该全局的状态机缓存。

前面提到的 proposer_task 收到 Paxos 对象消息时，会根据其消息类型来判断进行三阶段还是两阶段流程。下面以三阶段流程为例详细进行介绍，这里还是假设有 A、B、C 三个节点，A 节点作为提议者发送请求，B、C 节点则处理收到 A 节点的请求。

(1) prepare 阶段

本阶段对应图 9-11 左下角到右下角的第 1 步和第 2 步，A 节点在准备阶段时会设置 paxos 消息对象的阶段类型为 `prepare_op`，设置 `synode`、`proposal`、`msg_type` 等值。然后将消息循环发送到不同的 Server 维护的 `outgoing` 消息通道里面。在 MGR 中，本地

节点为集群中的每个节点都维护了一个 `outgoing` 消息通道，包括自己的。在发送 paxos 消息的时候就是将消息循环发送到这些消息通道中。

每个消息通道都对应一个 `sender_task` 任务进行监听消费，如果是本地的消息通道则对应的是 `local_sender_task` 任务。所以这里分为以下两种情况：

- **发送到远端**。由 `sender_task` 负责，它消费 `proposer_task` 发送到 `outgoing` 消息通道中的 paxos 消息后，就将消息进行序列化，然后发送到网络缓冲区中。注意这里其实是走的 TCP 协议，使用的连接提前就创建好了。
- **发送到本地**。本地由 `local_sender_task` 根据发来的消息类型进行处理，其处理方式跟其他节点一致，并且调用相同的逻辑，在后面将详细介绍。

所有节点都会运行 `tcp_server` 任务来监听对应的网络套接字，当收到数据后会创建 `acceptor_learn` 任务，由 `acceptor_learn` 任务进行处理。在 `acceptor_learner` 任务中会根据消息的阶段类型进行处理，本次收到的消息的阶段类型为 `prepare_op`，所以这里处理 prepare 消息。注意在每次处理 Paxos 消息的时候都会为其创建状态机或者从状态机缓存中找到其对应的状态机。

然后 A、B、C 节点开始处理 prepare 消息，首先看当前节点该消息的状态机中是否已经到达 learn 阶段，到 learn 阶段表示该消息已经完成了。这里是通过状态机中的 learn 字段是否为空来判断的。如果没有处于 learn 阶段，就对比消息对象中的 proposal 和状态机中的 `acceptor.promise` 的 proposal number，消息对象中的大于状态机中的才能进行后续操作。如果小于状态机中的，到这里就处理完毕，不用返回消息给发送方。

这里继续看大于的情况，如果大于会将消息对象的 proposal 赋值给状态机对象的 `acceptor.promise` 字段。代码如下所示：

```
pax_msg *handle_simple_prepare(pax_machine *p, pax_msg *pm, synode_no synode) {
  pax_msg *reply = NULL;
  if (finished(p)) {
    MAY_DBG(FN; SYCEXP(synode); BALCEXP(pm->proposal); NDBG(finished(p), d));
    reply = create_learn_msg_for_ignorant_node(p, pm, synode);
  } else {
    int greater =
        gt_ballot(pm->proposal,
                  p->acceptor.promise);
    MAY_DBG(FN; SYCEXP(synode); BALCEXP(pm->proposal); NDBG(greater, d));
    if (greater || noop_match(p, pm)) {
      if (greater) {
        p->acceptor.promise = pm->proposal;
      }
      reply = create_ack_prepare_msg(p, pm, synode);
    }
  }
  return reply;
}
```

然后创建回复的消息，分以下两种情况：

- **之前接受过其他节点的值**。这里通过状态机中保存的 `accpetor` 是否有值进行判断。如果接受过，那么根据 Paxos 协议的要求需要把接受的值和对应的 proposal number 返回给对应的节点。并且设置 Paxos 消息对象的阶段类型为 `ack_prepare_op`，表示回复 prepare 并且带有已经接受过的值。
- **之前没有接受其他节点的值**。这里就比较简单了，直接设置 Paxos 消息对象的阶段类型为 `ack_prepare_empty_op`，表示回复 prepare 消息并且没有接受过其他节点发来的值。

上述流程在本地节点的执行流程也是一致的，不过本地节点不需要回复消息，因为都在本地，但是会创建回复消息对象。在调用回复逻辑的时候，会判断是否是本地节点，如果是本地节点就会直接调用对应的逻辑来处理回复的消息对象，这里的处理逻辑跟处理其他节点的回复的消息对象一致。下面就来看看详细的处理逻辑，对应图 9-11 右下角的第 2 步，当 A 节点收到 B、C 节点发来的消息时，同样 A 节点也会通过 `tcp_server` 任务读取数据，然后创建 `acceptor_learn` 任务，在 `acceptor_learn` 任务中根据 Paxos 消息阶段类型进行处理：

1）检查 Paxos 消息是否已经完成，这里会检查状态机对象中 `learner` 字段中的消息是否为空，如果不为空的话则表示该状态机接受了 learn 阶段的消息，也就表示该 Paxos 完成了所有阶段的处理。

2）设置状态机中 `proposer.prep_nodeset` 的 `bitmap`，在后续判断多数派投票的时候会用到。

3）如果收到的 Paxos 消息阶段类型为 `ack_prepare_op`，这时候会判断发送来的 Paxos 消息的 proposal number 是否大于本地状态机的对应的 proposal number，如果大于则将对应的值赋值给本地状态机。

4）如果收到的 Paxos 消息阶段类型为 `ack_prepare_empty_op`，这时候会判断发送来的 Paxos 消息中回复的 proposal number 是否大于状态机中的 proposal number，如果大于则检查是否达到多数派，也就是有超过一半的节点回复该请求，这一步通过检查刚刚提到的 `proposer.prep_nodeset` 的 `bitmap` 来实现。如果达到了多数派则可以进行下一个阶段的请求。

相关代码如下：

```
bool_t handle_simple_ack_prepare(site_def const *site, pax_machine *p,
                                 pax_msg *m) {
  if (get_nodeno(site) != VOID_NODE_NO)
    BIT_SET(m->from, p->proposer.prep_nodeset);

  bool_t can_propose = FALSE;
  if (m->op == ack_prepare_op &&
      gt_ballot(m->proposal, p->proposer.msg->proposal)) {
    replace_pax_msg(&p->proposer.msg, m);
```

```
    assert(p->proposer.msg);
  }
  if (gt_ballot(m->reply_to, p->proposer.sent_prop)) {
    can_propose = check_propose(site, p);
  }
  return can_propose;
}
```

（2）proposer 阶段

本阶段对应图 9-11 左下角到右下角的第 3 步，在准备阶段收到了多数派的回复之后，可以开始进行 proposer 阶段，该阶段同样由 A 节点发起，发送给 A、B、C 三个节点。这里发送的 Paxos 消息为状态机中的 `proposer` 字段存储的 Paxos 消息，这个消息值可能是自己的，也可能是其他节点的，在准备阶段如果遇到其他节点已经接受过值了，这个时候在 proposer 阶段发送的值就是该节点的。此时 paxos 消息的阶段类型为 `accept_op`。

然后 A、B、C 节点的 `acceptor_learn` 任务开始处理 proposer 消息，同样还是会看当前节点该消息的状态机中是否已经到达 learn 阶段，到 learn 阶段表示该消息已经完成了。这里是通过状态机中的 learn 阶段是否有消息来判断的。

如果没有到达 learn 阶段，则对比状态机中接受者中的 proposal number 和发送来的 Paxos 消息的 proposal number，如果状态机中的小于等于发送来的则继续进行下一步，否则在这里就终止处理了，也不会发送回复消息。

继续进行下一步就是接受发来的 proposer 请求的值，也就是将 Paxos 消息对象赋值给状态机的 `acceptor.msg` 字段，然后创建回复的消息，此时消息阶段类型为 `ack_accept_op`，然后向 A 节点发送回复。

具体代码如下：

```
pax_msg *handle_simple_accept(pax_machine *p, pax_msg *m, synode_no synode) {
  pax_msg *reply = NULL;
  if (finished(p)) {
    reply = create_learn_msg_for_ignorant_node(p, m, synode);
  } else if (!gt_ballot(p->acceptor.promise,
                        m->proposal) ||
             noop_match(p, m)) {
    MAY_DBG(FN; SYCEXP(m->synode); STRLIT("accept "); BALCEXP(m->proposal));
    replace_pax_msg(&p->acceptor.msg, m);
    reply = create_ack_accept_msg(m, synode);
  }
  return reply;
}
```

本阶段对应图 9-11 右下角到左下角的第 4 步，A 节点收到消息后，同样由 `acceptor_learn` 任务进行处理，处理消息阶段类型为 `ack_accept_op`，详细步骤如下：

1）比较状态机中 proposer 中的 proposal number 和发送来的 paxos 消息中的 `reply_to` 中的 proposal number 的大小，如果相等则进行下一步，否则则终止处理。

2）进入下一步中就开始设置状态机中的 `proposer.prop_nodeset` 的 `bitmap`。

3）对比发送来的消息中的 proposal number 和状态机中的 `proposer.sent_learn` 的 proposal number，如果发送来的消息中的大则进行下一步，否则终止处理。

4）进入到下一步就检查 proposer 的请求是否有达到多数派的回复，检查的机制跟准备阶段一致，如果达到多数派则进行下一步。

5）到这里就开始创建 learn 阶段的消息了，这里也分两种情况，看 `no_duplicate_payload` 是否为 1，默认情况下为 1，创建 `tiny_learn_op` 阶段类型的消息，如果不是则创建 `learn_op` 阶段类型的消息。

6）将状态机中的 proposer 的 proposal number 赋值给状态机中的 `proposer.sent_learn`。

7）在创建完 learn 阶段的消息后就进入 learn 阶段了。

具体代码如下：

```
static void handle_ack_accept(site_def const *site, pax_machine *p,
                              pax_msg *m) {
  ADD_EVENTS(add_synode_event(p->synode); add_event(string_arg("m->from"));
          add_event(int_arg(m->from));
          add_event(string_arg(pax_op_to_str(m->op))););
  MAY_DBG(FN; SYCEXP(m->synode); BALCEXP(p->proposer.bal);
          BALCEXP(p->proposer.sent_learn); BALCEXP(m->proposal);
          BALCEXP(m->reply_to););
  MAY_DBG(FN; SYCEXP(p->synode);
          if (p->acceptor.msg) BALCEXP(p->acceptor.msg->proposal);
          BALCEXP(p->proposer.bal); BALCEXP(m->reply_to););

  pax_msg *learn_msg = handle_simple_ack_accept(site, p, m);
  if (learn_msg != NULL) {
    if (learn_msg->op == tiny_learn_op) {
      send_tiny_learn_msg(site, learn_msg);
    } else {
      assert(learn_msg->op == learn_op);
      send_learn_msg(site, learn_msg);
    }
  }
}

/* Handle answer to accept */
pax_msg *handle_simple_ack_accept(site_def const *site, pax_machine *p,
                                  pax_msg *m) {
  pax_msg *learn_msg = NULL;
  if (get_nodeno(site) != VOID_NODE_NO && m->from != VOID_NODE_NO &&
      eq_ballot(p->proposer.bal, m->reply_to)) { /* answer to my accept */
    BIT_SET(m->from, p->proposer.prop_nodeset);
    if (gt_ballot(m->proposal, p->proposer.sent_learn)) {
      learn_msg = check_learn(site, p);
```

            }
        }
        return learn_msg;
    }

> **注意** 这里的 `tiny_learn_op` 和 `learn_op` 的区别:
> - `tiny_learn_op` 默认情况下协议都用该类型,该类型在处理的时候需要判断是否需要发送 `read_op` 阶段类型,主要是针对有一些节点可能由于负载较高或者网络延迟,其消息状态比较落后,通过读取的方式来修复对应消息的状态。
> - `learn_op` 在跳过消息和处理 `recover_learn_op` 等情况下使用,这些情况是非正常协议同步的情况下,不需要通过读取的方式来修复节点消息状态。

(3) learn 阶段

本阶段对应图 9-11 左下角到右下角的第 5 步,在 proposer 阶段收到多数派的回复之后,可以开始进行 learn 阶段。其实到了 learn 阶段就表示消息肯定能执行成功,可以理解跟 MySQL 中这个事务已经提交了一样,无论任何异常情况,最终都能修复这个消息让它完成 learn 阶段。learn 阶段跟其他阶段不太一样的是,它无须等待其他阶段的回复,类似一个广播消息告诉其他节点这个 Paxos 消息已经达到 learn 阶段了。下面看下具体流程。

先是**创建并发送 learn 消息**,learn 消息又分为 `tiny_learn_op` 和 `learn_op` 阶段类型:

- **创建 `tiny_learn_op` 阶段类型的消息**。首先设置消息的阶段类型为 `tiny_learn_op`,然后将状态机中 `proposal.bal` 赋值给消息对象的 `reply_to`,这就是 proposal number 的赋值。
- **创建 `learn_op` 阶段类型的消息**。首先设置消息的阶段类型为 `learn_op`,将消息对象中的 proposal 赋值给 `reply_to`,这就是 proposal number 的赋值。

创建好 learn 消息后,由 A 节点发送给 A、B、C 节点,然后 A、B、C 节点的 `acceptor_learn` 任务开始**处理 learn 消息**,这里也会区分 `learn_op` 和 `tiny_learn_op` 阶段类型消息的处理:

- **处理 `learn_op` 阶段类型消息**。同样也是会看当前节点该消息的状态机中是否已经到达 learn 阶段,到 learn 阶段表示该消息已经完成了。这里是通过状态机中的 learn 阶段是否有消息来判断的。如果没有到达 learn 阶段,则开始处理 learn 消息,其实主要就是将消息对象赋值给状态机中的 `learner.msg` 字段。
- **处理 `tiny_learn_op` 阶段类型消息**。首先会看状态机中的 `acceptor.msg` 是否为空,如果为空的话则需要发送 `read_op` 阶段类型的消息,如果不为空则比较状态机中 `acceptor.msg->proposal` 和消息对象中 proposal 的 proposal number 是否相等,如果相等则跟上述逻辑一样,主要就是将消息对象赋值给状态机中的 `learner.msg` 字段。如果不相等则还是发送 `read_op` 阶段类型的消息。

这里发送回复 `read_op` 阶段类型的消息的原因是，该节点已经收到该消息并且该消息处于 learn 阶段了，但是该节点本地的状态机对象中该消息没有完成 proposer 阶段，这个时候需要再跟其他节点确认该消息处于什么阶段，此时需要发送 `read_op` 阶段类型的消息，当其他节点收到该阶段类型的消息时会判断消息是否达到 learn 阶段，如果到达 learn 阶段就发送回复。

(4) Paxos 消息应用

Paxos 消息的应用对应领导者和跟随者的 GCS 层和 MySQL 层，上述 Paxos 协议的三个阶段都介绍完毕了，在协议层数据都同步完成了，那消息又是怎么执行的呢？

在 XCOM 层有个 `executor_task`，它的作用就是定时扫描消息然后进行执行，不过执行的条件是需要消息达到 learn 阶段。刚刚上述消息已经达到 learn 阶段了，这个时候 `executor_task` 就会扫描到它然后开始进行执行。不过在 `executor_task` 中不做具体的执行逻辑，它只是会封装对应的对象然后带上 Paxos 消息，最终将该对象发送到 GCS Proxy 层的 `m_notification_queue` 队列中。

然后由 `process_notification_thread` 线程来消费 `m_notification_queue` 队列进行处理，处理完成后再发往 GCS 层的 `incoming` 队列，最终由 `applier_thread_handle` 应用线程进行消息的应用。这里应用也分为两种情况：

- **领导者节点（请求发送方）应用**。在领导者节点，消息的应用其实很简单，它不需要真实地去应用具体的数据，因为领导者节点是数据写入方，在 MySQL 层它的数据已经写入正在等待提交，领导者节点的应用其实就是给 MySQL 层解锁，让其能进行后续的提交动作。
- **跟随者节点（请求接收方）应用**。在跟随者节点，应用就相对复杂一些了，因为它需要将数据应用到 MySQL 层，其实也就是写入中继日志中，下面具体来看看。

在 MGR 中，写入中继日志主要分为以下三个阶段：

- `event_cataloger` 处理 `Transaction_context_log_event`，标记事务开始。
- `certification_handler` 处理 `GTID_EVENT`，将事务进行认证，主要对比是否有冲突，没有冲突则完成认证（只有在 `GTID_EVENT` 的时候需要进行认证），在后面有单独的小节详细介绍冲突检测。
- `applier_handler` 处理事务中其他的事件，调用我们熟悉的 `queue_event` 方法将每个事件写入中继日志中，在正常的主从复制中，I/O 线程也是调用的该方法。

可以看到，MGR 最终只是保证写入中继日志中，并不是要等待从库的事务提交，这一点跟 MySQL 的半同步复制一样。所以大家需要理解一点，MGR 能保证数据强一致，但是不能保证实时一致，因为 SQL 线程在应用数据的时候还是可能会产生延迟。

至此，MySQL 层的一条数据更新就执行完成了。可能有的读者会想到，Paxos 增加领导者和各个节点的交互，肯定会影响性能。这是必然的，在保证强一致的情况下势必会影响性能，不过 MGR 也做了一些优化，比如正常的情况下不需要三阶段只需要两阶段，那这样就减少了一次交互。并且在 MGR 内部还有 batch 的优化机制，这里由于篇幅限制就不再详细介绍。有相关的测试表明 MGR 的性能在高并发情况下会优于半同步复制，其原因是 MGR 能做 batch 处理，而半同步复制的 ACK 则是只能每个事务对应一个，不能做 batch 处理。

9.2.3 MGR Paxos 协议优化

前面介绍的 MGR 都是单主模式下的，这个时候进行两阶段没有问题，因为没有争抢。那如果是多主模式下它也能进行两阶段，这是怎么做到的呢？其实这里采用了 Mencius 类似的思想，保证同一轮中只有一个提议者能发起请求。

MGR 消息流转图如图 9-15 所示。

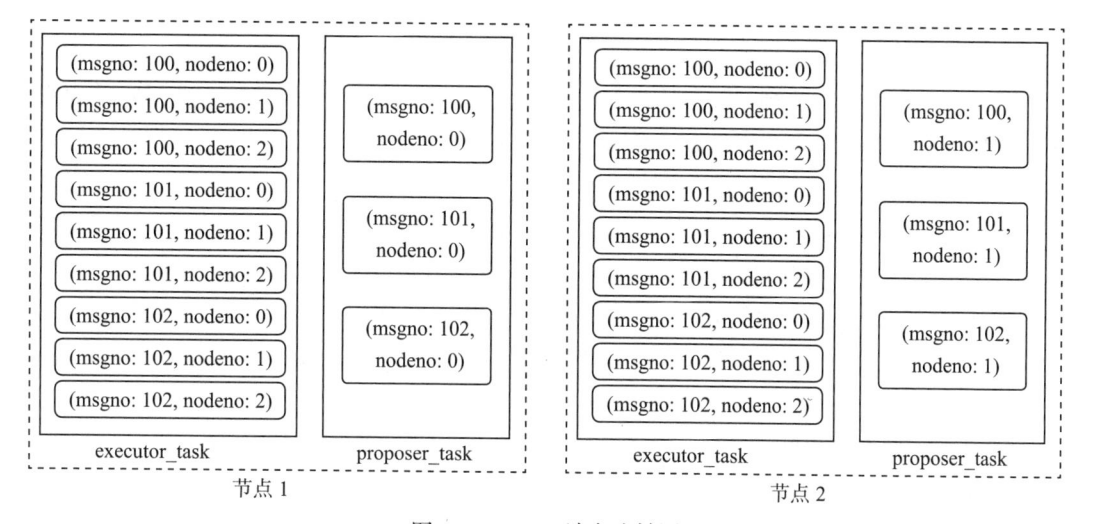

图 9-15　MGR 消息流转图

由于篇幅原因，这里只画出了两个节点，实际上是三个节点。可以看出，每个节点维护的是相同的 `msgno` 序列，但是不同节点对应了不同的 `nodeno`，例如针对 `msgno 100`，第一个节点就对应 (100,0)，第二个节点对应 (100,1)，第三个节点对应 (100,2)。这样虽然三个节点的 `msgno` 是一致的，但是通过 `nodeno` 区分，这样可以保证每个节点的维护的槽是独立的。

那 MGR 是如何运用 `msgno` 和 `nodeno` 来区分独立的槽的？下面简单介绍一下相关流程。

首先我们需要了解下 MGR 中一个比较重要的结构体：

```
struct synode_no {
  uint32_t group_id;
  // 多个节点 msgno 相同
  uint64_t msgno;
  // node number 不一样
```

```
    node_no node;
};
```

这个结构体代表一个独立的槽编号，在 MGR 中提议者发起请求的时候，会获取当前的 `msgno`，然后封装成 `synode_no` 对象，最终存储在 Paxos 消息对象中，对应的就是之前介绍的 Paxos 消息对象中的 `synode` 字段。同样在提议者发起请求的时候会初始化状态机，然后会将状态机存储在状态机缓存中，状态机缓存底层实际是一个全局的哈希表，哈希表的 key 是利用 `synode_no` 值生成的，生成方式如下：

```
static unsigned int synode_hash(synode_no synode) {
    /* 需要分别对三个字段进行哈希处理，因为结构体可能包含具有未定义值的填充。*/
    return (unsigned int)(4711 * synode.node + 5 * synode.group_id +
                     synode.msgno) %
           BUCKETS;
}
```

同样，在其他节点收到 Paxos 消息的时候，也会创建状态机对象并插入全局哈希表中，对应的 key 采用 Paxos 消息中的 `synode` 字段生成。

在进行后面的交互的时候，例如返回 `ack_accept_op` 消息，发送 `learn_op` 消息等，Paxos 消息对象中的 `synode` 是一样的，对应的状态机对象也是一样的，状态机对象只用在第一次创建，后续直接从全局的状态机缓存中获取即可。这样其实就保证了 Paxos 协议所有阶段的消息唯一对应每个节点的状态机对象，进而保证每个节点发送 proposer 请求的时候，它在整个集群都是唯一的。最终就把每个槽号区分开来，保证各个节点发送的 proposer 请求不会发生冲突。

下面我们举个简单的例子：节点 A 发起 proposer 请求，槽号为 (100,0)，节点 A 创建状态机对象并且插入全局状态机缓存中，节点 B 和节点 C 收到消息后创建对应的状态机对象并插入其全局状态机缓存中。

节点 B 发起 proposer 请求，槽号为 (100,1)，节点 B 创建状态机对象并且插入全局状态机缓存中，节点 A、节点 C 收到消息后创建对应的状态机对象并插入其全局状态机缓存中。

节点 C 发起 proposer 请求，槽号为 (100,2)，节点 C 创建状态机对象并且插入全局状态机缓存中，节点 A、节点 B 收到消息后创建对应的状态机对象并插入其全局状态机缓存中。

这样的话在每个节点的全局状态机缓存中存在槽号为 (100,0)、(100,1)、(100,2) 对应的状态机对象，然后这三个槽号对应的后续流程都围绕其状态机缓存操作，互不影响。

不过，虽然它们的 Paxos 协议的各个节点不影响，但是执行的时候是有影响的，因为需要保证全局的顺序性。在 MGR 中是预先定义好了顺序，其实就是按照 `nodeno` 排序，例如上述三个槽对应的执行顺序如下：

(100,0)

(100,1)

(100,2)

那 MGR 是如何保证它们的执行顺序的呢？这就跟 `executor_task` 任务的机制相关了。在 `executor_task` 任务中，执行同一个 `msgno` 的时候，消息按照 `nodeno` 的顺序执行，具体代码逻辑如下：

```
// 默认情况下 node number 自增，如果 node number 大于等于了集群节点数量，那么就增加 msgno。
synode_no incr_synode(synode_no synode) {
  synode_no ret = synode;
  ret.node++;
  if (ret.node >= get_maxnodes(find_site_def(synode))) {
    ret.node = 0;
    ret.msgno++;
  }

  return ret;
}
```

在上述代码逻辑上层一直循环执行消息，执行完一条消息就调用上述逻辑执行下一条。不过这里有一个问题，只有到达 learn 阶段的消息才能进行执行，例如槽号为 (100,0) 已经达到 learn 阶段了，这个时候就可以执行了。

那如果槽号 (100,0) 一直没有到达 learn 阶段，或者说它对应的 A 节点根本没有请求，也没有发出 proposer 请求，这个时候后续的槽号怎么处理呢？

这种情况需要处理间隙，因为是顺序执行的，中间如果有的槽号就是没有触发到达 learn 阶段，这个时候就需要有机制帮助它完成 learn 阶段，Mencius 同样也有这个问题。下面看看 MGR 是如何处理的。

在 MGR 中针对上述情况有被动处理和主动处理两种方式。

- **被动处理**。节点 A 维护 (100,0)，此时节点没有任何请求，节点 B 维护的槽号 (100,1)，此时已经达到 learn 阶段，当节点 A 收到节点 B 发来的 `learn_op` 消息的时候会触发激活 `sweeper_task`，`sweeper_task` 会扫描当前的 `synode`，这个时候会发现槽号 (100,1) 已经完成 learn 阶段，而槽号 (100,0) 是未使用的状态，此时会主动跳过该槽号，跳过的流程就是直接发送一个消息阶段类型为 `skip_op` 的 Paxos 消息对象，其他节点收到后直接进行处理跳过，这样 `executor_task` 就能执行后续的消息了。

- **主动处理**。节点 B 维护 (100,1)，发起 proposer 请求，槽号为 (100,1)，此时 `executor_task` 运行时发现正在执行的消息 (100,0)。这个时候会检查该槽号，主要看该槽号对应的状态机是否处于空闲状态，如果是则需要根据槽号创建阶段类型为 `read_op` 的 Paxos 消息对象，最终发送给其他节点，然后等待其他节点回复，其他节点只有在对应的消息到达 learn 阶段后才会发送回复。如果节点 B 没有收到回复，则会重试几次，如果一直没有收到回复，就会针对该槽号 (100,0) 发起三阶段，也就是有准备阶段，目的是跳过该槽号。

默认情况下，被动处理就能处理间隙的槽号，如果对应的槽号的节点负载过高或者因为网络不好等情况无法及时触发被动处理逻辑，这个时候就需要集群的某个节点主动触发，发起三阶段来跳过该消息，只要达到多数派就能跳过。这个时候，即使维护该槽号的节点无法通信，集群也能跳过该槽号继续进行后续的操作。

按照这种逻辑，我们可以想到，在 MGR 开启多主模式下，如果各个节点的请求不是很均匀，那么会经常发生槽号跳过，如果有大量的槽号跳过势必会影响集群整体的性能，并且如果集群某个节点负载过高或者遇到网络通信不好等情况，则会加剧该影响。所以在我们日常的使用中，开启多主模式前一定要详细评估，在使用的过程中也要定期进行监控。

9.2.4 MGR 冲突检测

冲突检测是在 MySQL 层检测数据是否存在冲突，前面已经多次提到，那什么情况会进行冲突检测呢？

- **在主从切换之后会进行冲突检测**。主从切换之后新的领导者之前是跟随者，可能存在没有应用完成的数据，这种情况领导者在写入的时候需要进行冲突检测。这个阶段完成之后，后续的写入不需要进行冲突检测。
- **在多主模式下启动的时候会让所有节点都开启冲突检测**，后续每条写入都需要进行冲突检测。

其实冲突检测主要是为了防止业务方在双写的时候发生冲突，如果业务方能控制写入顺序或者区分单元，那么其实 MySQL 基本上不会发生冲突。

了解了冲突检测的场景后，下面来介绍 MGR 中冲突检测是如何实现的。MGR 冲突检测的流程如图 9-16 所示。

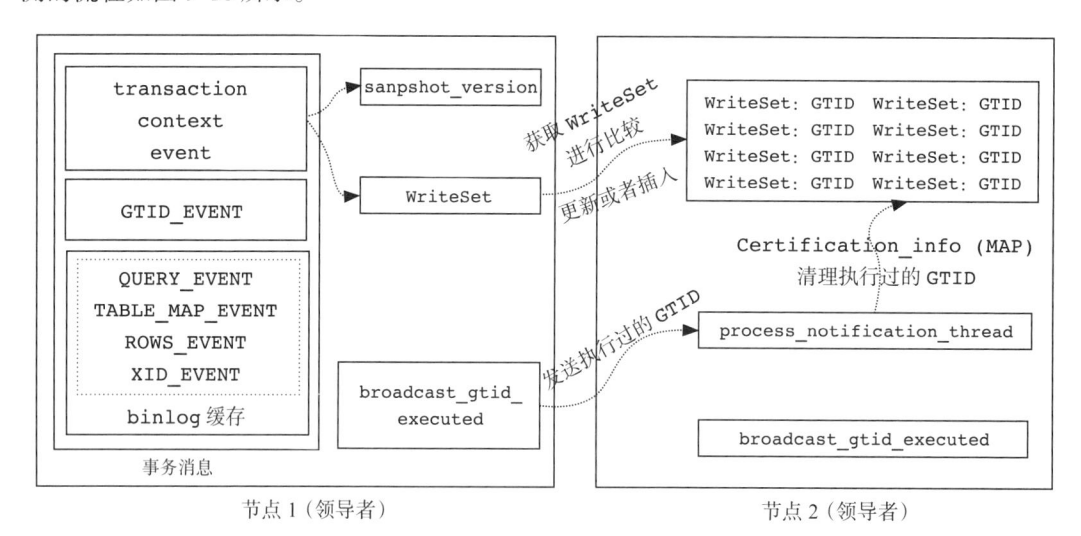

图 9-16 MGR 冲突检测的流程

由于篇幅原因，这里只画出了两个节点，实际上正常是三个节点。可以看到上面两个节点都是领导者，这就是多主的情况，两个节点都能够写数据。图 9-16 中假设请求从左边的节点发出，生成对应的事务数据发送到右边的节点，右边的节点收到事务数据后进行冲突检测。同样右边的节点也可以发送请求，这里同样由于篇幅原因，只画出了左边请求的流程。

冲突检测的核心思想是，针对事务中的每条记录，存储其 `WriteSet` 记录以及对应的 GTID 信息，然后在冲突检测的时候看本地是否存在相同的 `WriteSet` 记录，并比较其 GTID 信息。如果请求方的大于本地的，说明可以执行；如果请求方的小于本地的，则说明在这之前有其他的请求更新了该记录，这个时候就发生了冲突。

这里的 `WriteSet` 就是之前在介绍 8.0 并行复制时提到的。下面介绍具体的冲突检测流程：

1）在领导者侧，也就是发送方生成 `WriteSet` 信息，生成规则跟 MySQL 8.0 并行复制一致。然后生成 `snapshot_version`，`snapshot_version` 其实就是 MySQL Server 已经执行的最大 GTID。这两个信息会存储在 `transaction context event` 中。

2）将 Paxos 协议事务消息发送到其他节点上，其他节点收到事务消息后会进行应用。首先应用 `transaction context event`，获取到发送过来的 `WriteSet` 和 `snapshot_version` 信息。然后在应用 `GTID_EVENT` 的时候调用冲突检测的逻辑。

3）进入冲突检测逻辑后，首先会判断是否需要进行冲突检测，需要进行冲突检测的情况在上面已经介绍了。这里会循环遍历事务带过来的每个 `WriteSet` 元素，然后在 `Certification_info` 中查找是否有对应的记录，如果有就拿到对应的 GTID 信息。然后就判断 `Certification_info` 找到的对应记录的 GTID 是否属于 `snapshot_version` 的子集。如果是，那么表示领导者端的 GTID 更新一些，这样就不冲突。如果不是就表示跟随者的 GTID 更新一些，这说明有节点已经在这之前更新了这条记录，这个时候就发生了冲突。按照上述逻辑检测 `WriteSet` 中的每条记录，如果都不冲突则进行后续的操作。如果冲突就直接结束，然后返回报错。

4）如果不冲突就生成 GTID 信息，从预先分配好的范围中获取。然后将获取到的 GTID 加入 `snapshot_version` 中。这里需要说明一下 GTID 的 gno 其实是在冲突检测完成之后才进行申请的，在领导者端也是在事务进入提交阶段的时候申请的，在组提交的第一个阶段写 `binlog` 的时候进行申请。在 MGR 中都事先为每个节点分配好一个 GTID 的范围，它是基于已经执行的 GTID 来计算的。在事务执行的时候，领导者节点和跟随者节点都各自申请 gno，这里 MGR 可以保证同一个事务申请到的 gno 是相同的。

5）把该事务所有的 `WriteSet` 插入本地节点的 `Certification_info` 中，以便在后续再次进行冲突检测的时候使用。

6）计算 `last_committed` 和 `sequence_number` 信息，这个在之前并行复制的时候已经介绍过，它们是并行复制最重要的两个字段。这里的生成规则跟并行复制的思想一样，主要就是看是否有操作相同的数据，这里很好地利用了 `Certification_info`。如果发现了相同的数据，那么后续的事务就不能并行应用了，这个时候就重新计算 `last_committed` 和 `sequence_number`。

到这里事务的冲突检测就完成了，可以看到其实现非常巧妙，借用了并行复制 `WriteSet` 的思想，然后又复用其思想让其后续在 SQL 线程能并行执行。

这里细心的读者可能还会想到一个问题，就是 `Certification_info` 是怎么控制其大小的？在高并发的场景下，`Certification_info` 会变得非常大，如果不及时清理会造成内存占用率非常高。当然 MGR 也设计了清理机制，每 60s MGR 会主动进行清理，那么清理的依据是什么。就是清理在所有节点端完成执行的 `GTID` 对应的数据。

所以 MGR 还在每个节点开启了一个线程用于定期广播自己已经执行完成的 `GTID` 信息，当节点收到这个信息后，跟自己已经执行的 `GTID` 信息区求交集，最后得到的 `GTID` 信息就是可以清除的。然后扫描 `Certification_info` 中对应的 `GTID`，最终将这些数据清理出去。

9.2.5 MGR 流控

上述介绍了 MGR 的数据同步流程，可以看到，在领导者端如果并发较高，跟随者端可能产生延迟。在一些极端情况下，例如遇到网络问题、跟随者硬件问题等，都会造成跟随者的数据过于落后，如果这个时候再发生故障迁移，延迟的节点提升成了领导者，这个时候就会影响到业务。

为了避免上述情况，MGR 引入了流控机制，流控机制的核心思想就是以集群中处理最慢的节点为标准进行限速，保证所有节点都能跟上，不会造成过大的延迟。

那 MGR 的流控是在什么地方限制的呢？它是在回调函数 `group_replication_trans_before_commit` 中发送事务消息之前进行调用，具体逻辑如下：

```
int32 Flow_control_module::do_wait() {
  DBUG_TRACE;
  int64 quota_size = m_quota_size.load();
  int64 quota_used = ++m_quota_used;

  if (quota_used > quota_size && quota_size != 0) {
    struct timespec delay;
    set_timespec(&delay, 1);

    mysql_mutex_lock(&m_flow_control_lock);
    mysql_cond_timedwait(&m_flow_control_cond, &m_flow_control_lock, &delay);
    mysql_mutex_unlock(&m_flow_control_lock);
  }

  return 0;
}
```

这里其实就是对比目前已经处理的事务数量和能够处理事务数量的额度，一旦超过就进行限流。限流的动作很简单，就是等待 1s，1s 过去之后再进行后续的事务发送。下面看下这里关键的两个指标 `quota_used` 和 `quota_size` 是如何得出的。

- **`quota_used`** 是每次发送事务消息的时候 m_quota_used 累加 1，然后赋值给 quota_used。m_quota_used 在每次重新计算 quota_size 的时候重置。
- **`quota_size`** 是由计算比较多个节点得到的最终值，之前有提到 MGR 中有一个认证线程，里面有一个动作是定时进行流控，在这里面会给其他节点发送自己当前等待认证的事务数量、等待应用的事务数量、已经认证的事务数量等。然后其他节点收到之后会记录到自己的内存中，并且对比上一次的数据，最终就能得到这些数据的差集，这样就能得到每个节点的处理能力。然后比较数据取最小的，不过最终不能比设置的最小阈值低。最终就得到了 `quota_size`。

这里的 `quota_size` 是每秒计算一次，在计算的时候也会重置 m_quota_used 的值。所以每秒在进行判断的时候，`quota_size` 可能都不太一样，可能变大或者变小，从而影响领导者的并发。

9.3　总结

本章主要探讨了 MySQL 的高可用实现方式，包括主从复制和组复制。主从复制是 MySQL 实现高可用的重要方式，经历了多个发展阶段。它包括全量同步和增量同步，增量同步基于 binlog 日志复制，通过 GTID 或 position 方式确定同步位点。半同步复制在主从复制的基础上，确保主库事务提交前至少有一个从库接收并写入中继日志，提高了数据的安全性。并行复制从 MySQL 5.6 到 8.0 不断改进，通过不同的策略提高从库应用事务的速度，解决主从复制延迟增大的问题。

组复制是 MySQL 在 5.7 版本引入的，以 MySQL 插件的方式实现，底层基于类 Paxos 强一致协议。它具有复杂的架构，包括插件管理、GCS、GCS XCOM Proxy 和 XCOM 四层，通过类 Paxos 协议实现数据流的强一致同步。在多主模式下，采用 Mencius 思想优化，保证同一轮中只有一个提议者能发起请求，并通过冲突检测和流控机制，确保集群性能和数据一致性。组复制解决了 MySQL 高可用和数据一致性的问题，但在多主模式下需要注意性能影响。

总之，这些技术的发展和应用，为 MySQL 提供了更可靠、高效的高可用解决方案，满足了不同业务场景的需求。

推荐阅读

推荐阅读

深入浅出存储引擎
ISBN: 978-7-111-75300-1

分布式存储系统：核心技术、系统实现与Go项目实战
ISBN: 978-7-111-75802-0

高效使用Redis：一书学透数据存储与高可用集群
ISBN: 978-7-111-74012-4

深入浅出SSD：固态存储核心技术、原理与实战 第2版
ISBN: 978-7-111-73198-6

推荐阅读

数据处理器：DPU编程入门

作者：NVIDIA技术服务（北京）有限公司　书号：978-7-111-73115-3

涵盖新一代计算单元
——DPU 的简介、技术优势及未来技术发展路径
基于 NVIDIA DOCA 软件框架开发软件定义、硬件加速的
网络、存储、安全应用程序与服务，实现"3U"一体的新一代数据中心

内容简介

本书定位为 NVIDIA BlueField DPU 和 NVIDIA DOCA 的入门学习参考，内容涵盖 DPU 的简介、技术优势及未来技术发展路径，包括 NVIDIA BlueField DPU 在结构通用化、功能多样化、应用广泛化和场景丰富化方面的前景展望，NVIDIA DOCA 软件框架开发环境配置，以及基于 NVIDIA BlueField DPU 利用 NVIDIA DOCA 软件框架的应用程序开发实践案例。读者可以通过本书对 DPU 硬件架构与软件开发有一个整体了解，学习如何启用 NVIDIA BlueField DPU 以及搭建 NVIDIA DOCA 软件开发环境，并通过深入了解 NVIDIA DOCA 应用程序开发用例来掌握如何实现软件定义、硬件加速数据中心基础设施的应用程序或服务，并据此开启自己的开发之旅。